Giovanni Nerli Marco Pierini

COSTRUZIONE DI MACCHINE

Società Editrice
ESCULAPIO

ISBN 978-88-7488-854-2

Società Editrice Esculapio s.r.l.
Via Terracini, 30 – 40131 Bologna
www.editrice-esculapio.com – info@editrice-esculapio.it

Impaginazione: Giancarla Panigali e Carlotta Lenzi

Società Editrice
ESCULAPIO

INDICE

INTRODUZIONE

Questo testo è destinato agli allievi del terzo e quarto anno di Ingegneria Industriale e a quanti si occupano di progettazione meccanica.

I principali argomenti trattati sono:

- aspetti tecnologici e costruttivi del progetto e sua organizzazione, anche alla luce degli ausili informatici oggi disponibili;
- richiami sulle principali caratteristiche meccaniche dei materiali metallici impiegati nella costruzione delle macchine e un'introduzione ai materiali compositi;
- richiami sui problemi strutturali acquisiti nei corsi di Scienza delle Costruzioni e trattazione degli argomenti Travi curve e Contatti hertziani, che normalmente non trovano spazio nei suddetti corsi ma importanti, in alcuni casi, nel progetto meccanico;
- componenti in pressione ed elementi rotanti, con descrizione di un metodo agli elementi finiti versione forze e introduzione ad un metodo versione spostamenti, con lo scopo sia di fornire uno strumento di calcolo delle sollecitazioni nei casi considerati, che di costituire esempi di impiego dei metodi di calcolo numerico applicati ai problemi strutturali.

Vengono, inoltre, trattati i seguenti argomenti:

- collegamenti non smontabili: chiodature e saldature
- assi e alberi
- molle
- linguette e chiavette
- collegamenti filettati e viti di manovra
- cuscinetti di rotolamento
- ruote dentate
- trasmissioni

Nelle intenzioni degli autori il testo è stato strutturato per fornire i dati e le metodologie di base per la selezione e la progettazione degli elementi e dei gruppi meccanici a coloro che, naturalmente, posseggano già le conoscenze fondamentali acquisite nei corsi di Disegno meccanico, Scienza delle costruzioni, Meccanica applicata, Tecnologia meccanica e Scienza dei materiali; senza tuttavia dimenticare che lo sviluppo del progetto richiede anche l'utilizzo di manuali, normative e pubblicazioni specialistiche contenenti nomenclature, dati e metodologie teoriche, numeriche e sperimentali che evidentemente non si possono ritrovare nei testi di base.

Rivolgiamo un ringraziamento particolare all'Ing. Antonio Scippa, autore del capitolo relativo agli aspetti tecnologici e costruttivi di cui tener conto nel progetto delle macchine.

Un ringraziamento rivolgiamo all'Arch. Chiara Nerli, per il contributo prestato all'elaborazione delle figure.

Infine un apprezzamento all'editore, per l'ottimo risultato grafico ottenuto.

Giovanni Nerli
Marco Pierini

Firenze, 15 aprile 2015

"A designer knows he has achieved perfection not when there is nothing left to add, but when there is nothing left to take away".

Antoine de Saint-Exupery

Capitolo 1
IL PROGETTO DELLE MACCHINE ASPETTI TECNOLOGICI E COSTRUTTIVI

1.1. INTRODUZIONE

Un progetto è in linea generale un piano organico per la soddisfazione di una particolare esigenza individuale o sociale dell'uomo. Qui interessa l'attività di progetto volta alla realizzazione industriale di manufatti (gruppi meccanici, macchine e impianti) che si rende concreta in una serie di documenti scritti e disegnati. Detti documenti devono permettere, utilizzando adeguati strumenti produttivi, di costruire nel numero e nei tempi previsti e senza equivoci il manufatto.

Il progetto meccanico riguarda la costruzione delle macchine intese come sistemi di natura meccanica, essendo comunque stretto il rapporto con gli altri aspetti (chimico, elettrico, elettronico, ecc.), ove presenti.

Si può definire il progetto meccanico come la risoluzione concettuale di tutti i problemi riguardanti il funzionamento, la costruzione delle parti, il montaggio, il collaudo, la manutenzione, la riparazione delle macchine. Non è sempre possibile fornire un metodo determinato per progettare. I temi di progetto sono molto diversi ed anche il modo di affrontare uno stesso tema non è unico. L'aspetto creativo è sempre presente, anche per i temi più tradizionali.

La realizzazione di un qualsiasi sistema meccanico richiede una serie di passi che schematizzano con dettagli via via crescenti il sistema, rendendo possibile il passaggio dall'idea (o esigenza di mercato) al prodotto finito (Fig. 1.1).

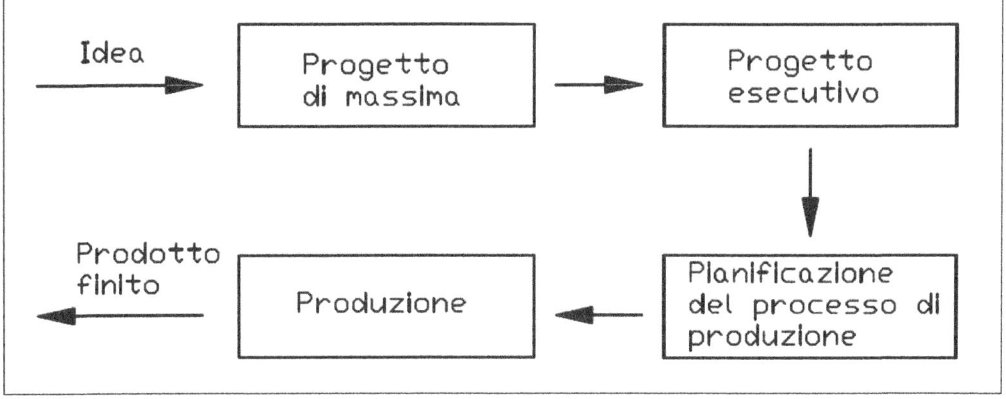

Figura 1.1. Dall'idea al prodotto finito.

Progettare un prodotto significa definire la struttura e le modalità di realizzazione di un sistema in modo tale che esso possa assolvere a delle richieste specifiche. Questo avviene attraverso un iter che, nel caso più generale, è composto dalle seguenti fasi:

1. *Indagine di mercato.* Ha come obiettivo principale quello di individuare e ridurre al minimo i rischi che un'impresa corre nell'immettere sul mercato un nuovo prodotto. Si valutano potenzialità e limiti del mercato, quantificando e localizzando il target cui è rivolto il prodotto/servizio; si considera la possibilità di conquistare nuove tipologie di clienti, tenendo conto dei competitor e del loro modus operandi.

2. *Progettazione concettuale* (definizione dei "Concept"): in cui si definiscono il principio di funzionamento e un primo schema di massima (arrangiamento) del sistema.

3. *Progettazione di massima*: in cui si procede al dimensionamento e all'ottimizzazione della disposizione degli elementi.

4. *Progettazione esecutiva*: in cui s'indicano e risolvono tutte le problematiche di assemblaggio e funzionalità del sistema.

5. *Pianificazione del processo produttivo*: in cui si affrontano tutti i problemi legati alla produzione dei singoli elementi.

Tali fasi non sono necessariamente sequenziali, anzi, dal punto di vista dell'Ingegneria Simultanea (Concurrent Engineering)[1] è auspicabile che siano portate avanti in maniera contemporanea, con un livello di dettaglio nella definizione delle singole parti che cresce man mano che si procede dalla fase concettuale a quella esecutiva. Ciascuna di queste fasi è a sua volta un insieme di fasi e cicli di verifica e correzione.

Fondamentale è la CENTRALITÀ DEL DISEGNO: il progetto si sviluppa fin dall'inizio sul foglio da disegno (reale o virtuale). Le attività diverse dal disegno, quali le verifiche funzionali e strutturali, la selezione degli elementi unificati e della componentistica, la scelta dei materiali, l'analisi dei costi, l'applicazione della normativa, sono collaterali. Il foglio da disegno rappresenta dunque il luogo di sviluppo del progetto. Le varie fasi di progettazione implicano documenti differenti e quindi diversi tipi di disegni tecnici:

- Progetto di massima: disegni di avamprogetto, generalmente schizzi a mano, e rappresentazioni concettuali.
- Progetto esecutivo: disegni costruttivi di complessivi, di gruppo, di sottogruppo, di componenti, ecc.
- Produzione: disegni di fabbricazione.
- Archiviazione: disegni "come costruito", distinta base.

I disegni, passando dagli schizzi funzionali ai disegni definitivi, rappresentano quindi la "memoria storica" del progetto nel suo divenire e racchiudono in se le informazioni necessarie alla produzione e all'assemblaggio dello stesso.

[1] *Concurrent Engineering*: approccio sistematico per lo sviluppo integrato di prodotto che enfatizza i concetti di cooperazione, condivisione, e auspica un processo di decisione basato sul coinvolgimento di più funzioni aziendali (aree funzionali) fin dalle prime fasi del ciclo vita del prodotto.

1.2. Il DISEGNO MECCANICO DAL TECNIGRAFO AL CAx

La produzione figurativa ha lo scopo di rendere visibile e concreto, attraverso un oggetto o un'immagine, qualcosa che possa essere comunicabile o trasmesso ad altri. La rappresentazione è quindi l'atto, cosciente e volontario, del dar forma, e come tale è sempre il risultato di un processo creativo. Tra la realtà e la sua rappresentazione vi è di mezzo l'uomo che, per giungere all'opera finita, ossia alla rappresentazione della realtà, compie almeno due processi: uno di percezione e uno di interpretazione. Il primo, possiamo considerarlo un atto oggettivo, mentre il secondo è certamente un atto soggettivo.

Lo scopo del disegno tecnico consiste nel rappresentare i componenti meccanici, secondo principi geometrici e modalità imposte dalla normativa, così da unificare e rendere universale l'interpretazione del disegno. In generale l'unificazione o standardizzazione, intesa come limitazione del numero di scelte possibili, riguarda non solo le regole del disegno (dimensione dei fogli, spessore delle linee, convenzioni per la rappresentazione degli elementi delle macchine, regole per la quotatura, ecc.), ma anche i materiali da utilizzare, le lavorazioni (rugosità, tolleranze, ecc.), gli elementi da impiegare (viti, dadi, rondelle, spine, cuscinetti di rotolamento, ecc.), e le eventuali normative da seguire per le verifiche strutturali o per altri motivi.

Esistono tre enti unificatori principali: l'UNI (Ente Nazionale Italiano di Unificazione), il CEN (European Commitee for Standardization) e l'ISO (International Organization for Standardization). Ciascun ente emana norme valide nell'ambito territoriale di rappresentanza: a) le norme UNI hanno valenza a livello nazionale, b) le norme EN individuano le direttive per gli stati membri della Comunità Europea, c) le norme ISO dettano i regolamenti a livello internazionale. Norme europee o internazionali vengono normalmente ratificate e recepite a livello nazionale dall'UNI dando origine alle cosiddette norme UNI-EN o UNI-ISO. Per ogni settore industriale esistono dei comitati che si occupano di discutere e aggiornare gli standard del settore. I disegni tecnici rappresentano i componenti in forma bidimensionale, disegnandoli così come sono visibili lungo specifiche direzioni di vista, in sezione (principalmente per componenti cavi), o secondo viste assonometriche, aventi lo scopo di fornire un'idea tridimensionale della forma del componente. Il disegno come rappresentazione bidimensionale di un gruppo meccanico (Draft), può essere visto come composto da:

- Complessivo: rappresenta il gruppo meccanico nel suo insieme, composto da tutti i pezzi elencati nella lista di montaggio sul cartiglio o in fogli separati. Nel complessivo si riportano al più gli ingombri massimi del gruppo meccanico, possono essere inoltre presenti altre indicazioni utili durante il montaggio.
- Particolari: sono presenti in essi tutte le indicazioni utili alla fabbricazione del pezzo stesso (materiali, quote, tolleranze, rugosità, trattamenti termici, saldature, ecc.). I particolari possono essere *semplici* o *composti*. Ogni particolare semplice, non ulteriormente scomponibile, è provvisto del suo cartiglio. I particolari composti invece sono l'unione di più sub-particolari che devono essere collegati con collegamenti non smontabili. In questo caso può essere redatto un disegno per ogni particolare più un disegno d'insieme, oppure un solo disegno contenente tutte le indicazioni relative ai singoli sub-particolari e tutte quelle necessarie alla loro unione.
- Esplosi: fanno vedere il gruppo nelle sue parti principali disassemblate; sono di particolare aiuto per il montaggio e per capire la disposizione relativa dei vari assiemi.

Specialmente per i gruppi meccanici più complessi, si forniscono, insieme a questi disegni strettamente necessari, anche esplosi e viste assonometriche che aiutano nella comprensione del disegno.

Nelle Figg. 1.2 e 1.3 sono rappresentati rispettivamente un complessivo ed un particolare dello stesso.

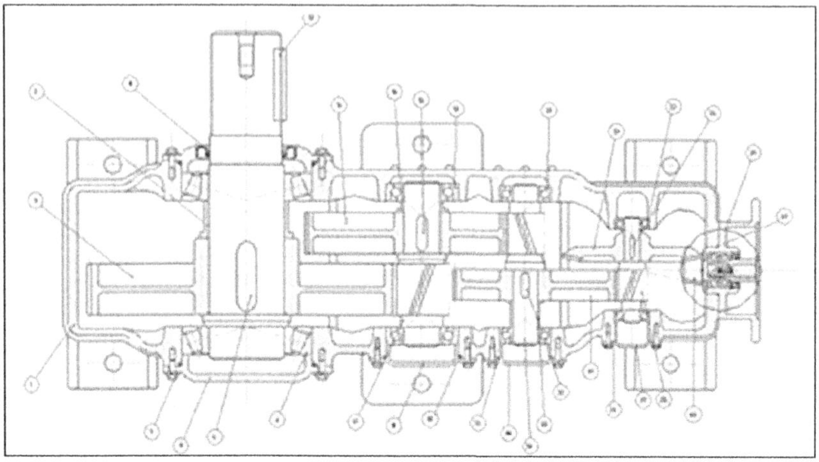

Figura 1.2. Disegno complessivo.

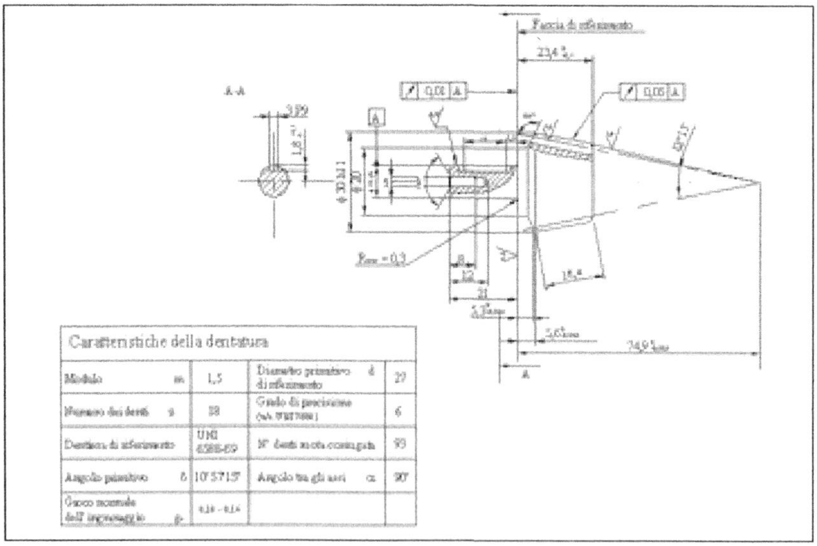

Figura 1.3. Disegno particolare.

La stesura dei disegni costruttivi e di fabbricazione un tempo era realizzata al tavolo da disegno, con l'ausilio del tecnigrafo (da qui l'uso di chiamare i disegni tecnici anche "messe in tavola"). L'introduzione massiccia delle reti di calcolatori nelle industrie ha reso disponibile al progettista una serie di utilità che permettono di seguire il prodotto durante tutte le fasi di sviluppo prodotto e che possono essere designati genericamente come strumenti CAx (Computer Aided Technologies). Base di partenza è lo schizzo del componente meccanico. Ciò ha portato inizialmente allo sviluppo di veri e propri CAD (Computer Aided Design) tridimensionali che hanno modificato la logica di progetto, permettendo non solo la visualizzazione tridimensionale dei componenti e del loro assieme, ma anche di descriverne le proprietà solide (volumi, massa, momenti di inerzia, ecc.). In Fig. 1.4 sono riportati un disegno CAD tridimensionale di una forcella e l'esploso di un gruppo riduttore.

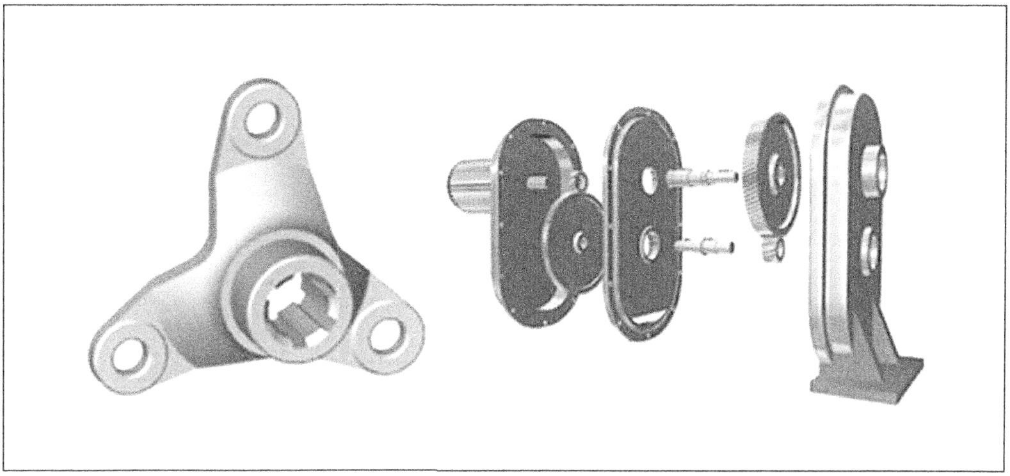

Figura 1.4. Esempi di disegni ottenuti con un CAD tridimensionale.

Lo sviluppo successivo ha portato alla nascita dei CAD Feature Based in cui il disegno è composto da numerose *primitive ingegneristiche* che descrivono, attraverso proprietà interne modificabili, le differenti prospettive da cui può essere osservato un particolare meccanico. Ad esempio un foro in una piastra (Fig. 1.5a) può essere visto come:

- Feature progettuale: supporto per un cuscinetto che permette di avere un grado di libertà rotazionale (Fig. 1.5b).
- Feature tecnologica: elemento che deve essere prodotto per foratura (Fig. 1.5c).
- Feature geometrica: risultato di un'intersezione solida (fra A e B in Fig. 1.5d).

I modelli solidi si disegnano aggiungendo e sottraendo tra loro volumi. Questo si può realizzare in modo intuitivo attraverso la creazione di primitive di base (parallelepipedi, cilindri, tronchi di cono, ecc.) e l'uso di operazioni booleane tra volumi. Le operazioni di rifinitura infine consentono di raffinare i modelli creando caratteristiche specifiche come i raccordi, gli smussi, i fori o gli sformi. Questo modo di procedere (Fig. 1.6) permette di ottenere la forma finale attraverso una serie di operazioni che seguono la logica delle lavorazioni necessarie per realizzare fisicamente il componente, lavorazioni che si susseguono cioè secondo la logica della sgrossatura (che permette di ottenere la forma di massima attraverso scavi successivi su un blocco di materiale) e della rifinitura (forature, raccordi, smussi, ecc.).

Uno dei più evidenti vantaggi nell'utilizzo di un sistema CAD rispetto all'impiego di tecniche tradizionali, consiste nella grande facilità e rapidità con cui è possibile modificare, anche in modo radicale un disegno per correggerlo o per crearne una nuova versione, *parametrizzando* le diverse dimensioni.

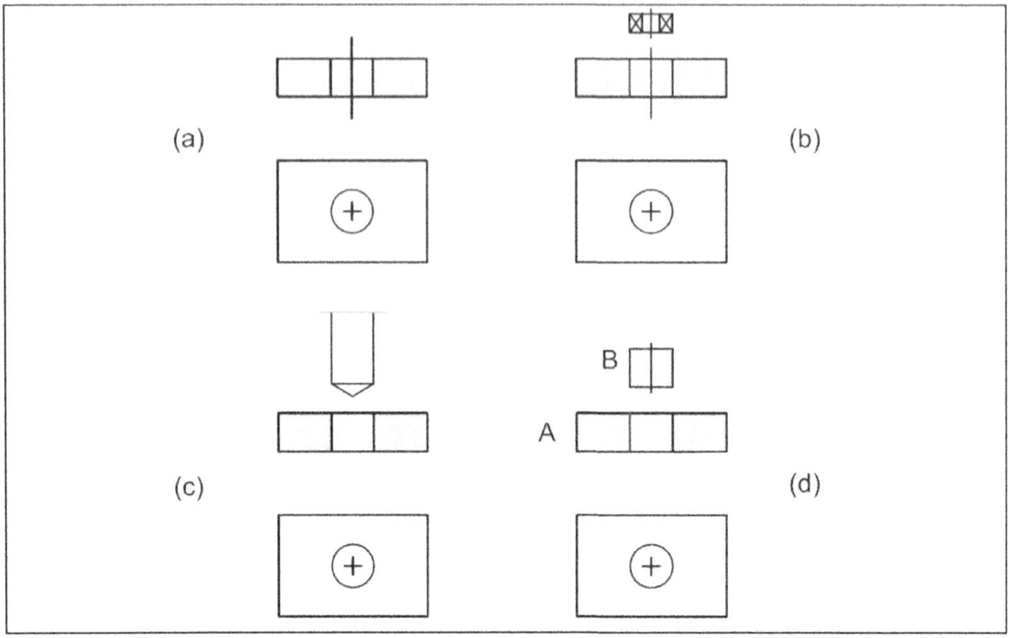

Figura 1.5. Differenti "prospettive" di un particolare meccanico.

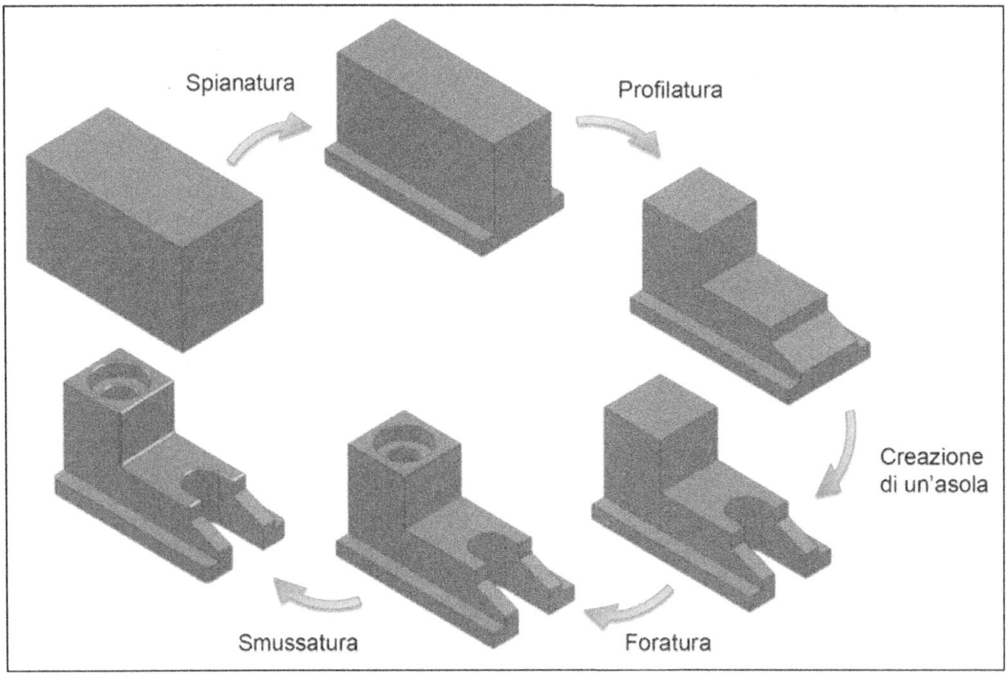

Figura 1.6. Modellazione solida di un componente meccanico.

Questo tipo di *parametrizzazione*, che a prima vista può sembrare molto flessibile, risulta comunque inadeguato nell'ambito dell'innovazione stilistica di prodotto. Per far questo sono allo studio, e iniziano a essere efficacemente impiegati, modellatori tridimensionali che, utilizzando i dati riguardanti disegni rappresentati sui più svariati supporti, riescono a "digitalizzare l'idea stilistica" del progettista; in Fig. 1.7 si vede un'applicazione di questi modellatori all'involucro esterno di un componente elettronico.

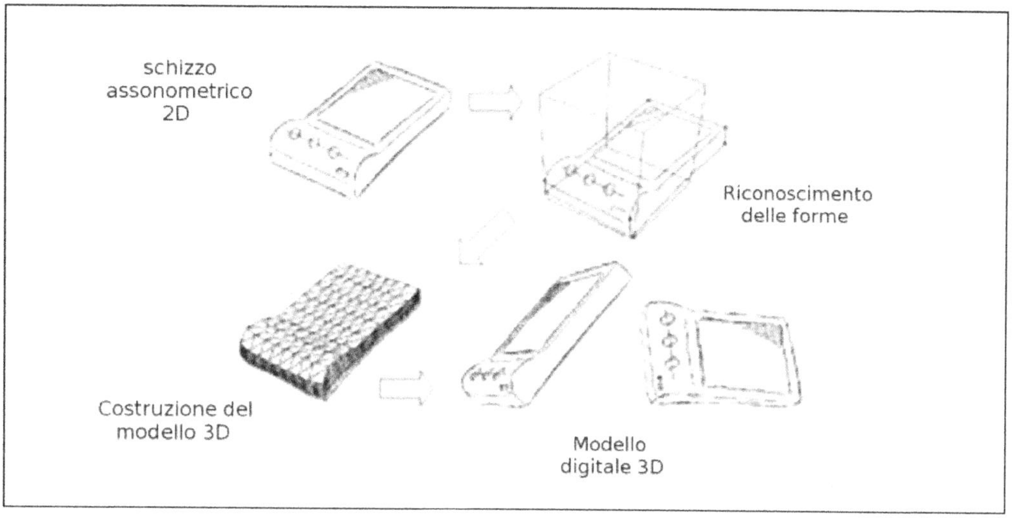

Figura 1.7. Applicazione CAD all'involucro di un componente elettronico.

I sistemi CAD meccanici (come ad es. CATIA, Solid Edge, Solid Work, Autodesk Inventor, Pro-E, ecc.), uniti ad altri software per la verifica strutturale, per l'analisi cinematica dei meccanismi e l'automatizzazione delle lavorazioni meccaniche, formano i cosiddetti sistemi di Computer Aided Engineering, in altre parole i Sistemi di Ingegnerizzazione Assistita dal Calcolatore, che stanno trovando una sempre maggiore applicazione in ambito industriale.

Sfruttando le *proprietà associative* dei CAD, che permettono di propagare le eventuali modifiche del progetto in tutti i moduli CAx utilizzati, la rappresentazione geometrica CAD del nuovo prodotto può essere esportata, ad esempio, nel programma che gestisce la simulazione cinematica degli assiemi. Gli *assiemi cinematici* creati possono quindi essere utilizzati per le simulazioni di funzionamento del prodotto, e le eventuali modifiche progettuali necessarie per il corretto funzionamento cinematico possono essere trasferite di nuovo al CAD (la Fig. 1.8 è relativa alla simulazione di rotazione di uno sportello carburante per verificare la eventuale presenza di compenetrazioni dopo il montaggio).

Le verifiche strutturali dei componenti possono essere eseguite in moduli appositi di analisi FEM (Finite Element Method) con i quali si possono pure ottimizzare, sempre dal punto di vista strutturale, le soluzioni tecniche di prima approssimazione. In Fig. 1.9 è mostrato il risultato relativo all'analisi agli elementi finiti di un supporto ammortizzatore anti-serpeggio ferroviario dove sono visibili le zone maggiormente sollecitate.

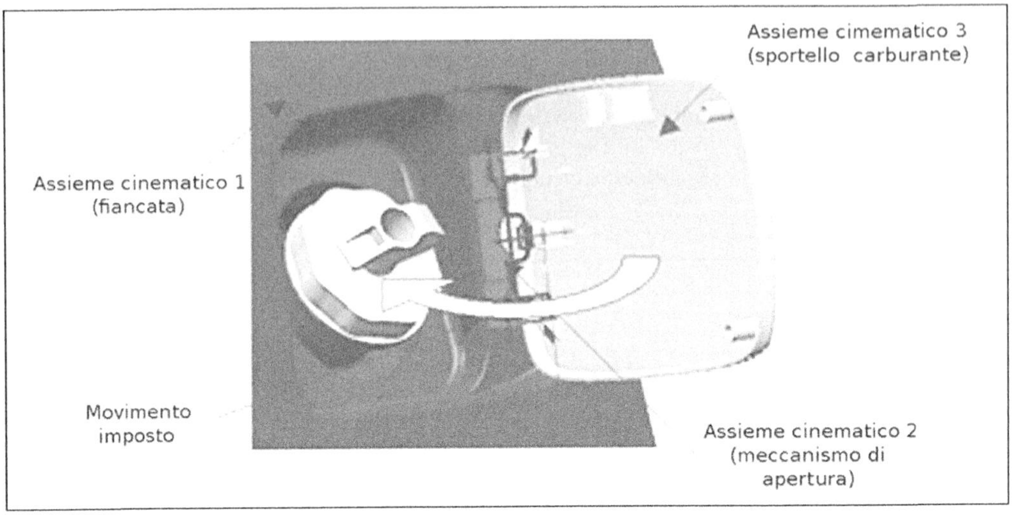

Figura 1.8. Applicazione CAD ad uno sportello carburante.

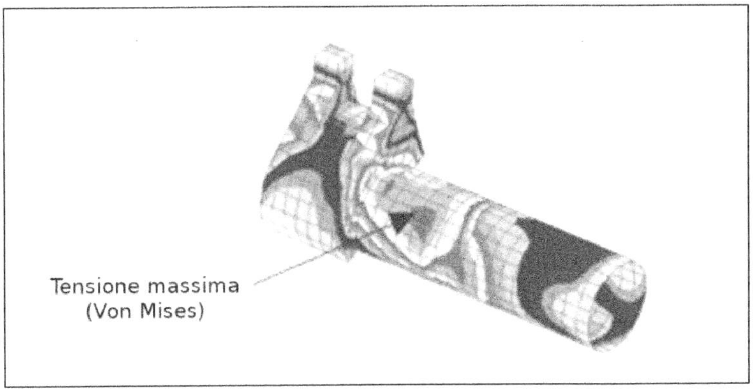

Figura 1.9. Risultato di un'analisi FEM.

Le geometrie dei vari componenti possono essere analizzate anche da un punto di vista tecnologico attraverso delle utilità CAM (Computer Aided Manufacturing) che permettono la simulazione del processo produttivo dei pezzi, e sono inoltre in grado di fornire i file di comando per le macchine utensili che devono realmente produrre i componenti. In Fig. 1.10 viene riportato il risultato di una simulazione di verifica del percorso utensile durante un'operazione di fresatura di una paletta di turbina.

Si accenna ancora al fatto che è possibile trasferire queste geometrie anche ad altri tipi di programmi che permettono, ad esempio, la simulazione dinamica (ad es. modellazione Multi-Body), o l'analisi dell'intero processo produttivo (Computer Aided Process Planning - CAPP).

Adottando delle tecniche mutuate dall'ingegneria dell'immagine si possono anche simulare le caratteristiche visive delle geometrie ipotizzate per costruire dei modelli virtuali fotorealistici che sono di grande aiuto per valutare differenti scelte stilistiche dei nuovi prodotti. Ad esempio in Fig. 1.11 è visibile uno studio stilistico di carrozzeria.

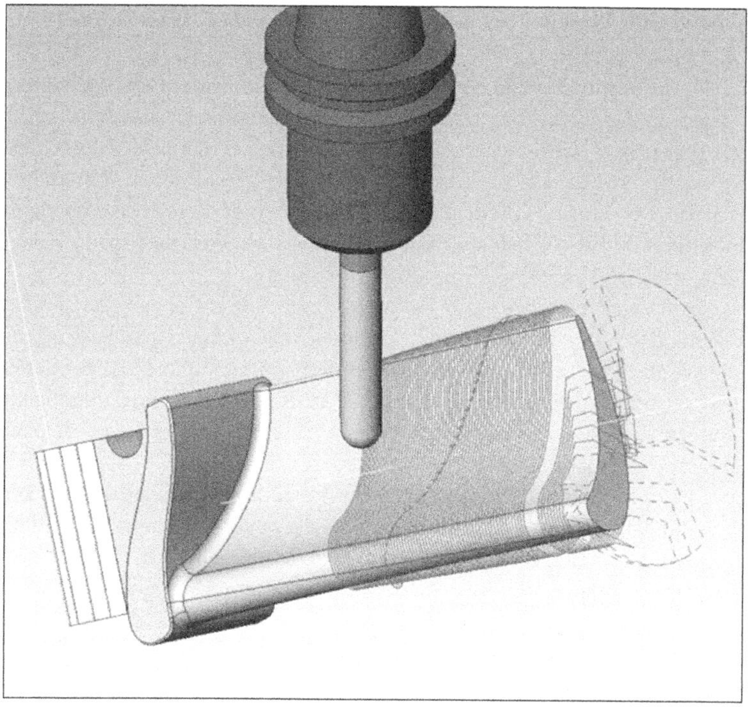

Figura 1.10. Applicazione CAD ad un'operazione di fresatura.

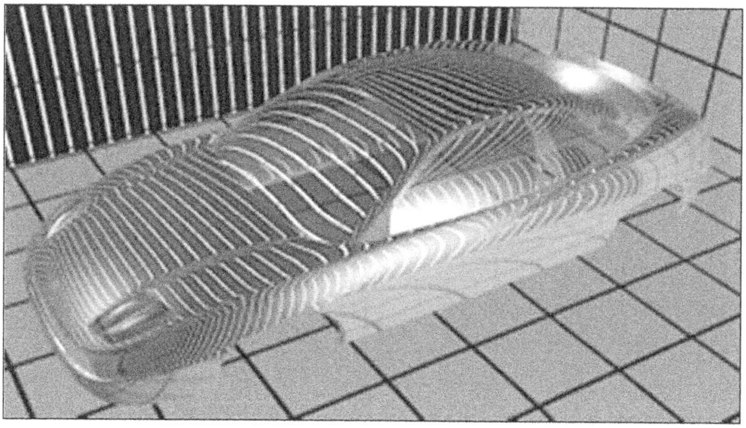

Figura 1.11. Applicazione CAD ad una carrozzeria.

Il disegno meccanico viene quindi ad assumere ancor più un ruolo centrale nel processo di sviluppo prodotto, divenendone parte integrante e soprattutto linguaggio universale per lo scambio d'informazioni tra i diversi sistemi CAE.

1.3. ASPETTI ECONOMICI NELLO SVILUPPO DEL PRODOTTO

Il progetto di un gruppo meccanico va sempre inteso nei tre aspetti: costruttivo, produttivo ed economico-finanziario. Le attività relative procedono sempre in parallelo.

Il progetto costruttivo, l'attività assegnata all'Ufficio Tecnico, si occupa del dimensionamento, e della verifica strutturale e funzionale, sia dei singoli elementi, che del progetto complessivo. Tale attività è sempre affiancata, per quanto necessario o utile, da ricerche teoriche, numeriche, sperimentali, brevettuali sui materiali utilizzabili, sull'impiego di parti unificate e/o componentistica, sulla normativa, sull'impatto ambientale.

Il progetto produttivo consiste nella predisposizione di tutto ciò che serve a produrre il manufatto definito dal progetto costruttivo: impianti, macchinari, attrezzature, cicli di lavorazione e montaggio, mano d'opera, approvvigionamento materiali, ecc. Il progetto economico-finanziario ha lo scopo di quantificare le diverse voci di spesa e di entrata nell'ambito delle varie attività connesse allo sviluppo prodotto: spese d'industrializzazione, di produzione e di commercializzazione del manufatto.

Se all'inizio i bisogni del cliente e le specifiche di prodotto guidano sostanzialmente la fase concettuale di sviluppo prodotto, durante le fasi successive è indispensabile utilizzare parametri economico-quantitativi per confrontare soluzioni progettuali differenti. Il costo di produzione è il parametro fondamentale per il successo economico di un prodotto: il margine di contribuzione è dato, infatti, dalla differenza tra prezzo di vendita, determinato in gran parte dalla qualità globale del prodotto rispetto alla concorrenza, e il suo costo. La progettazione deve quindi assicurare un'alta qualità del prodotto, minimizzandone al contempo i costi di produzione.

In Fig. 1.12 è mostrato come le varie voci di costo si compongono per formare il prezzo di vendita di un nuovo prodotto.

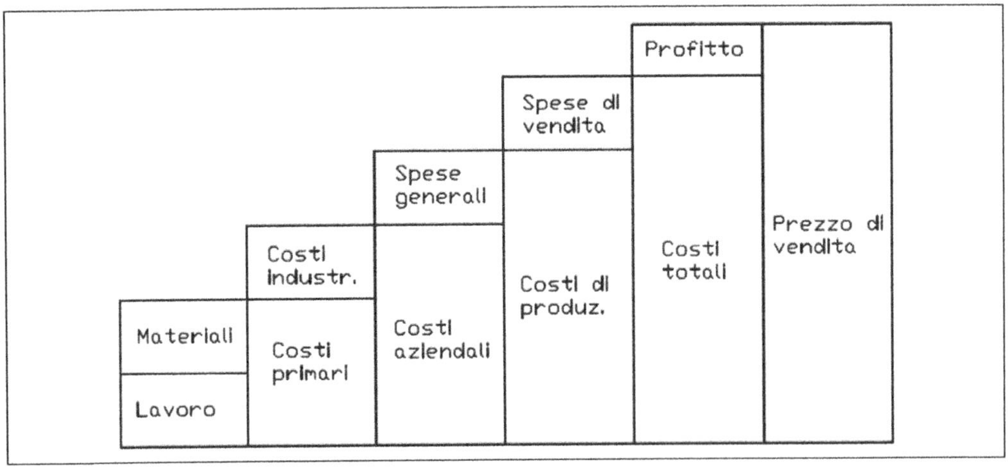

Figura 1.12. Voci di costo.

I costi diretti di materiali e lavoro costituiscono i costi primari, cui vanno aggiunti i costi indiretti di produzione per ottenere i costi di impianto. Aggiungendo i costi fissi generici come svalutazione, tasse, etc., si ottiene il costo di produzione che unitamente ai costi di trasporto e distribuzione definisce il costo totale del prodotto. Il prezzo di vendita infine si ottiene aggiungendo al costo totale un congruo profitto.

Oggetto del progetto economico-finanziario sono quindi le spese (per la direzione, per l'amministrazione, commerciali, fiscali, assicurative, per le dogane, per il funzionamento degli uffici tecnici, per i servizi, per le ricerche, per i brevetti, per i materiali, per la manodopera, per gli impianti, per i diversi strumenti produttivi, per il collaudo) e gli incassi derivanti dalla vendita del prodotto, ovvero la liquidità assorbita e generata. Da notare che secondo i principi della moderna contabilità industriale, quando l'azienda ha una produzione diversificata, devono essere calcolabili separatamente i costi ed i ricavi imputabili a ciascun prodotto.

In passato per le previsioni di spesa s'impiegava il metodo del costo/kg per categorie di lavorazione, e il metodo della ripartizione del costo per manodopera, materiali e spese generali. Il primo metodo considera un costo verosimile per i pezzi che compongono il gruppo meccanico, suddividendoli in categorie abbastanza omogenee, dal punto di vista tecnologico e del costo di produzione (parti fuse, parti lavorate alle macchine, ecc.). Il secondo metodo si basa invece su un'analisi dettagliata di tutti i fattori di costo. In entrambi i casi, il costo totale è poi confrontato con il presunto ricavo per una valutazione di fattibilità del progetto. Da notare che per una stima attendibile dei costi occorre considerare il volume di produzione: il prezzo unitario di acquisto di una dozzina di viti può essere anche dieci volte maggiore del prezzo pagato qualora se ne comprino centomila.

In condizioni stazionarie di costi e di ricavi possibili sul mercato, il secondo metodo potrebbe in teoria sembrare preciso. Nella realtà i costi (oneri finanziari, costo dei materiali, dell'energia elettrica, della manodopera, ecc.) e i possibili ricavi sono però variabili nel tempo in modo aleatorio e perciò oggi si ricorre a metodi più moderni, anche se i due metodi ricordati possono ancora essere impiegati per calcoli economici di prima approssimazione.

Da tempo sono stati introdotti sistemi più raffinati per la pianificazione, la programmazione e il controllo e per la realizzazione nel più breve tempo possibile di programmi di varia natura, conoscendo in anticipo le date più probabili in cui si compiranno i singoli eventi che influenzano lo svolgimento dei programmi. Uno dei primi di questi sistemi è il P.E.R.T. (Program Evaluation and Review Tecnique). I sistemi più recenti, operanti per mezzo di programmi di calcolo, sono applicati all'insieme delle attività, dal progetto, alla produzione, alla commercializzazione dei prodotti, per una gestione ottimizzata dell'attività industriale.

La Fig. 1.13 schematizza con una curva qualitativa il flusso di cassa relativo al ciclo vita di un prodotto industriale. Si nota il periodo "a" con flusso di cassa negativo, seguito dai periodi "b" e "c" con flusso di cassa positivo. Il confine fra i periodi "b" e "c" è segnato dal punto di pareggio. Nella figura è anche evidenziato il flusso corrispondente alle spese per la progettazione.

La strategia aziendale per lo sviluppo di un nuovo prodotto, pur essendo ovviamente orientata a ottimizzare l'efficienza produttiva, contenendone al contempo i costi, è costantemente alla ricerca di tecnologie innovative per la riduzione del time-to-market, ovvero il tempo che intercorre dall'ideazione di un prodotto alla sua effettiva commercializzazione. L'influsso del time to market sui flussi di cassa è visibile in Fig. 1.14: l'introduzione tardiva del nuovo prodotto sul mercato posticipa sostanzialmente il punto di pareggio e soprattutto riduce la possibilità di maggiori profitti.

Per ridurre il time to market e diminuire i costi garantendo al contempo il giusto livello di qualità del prodotto/processo, negli ultimi anni è stato abbandonato l'approccio Tayloristico (detto anche sequenziale), basato sullo sviluppo per passi successivi con passaggi di consegne da un gruppo all'altro secondo una procedura precodificata, a favore di metodologie basate sul concetto di Ingegneria Simultanea (Concurrent Engineering).

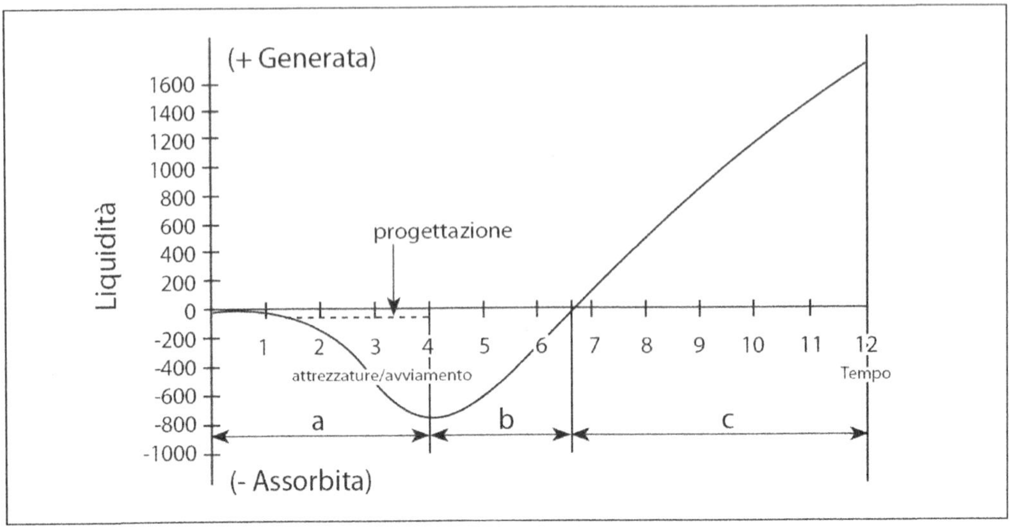

Figura 1.13. Flusso di cassa.

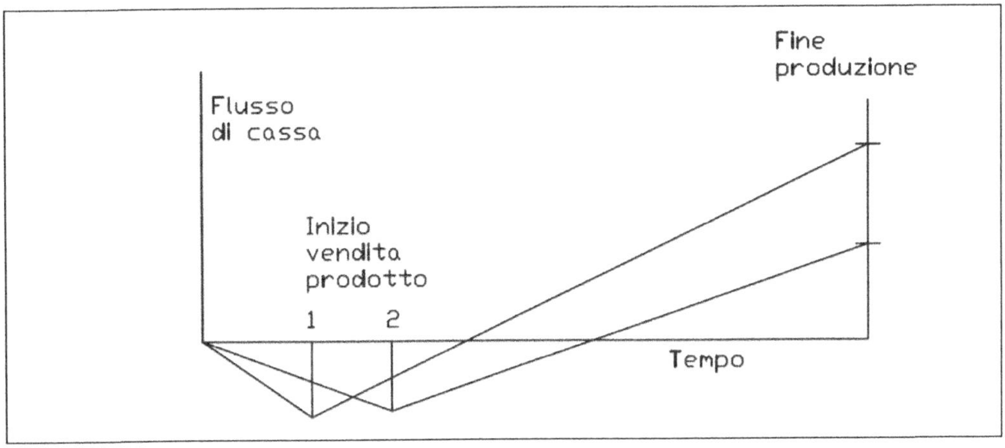

Figura 1.14. Time to market.

1.4. PRINCIPI DELL'INGEGNERIA SIMULTANEA

A lungo il progetto è stato più un'arte, senza alcun principio fondamentale, che una scienza. La progettazione è sempre stata considerata una questione di perizia, dove l'esperienza e il know-how aziendale erano le maggiori risorse. Negli ultimi anni, però, l'evoluzione delle scienze e delle tecnologie ha portato a una rapida crescita di tecniche di sviluppo prodotto, di progettazione e di supporti informatici per far fronte alle nuove domande di mercato, al miglioramento della qualità, alla riduzione dei tempi di produzione e alla globalizzazione incalzante che va diffondendosi nell'industria, nella cultura e nell'economia.

La progettazione meccanica, se da un lato in questi ultimi anni richiede sempre maggiori competenze non solo strutturali o prettamente ingegneristiche, ma anche legate agli aspetti legislativi (concetti di sicurezza sociale e di prodotto) e alle esigenze di marketing, dall'altro si sta arricchendo sempre più di nuovi strumenti di lavoro in grado di supportare il progettista nelle difficoltà operative che incontra durante la sua attività. Se ieri l'industria era orientata verso la produzione di massa per sfruttare al meglio le economie di scala, oggi la parola "chiave" è flessibilità, intesa principalmente come capacità di adeguarsi rapidamente alle fluttuazioni di mercato in termini di modifica del prodotto, soddisfacimento delle richieste del cliente, rapidità d'immissione nel mercato di un nuovo prodotto. Quest'ultimo aspetto in particolare ha portato allo sviluppo delle cosiddette tecniche di Ingegneria Simultanea (Concurrent Engineering), la cui diffusione sta crescendo in modo sempre più rapido.

La Concurrent Engineering, secondo la definizione fornita dalla SME (Society of Manufacturing Engineers) nel 1987, prevede che gli ingegneri di progettazione, fabbricazione e qualità lavorino insieme per migliorare i processi e le tecniche di realizzazione per rispondere alla richieste del cliente relativamente a tempi di consegna più rapidi, maggiore varietà e qualità di prodotti. In Fig. 1.15 è presentato schematicamente il classico approccio sequenziale alla progettazione che prevedeva una rigida separazione delle funzioni di progettazione e l'utilizzo di lunghe fasi di sperimentazione.

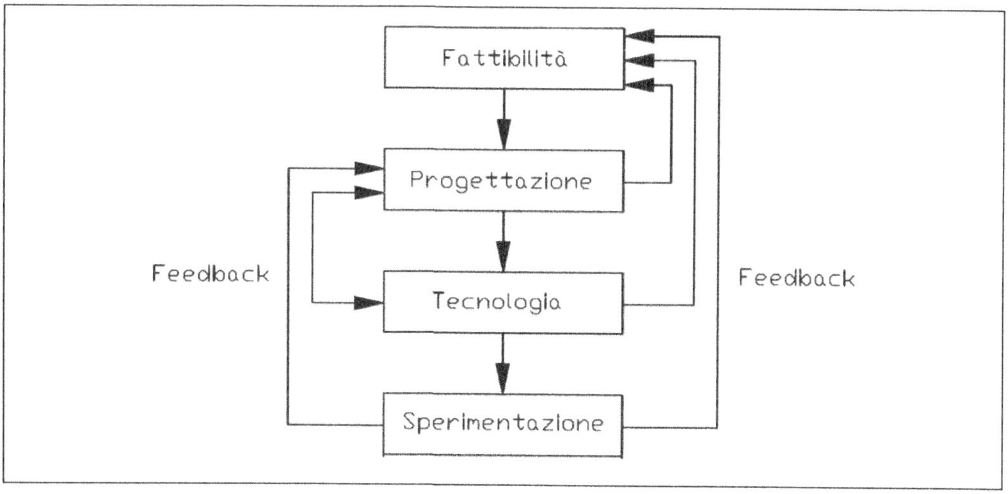

Figura 1.15. Progettazione sequenziale.

In Fig. 1.16 si può notare una rappresentazione schematica della progettazione simultanea. In questo caso tutti i settori aziendali sono coinvolti nella progettazione sin dalla fase di fattibilità industriale, riducendo così i tempi e i costi di progettazione.

Questa nuova impostazione presuppone necessariamente un'elevata integrazione delle funzioni industriali: occorre uno scambio continuo d'informazioni fra i vari uffici (ad esempio quello responsabile della progettazione e quello della produzione) che sviluppano quanto di loro competenza in maniera simultanea.

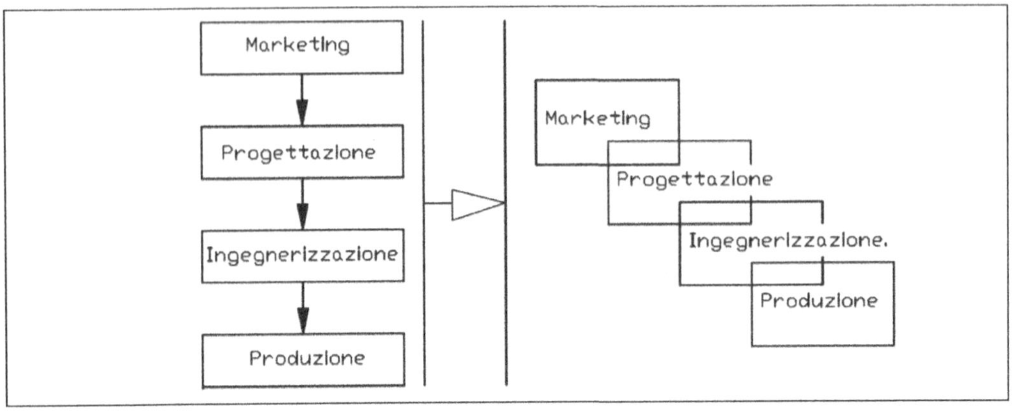

Figura 1.16. Progettazione simultanea.

Nasce quindi l'esigenza di nuovi strumenti integrati di progettazione che rendano possibile uno scambio coerente delle informazioni fra le varie divisioni dell'azienda (Product Data Management - PDM). In questo modo è possibile utilizzare un piano di lavoro comune in cui ogni responsabile delle varie fasi dello sviluppo prodotto immette continuamente i propri risultati (vedi Fig. 1.17).

In questo modo i vari responsabili possono correggere e adeguare lo sviluppo del prodotto in modo da soddisfare le esigenze (funzionali e produttive) dei vari uffici. È interessante notare l'importanza che viene ad assumere il disegno (CAD), cui è attribuito il ruolo di database condiviso tra i vari uffici impegnati nello sviluppo prodotto.

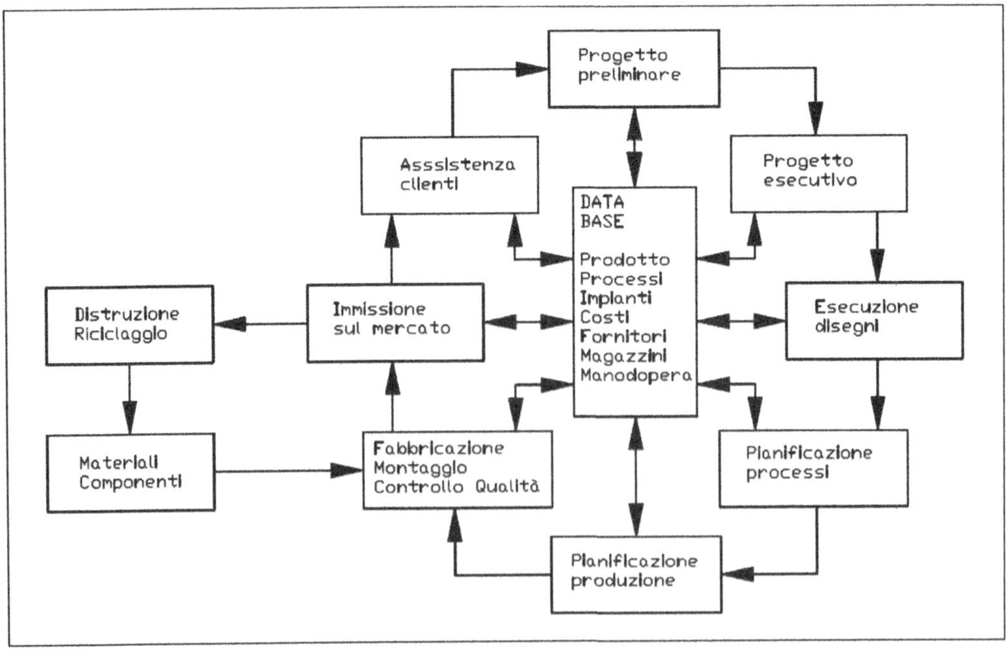

Figura 1.17. Product Data Managment – PDM.

1.5. PROGETTAZIONE ORIENTATA ALLA QUALITÀ

Il tentativo di massimizzare il rapporto qualità/costo ha portato all'affermazione negli ultimi anni, della progettazione orientata alla qualità (Design for Quality), i cui obiettivi principali sono il soddisfacimento delle esigenze del cliente, attese e non, attraverso l'incremento della qualità percepita, e la riduzione del time to market, con l'adozione di:

- Metodologie basate sui principi del Concurrent Engineering.
- Strumenti informatici (quali il Virtual Prototyping e i software CAx).
- Metodi specifici di Progettazione Orientata (Design for X).

Questi obiettivi strategici (mission aziendale) sono spesso integrati in un modello organizzativo dell'intera organizzazione aziendale, il Total Quality Management (TQM), che opera sia a livello di sistema, attraverso il rispetto dei requisiti fissati dallo standard ISO 9000, che culturale, stimolando un atteggiamento nuovo verso il lavoro e verso i clienti, basato su una maggiore attenzione al cliente, un aumento della responsabilità dei collaboratori, e il miglioramento continuo (introduzione di gruppi di lavoro per la soluzione di problemi).

Il primo passo consiste nel definire con precisione gli obiettivi della progettazione. Tale fase si sviluppa attraverso l'analisi dei prodotti concorrenti, lo studio di banche date brevettuali, la definizione dello stato dell'arte (tecnico e di mercato) e la valutazione delle esigenze del cliente (esplicite e latenti); e termina con la stesura della lista dei requisiti, che rappresenta il primo documento ufficiale di sviluppo prodotto, e il punto di partenza per l'impostazione del Design for Quality. Poiché il progetto oltre ai requisiti di qualità dovrà garantire requisiti tecnici di funzionalità e prestazionali, è possibile individuare due classi di proprietà: interne ed esterne. Le proprietà interne rappresentano le prerogative fisiche del sistema, in altre parole tutti gli aspetti di pertinenza specifica dell'Ingegnere, direttamente correlati a rami specifici dell'Ingegneria: garantire le specifiche tecniche (per lo più identificate da specifiche proprietà interne) è l'obiettivo minimo della progettazione. Le proprietà esterne rappresentano invece gli aspetti del sistema percepiti dal cliente, o da operatori diversi dal progettista, che vengono a contatto con il sistema di progettazione del prodotto durante il suo ciclo di vita.

Alcune proprietà sono tra loro concorrenti (per esempio, i processi di fabbricazione e di assemblaggio influenzano fortemente il costo del sistema). Altre hanno un legame unilatero (per esempio, la sicurezza implica affidabilità ma non viceversa). Alcuni legami sono più o meno forti a seconda del sistema considerato.

La qualità è quindi la realizzazione del prodotto in maniera da soddisfare le specifiche tecniche, e al contempo garantire le proprietà esterne interessanti per il cliente.

Al fine di soddisfare tutti i requisiti correlati alla qualità del prodotto, si sono sviluppate numerose tecniche di Progettazione Orientata (Design for X), generalmente finalizzate all'ottimizzazione di proprietà esterne specifiche, caratterizzanti il prodotto riguardo a una o più fasi del suo ciclo di vita. Alcune sono di ausilio specifico ad alcune fasi di sviluppo del prodotto. Per esempio, il Design for Manufacturing trova la sua naturale applicazione durante la fase di progettazione di dettaglio di singoli componenti, finalizzata all'ottimizzazione del relativo ciclo produttivo. Altre invece seguono alcune fasi o l'intero ciclo di vita del prodotto, per fornire ausilio ad una o più fasi specifiche del progetto progettuale.

Il diagramma di Kano (Fig. 1.18) permette una visione bidimensionale della qualità percepita, suddivisa in tre differenti categorie: Obbligatorie (Must be), quelle cioè ritenute necessarie per il successo del prodotto, Lineari o Compartimentali (One-to-one), quelle per cui esiste una correlazione diretta tra livello di soddisfazione e valore del servizio, ed eccitanti (Attractive), che sono in grado di garantire un elevato grado di soddisfazione del cliente. In generale per immettere sul mercato un nuovo prodotto occorre: soddisfare tutte le caratteristiche "Must be", migliorare, per essere competitivi le "One-to-one" e puntare almeno su una caratteristica "Attractive" per differenziare il prodotto da quelli della concorrenza.

Nel corso degli anni si sono sviluppate numerose tecniche di sviluppo prodotto tra cui, per esempio, l'Axiomatic Design e il Robust Design. In particolare il Robust Design cerca di ridurre gli effetti delle cause di variabilità, senza necessariamente eliminarle, in modo da garantire delle caratteristiche di progetto più stabili e controllabili.

Tra le diverse tecniche di progettazione orientata, quella che storicamente si è sviluppata per prima, e al contempo ha una maggiore ricaduta sul prodotto finito, essendo direttamente connessa alle fasi più avanzate dello sviluppo prodotto, è il "Design for Manufacturing and Assembly" (DFMA), trattata di seguito.

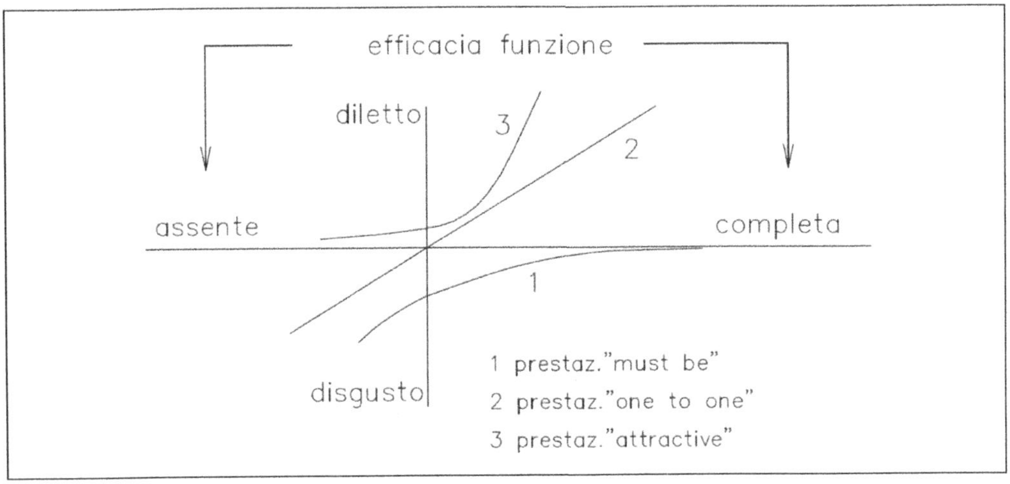

Figura 1.18. Diagramma di Kano – Soddisfazione del cliente.

1.6. DESIGN FOR MANIFACTURING AND ASSEMBLY (DFMA)

È ormai assodato che la qualità e la riduzione dei costi e dei tempi di realizzazione di un nuovo prodotto sono strettamente connesse alla fase progettuale, che influenza pesantemente il costo totale del ciclo vita del prodotto. Orientativamente si ritiene che circa il 40% dei problemi legati alla qualità di un prodotto derivi da un progetto non adeguato, e che fino al 70% del suo costo finale possa essere influenzato dal progetto iniziale.

Si comprende quindi come negli ultimi anni all'approccio tradizionale, volto a soddisfare prevalentemente le specifiche funzionali del prodotto, si siano affiancate tecniche "innovative" che considerano, fin dalle prime fasi dello sviluppo prodotto, anche aspetti legati alla produzione e/o, più in generale, all'intero ciclo vita del prodotto. Tra le diverse discipline che si sono sviluppate in conformità a questa filosofia aziendale, sempre più orientata alla cooperazione tra tutte le competenze coinvolte nella progettazione, quella che storicamente si è sviluppata per prima, e al contempo ha una maggiore ricaduta sul prodotto finito, è il "Design for Manufacturing and Assembly" (DFMA).

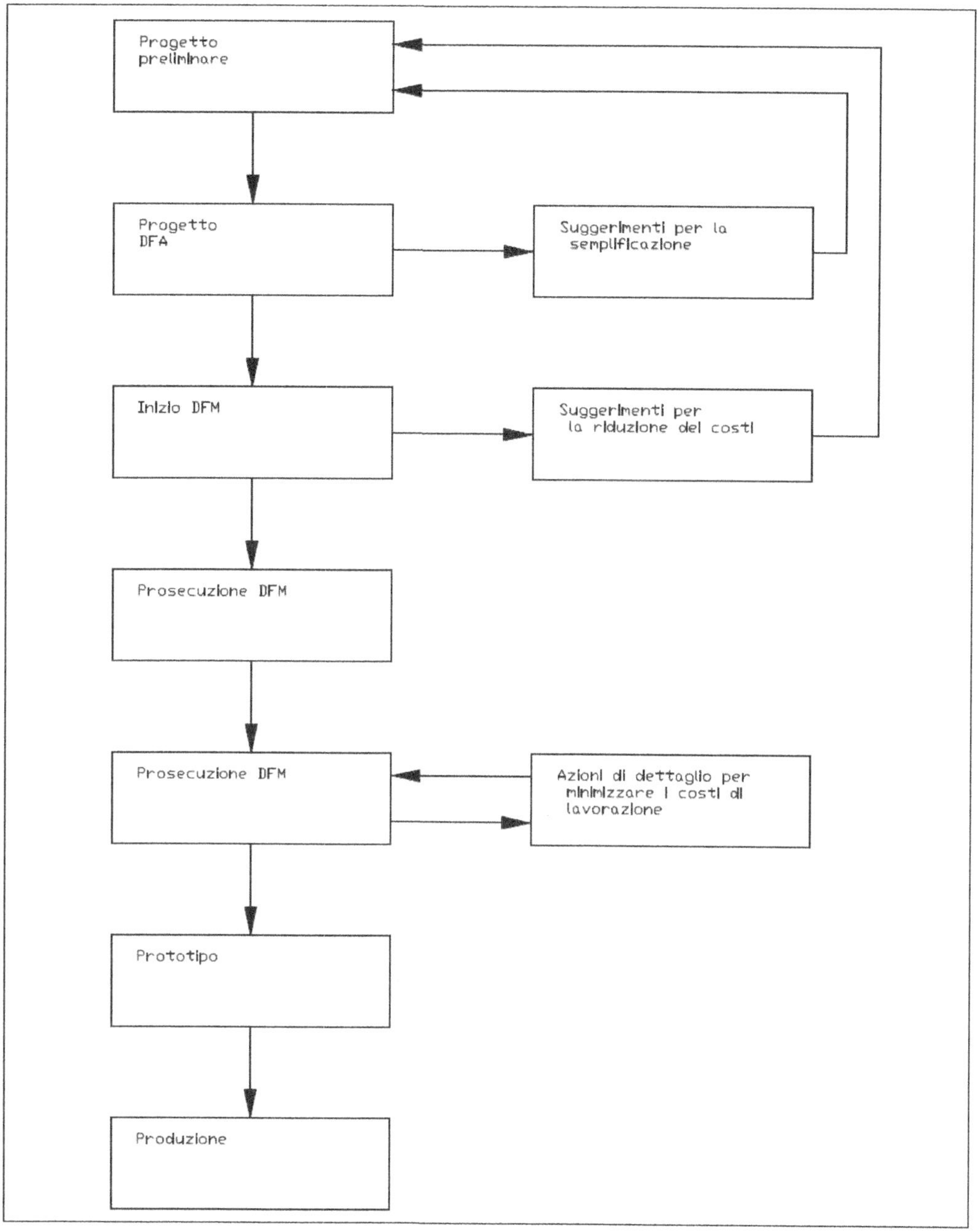

Figura 1.19. Diagramma di flusso DFMA.

Il DFMA è una metodologia progettuale basata sulla stima e ottimizzazione dei tempi e dei costi di fabbricazione, mediante la definizione di forme più efficienti ed economiche ai fini della loro realizzazione, e sull'analisi di ogni singolo elemento e del sistema complessivo riguardo al montaggio, allo scopo di definire le soluzioni costruttive ottimali, semplificandole ove possibile, e facilitando l'assemblaggio dei sotto-assiemi e del prodotto finale. Fonda la sua architettura su due metodiche distinte, ma perfettamente integrabili tra loro:

- Design for Assembly (DFA) – Individua criteri per conseguire una semplificazione nel montaggio, e una riduzione dei tempi e della possibilità di errore.
- Design for Manufacturing (DFM) – Si occupa della progettazione degli elementi e dei sistemi costruttivi in funzione dei processi di lavorazione.

Uno schema semplificato delle varie fasi connesse all'applicazione del DFMA è mostrato in Fig. 1.19.

Gli obiettivi che si cerca di conseguire con l'utilizzo delle metodologie DFMA sono ovviamente gli stessi ricercati in passato. La differenza sta nella maggiore efficacia legata alla formalizzazione di metodologie e all'utilizzo di programmi computerizzati.

1.7. DESIGN FOR ASSEMBLY (DFA)

La metodica DFA ha conosciuto un ampio sviluppo negli ultimi venti anni, evolvendo da forme assiomatiche, cioè basate esclusivamente su accorgimenti e regole progettuali, verso alcuni metodi strutturati (Hitachi, Lucas, Boothroyd and Dewhurst).

Nelle forme più complete, questi strumenti utilizzano metriche che consentono di quantificare non solo l'efficienza del processo di assemblaggio, ma anche i margini di miglioramento, prendendo in considerazione diversi fattori correttivi, abbastanza ovvi, salvo che l'approccio DFA velocizza e migliora la qualità dello sviluppo dell'aspetto "Design for Assembly" nell'ambito del progetto. Fattori importanti da considerare sono i seguenti:

- Riduzione del numero di componenti, assegnando eventualmente più funzioni alle singole parti.
- Utilizzo di moduli standard, ottenuti riunendo più parti in singoli sotto-assiemi.
- Condizioni di assemblaggio in grado di garantire una certa libertà di manovra all'operatore.
- Ottimizzazione delle proprietà fisico-geometriche degli elementi che incidono sui tempi di assemblaggio, rendendo semplice tale operazione.
- Ottimizzazione dei sistemi di giunzione.

Per la maggior parte dei prodotti l'assemblaggio contribuisce con una piccola frazione al costo totale, ma ridurre il numero di parti e i tempi di assemblaggio porta a elevati benefici indiretti, come una gestione d'inventario più snella, una ridotta necessità di manodopera, ecc.

Il fattore cardine del DFA è la riduzione del numero di componenti che formano il prodotto finito: un componente eliminato infatti non si rompe mai, e non sarà mai progettato, prodotto, testato, scartato, collaudato, modificato, acquistato, immagazzinato, inventariato, riciclato, smaltito.

Nelle Figg. 1.20 e 1.21 due esempi: un albero con ruota conica, in due e in un pezzo, e un rinvio appartenente a un sistema di comando meccanico con un alberino con due manovelle separate (b) e con una barra circolare curvata a formare sia l'albero che le manovelle (a).

La riduzione del numero dei pezzi è sempre stata anche in passato uno degli obiettivi della buona progettazione. Di diverso oggi c'è l'impiego di metodi strutturati, quali quelli accennati in precedenza, ma anche l'impiego dei centri di lavoro, in sostituzione delle classiche macchine utensili (tornio, fresatrice, ecc.), che permette di realizzare pezzi di forme prima improponibili, con grandi vantaggi, rispetto al passato, anche in termini di precisione (tolleranze).

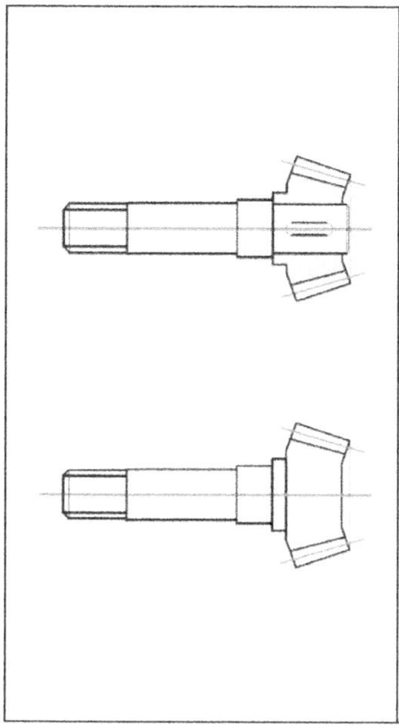

Figura 1.20.
Albero con ruota conica.

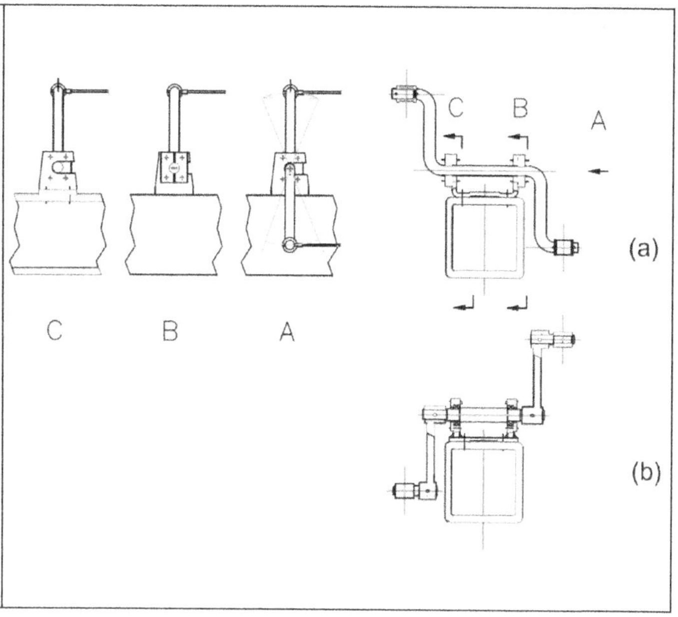

Figura 1.21.
Alberino con due manovelle.

La riduzione del numero di componenti, produce oltre ad un beneficio diretto in termini di precisione, anche in generale in termini di qualità del prodotto finito, riducendo la probabilità di difetti. Quest'ultima, infatti, dipende direttamente dal numero di elementi e di operazioni di assemblaggio.

La riduzione del numero dei componenti si basa su alcune regole utili per determinare le parti la cui funzione non può essere unita a quella di altri componenti. I casi da considerare, del resto abbastanza prevedibili, sono i seguenti:

- Durante il funzionamento la parte ha un movimento relativo rispetto a ogni altra parte.
- La parte deve essere di materiale differente, per qualche motivo, dalle parti contigue.
- La parte deve essere distinta da ogni altra per motivi di montaggio.

Si mostrano di seguito alcune soluzioni progettuali atte a risolvere problemi di montaggio.

La Fig. 1.22 mostra la soluzione realizzata per un organo rotante situato fra due membrature (lamiere) non separabili, con la sola possibilità di inserimento dal basso in figura. La soluzione comprende un perno filettato sul quale è montato un gruppetto premontato bussola-cuscinetti-rotore. La soluzione rappresentata nella Fig. 1.23 comprende invece due bussole inserite assialmente di sostentamento del rotore precedentemente reso solidale all'albero.

Le Figg. 1.24 e 1.25 mostrano due soluzioni per il montaggio ancora di un rotore fra due lamiere, questa volta senza alcuna possibilità d'inserimento. Ambedue le soluzioni prevedono una finestra su una delle due lamiere per l'inserimento assiale del rotore calettato con interposti cuscinetti su un perno, in un caso quest'ultimo collegato alla piastra circolare della chiusura della finestra e nell'altro anche appoggiato su una sede ricavata sull'altra lamiera.

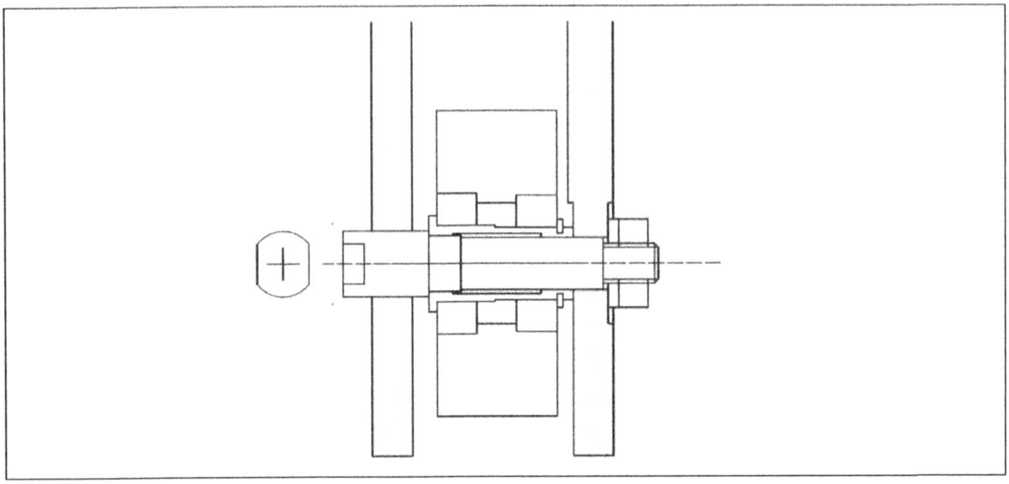

Figura 1.22. Soluzione per il montaggio di un organo rotante.

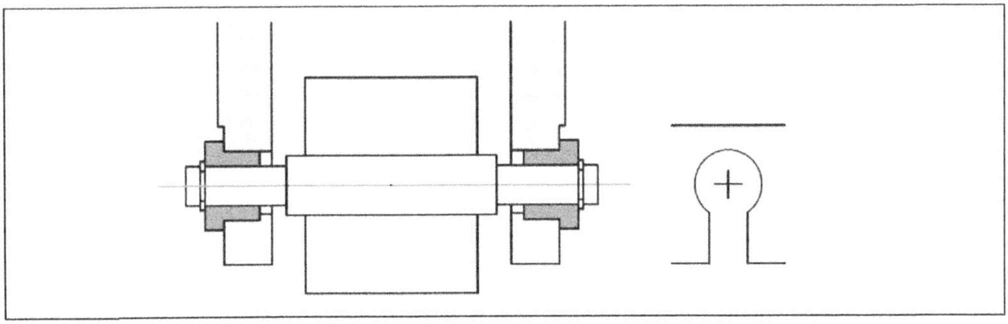

Figura 1.23. Soluzione per il montaggio di un organo rotante.

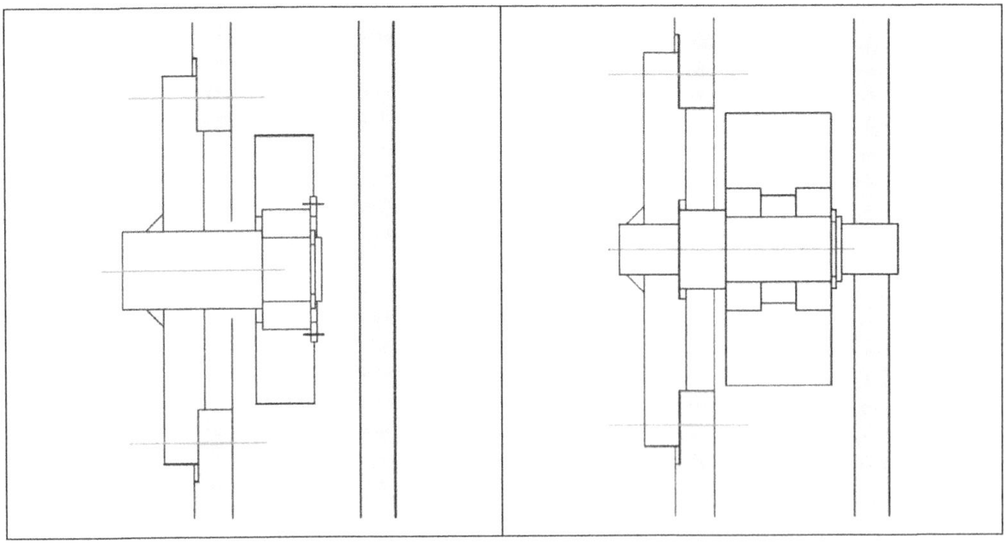

Figure 1.24 e 1.25. Soluzioni per il montaggio di un organo rotante.

1.8. DESIGN FOR MANUFACTURING (DFM)

La seconda metodica (DFM) fa ricorso a modelli di stima dei costi di produzione dei singoli elementi, che consentono di effettuare analisi di sensitività correlate ai parametri di progetto più rilevanti (forme, proprietà geometriche, materiali), oltre che ai parametri di processo fondamentali (tipologia e caratteristiche di processo, dimensione del lotto di produzione). In assenza di dati storici, i costi di produzione di un particolare possono essere stimati in prima approssimazione sulla base della macro-famiglia cui può essere ricondotto il pezzo (solido di rivoluzione, prismatico, in parete sottile, ecc.) e della sua complessità geometrica .

Mediante l'implementazione di accorgimenti che consentono di includere informazioni sul processo di fabbricazione già nello sviluppo progettuale del prodotto, è possibile contenere risorse materiali ed economiche, riducendo gli sfridi di lavorazione e operando un controllo diretto sul costo di fabbricazione, garantendo al contempo le caratteristiche interne ed esterne richieste dalle specifiche tecniche. Gli aspetti da considerare sono legati prevalentemente alla scelta dei materiali, dei processi e del numero di lavorazioni.

Per ridurre i costi di supporto alla produzione è necessario agire nella direzione di minimizzare la complessità del sistema produttivo. In molti casi sono coinvolti numerosi fornitori, centinaia di parti diverse, centinaia di persone, dozzine di tipologie di prodotto e di processi produttivi diversi. Ogni variabile (fornitori, parti, persone, prodotti e processi), aumenta la complessità del sistema produttivo: il più semplice è quello che utilizza un singolo processo per trasformare un'unica materia prima in una singola parte. Gran parte di questa complessità è introdotta nelle prime fasi della progettazione e può quindi essere minimizzata attraverso scelte oculate, volte anche a ottimizzare la forma del componente soprattutto nell'ottica di facilitarne la realizzazione, in modo da rendere economicamente vantaggioso il processo produttivo selezionato. L'applicazione del DFM richiede pertanto una conoscenza aggiornata e approfondita dei processi produttivi.

1.9. PROCESSI PRODUTTIVI

Non è un compito semplice riuscire a classificare l'enorme quantità di processi produttivi che si sono sviluppati nel corso degli anni. Il processo produttivo converte un materiale grezzo in una parte finita. Una prima classificazione può essere effettuata in virtù della modalità di creazione del pezzo finito, ossia se il processo avviene con conservazione (*Shape Replication Process*), riduzione (*Shape Generation Process*) o aggiunta di massa (*Shape Assembly Process*).

I processi produttivi più comuni sono:

- Fonderia: permette di ottenere manufatti tramite la fusione e la colata del materiale in apposite forme, che rappresentano la geometria in "negativo" del componente da realizzare.
- Deformazione plastica: la forma finale del componente viene ottenuta mediante deformazione plastica del materiale.
- Asportazione di truciolo: la geometria del componente viene realizzata asportando il materiale in eccesso da un grezzo iniziale.
- Saldatura: permette di ottenere forme complesse collegando tra loro in maniera indissolubile, componenti dalle geometrie più semplici, con o senza apporto di materiale, e sotto l'azione del calore: il calore fornito permette la fusione del materiale d'apporto e/o di quello di base (a seconda del processo).

A questi vanno aggiunti i cosiddetti processi tecnologici "non convenzionali", che stanno avendo un sempre maggior impulso (sinterizzazione delle polveri, tecnologie laser, friction stir welding, ecc.), la cui trattazione esula dagli scopi del presente volume.

Di seguito si riportano alcune brevi note riguardanti i principali processi produttivi convenzionali, evidenziandone in particolare gli aspetti più legati alla progettazione.

I fattori principali che influenzano la scelta del processo sono:

- Dimensione del lotto di produzione.
- Complessità in termini di forma, dimensioni e features.
- Materiale.
- Qualità richiesta.
- Costo di produzione.
- Lead time.

Fattore chiave è certamente il materiale, che influenza, più degli altri aspetti, la scelta del processo produttivo, generalmente a causa di vincoli tecnologici, legati principalmente all'applicabilità del singolo processo a quel dato materiale, e alle alterazioni strutturali e meccaniche (durezza, omogeneità, stress residui, ecc.) che il materiale può subire a seguito della lavorazione stessa. Ad esempio negli ultimi anni nell'ambito delle lavorazioni delle lamiere si è assistito a una sempre maggiore diffusione di processi di taglio laser o ad acqua che permettono di non modificare le caratteristiche del materiale.

In seconda battuta senz'altro la dimensione del lotto produttivo deve essere presa in considerazione per la scelta del processo produttivo, poiché strettamente connessa all'incidenza del costo delle attrezzature sul singolo componente prodotto.

FUSIONE

Se da un punto di vista operativo il processo di fusione può apparire piuttosto semplice, le implicazioni a livello metallurgico non sono banali, giacché il materiale subisce una completa transizione dallo stato liquido surriscaldato allo stato solido, con conseguenti problematiche legate alla fluidodinamica del liquido all'interno dello stampo, alle contrazioni dovute al raffreddamento all'interno dello stampo (con possibili implicazioni in termini di tensioni residue), ecc. Le caratteristiche meccaniche del componente prodotto sono strettamente legate alla velocità di solidificazione del componente, che influenza dimensioni, forma e struttura dei grani cristallini del materiale, e dai successivi cicli termici a cui viene sottoposto il componente.

Generalmente, tranne che per alcuni processi particolari (pressofusione, fusione a cera persa), la rugosità superficiale e le tolleranze geometriche/dimensionali del componente sono piuttosto scadenti, ed è necessario provvedere a successive lavorazioni di finitura.

Le Figg. 1.26, 1.27, 1.28, 1.29, 1.30 rappresentano tipici particolari ottenuti per fusione. Il particolare le Figg. 1.27 e 1.30 possono essere fuse nel modo più semplice, senza inserire nelle staffe anime o inserti.

I principali difetti da colata sono normalmente correlati alla formazione di piccole cavità all'interno del componente (principalmente per problemi connessi al ritiro del fuso, o soffiature), discontinuità e/o cricche e fessure (generalmente dovute ad un ritiro eccessivo per montaggio errato o dimensionamento incorretto dello stampo), inclusioni di materiale estraneo (estremamente pericolose in quanto non visibili dall'esterno) che possono ridurre drasticamente le capacità meccaniche del componente. Un fenomeno cui occorre prestare particolare attenzione è inoltre la porosità, dovuta a ritiro o gas intrappolato, negativa per tutte le proprietà meccaniche, e anche per la rugosità superficiale.

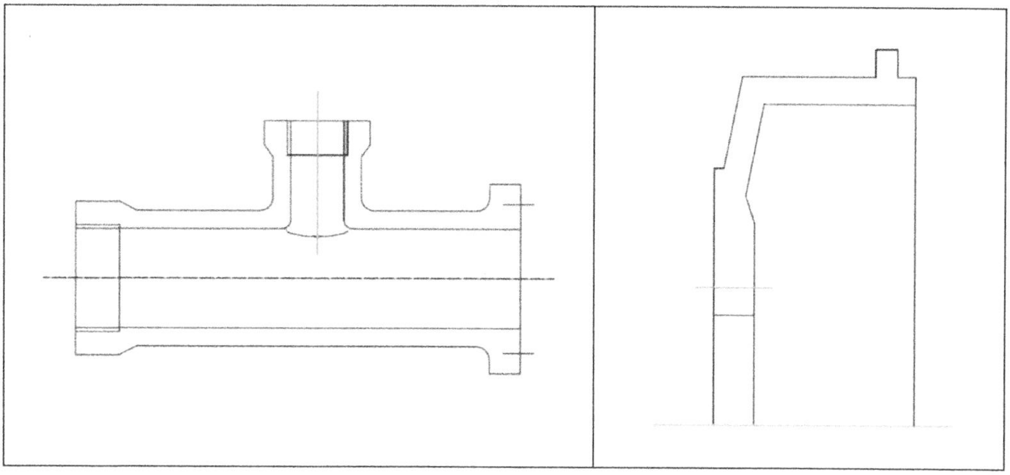

Figura 1.26 e 1.27. Particolari ottenuti per fusione.

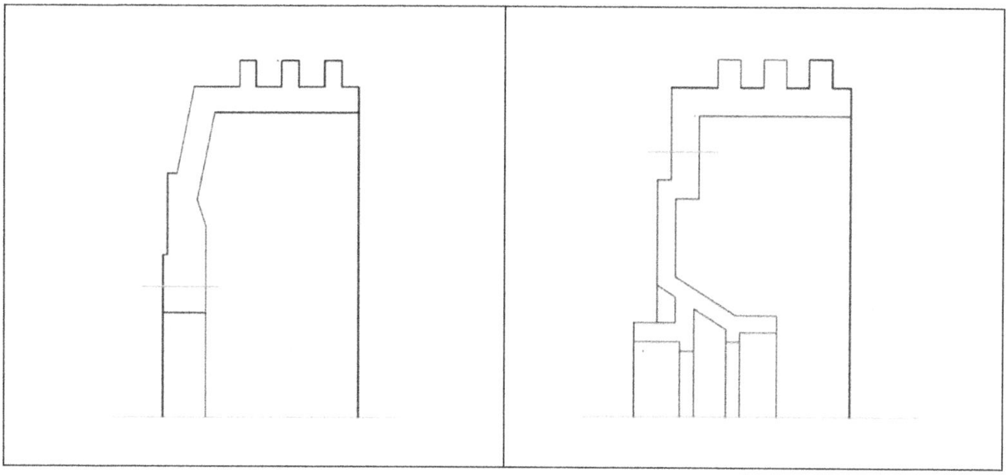

Figura 1.28 e 1.29. Particolari ottenuti per fusione.

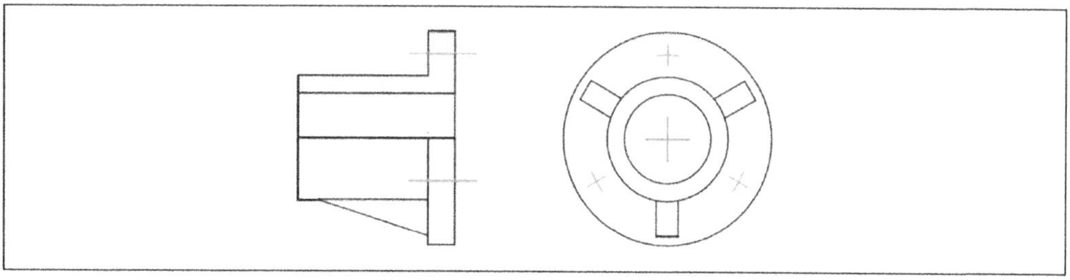

Figura 1.30. Particolare ottenuto per fusione.

La Fig. 1.31 indica alcuni dettagli nel disegno dei pezzi fusi, con il confronto fra soluzioni da evitare (a) e corrette (b).

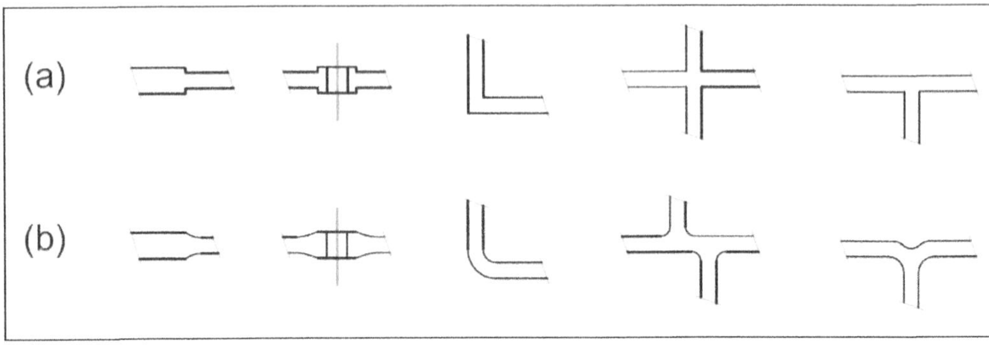

Figura 1.31. Avvertenze per il disegno dei pezzi fusi.

DEFORMAZIONE PLASTICA

A causa dell'elevata deformazione cui è sottoposto, il materiale è soggetto a notevoli cambiamenti dal punto di vista metallurgico: eventuali porosità presenti tra i grani subiscono un vero e proprio collasso, mentre i grani sono deformati e allungati nelle direzioni di flusso plastico del materiale, il che ne determina la tipica distribuzione a fibre. Questo produce ovviamente una notevole anisotropia di molte caratteristiche meccaniche come duttilità, resistenza a fatica, resistenza a frattura, ecc. Se il processo è condotto a freddo, senza preriscaldamento del componente, è possibile ottenere buone tolleranze dimensionali e rugosità superficiali, tanto che in alcuni casi è possibile evitare successive lavorazioni di finitura per asportazione di truciolo (processi "near net shape"), con una riduzione dei tempi e dei costi di processo.

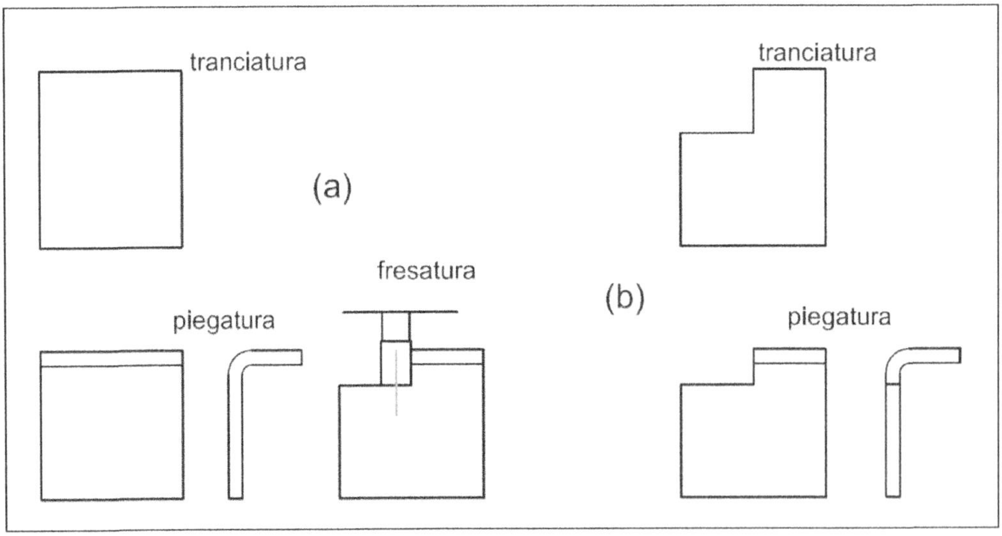

Figura 1.32. Particolare in lamiera ottenuto per piegatura.

Particolare attenzione deve essere posta alla progettazione di geometrie realizzabili mediante processi di deformazione di lamiere. La Fig. 1.32 mostra il disegno di un pezzetto di lamiera piegato, in due modi, uno dei quali più corretto degli altri, perché permette di eliminare un'operazione, per ottenere il prodotto finito.

Il supportino di Fig. 1.33a può essere realizzato per tranciatura e piegatura con le modifiche del disegno della Fig. 1.33b o Fig. 1.33c.

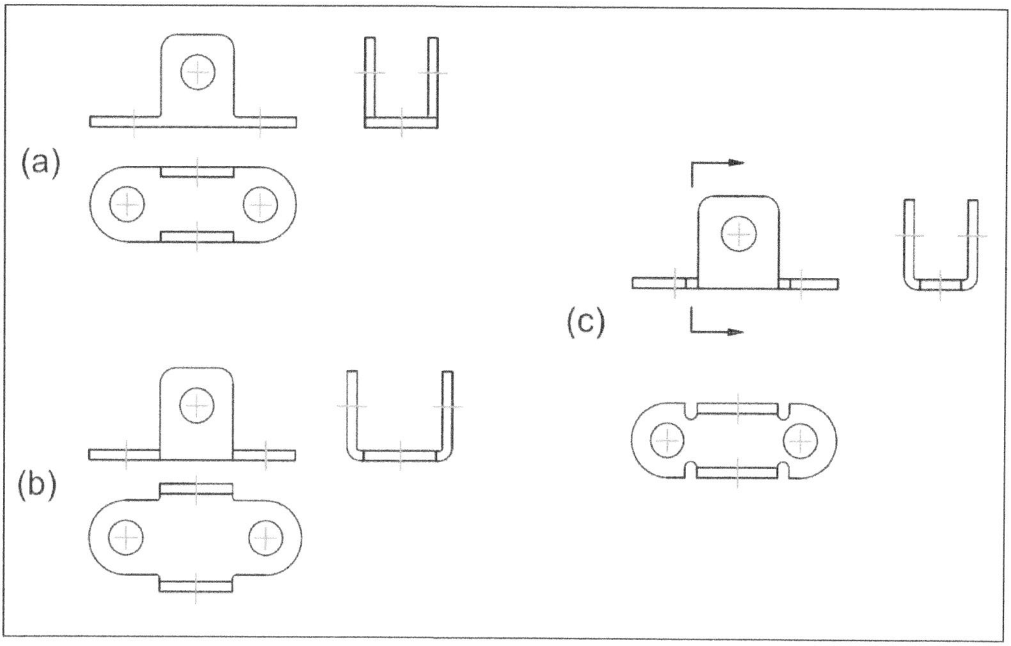

Figura 1.33. Supportino.

ASPORTAZIONE DI TRUCIOLO

Le lavorazioni per asportazione di truciolo permettono una grande flessibilità in termini di geometrie realizzabili, tolleranze e precisioni difficilmente ottenibili con altri processi, e costi relativamente bassi. Per contro i tempi di lavorazione possono essere molto elevati. Questa famiglia di lavorazioni ha avuto, com'è noto, una grande trasformazione, con la sostituzione, almeno nelle produzioni di serie, dei centri di lavoro al posto delle macchine utensili dedicate a un solo tipo di lavorazione, quali il tornio, la fresatrice, ecc. Su una stessa macchina utensile, il centro di lavoro, è possibile eseguire su un pezzo tutte le lavorazioni classiche (foratura, maschiatura, tornitura, fresatura, ecc.), riducendo il numero di piazzamenti, con evidenti vantaggi in termini di risparmio di tempo e di precisione. La Fig. 1.34 mostra due situazioni nelle lavorazioni con asportazione di truciolo: (a) foratura con la punta del trapano che inizia a lavorare su un piano non perpendicolare all'asse della punta, da evitare in quanto introduce un effetto flettente della punta stessa; (b) tornitura di un albero in cui per evitare l'inflessione prodotta dal carico applicato dall'utensile, il pezzo deve essere sostenuto dalla parte opposta al mandrino dalla contropunta ed eventualmente anche da una lunetta intermedia.

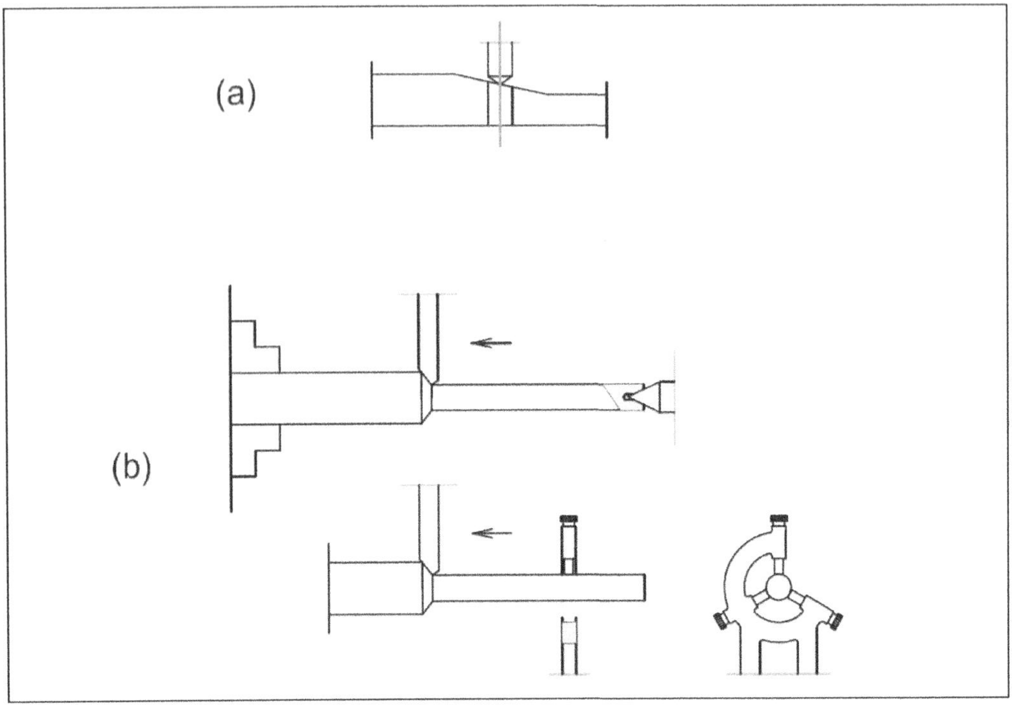

Figura 1.34. Asportazione di truciolo.

SALDATURA

In molti casi vi è la necessità di ricorre alla giunzione tra più pezzi. Le ragioni possono essere molteplici: a) non è possibile o è antieconomico produrre il componente in un pezzo unico, b) è più facile fabbricare dei singoli pezzi ed assemblarli successivamente, c) si vogliono proprietà differenti in diverse zone non ottenibili con un unico materiale, d) è più economico trasportare il prodotto diviso in pezzi da assemblare sul posto.

Durante la saldatura, il materiale vicino al cordone di saldatura (zona termicamente alterata) è soggetto a una variazione di temperatura che può produrre variazioni della struttura metallografica e quindi delle caratteristiche meccaniche e tecnologiche dei pezzi saldati: il suo stato finale, e le relative proprietà meccaniche, dipendono dalla composizione della lega e dalla rapidità del raffreddamento subito. Il riscaldamento disuniforme dei pezzi e il successivo raffreddamento generano fenomeni di ritiro con possibili inneschi di tensioni interne che possono provocare la rottura del giunto anche dopo un certo tempo. Per limitare questi fenomeni è bene limitare lo spessore dei pezzi, in quanto direttamente correlato alla velocità di raffreddamento, dal momento che la maggior parte del calore viene smaltito per conduzione attraverso i pezzi saldati, a meno di provvedere al riscaldamento durante la saldatura dei pezzi in modo da rallentare il raffreddamento; così come è preferibile evitare di unire parti con spessori molto diversi.

La Fig. 1.35a mostra le deformazioni che si possono generare nel caso di una saldatura di testa a V nel raffreddamento: una contrazione trasversale rispetto al cordone di saldatura, una deformazione angolare dovuta alla asimmetria della sezione del cordone di saldatura rispetto al piano medio delle lamiere, e una contrazione longitudinale massima in corrispondenza dell'asse del cordone. La Fig. 1.35b mostra invece lo stato di tensione indotto in una sezione perpendicolare al cordone di saldatura, consistente in una trazione con il massimo in corrispondenza dell'asse del cordone ed in una compressione di uguale risultante nelle sezioni adiacenti.

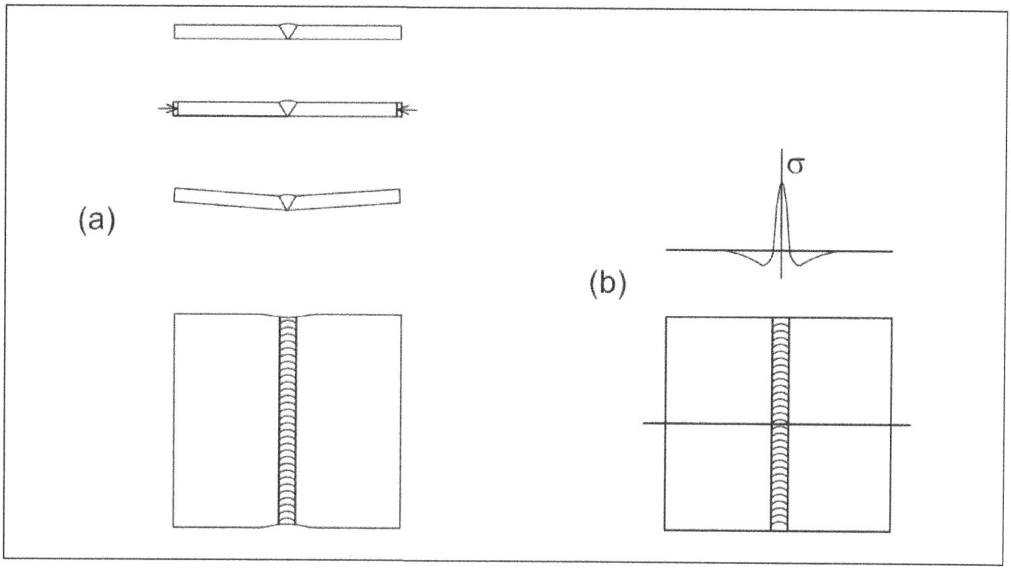

Figura 1.35. Deformazioni e sollecitazioni nelle saldature di testa.

La Fig. 1.36 indica la curvatura che si può generare nel raffreddamento di un giunto a T assimilabile a una trave, sia nel caso di asse neutro al di sopra, che al di sotto, delle saldature d'angolo.

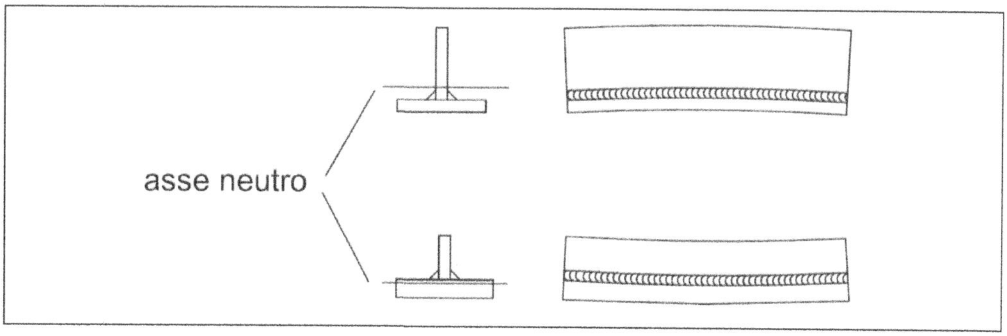

Figura 1.36. Deformazione del giunto a T.

Nella Fig. 1.37 tre difetti possibili in una saldatura di testa: (a) incompleta penetrazione; (b) incisione marginale; (c) cricca nella zona di fusione e cricca laterale. Nel Capitolo 7 sono riportati alcuni esempi di buone regole per la realizzazione dei giunti saldati.

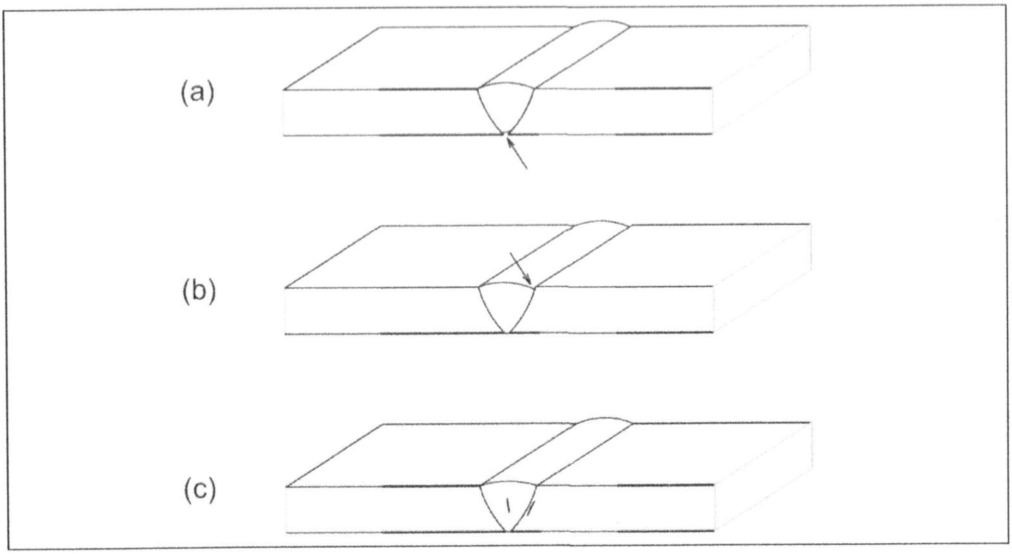

Figura 1.37. Difetti delle saldature di testa.

1.10. SCELTE PROGETTUALI

In questo paragrafo vengono discussi alcuni casi di scelte progettuali alternative.

Le Figg. 1.38, 1.39, 1.40 rappresentano in più versioni una semplice cerniera cilindrica di collegamento fra due pezzi. Le alternative sono fra: perno unico o due perni, sfilabilità assiale o meno, mantenimento della posizione assiale basata sulle tolleranze oppure ottenuta con un pacchetto di molle a disco, fissaggio assiale dei perni con spina trasversale variamente disposta, regolazione o meno della posizione assiale relativa dei due pezzi. Quale sia la soluzione migliore dipende ovviamente da vari fattori, quali: ciclo di costruzione dei pezzi e di montaggio, precisione richiesta, ecc.

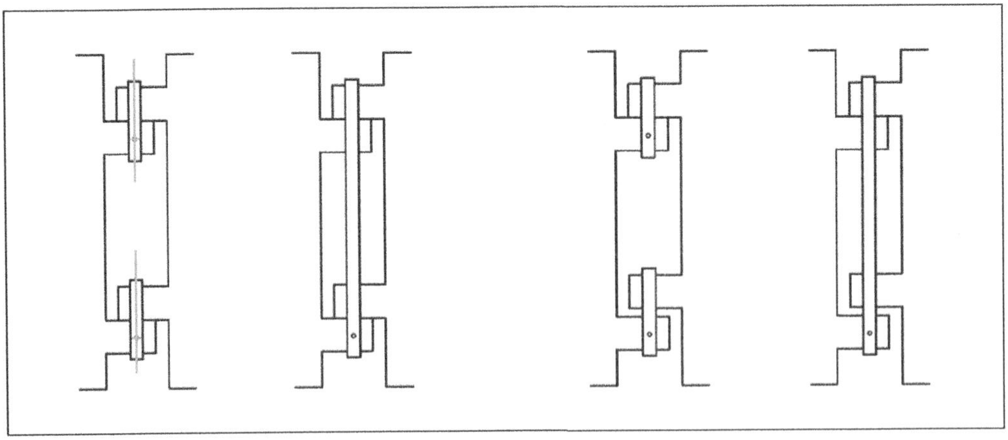

Figura 1.38. Cerniere.

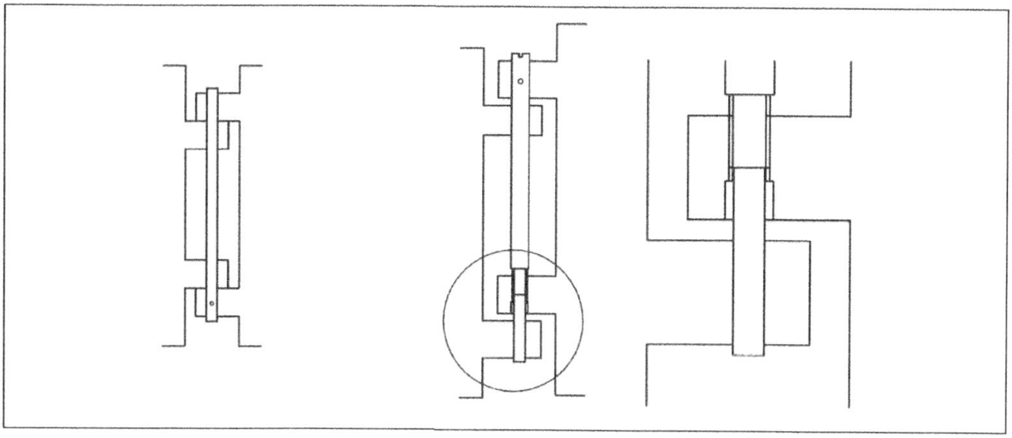

Figura 1.39. Cerniere.

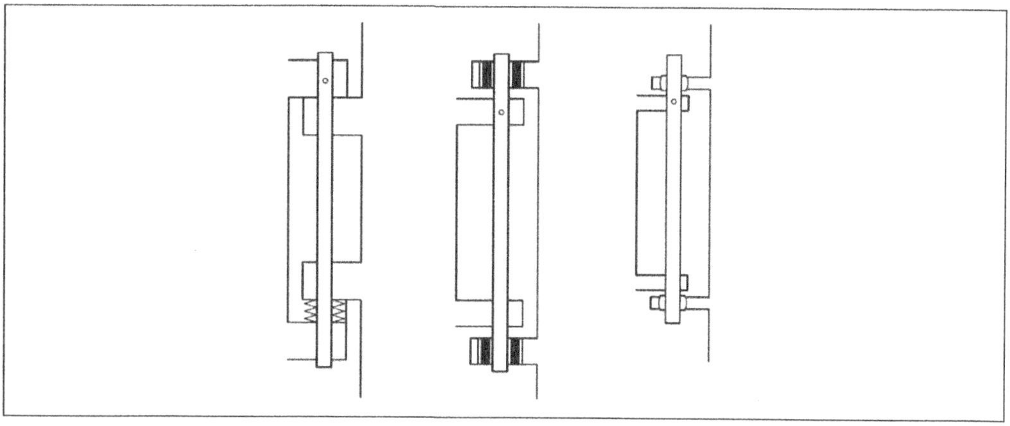

Figura 1.40. Cerniere.

La Fig. 1.41 mostra due possibili alternative relative ad un piccolo albero a gomito di una macchina alternativa monocilindro. In un caso l'albero è in un sol pezzo (la montabilità sul banco con cuscini non divisi è possibile per l'appartenenza dei due supporti a un carter in due pezzi), ma allora il piede di biella deve essere diviso, nell'altro caso l'albero è in tre pezzi con il perno di manovella forzato entro due sedi ricavate nelle spalle del gomito con la biella mono pezzo. La scelta della soluzione giusta va trovata a seguito di una valutazione prevalentemente economica dei processi di realizzazione dei pezzi e di montaggio nei due casi.

Nella Fig. 1.42 due soluzioni per la sospensione anteriore di un'automobile. La prima è quella classica a parallelogramma trasversale; la seconda è la Macpherson, applicata oggi nella maggior parte delle auto a trazione anteriore. I vantaggi della seconda consistono in un minor costo di realizzazione e in un minore ingombro trasversale, molto utile nel caso di trazione anteriore con il motore disposto trasversalmente.

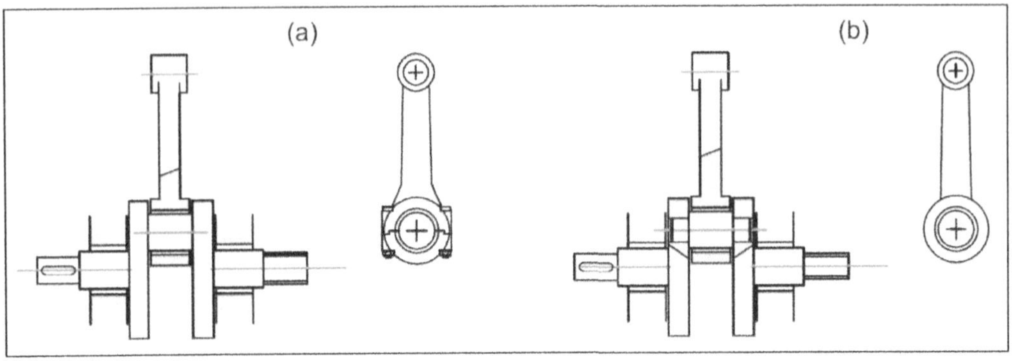

Figura 1.41. Piccolo albero a gomito.

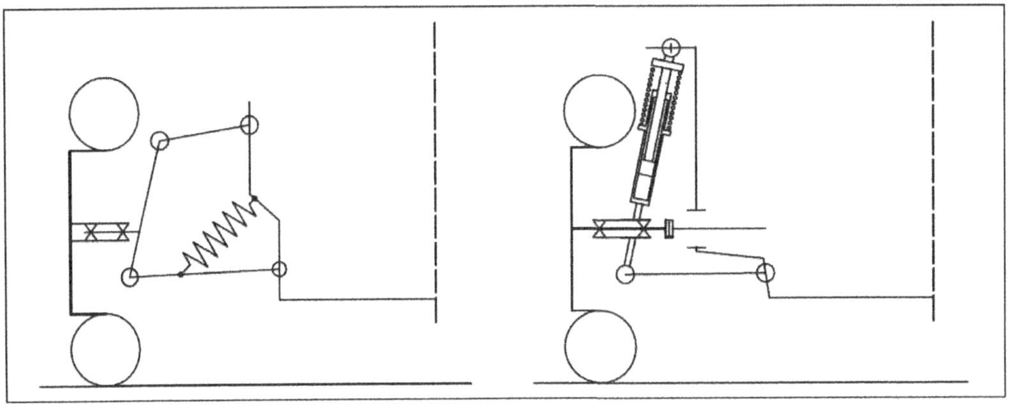

Figura 1.42. Sospensioni anteriori.

La Fig. 1.43 mostra due soluzioni per la sospensione posteriore delle auto con trazione posteriore e motore anteriore. La prima soluzione, con molle è in generale più diffusa ma la seconda è molto usata nei veicoli quali autocarri e furgoni, in cui, rispetto ad una più facile ottimizzazione del comfort, prevale l'esigenza di una maggiore semplicità, ottenuta con gli elementi elastici, le balestre, facenti parte anche del sistema cinematico della sospensione.

La Fig. 1.44 rappresenta il braccio orizzontale di un sollevatore con la stabilità trasversale realizzata: in un caso con una cerniera comprendente due boccole, nell'altro con due tiranti. La scelta fra le due soluzioni, ugualmente valide dal punto di vista funzionale, è da fare sulla base di un'analisi dei costi.

La Fig. 1.45 mostra quattro diverse soluzioni del collegamento cappello fusto di una biella. La soluzione migliore dipende principalmente anche in questo caso dal costo delle lavorazioni relative alle diverse soluzioni. La (a) e la (d) sono in linea di massima equivalenti, la (b) è la meno adatta per una produzione di grande serie, la (c), realizzata mediante brocciatura delle superfici affacciate dei due pezzi, è in linea di massima la più adatta per una produzione di grande serie.

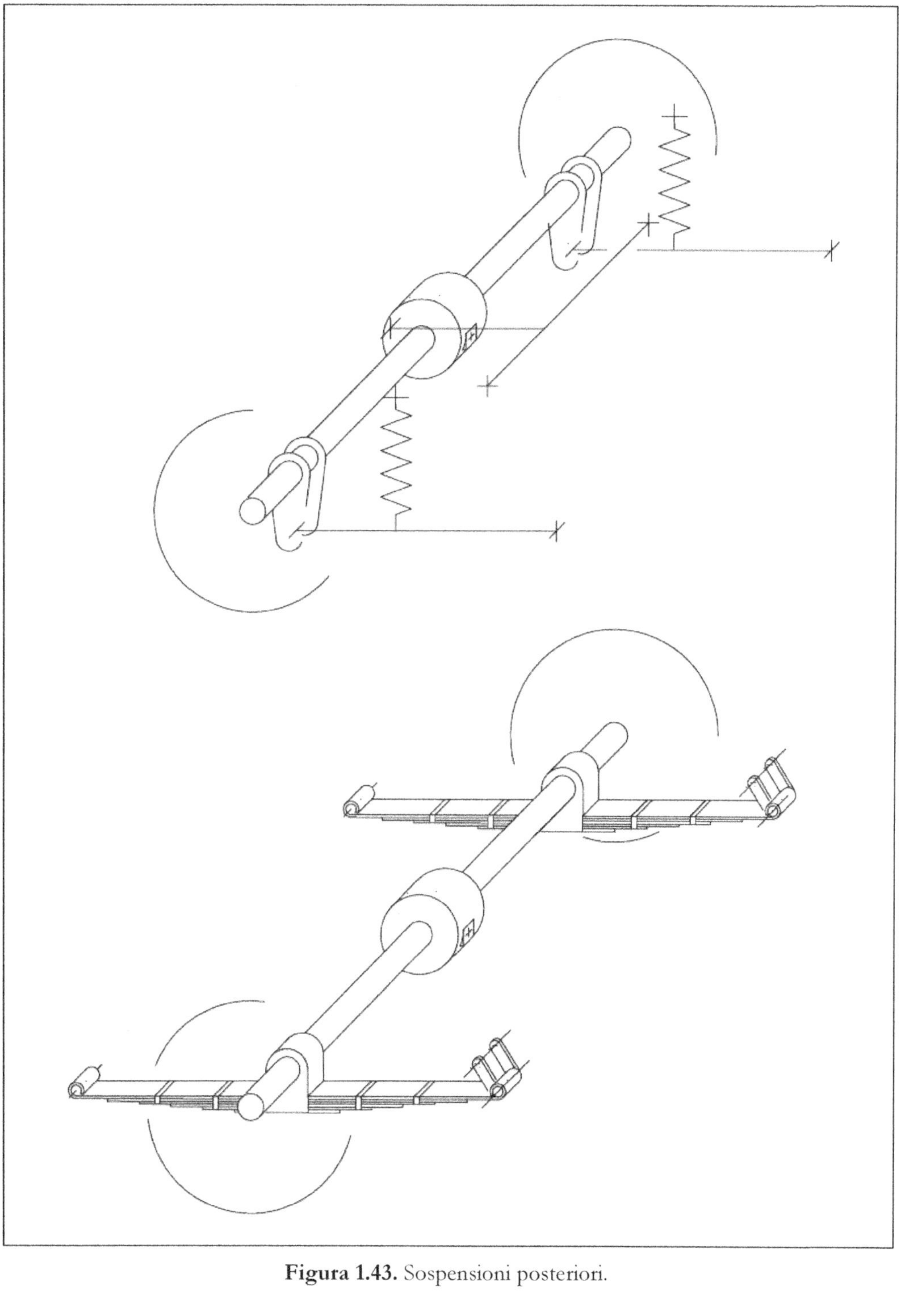

Figura 1.43. Sospensioni posteriori.

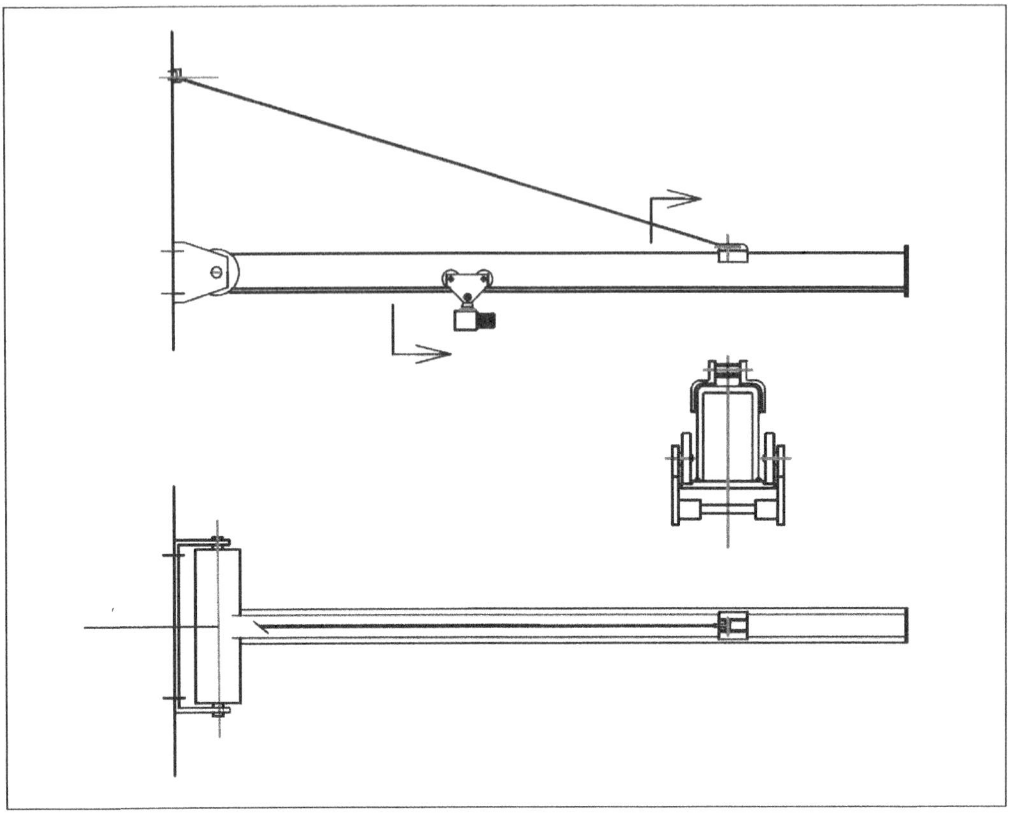

Figura 1.44. Braccio di un sollevatore.

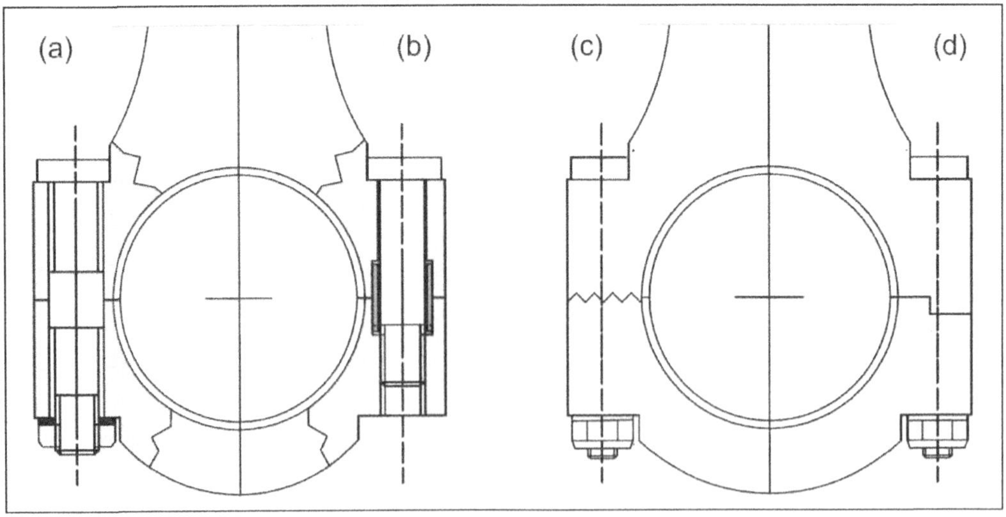

Figura 1.45. Collegamento cappello di biella.

Il tappo di Fig. 1.46 è rappresentato nelle due versioni: filettato e con viti. In linea di massima la prima è da evitare, in particolare nel caso di tappo di non piccole dimensioni, in quanto la filettatura, necessariamente di passo fine in rapporto al diametro, facilmente si danneggia nell'avvitamento e svitamento, con conseguente vero e proprio grippaggio o comunque con un aumento dello sforzo di serraggio.

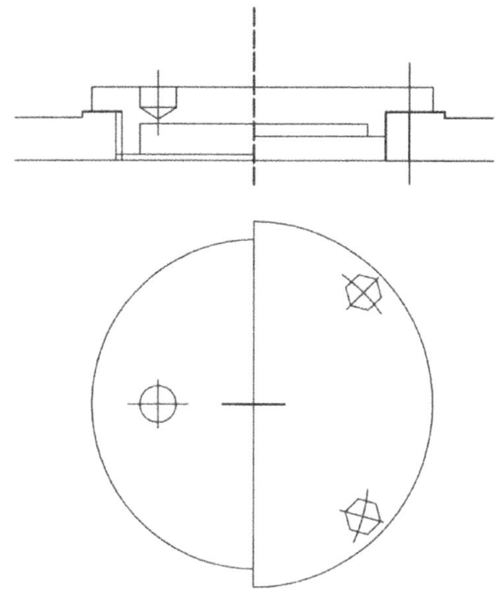

Figura 1.46. Tappo.

1.11. CONOSCENZE DA UTILIZZARE NELLO SVILUPPO DEL PROGETTO

Lo sviluppo di un progetto meccanico richiede conoscenze nel campo della resistenza dei materiali, della statica, cinematica e dinamica, delle tecnologie meccaniche, della meccanica dei fluidi, degli elementi costruttivi delle macchine, ecc.

Molti sono i tipi di macchine e le realtà produttive, e quindi sono molto diversi i problemi da affrontare da progetto a progetto; inoltre le aziende tendono ad utilizzare i mezzi informatici senza stravolgere i criteri di progetto elaborati nel tempo.

Premesso che il progetto di un gruppo meccanico deve sempre tendere alle soluzioni più semplici ed alla massima affidabilità funzionale e strutturale, di seguito si enumerano una serie di regole di massima da tener presenti:

- massimo rendimento dei meccanismi per ridurre le forze in gioco, i consumi energetici e la produzione di calore;
- gruppi meccanici compatti per guadagnare in leggerezza e rigidezza;
- massima versatilità, in particolare per le macchine operatrici;
- esclusione di aggiustaggi di pezzi;
- limitare al massimo elementi squilibrati per ridurre le vibrazioni;

- tenere ben presenti i problemi di sicurezza e di impatto ambientale;
- disegnare "per l'officina", ovvero accertarsi che i pezzi si possano realizzare con facilità;
- evitare soluzioni critiche per il montaggio;
- prevenire la corrosione dei pezzi con opportune protezioni;
- usare i materiali costosi solo in caso di necessità;
- non usare tolleranze più strette del giusto che fanno salire il costo per la costruzione dei pezzi;
- non eccedere nel numero di pezzi e di elementi di collegamento;
- prevedere eventuali dispositivi di controllo o limitazione dei sovraccarichi;
- impiegare quando possibile elementi e componenti unificati o comunque di commercio;
- tenere presenti le esigenze di manutenzione e riparazione;
- per le soluzioni innovative essere sicuri della fattibilità.

Una traccia delle possibili fasi del progetto di un gruppo meccanico, intese più come successione logica che temporale, in quanto il lavoro di progetto ha sempre carattere iterativo, è la seguente:

- Individuazione del tema e descrizione.
- Redazione della Specifica Tecnica contenente i dati d'interfaccia con i gruppi contigui, le caratteristiche funzionali minime, gli ingombri e le masse da non superare, la normativa che deve essere seguita per le verifiche strutturali e ogni prescrizione, di qualsiasi natura, da seguire. È anche opportuno che nella specifica tecnica siano evidenziati con chiarezza quelli che sono gli obiettivi fondamentali da raggiungere con il progetto: per esempio può essere imposto che il consumo energetico della macchina sia al di sotto di un determinato valore, per avere un vantaggio rispetto alla concorrenza. Infine è importante, già nella Specifica Tecnica, identificare le caratteristiche di sicurezza della macchina, nel rispetto delle leggi e delle norme vigenti.
- Definizione dello schema cinematico e dell'architettura generale di massima del gruppo. Si ricercano nella letteratura tecnica, compresi i brevetti, e nella documentazione relativa ai gruppi simili della concorrenza, tutte le informazioni utili. In parallelo possono essere condotti o commissionati calcoli e misure sperimentali atti a fornire indicazioni per lo sviluppo del progetto. Per esempio può essere richiesta la determinazione teorica, o numerica, o sperimentale, dei carichi dinamici che agiscono sulla macchina. Le eventuali esperienze possono essere eseguite su macchine esistenti analoghe a quella in studio o su appositi simulacri dei gruppi in studio. Si devono inoltre considerare gli aspetti connessi con l'impatto ambientale e con la sicurezza nell'uso della macchina e si devono analizzare, documentare e giustificare anche sotto questi aspetti le scelte progettuali.
- Sviluppo del disegno (o dei disegni) di studio, fino alla definizione fondamentale di tutto il gruppo in un disegno di assieme o complessivo.
- Esecuzione dei disegni dei particolari, semplici e composti, ovvero dei documenti che servono a costruire senza equivoci i pezzi del gruppo o della macchina.
- Redazione delle istruzioni per la costruzione, il montaggio, l'uso, la manutenzione, le riparazioni.
- Industrializzazione del progetto, a seguito della costruzione dei prototipi, della messa a punto e del collaudo, con l'introduzione di modifiche per migliorare la funzionalità, facilitare la costruzione ed il montaggio ed abbassare i costi. Questa attività è oggi fortemente in-

tegrata con le altre fin dall'inizio, al punto da non costituire più una fase a se stante dell'attività di progetto.

Al termine del progetto deve essere redatta la Relazione Tecnica e, secondo le prescrizioni del D.Lgs. 17/2010 che recepisce a livello nazionale la Direttiva Macchine 2006/42/CE, il Fascicolo Tecnico della costruzione.

La Relazione Tecnica contiene tutti gli elementi necessari a integrare la descrizione della macchina che risulta dai disegni. In particolare è composta da:

- Una descrizione qualitativa delle caratteristiche principali della macchina, in relazione anche alle macchine similari già in commercio.
- La Specifica Tecnica con i vincoli, di qualsiasi natura, che i progettisti devono rispettare nello svolgimento del progetto e con gli obiettivi principali che devono essere raggiunti (non devono essere confusi i dati di specifica con le caratteristiche della macchina le quali sono definite a posteriori dopo la costruzione e messa a punto dei prototipi).
- I risultati delle verifiche funzionali, strutturali e di costo della macchina (per esempio le verifiche di resistenza di un albero, il dimensionamento di una trasmissione, la stima dei costi connessi alla realizzazione di un particolare), oltre alle scelte progettuali e la loro giustificazione sulla base di considerazioni attinenti agli aspetti geometrici, cinematici, dinamici, strutturali, ecc.

Il Fascicolo Tecnico, un documento richiesto dalla legge europea per la marcatura CE del prodotto (Nuova Direttiva Macchine 2006/42/CE e successive integrazioni, recepita in Italia con il D.Lgs. 17/2010, che abroga e sostituisce il DPR 459/96), riunisce invece tutti gli elementi necessari a dimostrare che la macchina è conforme alle prescrizioni delle direttive in materia di sicurezza e che quindi la stessa può essere marcata CE e commercializzata sul territorio comunitario. Il Fascicolo Tecnico è composto "da un disegno complessivo della macchina e dagli schemi dei circuiti di comando; dai disegni dettagliati e completi, eventualmente accompagnati da note di calcolo, risultati di prove, ecc., che consentano la verifica della conformità della macchina ai requisiti essenziali di sicurezza e sanitari; dall'elenco dei requisiti essenziali della direttiva, dalle norme e dalle altre specifiche tecniche applicate nella progettazione della macchina; dalla descrizione delle soluzioni adottate per prevenire i rischi presentati dalla macchina; dall'analisi dei rischi; è possibile inoltre allegare qualsiasi relazione tecnica o certificato ottenuti da un organismo o da un laboratorio competente; se il costruttore dichiara la conformità a una norma armonizzata che lo prevede, è possibile allegare qualsiasi relazione tecnica che fornisca i risultati delle prove svolte, a sua scelta, da lui stesso o da un organismo o laboratorio competente; da un esemplare delle istruzioni per l'uso della macchina". Si vede come al legislatore interessano gli aspetti connessi con la sicurezza, per cui si verifica solo una parziale sovrapposizione fra i contenuti della Relazione Tecnica e quelli del Fascicolo Tecnico.

Fra i vari aspetti, fondamentale è la "descrizione delle soluzioni adottate per prevenire i rischi presentati dalla macchina" comunemente detta Analisi dei Rischi, da inserire nel Fascicolo Tecnico. In tale documento è necessario identificare tutti i pericoli che caratterizzano la macchina e indicare come sono stati eliminati o ridotti al minimo i conseguenti rischi per gli operatori; la compilazione di tale documento deve essere eseguita in parallelo allo sviluppo del progetto, al fine di rendere conto nel modo più completo possibile delle scelte progettuali in materia di sicurezza. Il Fascicolo Tecnico non deve essere fornito all'acquirente.

Da notare che i documenti progettuali devono essere conservati dall'azienda per ogni evenienza: necessità di costruire anche a distanza di tempo pezzi di ricambio, contestazioni sulla qualità della macchina da parte di clienti, richieste da parte dell'autorità giudiziaria a seguito d'incidenti con danni e persone o cose, ecc. Il Fascicolo Tecnico in particolare è obbligatorio che sia a disposizione per eventuali controlli.

È opportuno comunque tenere in ordine tutto il materiale che mano a mano si produce, compresi schizzi, calcoli e disegni di ogni tipo, in modo da facilitare la redazione finale dei documenti e per la memoria storica del lavoro svolto.

Una breve nota a conclusione del capitolo. Il progettista è responsabile della sicurezza riguardante l'utilizzo del prodotto: grande attenzione deve quindi essere posta nel progettare prodotti che siano "Safe in Use". A volte piccoli e semplici accorgimenti progettuali portano a un notevole incremento della sicurezza intrinseca del prodotto. Ad esempio i cappucci di plastica delle penne BIC furono modificati a seguito di casi di decesso di persone che avevano accidentalmente ingoiato il cappuccio: quest'ultimo fu modificato inserendo semplicemente un foro in maniera da evitare il soffocamento in caso d'ingestione accidentale.

Capitolo 2
MATERIALI PER LE COSTRUZIONI MECCANICHE

2.1. INTRODUZIONE

La scelta dei materiali e delle relative lavorazioni per la costruzione dei pezzi è ovviamente un argomento molto importante per il progetto meccanico. Nello sviluppo del progetto non si può separare la scelta dei materiali con i quali costruire i pezzi dalle relative tecnologie di realizzazione. Sia nella scelta dei materiali che nelle tecnologie di realizzazione è inoltre fondamentale tenere conto dei costi.

Il proporzionamento dei pezzi varia naturalmente al variare delle caratteristiche di resistenza e di rigidezza dei materiali. Oltre alle verifiche relative alle sollecitazioni ed alle deformazioni, è importante valutare la resistenza alla corrosione, alle alte o alle basse temperature, ed altre prestazioni, in relazione al particolare materiale impiegato ed alle condizioni di lavoro del pezzo.

Le caratteristiche meccaniche di base dei materiali si ottengono, com'è noto, con le prove unificate di trazione. Altre prove importanti sono le prove di durezza, di resistenza all'urto, di flessione. I materiali possono essere anche caratterizzati nei riguardi della resistenza alla fatica e allo scorrimento viscoso (*creep*). Possono essere comunque eseguite, quando serve, prove diverse, unificate o meno, per caratterizzare il comportamento dei materiali nelle più diverse condizioni di impiego.

Un particolare settore di prova dei materiali è quello collegato alla meccanica della frattura che studia la propagazione delle fessure, argomento particolarmente importante per gli elementi strutturali soggetti alla fatica (carichi variabili nel tempo) o impiegati alle basse temperature.

I materiali metallici possono essere suddivisi in:

- *materiali duttili*: sono quelli che si possono assoggettare a grandi deformazioni plastiche senza generare fratture. A questa categoria appartengono, per esempio, gli acciai a basso tenore di *C* per stampaggio a freddo. Quando alla duttilità si associa una buona resistenza si ha il materiale tenace.

- *materiali fragili*: sono quelli che arrivano a rottura senza sensibili deformazioni plastiche. Generalmente hanno anche bassa resistenza all'urto. Un materiale totalmente fragile è, per esempio, il vetro il quale giunge a rottura senza deformarsi plasticamente. Fra gli acciai meno duttili quelli per molle.

Negli acciai al *C* la capacità di deformarsi plasticamente diminuisce con il tenore di *C*. La Fig. 2.1 mette a confronto tre curve qualitative tensioni-deformazioni ricavate nella prova di trazione per un acciaio da stampaggio a basso tenore di *C*, per un acciaio da costruzione a medio tenore di *C* e per un acciaio da molle ad alto tenore di *C*. Nel campo elastico il comportamento dei diversi acciai è lo stesso, in quanto il modulo elastico è praticamente uguale per tutti gli acciai ($E = 200000 \div 210000\ N/mm^2$). Una divisione fondamentale dei materiali è ovviamente fra metallici e non metallici.

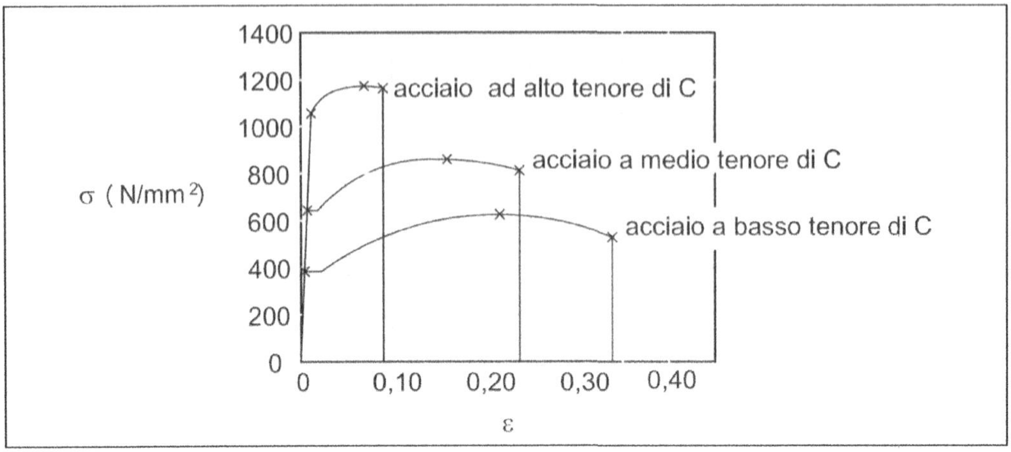

Figura 2.1. Diagramma tensione-deformazione degli acciai.

2.2. MATERIALI METALLICI

I materiali metallici più impiegati nelle costruzioni meccaniche sono i seguenti:

GHISE

Sono le leghe *Fe-C* con tenore di carbonio tra *1.9 e 6.5%*. Normalmente si impiegano ghise con percentuale di carbonio fra *2.5 e 4.5%*. Oltre al *C* sono sempre presenti anche *Si, Mn, S* e *P* che ne influenzano le caratteristiche in relazione alle percentuali presenti. Si distinguono le ghise grigie, più usate e meno costose, con il *C* prevalentemente sotto forma di grafite, dalle ghise bianche con il *C* combinato con il *Fe* nella cementite (Fe_3C).

Il largo impiego delle ghise nella meccanica deriva dalle seguenti caratteristiche:

- elevata fusibilità;
- buona lavorabilità alle macchine utensili;
- elevato smorzamento interno;
- buona resistenza all'usura (negli accoppiamenti ghisa/ghisa e ghisa/acciaio);
- minore costo di produzione rispetto agli acciai.

La relativamente bassa resistenza meccanica che ne limitava l'impiego per le parti più sollecitate non riguarda le moderne ghise trattate, quali le ghise malleabili e sferoidali. La saldatura delle ghise, per l'alto tenore di *C*, non è facile. Impieghi tipici riguardano i basamenti delle macchine, di ogni dimensione, i grandi ingranaggi, i basamenti e le testate delle macchine alternative.

ACCIAI

Sono le leghe *Fe-C* con tenore di carbonio tra *0.03 e 1.9%*. Normalmente sono presenti oltre al *C* altri elementi sotto forma di impurità (*P, S, N*), oppure aggiunti nel processo di raffinazione (*Al, Si, Mn*). Infine vengono aggiunti elementi diversi (elementi leganti) per migliorare le caratteristiche meccaniche (*Ni, Cr, Mo* e altri). In base alla composizione chimica si possono suddividere in:

- acciai non legati o acciai al *C*;
- acciai debolmente legati;
- acciai legati.

Altre suddivisioni possono essere fatte in base alle tecnologie e agli impieghi (acciai per lavorazione plastica, a caldo o a freddo, acciai da molle, acciai per getti, acciai inossidabili, acciai per utensili) o in riferimento alla composizione ed alla fase nel diagramma *Fe - C*.

Tipica degli acciai è la grande variabilità di caratteristiche meccaniche (snervamento, rottura, durezza, resistenza all'urto, ecc.) al variare della composizione, della tecnologia di produzione iniziale e dei semilavorati e dei trattamenti termici subiti. Quando interessa una grande resistenza all'usura, come per esempio nelle camme e negli ingranaggi, viene indurito uno strato superficiale, mantenendo la tenacità del cuore del pezzo.

Per i diversi trattamenti termici a cui l'acciaio può essere soggetto si veda la Tabella 2.1.

Tabella 2.1. Trattamenti termici degli acciai

Denominazione	*Definizione*
Bonifica	Viene eseguita su acciai da bonifica. Si intende per bonifica l'insieme della tempra e del successivo rinvenimento eseguito a temperature sufficientemente alte (400 ÷ 600 °C) per ottenere buona tenacità in corrispondenza di una determinata resistenza meccanica.
Cementazione	Viene eseguita su acciai da cementazione (C < 0.25%). Il pezzo viene immerso in un mezzo cementante (solido, liquido o gassoso) a temperatura di 850 ÷ 950 °C, con conseguente arricchimento superficiale di carbonio fino a circa 0.8 %, e successivamente temprato. Si ottiene uno strato superficiale duro (≈ 700 HV) e resistente all'usura, mentre il cuore risulta caratterizzato da una buona tenacità.
Nitrurazione	Viene eseguita su acciai da nitrurazione. Consiste nel realizzare un arricchimento superficiale di azoto inserendo il pezzo precedentemente bonificato in un'atmosfera di ammoniaca dissociata (T ≈ 480 ÷ 520 °C) in modo da ottenere uno strato superficiale di nitruri molto duri (≈ 1000 HV). La profondità di nitrurazione è dell'ordine di 0,1 mm. Se il trattamento avviene in mezzi che comportano l'arricchimento superficiale contemporaneo di azoto e carbonio, si parla di carbocementazione.
Normalizzazione	Viene eseguita su acciai da cementazione e da bonifica. Consiste in un riscaldamento ad una temperatura di poco superiore (20 ÷ 50 °C) ad A3 ed in un raffreddamento generalmente in aria calma. Con la normalizzazione si vuole trasformare una struttura disomogenea e/o grossolana in una struttura a grano fine aumentandone le caratteristiche meccaniche.
Ricottura	Viene eseguita su tutti gli acciai. Consiste in un riscaldamento ad una temperatura elevata, permanenza prolungata a tale temperatura e successivo raffreddamento lento. Con la ricottura si vuole: – attenuare gli effetti sulla struttura dovuti alla solidificazione, alla deformazione plastica, alla saldatura, a trattamenti termici precedenti; – conferire al materiale uno stato di addolcimento o ripristinarlo dopo precedenti trattamenti; – rendere l'acciaio idoneo alla lavorazione meccanica o alla deformazione a freddo; – eliminare o ridurre le tensioni residue. – In pratica si hanno diversi tipi di ricottura, tra i quali: – la ricottura completa consiste nel riscaldamento sopra il punto A3, mantenimento in temperatura per un tempo sufficiente alla completa omogenizzazione dell'acciaio e successivo raffreddamento, generalmente a forno. Conferisce all'acciaio modesti valori di durezza, ma buona lavorabilità; – la ricottura di lavorabilità (o di globulizzazione), impiegata per acciai a medio ed alto carbonio, consiste nel riscaldamento dell'acciaio al di sotto del punto A3, permanenza prolungata a questa temperatura e successivo raffreddamento lento. Consente di ottenere una buona lavorabilità all'utensile.

Rinvenimento	Viene eseguita su acciai precedentemente temprati. Consiste nel riscaldamento del pezzo temprato ad una temperatura compresa tra quella ambiente ed A1, permanenza a questa temperatura con successivo opportuno raffreddamento. Il rinvenimento deve essere effettuato subito dopo la tempra per evitare rotture dovute alle tensioni interne e, negli acciai legati, per evitare la stabilizzazione dell'austenite ritenuta. La scelta della temperatura di rinvenimento dipende dalle caratteristiche meccaniche richieste: all'aumentare della temperatura di rinvenimento diminuisce la durezza ed aumenta la Tenacità.
Tempra	Viene eseguita su acciai da cementazione, da bonifica e da tempra. Consiste nell'austenitizzazione del pezzo (riscaldamento ad una temperatura superiore ad A3 o ad A1 per gli acciai rispettivamente ipo ed ipertettoidici), nel successivo brusco raffreddamento generalmente in olio, acqua od aria. Consente di ottenere un elevato aumento di durezza in conseguenza della formazione di martensite in zone più o meno profonde.

LEGHE LEGGERE

L'Alluminio e le sue leghe trovano largo impiego nelle costruzioni meccaniche. Gli elementi aggiunti al *Al*, in varie percentuali, per formare numerose leghe, con caratteristiche meccaniche molto diverse, sono i seguenti: *Cu, Si, Mn, Mg, Zn.*

Le leghe leggere si distinguono per una più bassa densità (circa *2800* contro *7850* kg/m^3) ed un più basso modulo elastico rispetto agli acciai (circa *72000* contro *200000* N/mm^2), e per una buona conducibilità elettrica e termica.

Presentano una buona colabilità nella fusione e sono facili da lavorare sia alle macchine utensili che nelle lavorazioni plastiche a caldo ed a freddo.

L'*Al* puro ha una resistenza di circa *90* N/mm^2, ma può essere molto aumentata con l'aggiunta di altri elementi oppure, in alcuni semilavorati, a seguito di lavorazioni per deformazione plastica a freddo. Elevata anche la resistenza alla corrosione per la protezione che esercita l'ossidazione delle superfici. Si distinguono le leghe da lavorazione plastica da quelle da fusione.

Di alcune leghe si possono migliorare le caratteristiche meccaniche anche con opportuni trattamenti termici.

RAME E SUE LEGHE

Il rame e le sue leghe si trovano in commercio in un gran numero di tipi. Una suddivisione è fra leghe per lavorazioni plastiche e leghe per fonderia. In base alla composizione chimica si ha la seguente suddivisione:

- rame (100% Cu)
- ottoni binari (leghe Cu-Zn)
- ottoni speciali (leghe Cu-Zn + altri elementi)
- bronzi binari (leghe Cu-Sn)
- bronzi speciali (leghe Cu-Sn + altri elementi).

Questi materiali trovano impieghi particolari; per esempio in relazione alla resistenza alla corrosione e all'usura, al basso coefficiente di attrito (bronzi) in coppia con l'acciaio.

2.3. CARATTERISTICHE DEI MATERIALI METALLICI

La Tabella 2.2 mostra valori indicativi della densità, del carico di snervamento, del carico di rottura e del modulo elastico dei materiali metallici impiegati nelle costruzioni meccaniche. Per alcuni materiali indicazioni più dettagliate sono date nei capitoli relativi agli elementi delle macchine. Le caratteristiche di densità, di resistenza e di rigidezza insieme ad altre caratteristiche, da valutare volta a volta, guidano nella selezione dei materiali per le diverse applicazioni. Da tener presente che uno stesso materiale può variare molto le proprie caratteristiche in funzione dei trattamenti termici e delle operazioni tecnologiche che ha subito.

Tabella 2.2. Caratteristiche di massima dei materiali metallici impiegati nelle costruzioni meccaniche

Materiale	*Densità*	*Carico di rottura*	*Carico di snervamento*	*Modulo elastico*
	ρ (kg/m^3)	σ_r (N/mm^2)	σ_s (N/mm^2)	E(N/mm^2)
acciai al C	7850	350 ÷ 700	210 ÷ 450	210000
acciai legati	7850	800 ÷ 1200	800 ÷ 1450	210000
acciai ad alta resistenza	7850	1500 ÷ 2000	1400 ÷ 1800	210000
ghisa per getti	7200	200 ÷ 350	140 ÷ 250	80000 ÷ 160000
ghisa malleabile	7400	450 ÷ 800	350 ÷ 560	150000
leghe di Al per fusione	2800	180 ÷ 250	130 ÷ 170	72000
leghe di Al per deformazione plastica	2800	400 ÷ 600	280 ÷ 420	72000
leghe di Mg	1800	150 ÷ 300	80 ÷ 200	45000
bronzi strutturali	8800	400 ÷600	320 ÷ 480	110000
leghe TI	4500	800 ÷ 1500	700 ÷ 1350	120000

Con i trattamenti termici, come è noto, i materiali sono sottoposti a cicli termici, con lo scopo di conferire agli stessi particolari caratteristiche in vista delle lavorazioni o degli impieghi previsti. Nella Tabella 2.1 sono date le definizioni relative ai principali trattamenti termici degli acciai. Importante è spesso anche provvedere con opportuni rivestimenti a proteggere le superfici dei pezzi. Fra questi si citano come esempi: la brunitura, la cromatura, la nichelatura, la fosfatazione, l'ossidazione anodica (per le leghe leggere).

2.4. STATO DI FORNITURA DEI MATERIALI METALLICI

I materiali con cui realizzare i pezzi delle macchine devono esser selezionati anche come stato di fornitura, determinato dallo stato del materiale dal punto di vista metallurgico, dalla forma e dalle eventuali lavorazioni che ha subito. In questo ultimo caso il riferimento è ai semilavorati quali per esempio:

- profilati laminati, trafilati ed estrusi;
- parti fucinate;
- laminati a caldo diversi (profilati, piatti, lamiere);
- tubi ottenuti a caldo e a freddo;
- stampati.

2.5. MATERIALI NON METALLICI

Sempre di più si usano materiali non metallici nelle costruzioni meccaniche. Basti pensare alle materie plastiche, alle gomme ed ai compositi di vario tipo. L'argomento è estremamente vasto. Categorie importanti di materiali non metallici impiegati nelle macchine sono:

- materie plastiche;
- elastomeri;
- materiali compositi;
- legni.

2.6. MATERIALI COMPOSITI

La progettazione di componenti con materiali compositi è per il momento ancora attività riservata ad esperti con competenze e sensibilità specifiche nel campo della progettazione, della conoscenza del comportamento dei materiali e delle tecnologie di realizzazione dei componenti. È infatti necessaria una sinergica concorrenza di conoscenze provenienti da vari settori che trovano il punto di loro comune interesse proprio nei materiali compositi.

Ad un progettista si presenta oggi un campo di scelte progettuali sempre più ampio e crescente in cui l'individuazione dei materiali e la definizione dei processi di trasformazione possono combinarsi tra loro: per un dato prodotto non c'è più un solo materiale che si impone come scelta quasi obbligata, esistono invece diversi materiali in concorrenza tra di loro. Solo un'analisi approfondita e allargata all'intero processo produttivo, ed eventualmente anche alla vita successiva del prodotto, può portare a individuare la soluzione più soddisfacente: non si tratta più di scegliere un materiale ma di progettare il materiale.

Parlare di compositi oggi vuole dire entrare in un settore ampiamente variegato in cui non sono definite a priori le classi dei materiali coinvolti. Tra le due fasi che formano il composito, quella che ne caratterizza il tipo, relativamente al campo delle possibili applicazioni e che quindi può essere presa come riferimento per la classificazione del materiale, è la matrice. Si usa pertanto distinguere i compositi in plastici, metallici e ceramici a seconda che la matrice sia di natura plastica, metallica o ceramica, indipendentemente dal tipo delle fibre adoperate come rinforzo, che possono essere a loro volta di natura diversa.

Compositi plastici sono definiti quelli la cui matrice è costituita da una materia plastica; sono senza dubbio i più noti e diffusi a causa delle loro modalità di applicazione, alla portata anche di coloro che non dispongono di tecnologie sofisticate. Hanno oggi soppiantato altri materiali in una vasta gamma di applicazioni, anche se non sempre si tratta di utilizzazione in elementi strutturali veri e propri; spesso ne vengono quindi limitate le possibilità di impiego e non viene ottenuto il massimo sfruttamento delle loro proprietà meccaniche.

Si possono classificare le matrici di possibile uso nei compositi plastici in tre tipi fondamentali di resine:
- resine termoindurenti;
- resine termoplastiche;
- resine espanse.

Tra queste, quelle di più comune uso sono le termoindurenti per la loro versatilità e relativa facilità di applicazione; i tipi più noti di tali resine sono le poliestere, le epossidiche e le vinilestere. Le resine poliestere, le più usate nella produzione di serie, sono le più economiche ma hanno proprietà inferiori alle altre due.

In commercio esistono moltissime fibre che possono essere unite a sistemi di resine per realizzare laminati compositi. In Tabella 2.3 sono riportati il carico di rottura ed il modulo elastico di alcune fibre.

Tabella 2.3 – Caratteristiche meccaniche di alcune fibre usate come rinforzo nei materiali compositi

Materiale	*Carico di rottura*	*Modulo elastico*
	σ_r (N/mm²)	E (N/mm²)
vetro E	3000	70000
vetro S	4000	80000
carbonio HM	2000	385000
carbonio HS	2500	200000
boro	2400	420000
acciaio	2500	210000
berillio	1300	315000
Kevlar 49	2500	350000
bronzi strutturali	2200	120000
carbon. di silicio	2500	430000

Le fibre più conosciute sono quelle di vetro che hanno fatto la loro comparsa sul mercato intorno al 1940. Si ottengono con un processo abbastanza rapido ed economico: il vetro fuso ad alta temperatura viene stirato ad elevata velocità attraverso una filiera e bruscamente raffreddato. Le fibre così ottenute, dette bavelle, hanno un diametro compreso tra i *5* e i *15* μ e vengono immediatamente riunite in un filato continuo. Quest'ultimo subisce poi una serie di trattamenti speciali di finitura che serviranno a proteggerlo durante la manipolazione futura ed a facilitarne l'impregnazione in fase di laminazione. A seconda della purezza si possono ottenere diversi tipi di vetro; tra quelli più usati i vetri *E, R* e *S*; il primo è caratterizzato da buona resistenza e modesto modulo elastico. Migliori caratteristiche meccaniche hanno invece i tipi *R* e *S*, sviluppati nei primi anni '50 in seguito a richieste specifiche di numerose industrie.

Dagli inizi degli anni '70 la Dupont produce una fibra aramidica con il nome commerciale Kevlar. In commercio ne esistono due tipi denominati *29* e *49*; il primo viene impiegato nella fabbricazione di cavi, cordami, tessuti per vele e indumenti protettivi, mentre il 49 è utilizzato come fibra di rinforzo nei laminati plastici. Il Kevlar, dal caratteristico colore giallo-oro, offre ottime doti di leggerezza; il suo peso specifico è quasi la metà di quello del vetro e possiede una elevata resistenza a trazione unita a un contenuto allungamento a rottura. Questo fa sì che il kevlar sia tra le fibre di rinforzo attualmente in commercio una di quelle con più elevate resistenza all'impatto e carico di rottura a trazione. A queste elevate caratteristiche fa riscontro una scarsa resistenza a compressione.

Elevata resistenza a trazione, elevato modulo elastico e scarsissimo allungamento a rottura sono le caratteristiche delle fibre di carbonio, prodotte carbonizzando ad alta temperatura (*1200* ÷ *2800°C*) fibre di rayon.

Le fibre di boro si ottengono mediante la deposizione di boro, in condizioni di vuoto ed alta temperatura, su sottilissimi filamenti di tungsteno. Hanno al momento attuale costi che le rendono proibitive per le realizzazioni industriali comuni.

Tabella 2.4. Caratteristiche di alcuni componenti plastici nella direzione delle fibre

Fibra	*Densità*	*Carico di rottura*	*Modulo elastico*
	ρ (kg/m³)	σ_r (N/mm²)	E(N/mm²)
vetro expoy	1800	1000÷1500	45000
grafite expoy	1600	900÷1400	110000 - 200000
boro expoy	2000	1000÷1300	220000
Kevlar 49 exp0y	1400	1000÷1200	85000

La Tabella 2.4 riporta il modulo elastico, il carico di rottura e la densità dei più comuni compositi plastici.

Un'importante caratteristica dei plastici rinforzati è la scarsa presenza di corrosione, fenomeno tipico dei metalli; a seconda principalmente della formulazione della resina, i compositi plastici presentano una diversa ma di solito buona resistenza ad una vasta gamma di agenti chimici. Ovviamente non esiste una formulazione dei plastici rinforzati in grado di risolvere tutti i problemi di aggressione chimica ma ogni caso deve essere affrontato valutando alcuni parametri come la concentrazione dell'aggressivo chimico, la temperatura di esercizio e il grado di sollecitazione meccanica.

Alla categoria dei compositi metallici appartengono tutti quei tipi di composito le cui matrici siano formate da materiale metallico; le matrici più diffuse sono costituite da leghe di alluminio. I tipi di rinforzo più diffusi nei compositi metallici sono quelli in fibra di acciaio, di boro, di carburo di silicio o di tungsteno. Non sono ancora molto utilizzati nella produzione industriale a causa dei costi elevati e della mancanza di una sufficiente esperienza ma presentano il vantaggio, rispetto ai compositi plastici, di poter essere utilizzati a temperature più elevate, fino ai limiti di comportamento dei materiali che costituiscono la matrice.

I compositi ceramici rappresentano una possibile risposta ai problemi relativi alle applicazioni in condizioni di alta temperatura. Le matrici attualmente in uso sono sia di tipo vetroso, sia alcuni ossidi come l'allumina (Al_2O_3) e la silice (SiO_3), mentre i rinforzi sono costituiti essenzialmente da fibre di tungsteno, di carburo di silicio, di allumina, di carbonio e di boro.

Una ulteriore distinzione tra i tipi di materiali compositi è individuabile secondo la lunghezza delle fibre di rinforzo: si può parlare infatti di compositi a fibra corta e di compositi a fibra lunga. I primi sono caratterizzati da rinforzi che non superano poche decine di mm di lunghezza e sono generalmente disposti in modo casuale all'interno della matrice. Le proprietà meccaniche di questi materiali, sostanzialmente isotrope, non sono esasperate a causa della limitata possibilità di "sfruttare" in modo ottimale il contributo strutturale delle fibre. Di contro, le tecnologie necessarie per produrre tali manufatti sono sostanzialmente automatizzabili rendendo quindi i prodotti relativamente economici. I compositi a fibre lunghe (comparabili con le dimensioni del manufatto) sono invece quelli che permettono l'ottenimento delle proprietà meccaniche (non isotrope) più elevate, anche se le tecnologie di realizzazione di questi componenti risultano più complesse e in molti casi di difficile industrializzaione.

I materiali compositi hanno peculiarità che li distinguono in modo netto dai tradizionali materiali dell'ingegneria strutturale. Mentre alcune caratteristiche infatti possono essere viste come variazioni del comportamento rispetto ai materiali convenzionali, altre sono completamente nuove e richiedono pertanto nuovi modelli analitici di descrizione del comportamento strutturale e appropriate procedure di analisi sperimentale.

La maggior parte dei materiali tradizionali possono essere descritti come materiali omogenei (con proprietà uniformi, non funzione della posizione), e isotropi (con proprietà costanti in ogni direzione e in ogni punto, non funzione dell'orientazione).

I materiali compositi sono invece spesso non omogenei (eterogenei) e non isotropi (anisotropi). Un solido eterogeneo ha proprietà non uniformi attraverso il corpo; le proprietà dipendono dal punto in cui si valutano. Un solido anisotropo ha inoltre proprietà che sono differenti, in un punto del solido, al variare della direzione; non ci sono piani di simmetria delle proprietà del materiale ma le proprietà sono funzione dell'orientazione secondo cui si valutano. I materiali compositi sono generalmente materiali ortotropi. Un solido ortotropo è un materiale con proprietà che sono differenti in tre direzioni mutuamente perpendicolari tra loro; hanno quindi tre piani, mutuamente perpendicolari, di simmetria delle proprietà del materiale.

A causa della natura eterogenea e del comportamento anisotropo dei materiali compositi, il loro studio può essere intrapreso attraverso due punti di vista: la micromeccanica e la macromeccanica.

La micromeccanica è lo studio del comportamento del materiale composito attraverso le interazioni dei suoi componenti (matrice e rinforzo) e porta alla valutazione di come tali componenti possano essere scelti, proporzionati e disposti per ottenere particolari caratteristiche meccaniche. Questo tipo di analisi può essere applicato alla progettazione del materiale sotto forma perciò di una sola lamina isolata, ovvero di un singolo strato o elemento di materiale composito in cui tutte le fibre sono parallele tra loro. Una lamina può essere considerata come materiale ortotropo.

Nelle applicazioni industriali i compositi si trovano generalmente sotto forma di laminati; il comportamento dei laminati può essere valutato come composizione del comportamento macroscopico delle lamine e quindi, in scala più ampia, come omogeneo e caratterizzato da proprietà meccaniche apparenti, globali, attraverso considerazioni a livello di macromeccanica dei compositi.

Nelle applicazioni strutturali con i materiali metallici, i criteri di progetto sono sufficientemente standardizzati; il comportamento dei materiali è schematizzabile secondo modelli semplici, nel caso elastico, e sono note le loro caratteristiche meccaniche. Per i materiali compositi tali metodologie di approccio risultano inadeguate e possono portare ad errori di valutazione. Con materiali che possono essere progettati secondo le esigenze, per i quali il concetto di spessore è generalmente sostituito da quelli di percentuali di rinforzo e di matrice, di numero di strati del laminato e di orientazione delle fibre, può risultare necessario ripercorrere dalle origini le strade della progettazione sia da un punto di vista del calcolo, sia da quello della definizione e della geometria delle strutture.

La prima fase della progettazione di una struttura in materiale composito è la definizione dei requisiti del manufatto: questa fase comprende la valutazione delle proprietà fisiche, meccaniche e chimiche che il manufatto da progettare deve possedere, tenendo conto di tutti i fattori ambientali e non che possono intervenire quali il grado di sollecitazione, la temperatura di esercizio, l'aggressività dell'ambiente, ecc.

Segue l'impostazione iniziale del progetto nel corso della quale si stabiliscono i primi dati sulla forma geometrica del manufatto. È opportuno ricordare, a questo proposito, il vantaggio fondamentale dei plastici rinforzati: la possibilità di svincolarsi dall'impostazione della progettazione riferita a materiali convenzionali, come ad esempio l'acciaio, e quindi di realizzare forme particolari, strutture resistenti per forma, incorporare durante la stessa fase di realizzazione costole, profilati e altre anime di irrigidimento ottenendo, caso per caso, le prestazioni richieste.

Nel corso di tale fase viene effettuata la scelta dei materiali tenendo conto dei principi fondamentali che governano l'impiego dei plastici rinforzati. Si ha infatti che le caratteristiche meccaniche dipendono dall'effetto combinato del contenuto e dell'orientamento del rinforzo di fibre nel prodotto finito. Le caratteristiche chimiche, elettriche e termiche nei plastici rinforzati risultano dipendenti in modo più rilevante, dal tipo e dalla formulazione della resina che ne costituisce la matrice. Le caratteristiche finali del manufatto dal punto di vista delle prestazioni e del costo, dipendono dal metodo di lavorazione e dai materiali impiegati.

Il comportamento del materiale può essere controllato con le tecnologie: possono essere infatti ottenute prestazioni prestabilite relative alla rigidezza locale, al carico di rottura, alla tenacità e ad altre proprietà strutturali e non, controllando il tipo delle fibre, il tipo di matrice e le percentuali in volume tra matrice e rinforzo nel materiale costituente il componente strutturale. A ciascuna di queste fasi corrispondono modelli analitici.

A livello di micromeccanica è possibile valutare le caratteristiche meccaniche delle lamine, note le caratteristiche meccaniche dei singoli componenti; a livello di macromeccanica sono disponibili gli strumenti per valutare il comportamento strutturale del materiale (laminato), mentre la meccanica dei continui ortotropi permette, ad esempio attraverso l'uso di codici di calcolo, di valutare la risposta globale della struttura.

2.7. CONFRONTO FRA DIVERSI MATERIALI

Una considerazione particolare riguarda le strutture molto sottili che possono cedere per insufficienza di stabilità dell'equilibrio elastico (carico di punta). Non è utile in tal caso usare acciai ad alta resistenza in quanto, si comportano nello stesso modo di quelli a bassa resistenza, avendo lo stesso modulo elastico.

I confronti fra i materiali vanno fatti tenendo conto delle caratteristiche meccaniche, delle altre caratteristiche e dei costi della materia prima e delle lavorazioni.

Alcuni elementi unificati quali le viti, per esempio, si trovano in commercio con una stampigliatura che ne indica la classe di appartenenza, corrispondente ad una resistenza minima del materiale, come sarà chiarito nel Capitolo 11 relativo agli accoppiamenti filettati.

Di seguito vengono svolte alcune considerazioni sulla definizione di un indice per il confronto fra elementi strutturali che lavorano a trazione, flessione e torsione, realizzati con diversi materiali in vista del raggiungimento di un determinato obiettivo, la minima massa nel caso considerato.

Per un asta soggetta a trazione, indicando con ρ la densità del materiale, con l la lunghezza dell'asta e con A la sezione, da cui la massa $M = \rho l A$, posta la tensione ammissibile pari al rapporto $\sigma_{am} = \sigma / c$, fra carico di snervamento e coefficiente di sicurezza, con F carico applicato, si ha

$$A = \frac{F}{\sigma_{am}}$$

$$M = \frac{\rho l F}{\sigma_{am}} = \frac{\rho l F c}{\sigma_s}$$

Si considera il rapporto fra la massa realizzata con un materiale e quella realizzata in un altro materiale

$$\frac{M'}{M''} = \frac{\frac{\rho'}{\sigma'_{am}}}{\frac{\rho''}{\sigma''_{am}}}$$

Si definisce allora l'indice di resistenza come rapporto fra la densità e la resistenza allo snervamento del materiale

$$I = \frac{\rho}{\sigma_{am}}$$

Tale indice permette di confrontare la massa del tirante realizzata con diversi materiali.

Per esempio, dal punto di vista della massa di un tirante, sono equivalenti un acciaio con $\sigma_s = 600\ N/mm^2$ ed una lega leggera con $\sigma_s = 215\ N/mm^2$. Infatti si ha:

– per l'acciaio $$I_{ac} = \frac{600}{7850}$$

– per la lega leggere $$I_{al} = \frac{215}{2800}$$

e $$\frac{I_{ac}}{I_{al}} = \frac{\frac{600}{7850}}{\frac{215}{2800}} = 1$$

Con considerazioni analoghe si ricava l'indice di resistenza a flessione e torsione

$$I = \frac{\sigma_s^{2/3}}{\rho}.$$

Analogamente possono essere definiti indici di rigidezza invece che di resistenza.

Capitolo 3
I PROBLEMI STRUTTURALI

3.1. PREMESSA

Gli organi delle macchine devono normalmente soddisfare, fra i diversi requisiti, quelli di resistenza e di rigidezza; due caratteristiche collegate con i problemi di affidabilità strutturale, di sicurezza, di efficienza e di affidabilità funzionale. A seconda del gruppo meccanico considerato possono essere più importanti i problemi di uno o di un altro tipo. Particolare attenzione è da rivolgere alle vibrazioni e agli urti, in quanto possono dare luogo a deformazioni e sovrasollecitazioni non trascurabili. Le moderne tecniche sperimentali e analisi dinamiche numeriche permettono spesso valutazioni attendibili, dove in passato ci si basava principalmente su regole empiriche.

In molte applicazioni il progettista deve preoccuparsi del controllo delle deformazioni per garantire la funzionalità della macchina o del gruppo meccanico. Ad esempio nel caso delle macchine utensili che devono avere rigidezze estremamente elevate per garantire lavorazioni precise e nel caso di alberi che portano calettate ruote dentate, in cui una eccessiva deformazione dei primi può portare ad un cattivo ingranamento delle seconde. Strutture poco rigide possono causare forti vibrazioni specie se si tratta di macchine che lavorano ad elevata velocità.

Un corpo si dice soggetto a carichi statici quando sono stazionarie le forze e i momenti ad esso applicati. Con ciò si intende che le suddette forze debbono essere costanti nel tempo: in direzione, modulo e punto di applicazione. Nella pratica comune i carichi possono essere considerati statici anche quando variano lentamente o sono applicati per un numero limitato di volte. La progettazione statica controlla che le tensioni, i carichi applicati e le deformazioni non superino valori ammissibili.

La resistenza a fatica, ovvero la resistenza in presenza di carichi ripetuti per un grande o grandissimo numero di volte, costituisce l'oggetto di un successivo paragrafo di questo capitolo.

3.2. COEFFICIENTI DI SICUREZZA

Il progettista si trova spesso nella condizione in cui sia il valore dei carichi che quello della resistenza dei materiali utilizzati sono noti con una incertezza più o meno ampia. L'incertezza può anche essere legata all'impiego delle formule o comunque dei metodi di calcolo disponibili. Per esempio nella semplice verifica a flessione di un elemento schematizzato come trave eseguita con la formula, con ovvio significato dei simboli,

$$\sigma = \frac{M}{W} < \sigma_{am} = \frac{\sigma_s}{c}$$

l'incertezza può riguardare il grado di aderenza della formula al caso considerato, il valore del momento flettente M, ovvero il carico applicato, oppure la resistenza (σ_s) del materiale o più di uno di questi casi. Quanto più grande è l'incertezza complessiva, tanto più grande ovviamente dovrà essere il coefficiente di sicurezza *c*.

L'affidabilità strutturale dell'elemento considerato richiede che i carichi effettivamente sopportabili siano maggiori dei carichi di esercizio. Il concetto può essere espresso in termini di stati tensionali interni anziché di carichi esterni. In tal caso il coefficiente di sicurezza è dato da

$$c = \frac{\sigma_s}{\sigma_{max}}$$

ovvero come rapporto fra la tensione di snervamento e la tensione nel punto più sollecitato.

Premesso che il termine cedimento può avere significati diversi, quali:

- superamento del limite elastico nel punto o nella zona più sollecitati (esempio: molle);
- deformazioni permanenti eccessive (esempio: trave metallica inflessa, caricata molto oltre l'inizio della plasticizzazione);
- deformazioni permanenti per il fenomeno del creep di parti che lavorano ad alta temperatura (esempio: girante di turbina a gas);
- rottura per fatica (carichi ripetuti) a seguito del formarsi e propagarsi di una fessura (esempio: rottura improvvisa di un albero a gomito);
- rottura per urto (esempio: dente di un ingranaggio del cambio di un veicolo nella fase di innesto in movimento),

di solito un coefficiente di sicurezza troppo piccolo comporta un residuo rischio di cedimento, mentre un coefficiente troppo grande indica un sovradimensionamento con uso eccessivo di materiale, con relativo aggravio di costo e altri problemi, in quanto una struttura troppo pesante può comportare maggiore difficoltà di movimentazione, riduzione del carico pagante, ecc.

Spetta alla competenza ed esperienza del progettista determinare quale sia il valore più idoneo da assegnare al coefficiente di sicurezza. Nella pratica progettuale esistono vari modi di definire ed utilizzare il coefficiente di sicurezza.

Per molti tipi di strutture è richiesto che il materiale rimanga in campo lineare elastico durante l'esercizio onde evitare deformazioni permanenti quando i carichi esterni vengono rimossi. In questo caso si è soliti definire un coefficiente di sicurezza rispetto alla tensione di snervamento σ_s.

Il coefficiente di sicurezza può essere riferito alla tensione di rottura σ_r anziché alla tensione di snervamento σ_s. Ciò avviene, per esempio, nel caso di acciai ad altissima resistenza contraddistinti da una bassa deformazione a rottura e per i quali è più significativa la tensione di rottura di quella di snervamento. Più in generale ci si riferisce alla tensione di rottura quando si ha a che fare con materiali fragili. Si ha allora

$$c = \frac{\sigma_r}{\sigma_{max}}$$

Infine ci si può riferire ai carichi anziché alle tensioni. Si definisce carico di rottura il carico che causa la rottura o il collasso della struttura. Si definisce invece carico di servizio o carico di lavoro, il carico che la struttura dovrà sopportare in esercizio. Si avrà allora

$$c = \text{carico di rottura}/\text{carico di servizio}$$

3.3. CENNO SULLA PROGETTAZIONE IN TERMINI AFFIDABILISTICI

Il comportamento strutturale degli elementi delle macchine può essere valutato in termini probabilistici, piuttosto che deterministici, in quanto i carichi applicati e la resistenza dei materiali hanno distribuzioni statistiche piuttosto che valori univoci. Ne deriva che invece di confrontare la tensione massima provocata dai carichi con la tensione ammissibile, si determina la probabilità del cedimento, confrontando la distribuzione statistica dei carichi, e quindi delle sollecitazioni, con la distribuzione statistica della resistenza del materiale.

La Fig. 3.1 confronta le distribuzioni supposte normali $f(x)$, della sollecitazione σ e della resistenza σ^* delle quali nella figura sono evidenziati i valori medi, nei casi di:

- altissima probabilità che il pezzo in esame resista in servizio (Fig. 3.1a);
- alta probabilità che il pezzo in esame resista in servizio, ovvero alta affidabilità (Fig. 3.1b);
- probabilità bassa che il pezzo in esame resista in servizio, ovvero bassa affidabilità (Fig. 3.1c).

Da quanto sopra il concetto di sicurezza in termini probabilistici piuttosto che deterministici. Naturalmente il grado di affidabilità, ovvero di probabilità di cedimento in servizio da perseguire in progettazione, dipende dalle conseguenze di un eventuale cedimento, con riferimento agli eventuali danni economici e ancor più al problema della sicurezza delle persone.

La "progettazione strutturale" in termini probabilistici è la norma in presenza di condizioni di carico affaticanti.

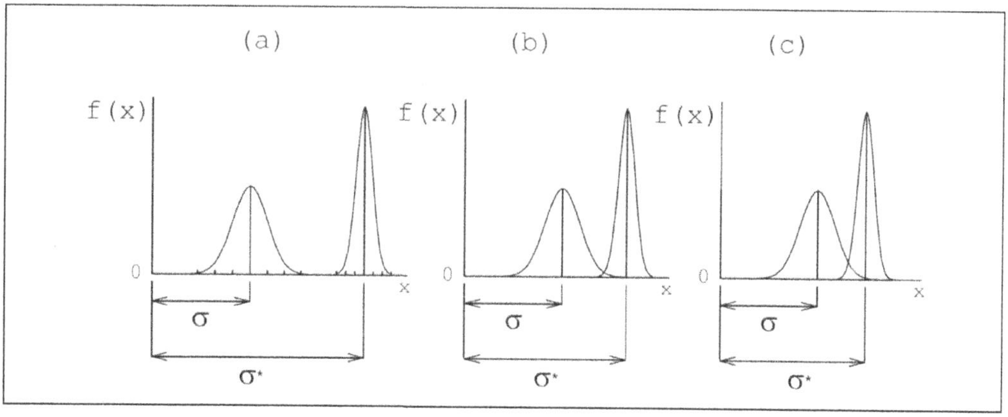

Figura 3.1. Distribuzione statistica della sollecitazione e della resistenza.

3.4. RICHIAMI SUGLI STATI DI TENSIONE

In generale lo sforzo in un punto può essere rappresentato da sei componenti di sollecitazione: σ_x, σ_y, σ_z, sollecitazioni normali, e τ_{xy}, τ_{yz}, τ_{zx}, sollecitazioni tangenziali, applicate alle facce di un cubetto (Fig. 3.2). Se si ruota il cubetto lo stesso stato di sforzo viene ad essere rappresentato da un nuovo insieme di sei componenti, σ_x', σ_y', σ_z', τ_{xy}', τ_{yz}', τ_{zx}', come mostra la figura. La determinazione dei nuovi valori delle tensioni nel passaggio da una configurazione ad un'altra è risolvibile con una trasformazione per la quale si rimanda ai testi di Scienza delle Costruzioni. Fra le infinite configurazioni possibili ne esiste una sola in cui sono presenti solo le sollecitazioni normali o sollecitazioni principali di seguito indicate con $\sigma_1 > \sigma_2 > \sigma_3$.

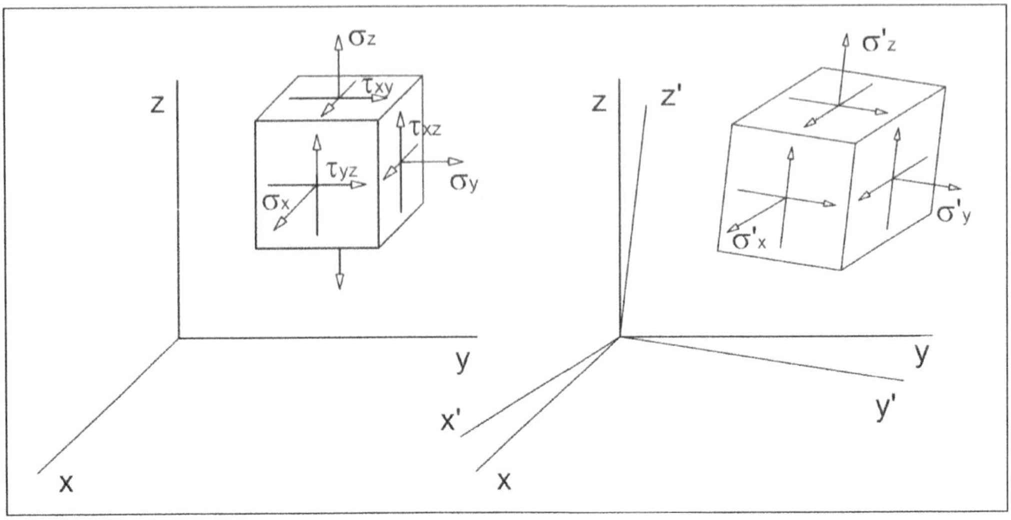

Figura 3.2. Componenti delle sollecitazioni in un punto.

I punti più sollecitati si trovano spesso sulle superfici esterne: per esempio, negli elementi delle macchine inflessi o soggetti a torsione. In tali casi, dove non agiscano carichi applicati alle superfici esterne stesse, lo stato di sollecitazione da considerare è biassiale ($\sigma_3 = 0$).

Le Figg. 3.3 e 3.4 richiamano lo stato di sollecitazione monoassiale ($\sigma_2 = \sigma_3 = 0$), evidenziando il carico normale e tangenziale e le corrispondenti tensioni agenti su un piano di sezione generico.

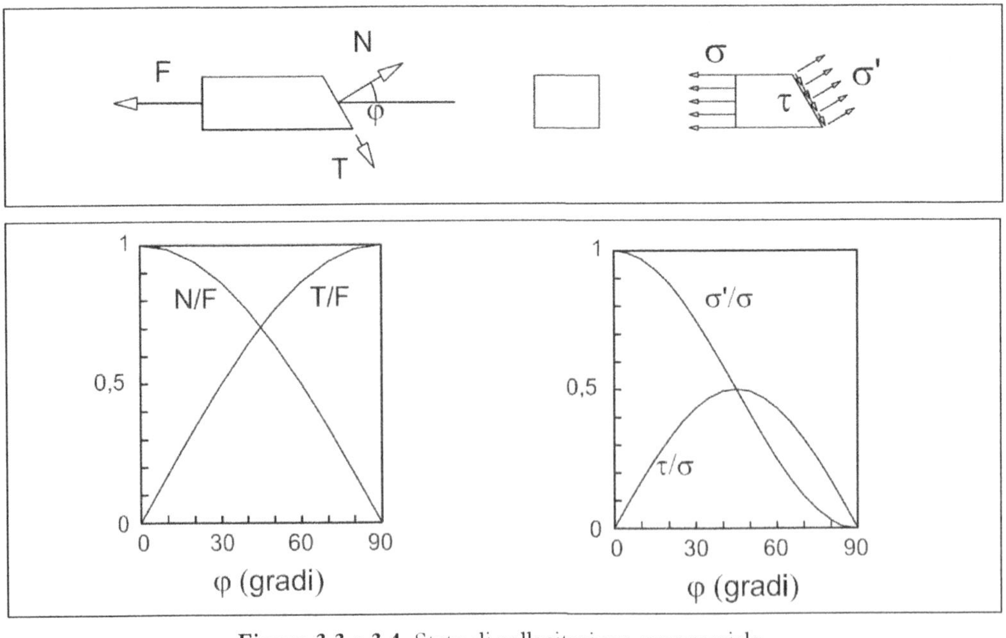

Figure 3.3 e 3.4. Stato di sollecitazione monoassiale.

Nelle figure che seguono sono rappresentati i seguenti casi, accompagnati dalla rappresentazione di Mohr nel piano σ, τ:

- biella soggetta a trazione (Fig. 3.5);

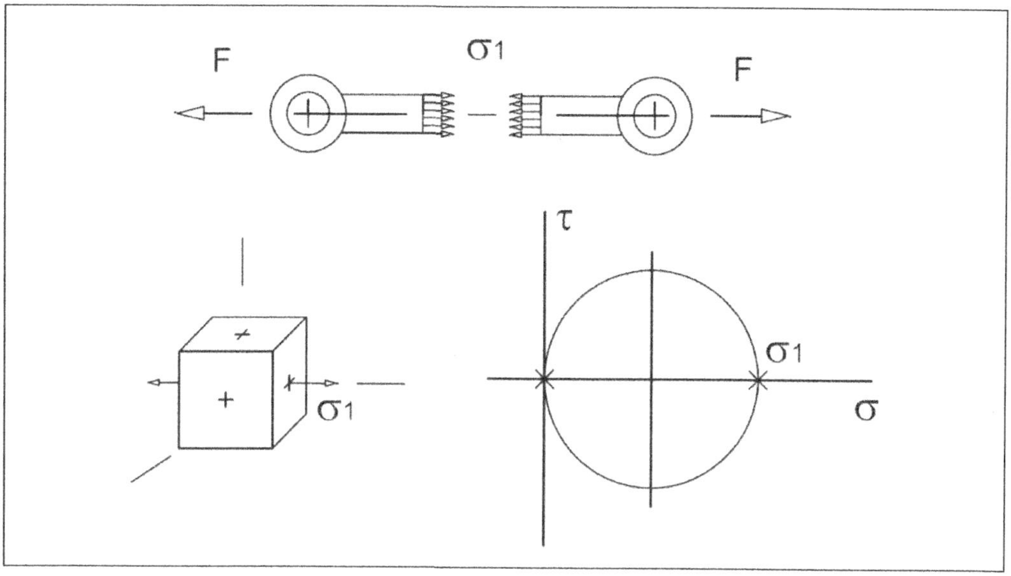

Figura 3.5. Biella soggetta a trazione.

- biella soggetta a compressione (Fig. 3.6);

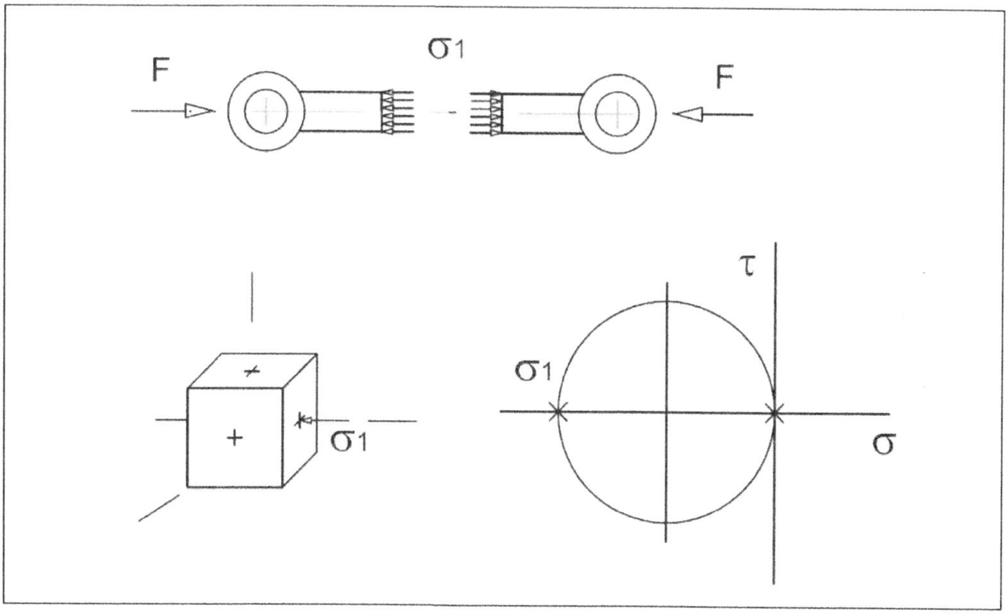

Figura 3.6. Biella soggetta a compressione.

– stato biassiale uniforme (Fig. 3.7);

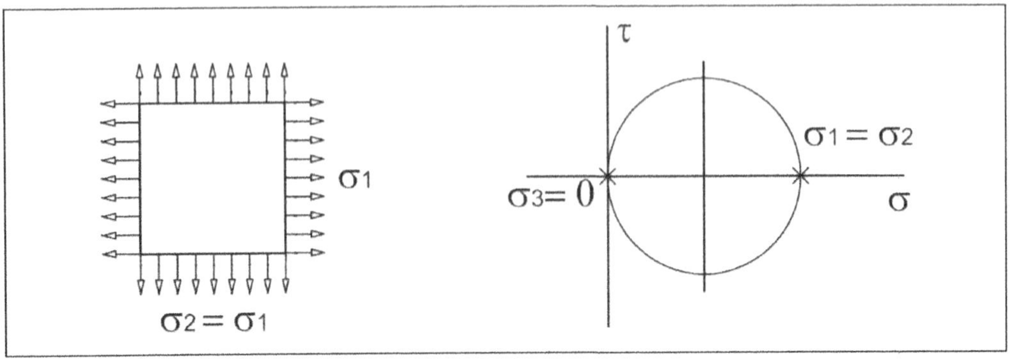

Figura 3.7. Stato di tensione biassiale uniforme.

– stato biassiale generale (Fig. 3.8);

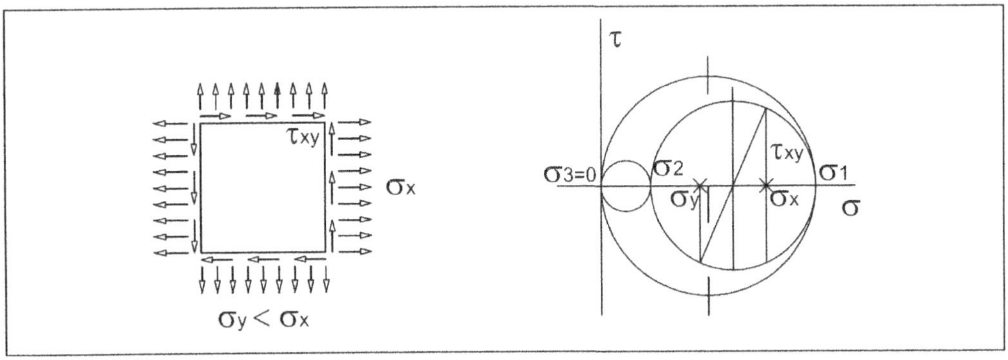

Figura 3.8. Stato di tensione biassiale generale.

– stato con $\sigma_1 = \sigma_2 = \sigma_3$, detto idrostatico nel caso di tensioni negative, in cui il cerchio di Mohr si riduce ad un punto (Fig. 3.9);

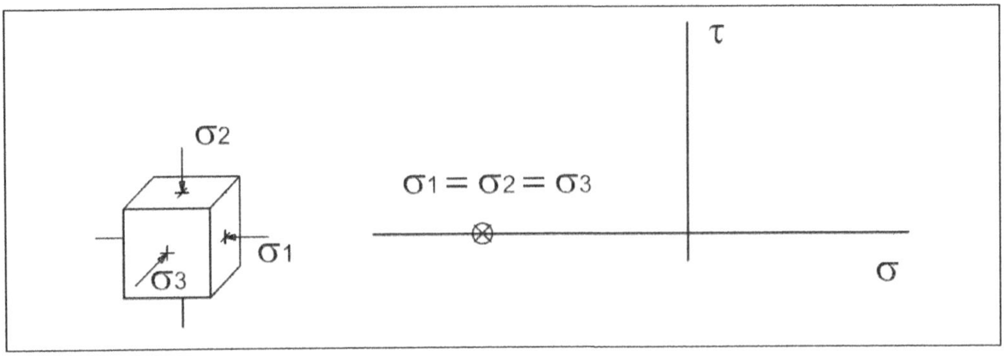

Figura 3.9. Stato di tensione "idrostatico".

– trave a sezione circolare soggetta a torsione (Figg. 3.10 e 3.11);

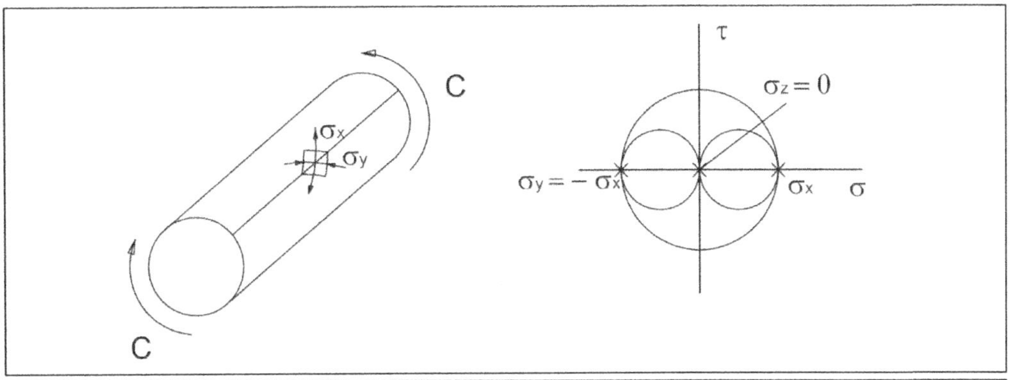

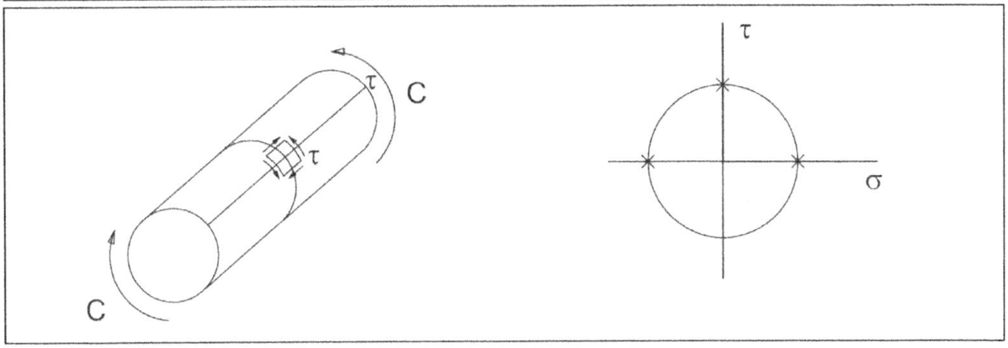

Figure 3.10 e 3.11. Stato di tensione nella trave a sezione circolare soggetta a torsione.

– sollecitazioni nella parte cilindrica di un recipiente in pressione a parete sottile (Fig. 3.12).

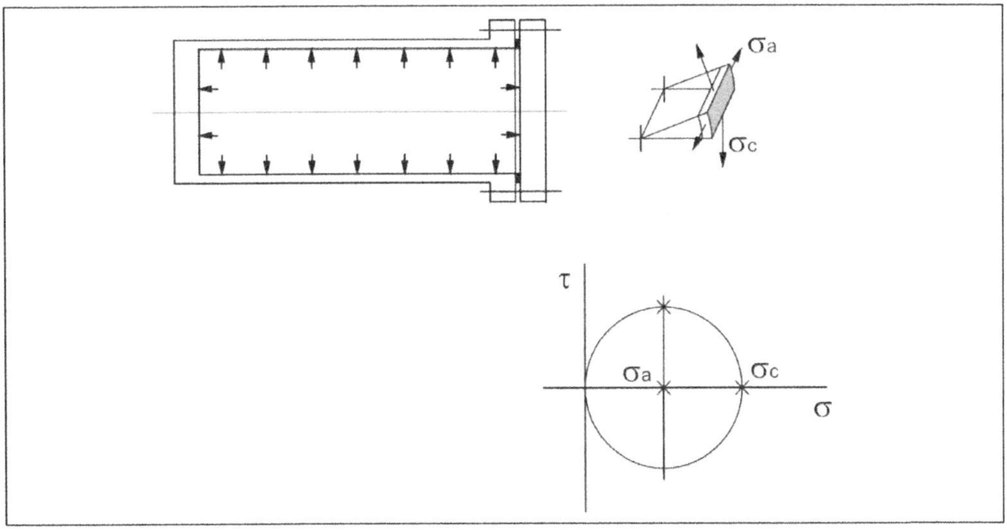

Figura 3.12. Sollecitazioni nella parte cilindrica di un recipiente in pressione a parete sottile.

Il raggio del cerchio di Mohr, com'è noto, è uguale alla massima tensione di taglio, che nel caso di adozione della teoria di resistenza del taglio massimo, o di Tresca, rappresenta il termine di confronto con la tensione normale ammissibile, con c coefficiente di sicurezza. Nel caso monoassiale ($\sigma_2 = \sigma_3 = \sigma$) si ha il criterio di verifica seguente

$$\tau_{max} = \frac{1}{2}\sigma_{max} < \frac{1}{2}\frac{\sigma_s}{c}$$

valido anche nel caso biassiale, in quanto nella verifica con la teoria del taglio massimo la tensione intermedia non interviene. Per la determinazione di σ e τ con la rappresentazione di Mohr in funzione della giacitura della sezione considerata si rimanda ai testi di Scienza delle costruzioni.

Nel caso generale, con le tre tensioni principali diverse da zero, secondo la teoria di Tresca, com'è noto, lo stato di tensione è rappresentato dai tre cerchi rappresentati in Fig. 3.13 ed il cedimento per scorrimento avviene in corrispondenza di quello fra i tre piani principali per le tensioni di taglio (Fig. 3.14) in cui detta tensione è massima. È interessante osservare che anche nello stato piano di tensione il fenomeno del cedimento non si risolve nel piano, in quanto il piano di scorrimento è a 45° rispetto al piano della lastra. Si ha

$$\tau_{max} = \frac{\sigma_1 - \sigma_3}{2}$$

e il criterio di verifica è

$$\sigma_1 - \sigma_3 \leq 2\,\tau_{am} = \sigma_{am}$$

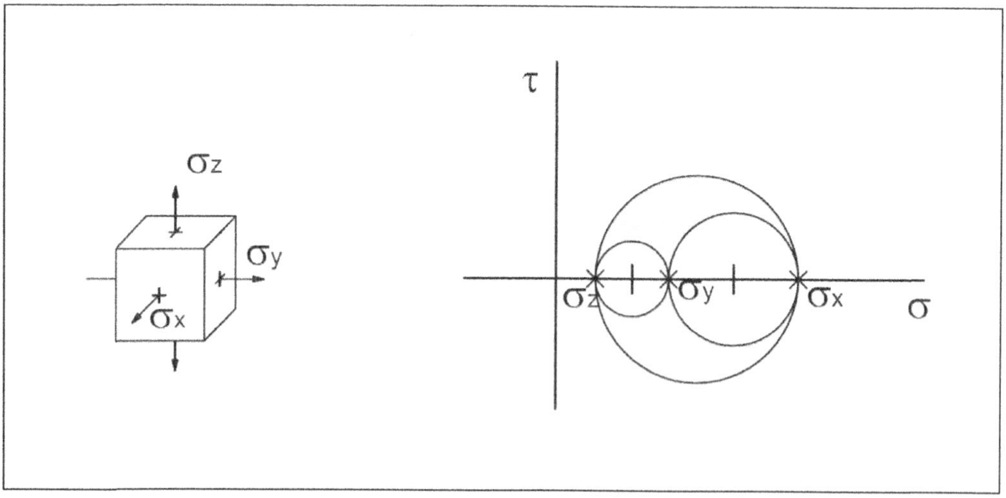

Figura 3.13. Stato di tensione tridimensionale.

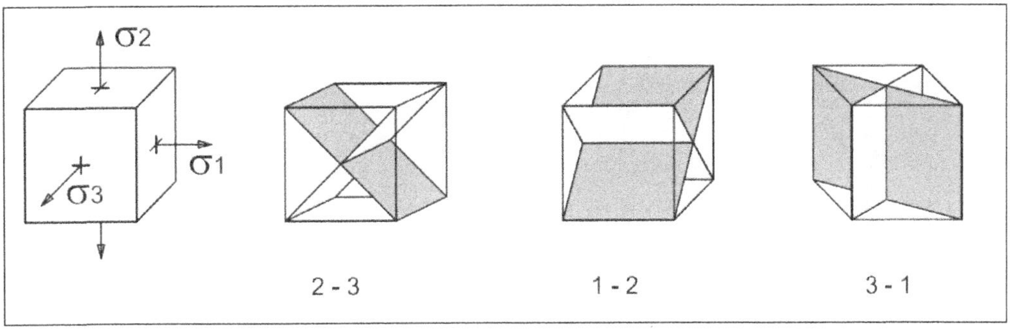

Figura 3.14. Piani principali per le tensioni di taglio.

Le teorie di resistenza utilizzate per i materiali metallici impiegati nelle costruzioni meccaniche sono principalmente la teoria del taglio massimo sopra richiamata e quella dell'energia di distorsione o di von Mises, per la quale la tensione da confrontare con la tensione monoassiale ammissibile σ_{am} è data da, in termini di tensioni principali,

$$[(\sigma_1^2 - \sigma_2^2) + (\sigma_2^2 - \sigma_3^2) + (\sigma_3^2 - \sigma_1^2)](1/2) \leq \sigma_{am}^2$$

che nel caso biassiale ($\sigma_3 = 0$) diviene

$$\sigma_1^2 - \sigma_1\sigma_2 + \sigma_2^2 \leq \sigma_{am}^2$$

La Fig. 3.15 riporta per il caso biassiale ($\sigma_3 = 0$) il confronto fra i due criteri di resistenza. Il punto rappresentativo dello stato di tensione nel piano σ_1, σ_2 secondo il criterio del taglio massimo deve stare, per non avere snervamento, all'interno dell'esagono rappresentato in figura e secondo il criterio dell'energia di distorsione all'interno dell'ellisse passante per i vertici dell'esagono. Per lo stato monoassiale (solo σ_1 o solo σ_2 diversa da zero) e per gli stati con

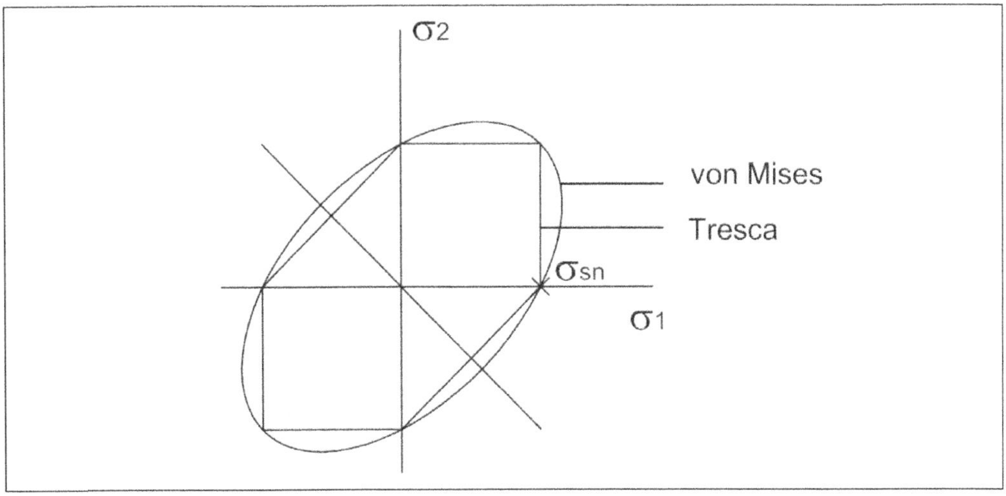

Figura 3.15. "Ellisse di von Mises" ed "Esagono di tresca".

$\sigma_1 = \sigma_2$ le tensioni ammissibili sono le stesse con i due criteri. Altrimenti la teoria del taglio massimo è più cautelativa. Il massimo scostamento si ha quando $\sigma_1 = -\sigma_2$, con un rapporto fra tensioni ammissibili con la teoria di Tresca e di von Mises pari a *0,5/0,577 = 0,866*, e all'inverso *1,154*.

3.5. CRITERI DI RESISTENZA PER I MATERIALI FRAGILI

I materiali fragili arrivano alla rottura senza passare attraverso una fase di evidenti deformazioni plastiche e hanno di solito una resistenza alla compressione più grande di quella a trazione. Un criterio di previsione della rottura dei materiali fragili è quello di Mohr, basato sulla esecuzione di due prove: una di trazione e una di compressione. Sul piano σ-τ si disegnano due cerchi di Mohr, uno relativo alla resistenza a trazione ed uno relativo a quella a compressione (Fig. 3.16). Il criterio afferma che la rottura avviene quando il cerchio di Mohr principale risulta tangente alle rette inviluppo dei due cerchi di Mohr. Per gli stati di tensione biassiali, per evitare la rottura il punto rappresentativo dello stato di tensione nel piano σ_1-σ_2 deve giacere all'interno dell'esagono rappresentato in Fig. 3.17.

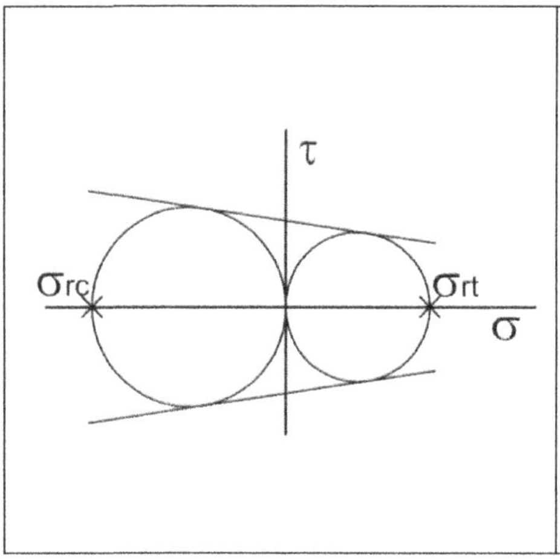

Figura 3.16. Criterio di resistenza di Mohr per i materiali fragili.

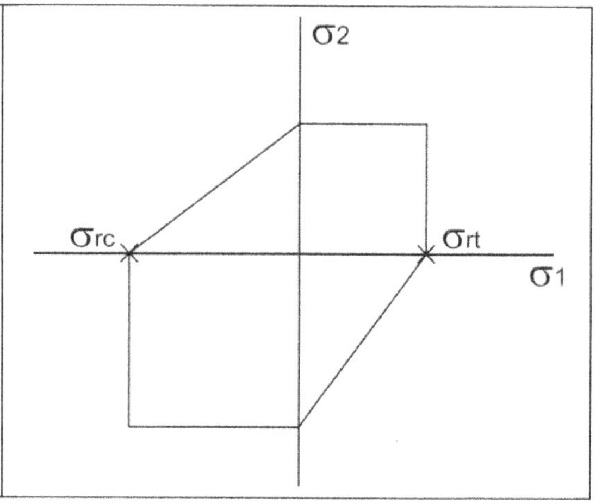

Figura 3.17. "Esagono di Mohr".

3.6. STRUMENTI PER LA VERIFICA DEGLI ELEMENTI E DEI GRUPPI MECCANICI

In primo luogo per le verifiche, strutturali e funzionali, vengono svolti come detto calcoli basati sulle diverse teorie o sui metodi numerici, in particolare sul FEM.

Il contatto fra corpi curvi, le travi di grande di curvatura, i cilindri di grosso spessore soggetti a pressione interna e/o esterna, gli elementi rotanti, sono argomenti trattati in alcuni capitoli che seguono, non essendo normalmente oggetto dei corsi di Scienza delle Costruzioni, ed essendo d'altra parte importanti per le costruzioni meccaniche.

Quanto ai risultati sperimentali utilizzati nel progetto, il più comune riguarda ovviamente le caratteristiche di resistenza ricavate con la prova di trazione, in particolare la tensione di snervamento e quella di rottura, quali elementi di confronto con le tensioni massime calcolate.

La sperimentazione relativa al comportamento dinamico dei gruppi meccanici può essere condotta in parallelo a calcoli basati sulle diverse teorie o svolti con metodi numerici. Solo con questi ultimi è in linea di massima possibile valutare gli stati di tensione in corrispondenza degli intagli o delle discontinuità. Tale valutazione rappresenta uno dei passi delle verifiche a fatica.

A proposito di intagli si definisce un fattore di concentrazione delle tensioni *teorico* o *geometrico*, indicato con K_t, inteso come rapporto fra la tensione massima secondo la teoria dell'elasticità o ricavata sperimenalmente e la tensione nominale calcolata, per esempio, con la teoria delle travi.

In Fig. 3.18 è riportato il caso di una piastra soggetta ad uno sforzo di trazione in presenza di un foro. Si dimostra che la tensione massima nei punti A del bordo del foro tende a tre volte la tensione nominale, $\sigma = F/(bt)$ in figura, al tendere a 0 del diametro del foro, mentre la tensione nei punti B tende a $-\sigma$. Da notare che lo stato di tensione che si produce intorno al foro è biassiale.

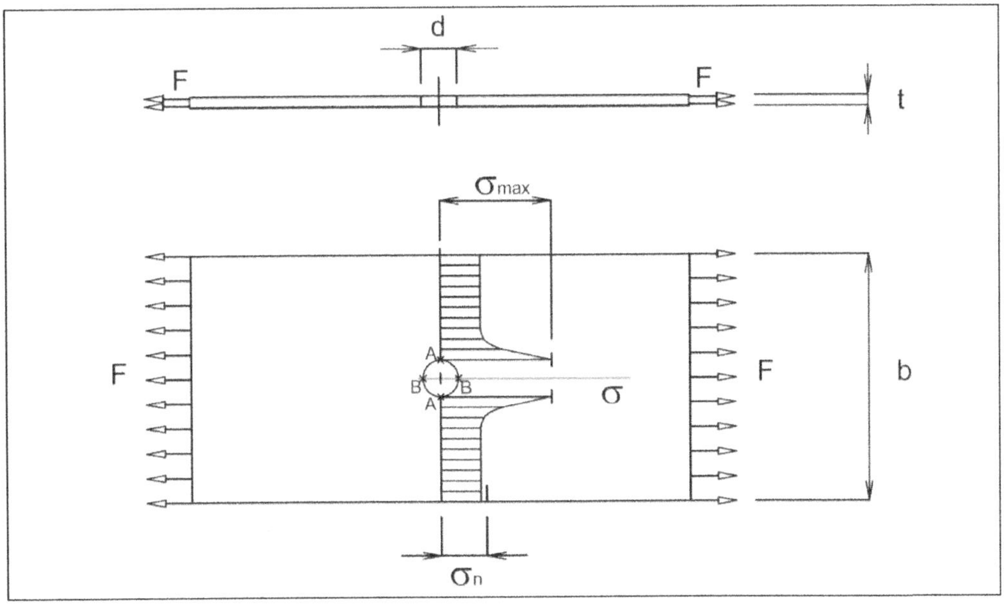

Figura 3.18. Concentrazione delle tensioni.

Le tensioni massime calcolate nella fase di verifica strutturale in prossimità degli intagli, di solito superiori alle tensioni nominali, non sono da confrontare direttamente con la tensione ammissibile come precedentemente definita. Le punte di tensione nei pressi degli intagli che si determinano nell'ipotesi di comportamento elastico del materiale sono puramente teoriche in quanto di solito si verifica una ridistribuzione della tensione legata a deformazioni plastiche localizzate non potendo la tensione ovviamente superare il carico di snervamento, a parte l'effetto dell'incrudimento, con riferimento alla Fig. 3.19 che riporta i diagrammi ε-σ semplificati di materiale *elastico – perfettamente plastico* ed *elastico – plastico incrudente*.

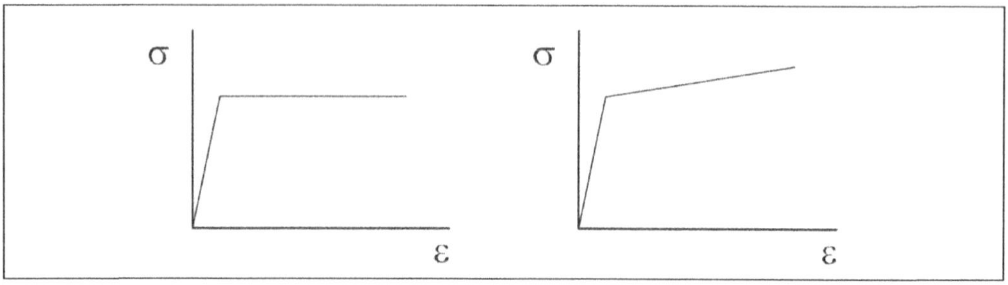

Figura 3.19. Diagrammi deformazione-tensione per materiale elastico-perfettamente plastico ed elastico-plastico con incrudimento.

In prossimità degli intagli, col superamento della tensione di snervamento si producono assestamenti plastici localizzati nelle prime applicazioni del carico, con possibile successivo comportamento lineare. Nel caso di carichi applicati una o "poche" volte l'effetto d'intaglio non comporta spesso la necessità di tenere le tensioni ammissibili più basse, anche se il problema va affrontato caso per caso. Le cose cambiano completamente in presenza di carichi affaticanti con un grande numero di applicazioni di carico.

Le rottura dei pezzi delle macchine è causata principalmente dalle sollecitazione a fatica. Un paragrafo successivo di questo capitolo tratta questo argomento. Nei pezzi soggetti a carichi ripetuti la generazione e la propagazione delle fessure avviene il più delle volte nelle zone "intagliate" (fori, cave, raccordi di piccolo raggio, ecc.). Un concetto fondamentale nella fatica è quello di coefficiente d'intaglio sperimentale, come sarà visto.

3.7. ALCUNI PROBLEMI STRUTTURALI INTERESSANTI

Di seguito vengono svolte alcune considerazioni sui criteri di progetto e verifica con riferimenti a casi diversi. Altri casi sono considerati più avanti nel testo, nei capitoli relativi ai diversi elementi delle macchine quali alberi, molle, trasmissioni, ecc.

Tre esempi di "soluzioni locali"

La Fig. 3.20a mostra una soluzione saldata del collegamento fra due profilati uguali a doppio T disposti ad angolo retto, sollecitati a flessione come in figura. Lo stato di tensione nominale, un momento flettente costante lungo la linea d'asse, utile per la verifica dei profilati, non è evidentemente un riferimento sufficiente per la verifica del giunto rappresentato, comprendente anche quattro alette saldate atte a evitare le sollecitazioni flessionali delle piattabande del profilato orizzontale. Di solito le saldature e le alette vengono proporzionate su base empirica, con riferimento alle costruzioni simili esistenti. La determinazione dello stato tensionale delle saldature fra i due profilati e delle saldature delle alette, non è ovviamente cosa semplice (v. il Capitolo 7). Per le strutture saldate, spesso di configurazione complessa, l'analisi dettagliata locale delle tensioni ha senso che venga eseguita in parallelo ad indagini sperimentali, per le strutture passibili di pericolose rotture improvvise per fatica come, per esempio, nel caso delle strutture di sostegno delle piattaforme petrolifere marine, poste in ambiente corrosivo e soggette alle azioni del vento e delle onde del mare.

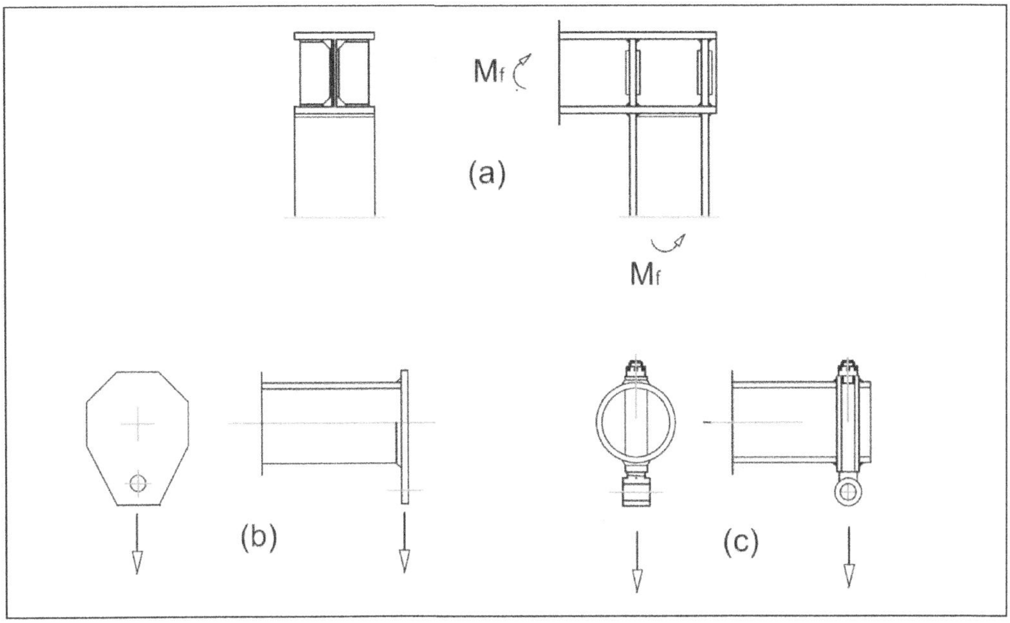

Figura 3.20. Collegamenti saldati.

Le Figg. 3.20b e 4.20c rappresentano due soluzioni per l'applicazione di un carico all'estremità di un tubo. Il problema è quello di introdurre l'azione tagliante senza deformare localmente la sezione tubolare.

Anello

L'anello della Fig. 3.21a appoggiato sul bordo inferiore esterno e caricato uniformemente sul bordo superiore interno è sollecitato a flessione come si dimostra considerando l'equilibrio di un semianello (Fig. 3.21b). La coppia prodotta dalle due forze risultanti dei carichi distribuiti sui bordi superiore interno e inferiore esterno viene equilibrata dai momenti flettenti uguali agenti in parallelo sulle sezioni eseguite per isolare il semianello. Questo stato di sollecitazione è applicabile ad una flangia ad anello (Fig. 3.21c), quando sia abbastanza piccola la collaborazione fra flangia e tubo ad essa collegato, ciò che è plausibile solo con un tubo abbastanza sottile.

Supporto di un trapano composto da colonna, braccio e avambraccio (Fig. 3.22)

Il problema è in questo caso la precisione della foratura e quindi la limitazione della freccia e dell'inclinazione dell'asse del trapano causata dal carico trasmesso dal pezzo in lavoro alla punta del trapano. Il calcolo di queste deformazioni può essere eseguito, per esempio, utilizzando il teorema di Castigliano, avendo schematizzato la struttura come in figura: *colonna incastrata alla base – braccio – avambraccio*. La conformazione locale nelle zone *A*, *B*, *C* non comporta grandi errori nell'utilizzo dello schema trave per il calcolo degli spostamenti in *D*, in quanto detti spostamenti si calcolano come somma (integrale) degli spostamenti provocati in *D* dalla deformazione dei tratti elementari di trave nel percorso *A*, *B*, *C*, *D*, poco alterata dagli scostamenti localizzati dallo schema trave.

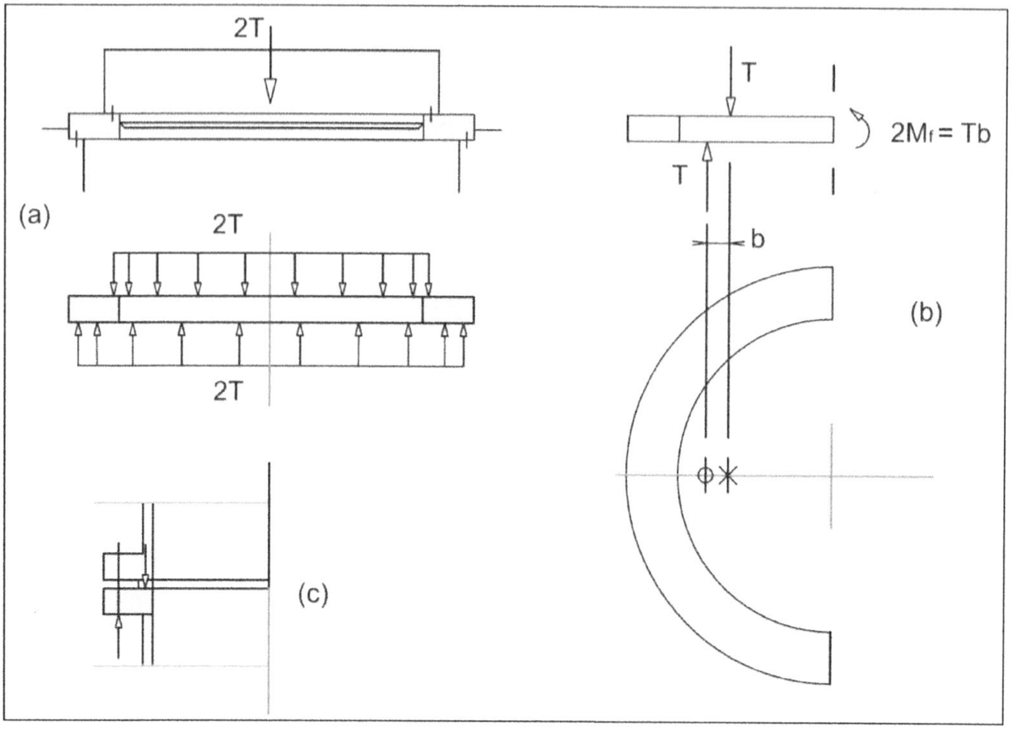

Figura 3.21. Anello soggetto a flessione.

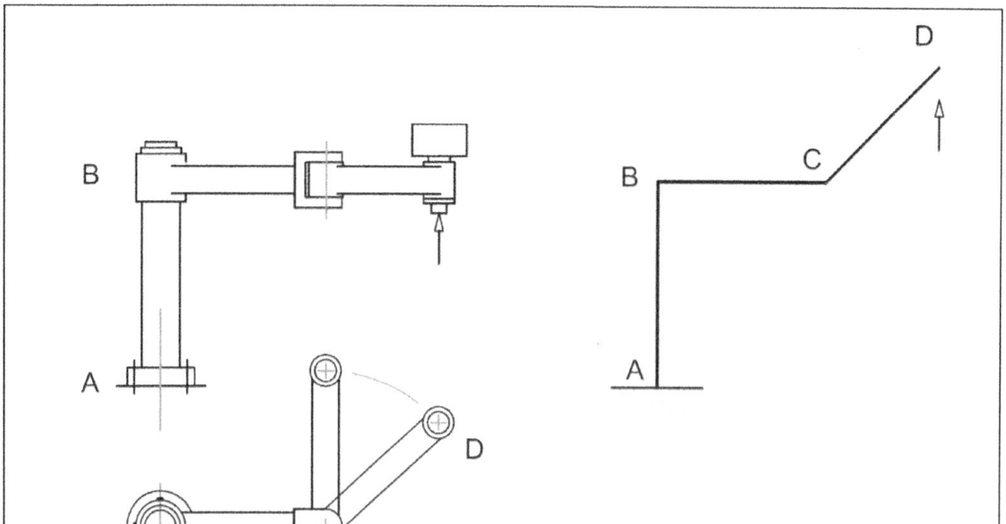

Figura 3.22. Supporto composto da colonna, braccio e avambraccio.

Telaio di contrasto

Il telaio di Fig. 3.23, utilizzabile per prove di compressione su provini, può essere facilmente verificato per quanto riguarda la deformazione sulla base dello schema telaio mostrato a fianco, fermo restando il problema dei collegamenti fra basamento e montanti e fra montanti e traversa superiore che possono richiedere anche la verifica delle sollecitazioni. Tali collegamenti possono essere saldati oppure smontabili. In telai come quello rappresentato in figura il basamento è di solito più rigido della traversa, in quanto costituisce il riferimento per la misura delle deformazioni del provino.

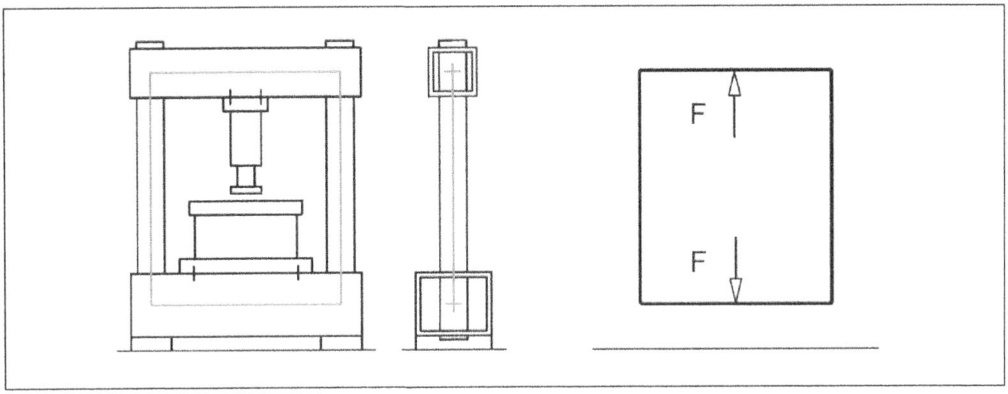

Figura 3.23. Telaio di contrasto.

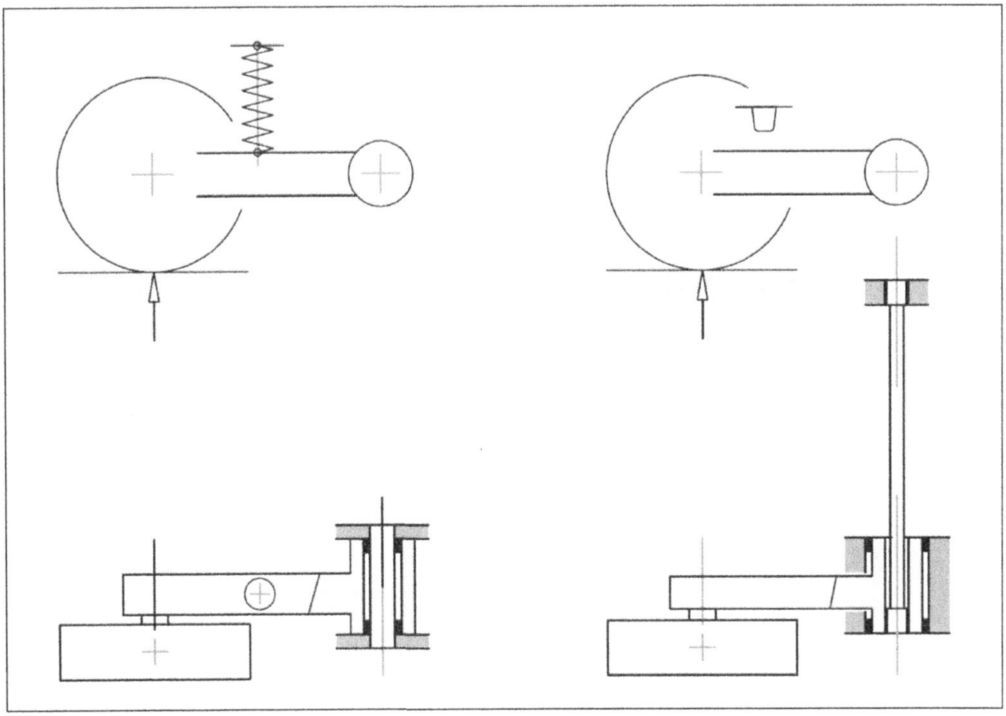

Figura 3.24. Sospensioni automobilistiche.

Sospensione automobilistica ruota posteriore folle

La sospensione di Fig. 3.24, rappresentata nelle due versioni, con molla ad elica e con barra di torsione, comporta sollecitazioni affaticanti del braccio di tipo random con punte di carico molto intense, rispetto al carico medio corrispondente alla situazione statica della macchina. Il diagramma del carico trasmesso dal terreno alla ruota e quindi al braccio viene di solito determinato sperimentalmente strumentando il braccio e sviluppando un percorso tipo comprendenti tratti di strada di ogni tipo, comprese buche e ostacoli. La storia del carico così ricavata può essere riprodotta, applicando un eventuale fattore maggiore di uno, in una macchina di prove a fatica attrezzata per il gruppo sospensione. Il carico della molla o della barra di torsione, ancora causa di sollecitazioni affaticanti in modo random, non segue completamente la storia delle sollecitazioni del braccio, in quanto la sospensione ha sempre una limitazione degli spostamenti, scuotimento inferiore e superiore, rispetto alla situazione statica (veicolo soggetto solo al proprio peso), realizzata in vario modo. Quindi la molla ad elica o la barra di torsione subiscono deformazioni e quindi sollecitazioni massime e minime, ben determinabili, corrispondenti allo scuotimento minimo e massimo.

Chiusura a ginocchiera

Il dispositivo a ginocchiera di Fig. 3.25 viene utilizzato per gli stampi, come quelli di pressofusione, che richiedono un carico di chiusura molto alto. La configurazione rappresentata dà

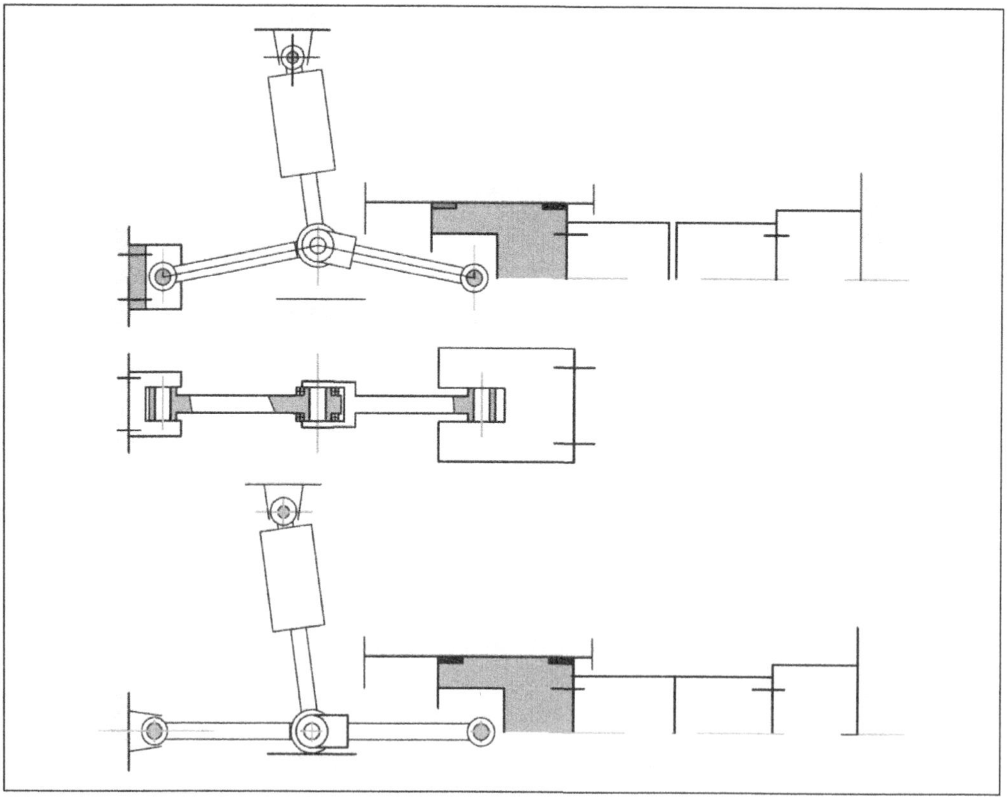

Figura 3.25. Dispositivo di chiusura a ginocchiera.

luogo ad una grande moltiplicazione del carico fornito dal cilindro pneumatico o idraulico di comando. Il carico sulla parte mobile cresce da zero, quando questo entra in contatto col semistampo fisso ad un valore massimo quando le due bielle sono allineate. Il dimensionamento di questo dispositivo richiede l'analisi delle tensioni delle bielle e dei perni massime nella fase finale della chiusura, fino a quando, con le bielle allineate, il carico è quello determinato dalle deformazioni assiali della catena costituita dalle due bielle e dai tre perni, trascurando il piccolo contributo dato dalla deformazione del supporto lato sinistro e del semistampo mobile.

Chiusura a doppia ginocchiera

Per la chiusura a doppia ginocchiera di Fig. 3.26 valgono considerazioni analoghe a quelle precedenti.

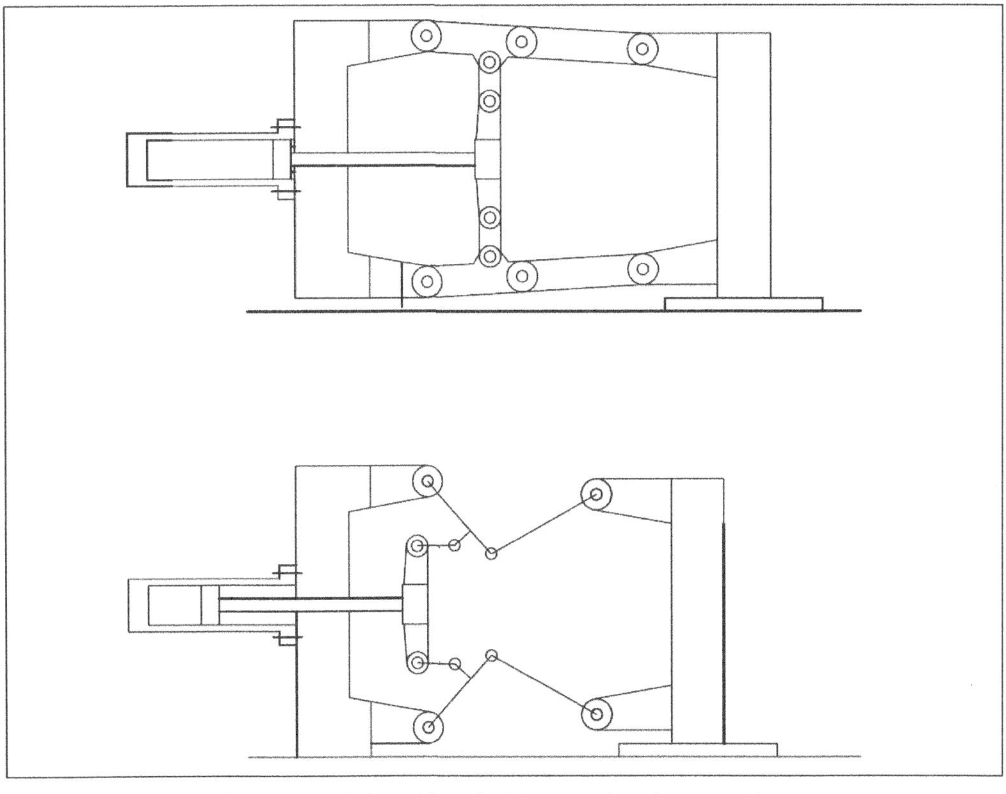

Figura 3.26. Dispositivo di chiusura a doppia ginocchiera.

Sollevatore a braccio

Il concetto del sollevatore di Fig. 3.27 è di sollecitare il braccio principalmente a compressione, piuttosto che a flessione. La pura compressione si ha per una sola posizione: per esempio quando il cavo è orizzontale e il braccio a 45° nel caso rappresentato. I posizionamenti estremi realizzati mediante un attuatore devono essere stabiliti in modo che la sollecitazione assiale-flessionale del braccio, quest'ultima di solito prevalente, rimanga entro valori ammissibili.

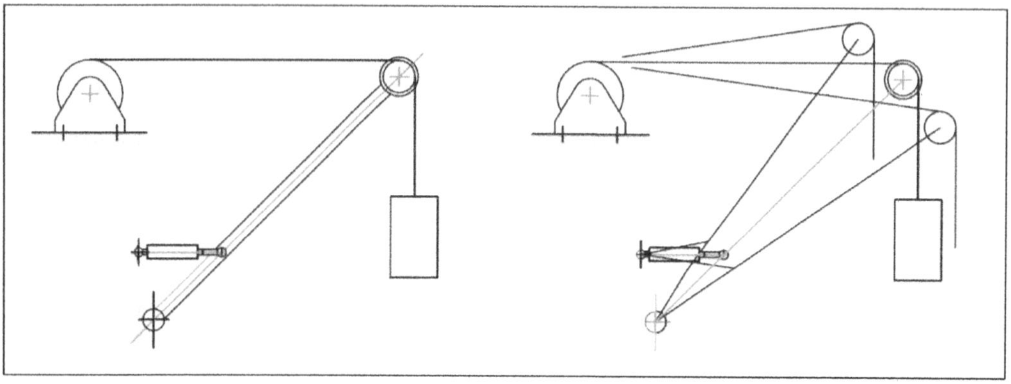

Figura 3.27. Sollevatore a braccio.

Attacco a tre punti

L'attacco a tre punti rappresentato in Fig. 3.28 realizza la soluzione per gli strumenti di lavorazione del terreno "portati" invece che trainati dalla trattrice. Esso consiste in due aste AB e una biella CD, provviste di snodi sferici, applicate da una parte al telaio della trattrice e dall'altro allo strumento di lavoro. Alle aste inferiori AB, disposte orizzontalmente, è affidato il compito di trasmettere allo strumento la maggior parte dello sforzo di trazione richiesto per il suo avanzamento in lavoro. La posizione delle aste AB in senso trasversale può essere regolata mediante le aste di ancoraggio registrabili EF. Il posizionamento dello strumento in trasporto

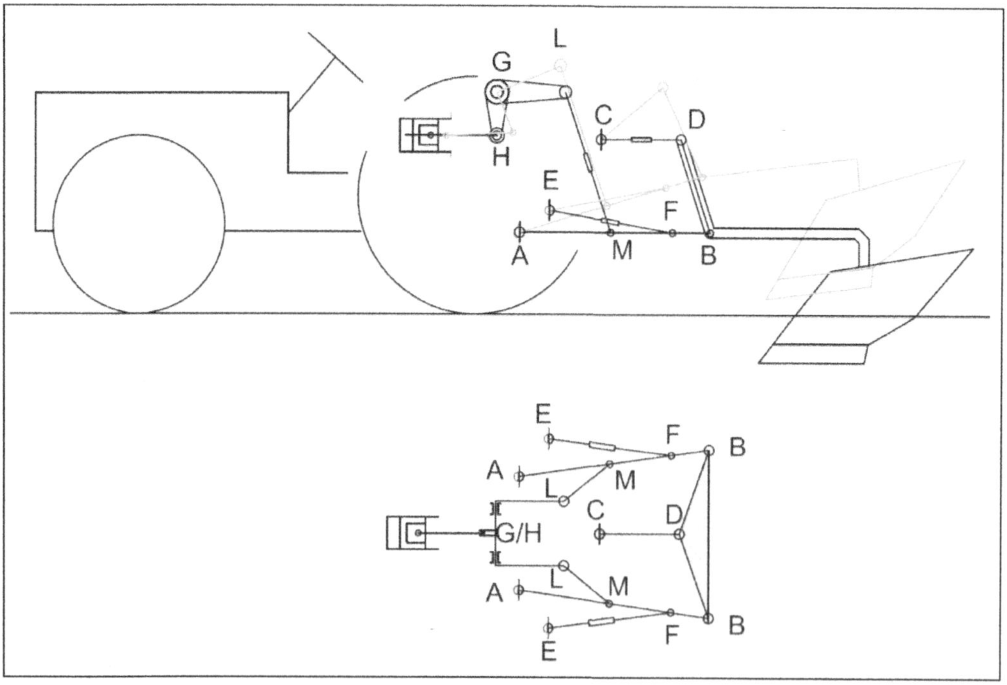

Figura 3.28. Attacco a tre punti.

fuori solco e lavoro viene realizzato tramite il bilanciere a tre bracci HGL comandato idraulicamente che tramite i due tiranti LM solleva i bracci inferiori. Fra gli strumenti agricoli portati quello che richiede il massimo sforzo è l'aratro. L'attacco a tre punti ha una configurazione bene schematizzabile in quanto costituita da elementi tesi e inflessi costituenti un sistema staticamente determinato. La struttura del sistema permetterebbe una facile valutazione delle sollecitazioni dei suoi elementi se fossero note le azioni trasmesse dallo strumento di lavoro collegato ai tre punti dell'attacco. Queste azioni possono però variare moltissimo in primo luogo in funzione della configurazione del vomere dell'aratro e della consistenza del terreno, per cui le proporzioni degli elementi dell'attacco a tre punti vengono di fatto determinate sulla base di calcoli seguenti la determinazione sperimentale sul campo dei carichi.

Equipaggio a movimento parallelo

La Fig. 3.29 mostra in un equipaggio mobile M collegato mediante due lamine sottili di acciaio al telaio T. Se le lame sono sufficientemente sottili in rapporto alla loro lunghezza, l'equipaggio mobile esegue sotto carichi piccolissimi un movimento praticamente parallelo finchè le frecce sono a loro volta abbastanza piccole. Questo dispositivo può sostituire il parallelogramma, con eliminazione delle cerniere e quindi senza alcun movimento relativo fra le diverse parti con le corrispondenti azioni d'attrito. La verifica richiede il calcolo del rapporto fra carico e spostamento e che le lamine rimangano in campo elastico. È interessante notare che i calcoli suddetti sono molto semplici, in quanto ognuna delle due lamine si deforma secondo la somma di due mensole incastrate.

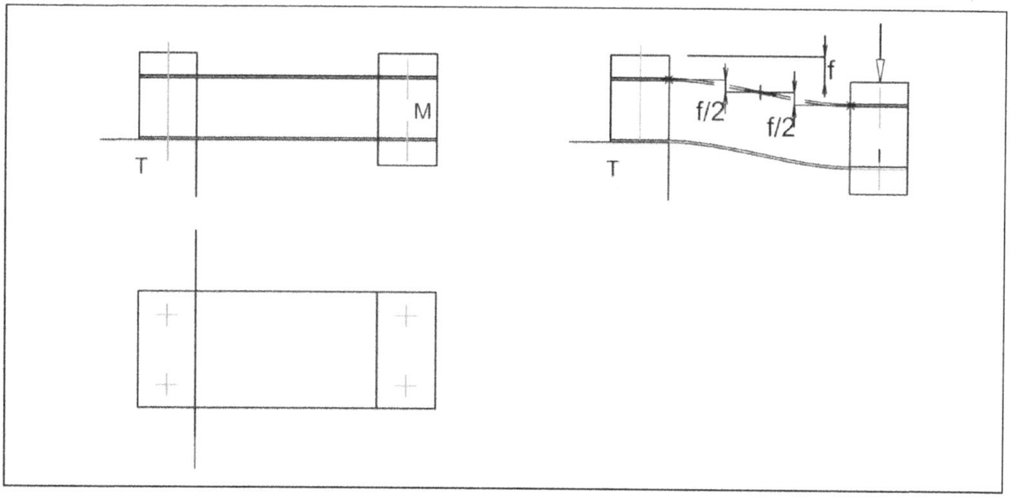

Figura 3.29. Equipaggio mobile a lame.

3.8. PROGETTO IN PRESENZA DI CARICHI AFFATICANTI

INTRODUZIONE

La fatica è il fenomeno del cedimento degli elementi strutturali soggetti a carichi variabili nel tempo. Il cedimento per fatica degli elementi in acciaio e in lega leggera, di largo impiego nelle costruzioni meccaniche, avviene con un meccanismo diverso rispetto a quello del cedimento statico. Le rotture per fatica hanno origine dai difetti microscopici presenti sulla superficie o subito sotto la superficie dei pezzi, quando il carico variabile genera sollecitazioni di trazione. Se il difetto si trova in una zona abbastanza sollecitata, si genera una fessura che avanza ad ogni applicazione del carico, fino a quando l'indebolimento è tale da provocare all'improvviso la rottura. La variabile significativa è il numero di cicli. La frequenza di applicazione del carico non ha influenza sul numero di cicli a rottura, salvo che non sia grandissima.

Le rotture per fatica rappresentano la grande maggioranza di quelle che si verificano negli elementi delle macchine e sono insidiose, in quanto improvvise e non precedute da deformazioni macroscopiche. La sala ferroviaria (Fig. 3.30) storicamente ha rivelato il fenomeno della fatica. Quando i treni, nella prima metà del secolo XIX, hanno cominciato a cumulare migliaia di km, si è prodotta la rottura di molte sale, dimensionate con grandi coefficienti di sicurezza con riferimento alla resistenza statica.

La sala, schematizzata come una trave appoggiata caricata sui due sbalzi, è soggetta, quando il treno viaggia in rettilineo, ad una flessione uniforme (momento flettente costante) nel tratto centrale. Con le forze F costanti nel piano verticale e l'albero che ruota, mentre il treno procede, ogni sezione del tratto centrale risulta soggetta al momento flettente $M_f = Fa$, con la distribuzione di tensione indicata in Fig. 3.30.

Ogni punto appartenente alla superficie esterna durante un giro passa per le condizioni di sollecitazione massima nella posizione A e minima nella posizione B, con andamento sinusoidale della sollecitazione nel tempo in ogni punto (fatica rotante).

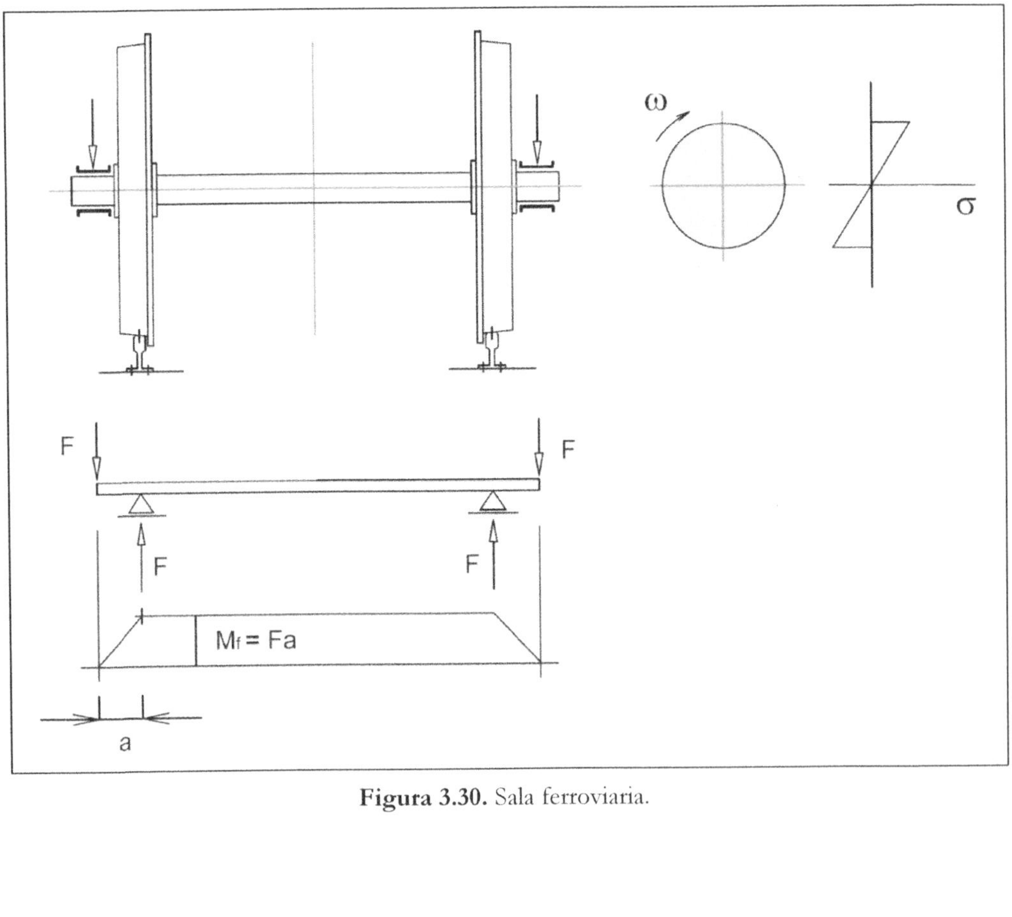

Figura 3.30. Sala ferroviaria.

Se, per esempio, il diametro di rotolamento delle ruote è $D = 0{,}63\ m$, dopo *100.000 km* l'albero cumula un numero di cicli di carico flettente pari a circa *50.000.000* di cicli.

Le rotture per fatica avvengono per carichi inferiori a quelli che provocano il cedimento statico e hanno un aspetto diverso da quello delle rotture statiche. Le due parti separate dalla rottura se accostate vanno quasi a riformare il pezzo, diversamente da quanto avviene nelle rotture statiche. In altre parole la rottura si produce senza macroscopiche deformazioni permanenti, anche con i materiali dotati di una buona duttilità. La superficie di rottura presenta una parte liscia corrispondente alla fessura che generatasi sulla superficie si è propagata fino a che la sezione residua non ha retto e si è prodotto il cedimento improvviso. La superficie corrispondente alla rottura finale si presenta irregolare come quella della rottura statica di un materiale fragile. Una prima teoria che ipotizzava l'infragilimento del materiale soggetto a carichi ripetuti si rivelò falsa. È caratteristica del fenomeno della fatica una notevole dispersione dei risultati, in termini di cicli a rottura di pezzi apparentemente uguali e soggetti alle stesse condizioni di carico.

I carichi ripetuti e di conseguenza le sollecitazioni a fatica sono presenti nella gran parte degli elementi delle macchine. Sono sollecitati a fatica, per esempio, gli elementi delle sospensioni dei veicoli. L'andamento dei carichi nel tempo è sempre molto irregolare in questo caso e la fatica è quindi di tipo casuale o random. La biella di un motore utilizzato a carico e velocità costante, altro esempio, è invece soggetta a sollecitazioni di tipo periodico. In molti casi sollecitazioni affaticanti non trascurabili sono prodotte dalle vibrazioni.

GENERAZIONE E PROPAGAZIONE DELLE ROTTURE PER FATICA

Le sollecitazioni ripetute comportano, come detto, la formazione (nucleazione) di una piccola fessura, la cui crescita sotto i carichi ripetuti porta alla rottura finale. La nucleazione consiste dunque nella formazione a partire dalla superficie dei pezzi di una o più fessure a livello microscopico sotto l'effetto di sollecitazioni di trazione ripetute. L'inizio di una fessura avviene di solito a partire da un difetto (flaw), che può essere una piccola inclusione, un piccolo vuoto, un solchetto da lavorazione. Il difetto costituisce un invito alla rottura, in quanto altera lo stato di sollecitazione locale, generalmente sotto forma di punte di sollecitazione tali da determinare lo "strappo" del materiale. Le successive applicazioni del carico portano alla propagazione della fessura. La velocità di propagazione delle fessure è dell'ordine di $10^{-2} \div 10^{-6}$ *mm/ciclo*. Nelle zone prossime agli intagli (fori, cave, filettature, ecc.) la formazione delle fessure è più probabile in quanto si sommano i due effetti: intaglio microscopico (dovuti ai "difetti") e intaglio macroscopico dovuto alla forma dei pezzi.

I difetti superficiali dai quali hanno inizio le fessure non sono rilevabili a vista. Il fronte di propagazione delle fessure avanza normalmente alla direzione della sollecitazione. A temperatura ambiente la propagazione delle fessure è di solito di tipo transgranulare. La rottura finale si verifica quando la sezione resistente diviene insufficiente per sopportare il carico massimo: per esempio il momento flettente nel caso di flessione rotante.

Un tipo particolare di fatica è quella cosiddetta hertziana, in quanto presente nei contatti hertziani, quali quelli, per esempio, fra corpi rotolanti e piste nei cuscinetti di rotolamento. In questo tipo di fatica, come si vedrà, le fessure possono avere inizio al di sotto della superficie.

Al fondo della fessura si forma generalmente una piccolissima zona plasticizzata per il superamento del limite elastico del materiale, causato dalla presenza di un'altissima concentrazione della tensione (nello schema estremo di raggio di curvatura nullo al fondo della fessura, in base alla teoria dell'elasticità la tensione in campo elastico risulta infinita). La plasticizzazione del fondo della fessura gioca un ruolo fondamentale nella propagazione della fessura stessa. Nei materiali meno fragili questa zona è più ampia e si ha quindi una più efficace ridistribuzione della tensione, con la conseguenza di rallentare la velocità di propagazione della fessura in termini di avanzamento per ciclo. In linea generale i materiali fragili presentano un rapporto fra resistenza a fatica e resistenza statica inferiore a quello relativo ai materiali duttili. Da notare che, tenuto conto del meccanismo completamente diverso delle rotture per fatica rispetto a quello delle rotture statiche, avvenendo queste ultime, nei normali materiali da costruzione, con grandi deformazioni plastiche attraverso l'intera superficie di rottura, non esiste una correlazione fra carico di snervamento e resistenza a fatica. Infatti, mentre il cedimento statico interessa sempre un'ampia zona, il cedimento per fatica ha inizio da un fenomeno locale.

Lo studio della fatica dal punto di vista dell'inizio e della propagazione delle fessure costituisce un capitolo della meccanica della frattura, che finora non ha fornito metodologie facilmente utilizzabili per la previsione della resistenza alla fatica delle strutture. Si procede allora nella maggior parte dei casi alla valutazione della resistenza a fatica dei provini, per la caratterizzazione di base dei materiali, e dei pezzi meccanici, semplicemente mettendo in relazione il carico applicato con il numero di cicli a rottura. La sperimentazione caso per caso è necessaria per una valutazione accurata della resistenza alla fatica. Un caso è definito dal materiale, dalla forma del pezzo, dai trattamenti termici e dalle lavorazioni subite, dalla modalità di applicazione dei carichi. La casistica è dunque grandissima e ciò spiega il grande numero di prove di fatica che vengono condotte in parallelo alla progettazione delle macchine, quando eventuali rotture possano provocare ingenti danni economici e rischi per la sicurezza delle persone.

La meccanica della frattura studia la generazione, la propagazione e le condizioni di stabilità delle fessure. In determinate condizioni una fessura si può propagare istantaneamente anche alla prima applicazione del carico: la bassa temperatura favorisce il fenomeno. In proposito viene principalmente citato il caso delle rotture delle navi Liberty durante l'ultima guerra, che ha dato lo spunto per lo studio della meccanica della frattura.

Il campo classico della fatica è quello dei carichi che non generano rotture prima di *1000 ÷ 10000 cicli* (high-cycle fatigue o *HCF*). Per i carichi più alti che generano le rotture per un numero di cicli inferiore si ha il campo della fatica "lenta" (low-cycle fatigue o *LCF*). Convenzionalmente il confine viene spesso assunto pari a *1000 cicli*. Nella *LCF* si producono deformazioni plastiche molto più ampie di quelle presenti nella *HCF*, che nel secondo caso interessano solo l'apice della fessura.

DETERMINAZIONE SPERIMENTALE DELLA RESISTENZA A FATICA

CURVA DI WÖHLER

Mentre per la caratterizzazione di base dei materiali nei riguardi della *HCF* ha senso assoggettare i provini a carichi ripetuti, per la *LCF* sono più significative prove con deformazioni ripetute. Si consideri, come esempio, la piastra sottile di larghezza *b* e di spessore t con un piccolo foro al centro di diametro d di Fig. 3.31, soggetta ad un carico di trazione alternata di ampiezza *F*.

In campo elastico nei punti *A-A* è presente una punta di tensione σ_A, molto più grande della tensione nominale $\sigma_n = F/(bt)$ (carico/sezione della piastra).

Allora un carico applicato sufficientemente grande genera piccole zone non microscopiche, ma piccole, prossime ai punti *A*, circondate da zone elastiche soggette a deformazioni unitarie cicliche praticamente proporzionali al carico. Ha allora poca influenza sulla linearità del fenomeno la presenza delle piccole zone soggette alla plasticizzazione ciclica. Durante i cicli di carico in pratica le zone prossime ai punti *A* subiscono quindi deformazioni plastiche cicliche imposte dalle zone circostanti. In questo caso, che rientra nella *LCF*, le zone nelle quali possono avere inizio le fessure subiscono dunque dei cicli di deformazione piuttosto che di sollecitazione, in corrispondenza dei cicli di carico a cui viene sottoposto il nastro. Di seguito il riferimento è alla *HCF*. La *LCF* interessa comunque alcuni importanti settori delle costruzioni meccaniche, dove vengono impiegate strutture che nel periodo di servizio subiscono un numero limitato di applicazioni del carico.

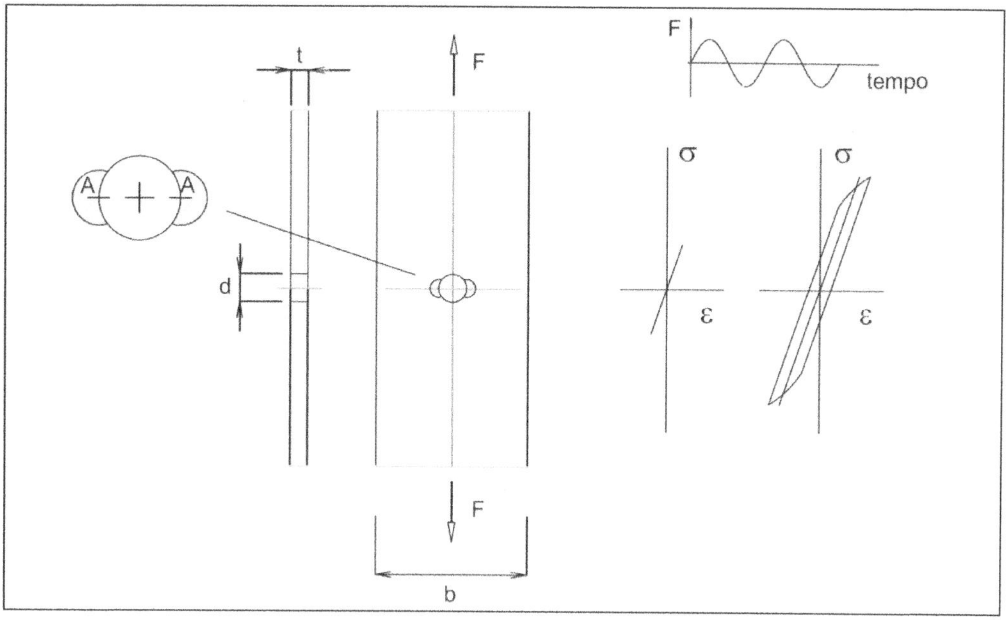

Figura 3.31. Piastra forata soggetta a carico alternato.

Per la *HCF* le condizioni di carico principali di riferimento per la caratterizzazione di base dei materiali sono la flessione rotante, la flessione alternata o pulsante, la torsione alternata o pulsante, il carico assiale alternato pulsante. Questi casi sono rappresentati nella Fig. 3.32. Negli ultimi tre casi può essere anche presente una componente statica.

Le prime ricerche sperimentali sulla fatica furono svolte con la flessione rotante, per la facilità di generare i livelli di tensione richiesti per giungere a rottura con l'applicazione di carichi contenuti. La Fig. 3.33 mostra lo schema della macchina di Moore per prove di fatica a flessione rotante, con momento flettente costante nel provino. Per non avere le rotture in prossimità delle delle teste del provino, dove è presente un effetto d'intaglio la sezione dello stesso viene leggermente ridotta nella parte centrale

Oggi viene preferita la caratterizzazione con prove monoassiali, non influenzata dalle dimensioni assolute dei provini. La resistenza a fatica, in presenza di sollecitazioni di flessione e torsione è infatti maggiore per i pezzi di piccole dimensioni. La spiegazione tiene conto che un dato materiale ha la stessa struttura sia in un provino piccolo che in un provino grande. Quello che cambia, a parità di sollecitazione, è il gradiente della sollecitazione. A parità di distanza dalla superficie un punto interno è meno sollecitato nel provino piccolo e di conseguenza il materiale meglio supplisce all'effetto di sovrasollecitazione indotto dal materiale resistente mancante in prossimità della superficie esterna per la presenza del difetto.

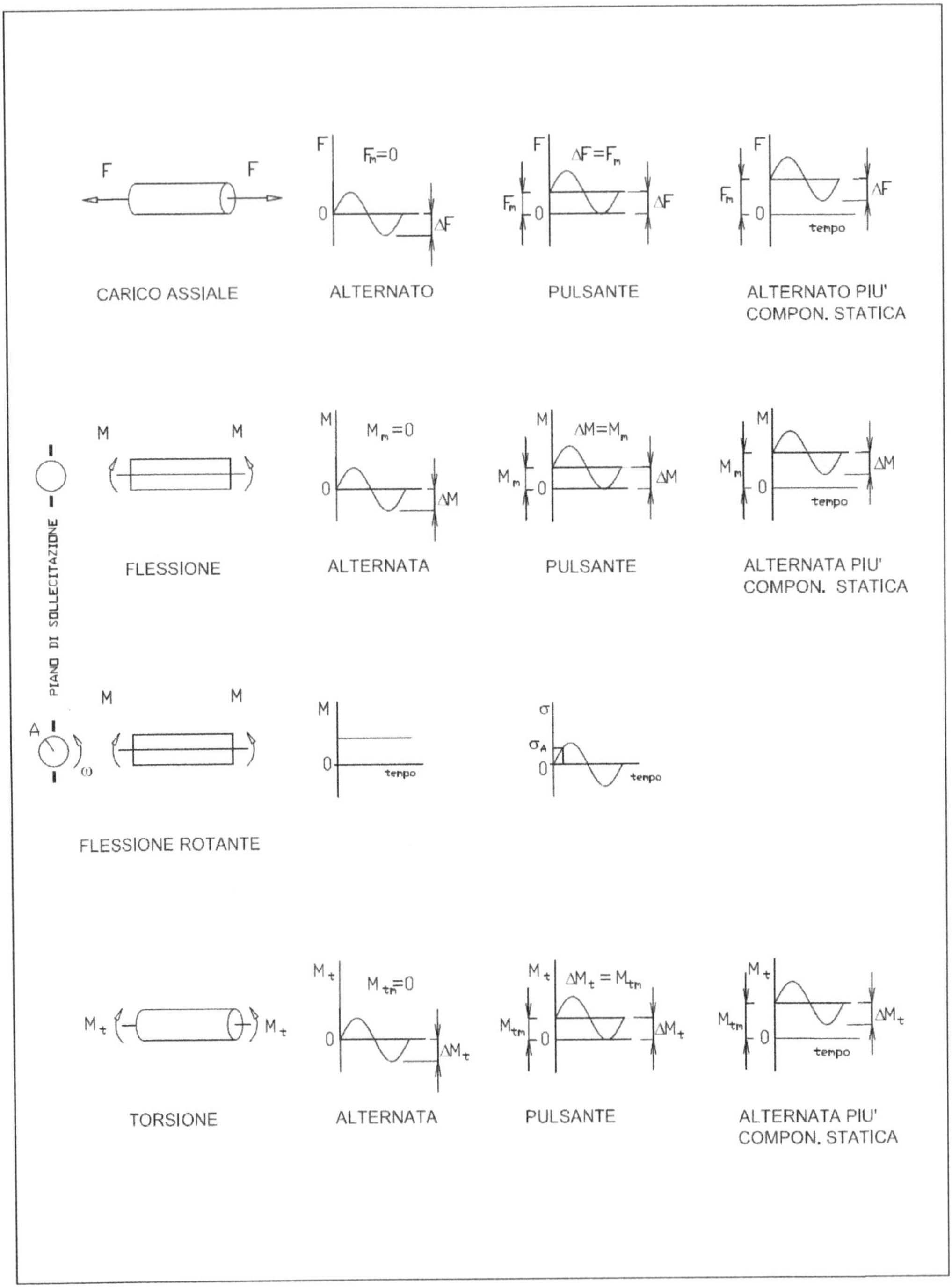

Figura 3.32. Condizioni di carico affaticante.

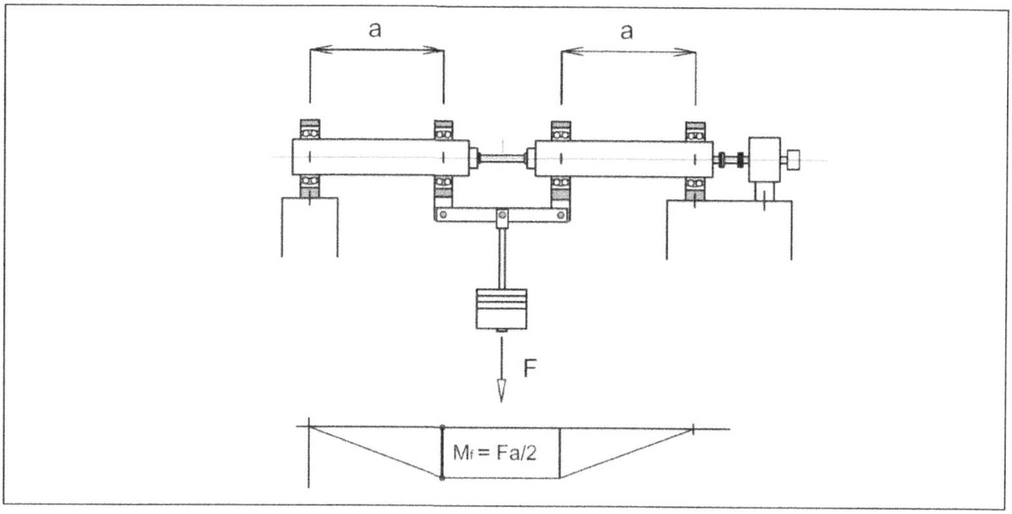

Figura 3.33. Schema della macchina per prove di fatica rotante.

La resistenza a fatica di un materiale si rappresenta classicamente con la curva di Wöhler che porta in ascissa il numero di cicli a rottura e in ordinata il livello del carico o della sollecitazione. La curva di Wöhler si ricava di solito con un gran numero di prove a diversi livelli di carico su piccoli provini lucidati.

Con riferimento alla macchina di Moore, per esempio, in ascissa viene posto il numero di cicli e in ordinata il momento flettente *Mf* applicato oppure la tensione nominale massima corrispondente $\sigma = M_f/W_f$. L'ascissa è sempre in scala logaritmica. Per ogni livello vengono provati più provini in quanto la resistenza a fatica è affetta, come detto, da una alta dispersione dei risultati. I punti rappresentativi delle rotture vanno a formare quindi una striscia piuttosto che una linea. Praticamente viene considerata ai fini delle verifiche di resistenza una linea inferiore corrispondente ad una probabilità di rottura estremamente bassa. Per gli acciai la curva di Wöhler si presenta come in Fig. 3.34, in cui si individuano due tratti, quello della resistenza a termine e quello parallelo all'asse delle ascisse della resistenza indefinita.

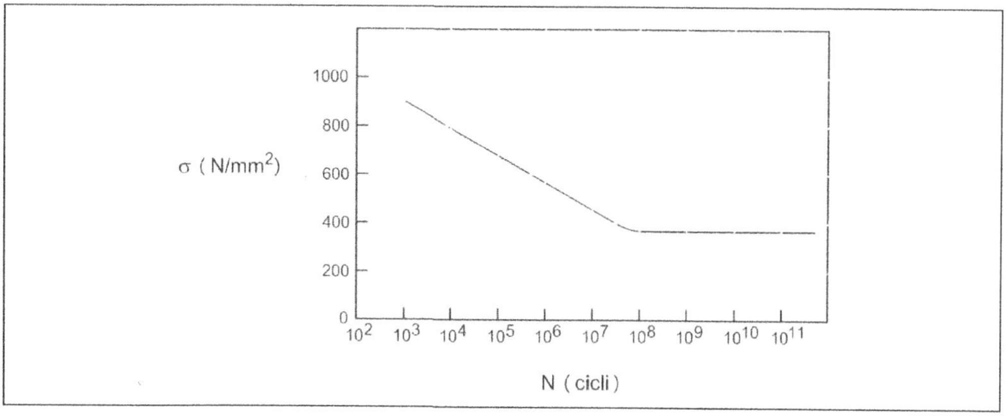

Figura 3.34. Diagramma di Wöhler per gli acciai.

Il secondo tratto individua il limite di fatica. Il ginocchio fra i due tratti si trova in corrispondenza di $10^6 \div 10^8$ *cicli*. Le leghe leggere hanno un comportamento un po' diverso in quanto il tratto asintotico risulta inclinato come in Fig. 3.35, tale da configurare la mancanza di un vero limite di fatica.

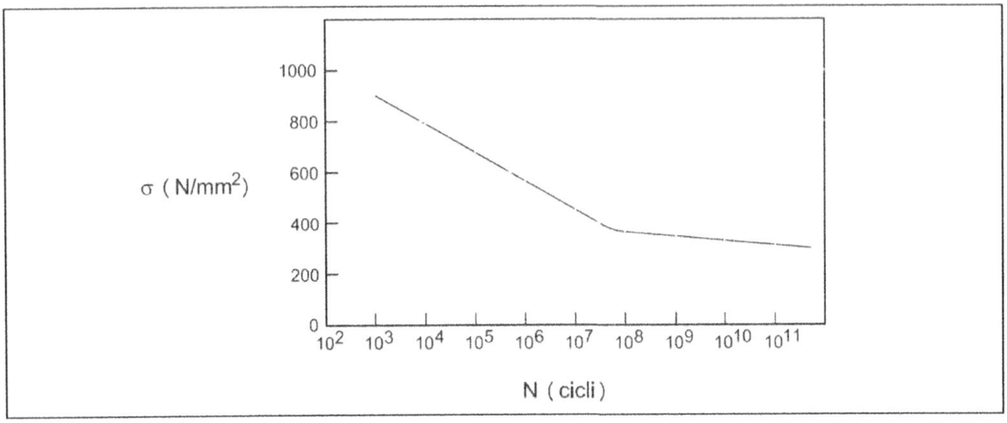

Figura 3.35. Diagramma di Wöhler per le leghe leggere.

Il rapporto fra la resistenza a fatica e la resistenza statica è molto variabile per i diversi acciai. In linea di massima tale rapporto, come detto, è più piccolo per gli acciai ad alta resistenza.

Per la caratterizzazione di base della resistenza a fatica dei materiali conviene eseguire prove di tipo monoassiale applicando un carico alternato (componente dinamica) sovrapposto ad un carico statico.

Con i provini utilizzati per la caratterizzazione di base, privi di intagli macroscopici, si suole porre in ordinata la sollecitazione nominale (carico diviso area della sezione). Condizioni particolarmente significative sono il carico alternato ed il carico pulsante. Nel secondo caso il carico medio coincide con l'ampiezza della componente dinamica. Prendendo come parametro per caratterizzare ogni singola curva la tensione media si ottiene una famiglia di curve (Fig. 3.36).

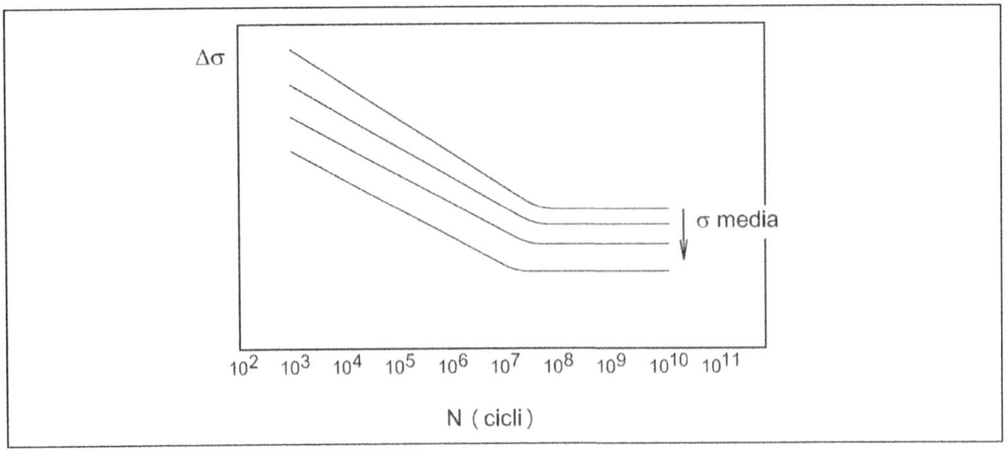

Figura 3.36. Famiglia di curve di Wöhler.

Il primo criterio per il dimensionamento degli organi meccanici in acciaio soggetti a fatica in presenza di una tensione media è stato quello di Bach secondo il quale la resistenza alla fatica alternata, la resistenza alla fatica pulsante e la resistenza statica stanno fra di loro come i numeri *1, 2, 3.* In base a tale principio se, per esempio, il carico di rottura di un'asta a trazione è *9000 N*, i limiti di fatica sono: *6000 N* per il carico pulsante e *3000 N* per il carico alternato. Tale criterio può essere usato per avere una prima approssimazione della resistenza a fatica, una volta nota la resistenza statica. È comunque da tener presente che in particolare per i materiali fragili, come gli acciai da molle, o per i pezzi intagliati il criterio non è cautelativo. Un criterio di prima approssimazione alternativo a quello di Bach è il seguente, dove σ_r è il carico di rottura e σ_{af} è il limite di fatica per il carico alternato:

per $\sigma_r < 1400\ N/mm^2$ $\qquad \sigma_{af} = 0{,}5\ \sigma_r\ N/mm^2$

per $\sigma_r > 1400\ N/mm^2$ $\qquad \sigma_{af} = 700\ N/mm^2$

FATTORI CHE INFLUENZANO LA RESISTENZA A FATICA

L'influenza della corrosione sulla resistenza a fatica, intesa come presenza di un fluido corrosivo all'apice della fessura in corso di propagazione, è di solito negativa.

L'influenza della temperatura è un argomento complesso. Se la temperatura è abbastanza alta, almeno *500°C* negli acciai, si ha un'interazione della fatica con il fenomeno dello scorrimento viscoso, o creep.

Per l'influenza, da non trascurare in sede di progetto, delle dimensioni assolute dei pezzi nella fatica per flessione rotante e flessione e per torsione alternata si veda il Capitolo 8.

Un'influenza importante sulla resistenza a fatica ha lo stato della superficie: greggia o ottenuta con lavorazioni per asportazione di truciolo. La Fig. 3.37 mostra il rapporto K_a fra la resistenza a fatica per i diversi stati della superficie e quella del provino lucidato per gli acciai al *C*, in funzione del carico di rottura.

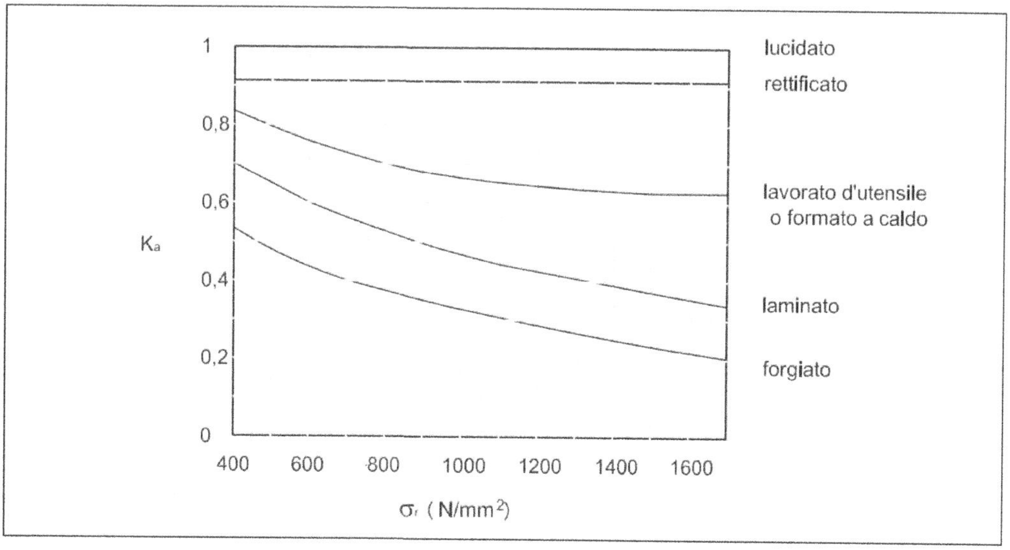

Figura 3.37. Coefficiente superficiale.

Si nota che l'effetto negativo delle lavorazioni più grossolane è più grande per gli acciai al C ad alta resistenza, in accordo con la regola di massima che i materiali più fragili sono più sensibili ai difetti superficiali.

Un altro fattore che influenza la resistenza a fatica è la forma dei pezzi. Per esempio un albero soggetto a torsione alternata viene fortemente indebolito da un piccolo foro diametrale praticato in una sezione trasversale. E l'indebolimento è molto superiore a quello che intuitivamente è da attribuire alla riduzione della sezione.

Le rotture per fatica possono esser favorite o ritardate dalle tensioni residue, presenti principalmente nei giunti saldati e nei pezzi che hanno subito lavorazioni per deformazione plastica a freddo.

La resistenza a fatica può essere aumentata agendo sulla forma dei pezzi e, in alcuni casi, con operazioni finalizzate alla produzione di tensioni residue di compressione sugli stati superficiali, dove hanno inizio le rotture. Questo effetto si ottiene, per esempio, mediante la pallinatura, consistente nel bombardamento delle superfici dei pezzi con piccole sferette di acciaio. Un caso interessante è quello delle viti ottenute per rullatura che a parità di resistenza del materiale hanno una resistenza a fatica maggiore delle viti tagliate al tornio, poiché la rullatura provoca tensioni residue di compressione al fondo della gola, dove per la concentrazione delle tensioni di solito ha inizio la rottura per fatica, nei collegamenti soggetti a carichi esterni variabili nel tempo e diretti come l'asse delle viti o dei bulloni.

DIAGRAMMI DI SMITH E DI GOODMAN

Come detto la resistenza a fatica dei materiali è rappresentata normalmente dalle curve di Wöhler, quando disponibili, di solito ricavate su provini lucidati. La caratterizzazione più significativa, come detto, è quella ricavata con prove di trazione, dove non hanno influenza le dimensioni del provino, contrariamente a quanto avviene nella flessione e nella torsione, e con le quali è possibile valutare l'influenza della componente statica.

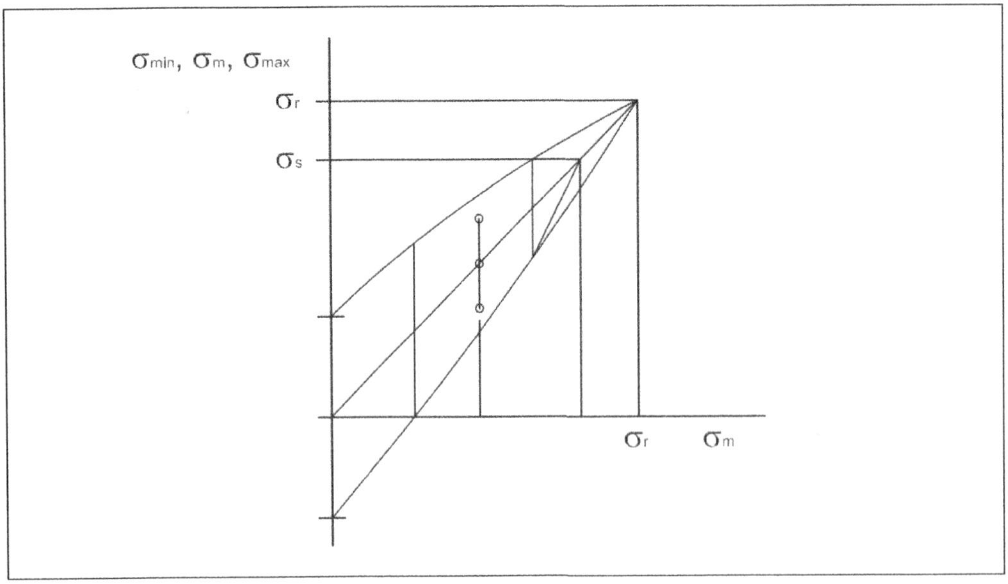

Figura 3.38. Diagramma di Smith.

Disponendo per un dato materiale della famiglia delle curve di Wöhler, con parametro la tensione media, si possono ricavare le curve di Smith, usate normalmente in progettazione, relative alla resistenza indefinita, oppure ad un determinato numero di cicli inferiore a quello corrispondente al ginocchio delle curve di Wöhler (campo della resistenza a tempo).

Una curva di Smith (Fig. 3.38) si ricava da una famiglia di curve di Wöhler nel modo descritto di seguito.

Si pone in ascissa la tensione media σ_m e in ordinata la tensione massima σ_{max} , la tensione media σ_m (retta a *45°*) e la tensione minima σ_{min}. In corrispondenza ad ogni tensione media, si riportano al di sopra ed al di sotto della retta a 45° i valori della resistenza a fatica, $\Delta\sigma$ forniti dalle curve di Wöhler (Fig. 3.36). Una data situazione (σ_m - $\Delta\sigma$) corrisponde ad una coppia di punti situati sulla stessa retta verticale. Se i punti stanno all'interno della curva si è al di sotto del limite di fatica, o entro il numero di cicli a rottura prefissato se l'intersezione è stata eseguita nel campo della resistenza a tempo.

Poiché il diagramma di Smith si utilizza nel campo della *HCF* si esclude nel diagramma stesso la zona al di sopra del carico di snervamento, zona grigia in Fig. 3.38, relativa alla fatica in campo elasto-plastico.

Il diagramma Smith può essere costruito in modo semplificato. Il modo più semplice è quello basato sulla conoscenza della resistenza statica e del limite di fatica nella sollecitazione alternata (Fig. 3.39). Un'altra costruzione semplificata utilizza il carico di rottura, la resistenza alla tensione alternata e la resistenza al carico dall'origine (Fig. 3.40). Anche in questi casi il diagramma viene corretto togliendo le zone al di sopra del carico di snervamento. Un diagramma equivalente a quello di Smith è quello di Goodman, in cui l'ampiezza della sollecitazione invece di essere diagrammata al di sopra e al di sotto della retta a *45°*, viene direttamente diagrammata come ordinata (Fig. 3.41).

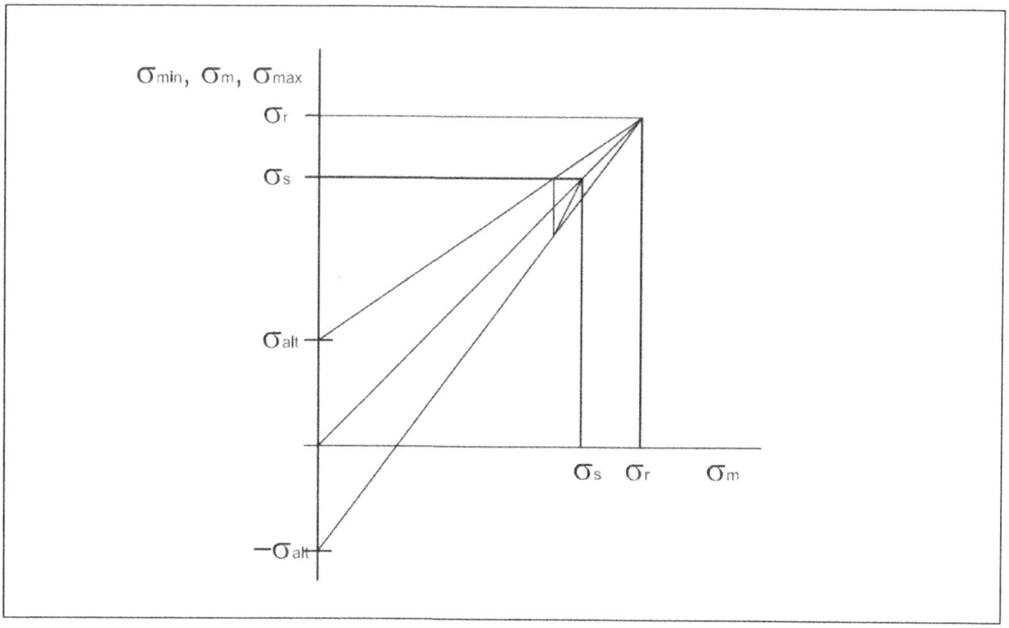

Figura 3.39. Diagramma di Smith semplificato.

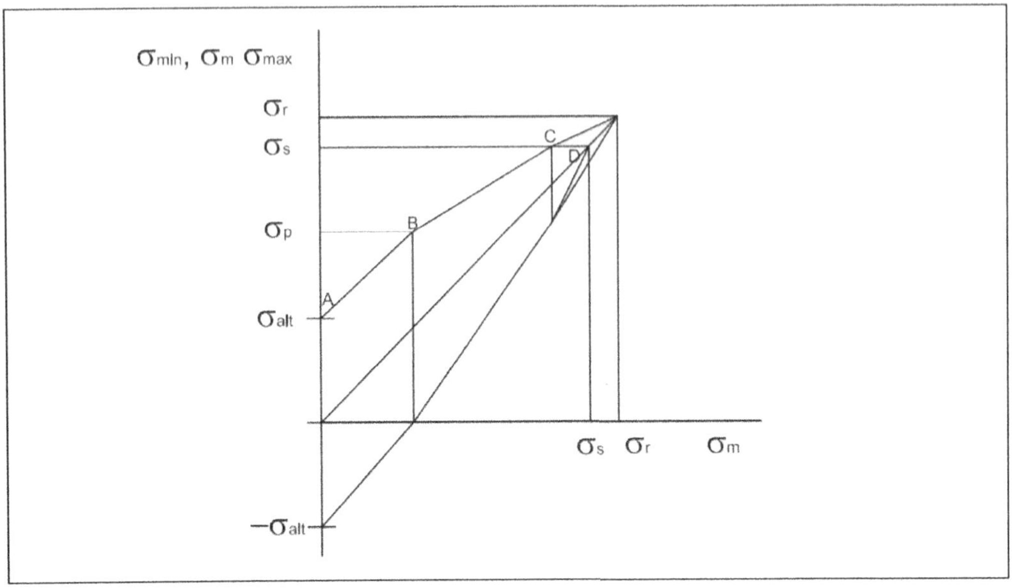

Figura 3.40. Diagramma di Smith semplificato.

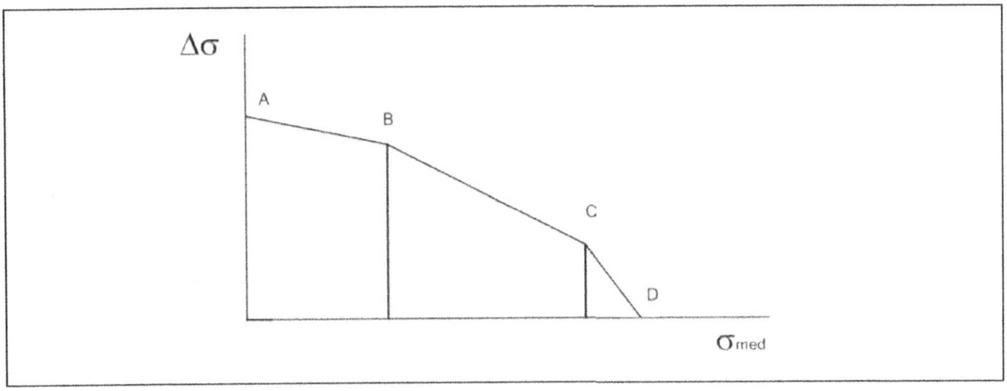

Figura 3.41. Diagramma di Goodman.

FATICA ED EFFETTO D'INTAGLIO

La presenza degli intagli (fori, raccordi, filettature, cordoni di saldatura, ecc.) in quanto determina un aumento localizzato delle sollecitazioni indebolisce sensibilmente la resistenza a fatica dei pezzi delle macchine. Di questo fatto si tiene conto in sede di verifica strutturale degli organi delle macchine dividendo la tensione ammissibile, riferita al pezzo avente la stessa forma a meno dell'intaglio, per un fattore d'intaglio (>*1*) da valutare caso per caso, per avere la tensione nominale ammissibile del pezzo intagliato.

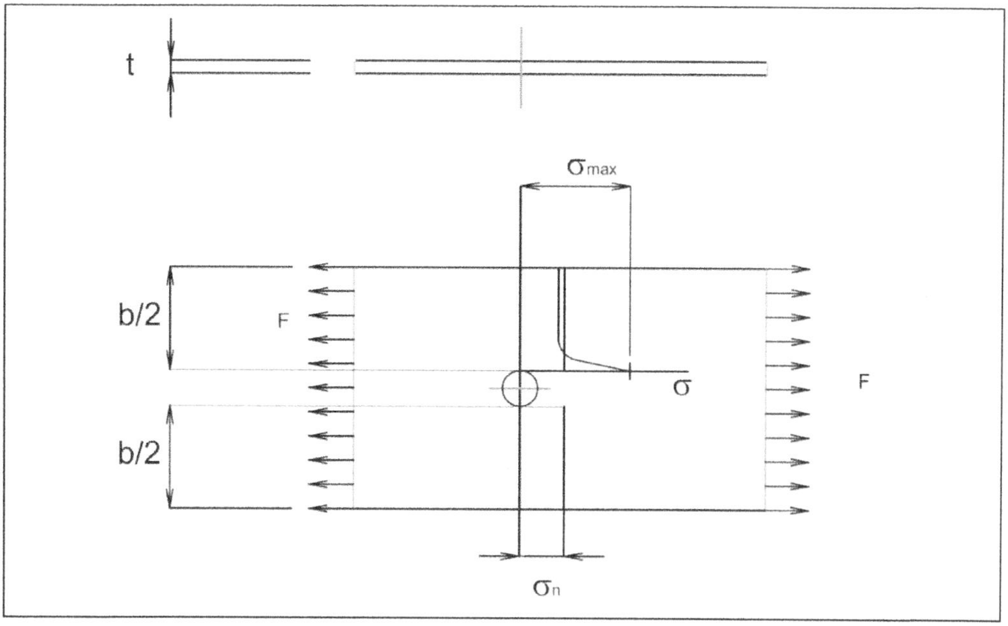

Figura 3.42. Piastra forata.

Con riferimento alla Fig. 3.42, il nastro forato soggetto a carico alternato assiale è soggetto in campo elastico, come già detto, a una concentrazione della tensione nei punti *A*, con un valore σ_{max} pari a circa tre volte la tensione nominale $\sigma_n = F/(bt)$. Si definisce in questo caso il fattore d'intaglio teorico

$$K_t = \frac{\sigma_{max}}{\sigma_n}$$

come rapporto fra la tensione massima secondo la teoria dell'elasticità e la tensione nominale riferita al pezzo senza il foro.

Il coefficiente K_t viene determinato con la risoluzione in forma chiusa, o con metodi numerici, del problema elastico, oppure sperimentalmente.

A prima vista sembrerebbe giusto nelle verifica della piastra forata utilizzare una tensione ammissibile, con riferimento ai punti A di massima sollecitazione, pari al carico di snervamento diviso il coefficiente di sicurezza nel caso di carico statico e al limite di fatica ottenuto sul provino lucidato diviso il coefficiente di sicurezza nel caso di carico variabile nel tempo. In realtà l'utilizzo di K_t per ridurre la tensione ammissibile del pezzo intagliato è troppo cautelativo. Nel caso statico perché nei normali materiali da costruzione il cedimento finale avviene con la plasticizzazione di tutta la sezione. Nel caso di carico affaticante perché, come detto in un paragrafo precedente, gioca un ruolo importante sulla generazione e sulla propagazione della fessura la plasticizzazione a livello microscopico che si genera al fondo della fessura. Quanto più il materiale è duttile, tanto più non si forma o si forma in ritardo la fessura e in questo secondo caso diviene più lenta la sua propagazione.

Il problema della verifica a fatica dei pezzi intagliati si risolve sperimentando su provini, o sui pezzi delle macchine, nel secondo caso simulando eventualmente le condizioni di carico durante il servizio. Tale coefficiente è sempre inferiore al coefficiente teorico. Inoltre esso dipende non solo dalla forma del pezzo, come quello teorico, ma anche dal materiale, dallo stato del materiale, dal tipo di carico applicato (trazione dall'origine, trazione alternata, flessione alternata, ecc.).

La determinazione del coefficiente d'intaglio sperimentale K_f richiede la disponibilità di un numero sufficientemente alto di pezzi intagliati e di pezzi uguali in tutto ma privi dell'intaglio (Fig. 3.43).Vengono quindi eseguite nei due casi le prove sufficienti per tracciare la curva di Wöhler (Fig. 3.44).

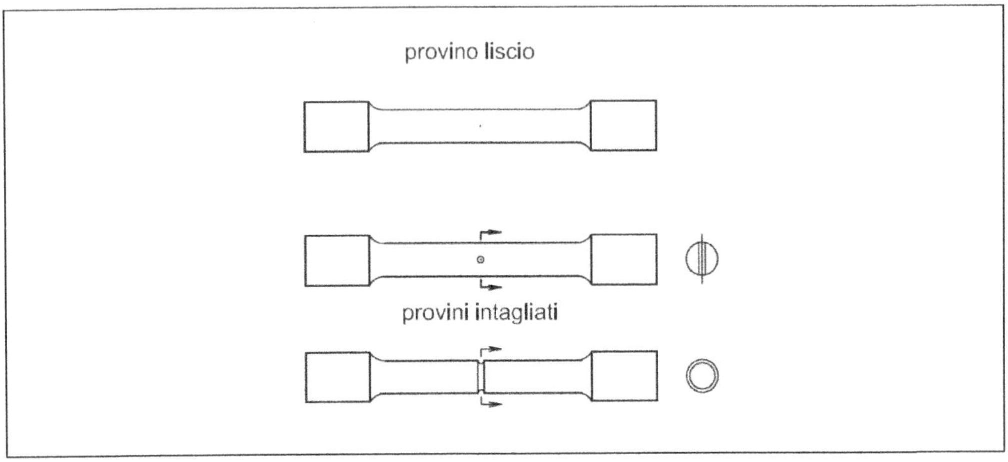

Figura 3.43. Provini liscio e intagliati.

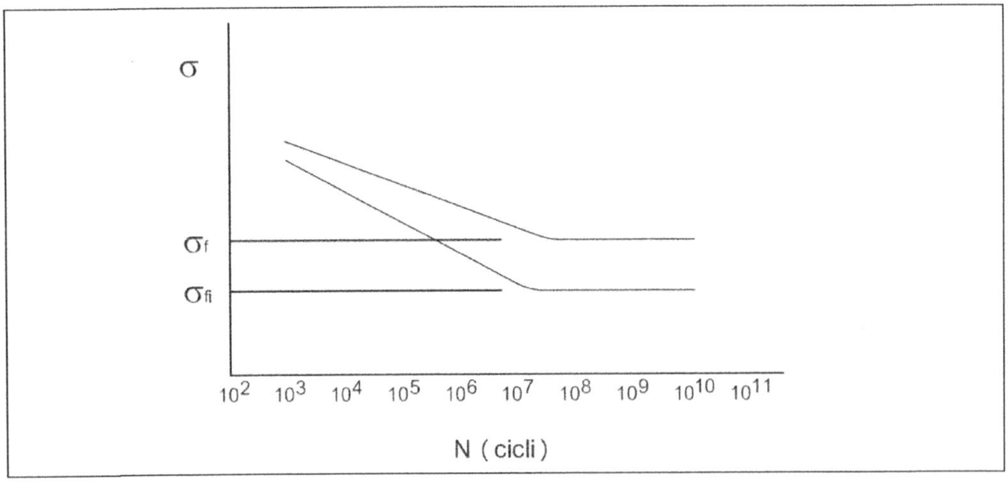

Figura 3.44. Curve di Wöhler per provino liscio e per provini intagliati.

Il coefficiente d'intaglio sperimentale è allora logicamente rappresentato dal rapporto fra limite di fatica del pezzo non intagliato e limite di fatica del pezzo intagliato, per il campo della resistenza indefinita, e dell'analogo rapporto per un determinato numero di cicli, nel campo della resistenza a termine. È da rilevare come nella determinazione del coefficiente d'intaglio sperimentale è corretto porlo come rapporto fra due carichi, piuttosto che fra due sollecitazioni, in quanto per il pezzo intagliato non si ipotizza o si rileva lo stato di tensione ma soltanto il limite di fatica in termini di carico, così come del resto per il pezzo non intagliato. È chiaro che agli effetti pratici, nelle verifiche può essere conveniente riferisti alla tensione ammissibile ottenuta come quella del pezzo non intagliato divisa per il fattore d'intaglio sperimentale. Di mezzo c'è una costante che può essere la sezione trasversale nel caso di carico assiale, il modulo di resistenza a flessione, ecc.

Si definisce anche il fattore di sensibilità all'intaglio

$$Q = \frac{K_s - 1}{K_t - 1}$$

da cui $q = 1$ quando $K_s = K_t$, ovvero quando l'intaglio ha il massimo effetto, come avviene nei materiali molto fragili e $q = 0$ quando $K_s = 1$, ovvero quando l'intaglio non ha effetto. Il valore di q, compreso fra *0* e *1*, è una misura di quanto un dato organo è sovrasollecitato per effetto dell'intaglio.

Le Figg. 3.45 e 3.46 riportano diagrammi relativi ai valori di K_t e K_s per alcuni casi, dove il diametro di riferimento è *d*.

Considerando l'effetto contemporaneo dei diversi fattori sulla resistenza a fatica si può porre la tensione ammissibile come

$$\sigma_{am} = \frac{\sigma_f K_a K_d}{c K_s}$$

dove

- σ_f limite di fatica ricavato sul provino lucidato
- c coefficiente di sicurezza
- K_a coefficiente lavorazione
- K_d coefficiente dimensionale (nel caso di flessione o torsione)
- K_s coefficiente d'intaglio sperimentale

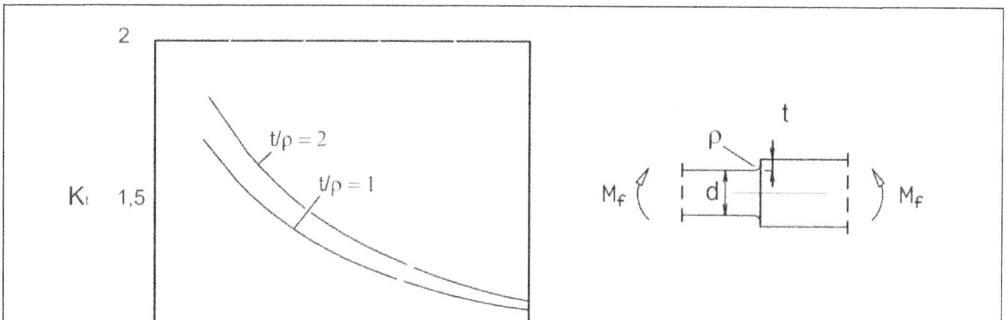

Figura 3.45. Effetto d'intaglio.

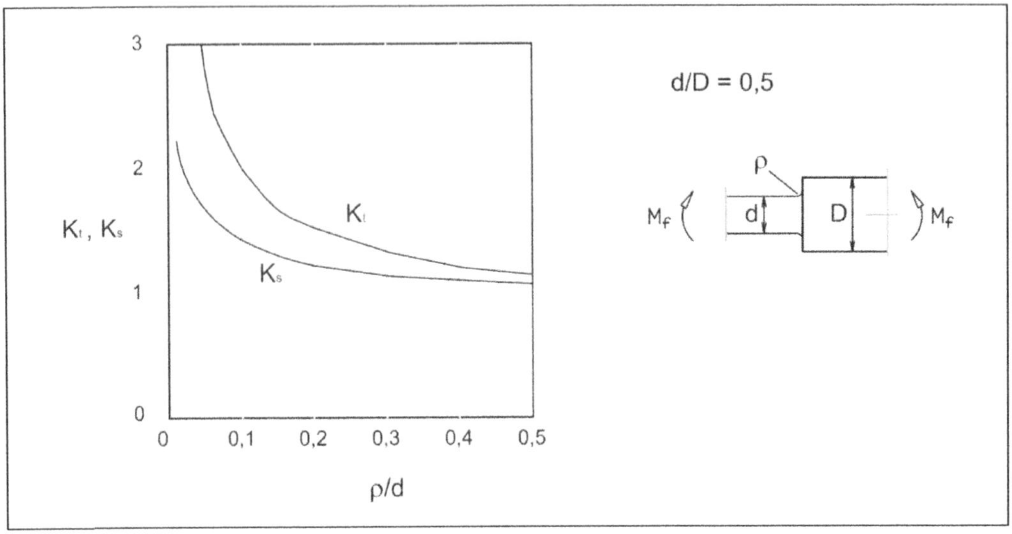

Figura 3.46. Effetto d'intaglio.

PROVE DI FATICA SU ELEMENTI E GRUPPI MECCANICI

In alcuni settori delle costruzioni quali, per esempio, quelli dei veicoli stradali e ferroviari e degli aerei, la verifica della resistenza a fatica degli elementi o anche di interi gruppi, si basa spesso su prove sugli elementi stessi o sui gruppi, eventualmente applicando programmi derivati da rilievi eseguiti in servizio dei reali carichi applicati, in particolare quando questi sono di tipo random, come per esempio nei gruppi sospensioni delle auto. Per le ruote dentate si utilizzano le prove "a potenza circolante", descritte nel Capitolo 13. L'esecuzione di prove di fatica mirate a pezzi meccanici o ad interi gruppi, è svolta spesso in parallelo e in ausilio alla progettazione, particolarmente per le macchine da produrre in grande serie.

Per la resistenza a fatica in presenza di sollecitazioni pluriassiali, il concetto di tensione ideale, o tensione monoassiale equivalente, non è utilizzabile in quanto ricavato sulla base del raggiungimento del limite elastico, dove le rotture per fatica si generano a livelli più bassi della tensione in presenza dei "difetti". Il problema in questi casi può essere risolto provando l'elemento o il gruppo in prove simulate, come sopra detto. Situazioni in cui la fessura si genera sulla superficie del pezzo in presenza di una tensione biassiale sono frequenti. Lo stato pluriassiale può essere intrinseco alla struttura ed alla modalità di carico, come per esempio nei mantelli dei componenti in pressione, oppure legato alla geometria locale degli intagli.

Le applicazioni in cui i componenti meccanici sono soggetti a complessi stati di tensione e deformazione pluriassiali e variabili nel tempo, a *fatica multi assiale*, sono tuttora argomenti di studi atti a fornire criteri di progettazione sempre più affidabili.

DANNEGGIAMENTO PER FATICA

Un problema importante riguarda gli organi meccanici soggetti a carichi ripetuti di ampiezza variabile e viene affrontato, in prima approssimazione, sulla base della legge sperimentale del danno cumulativo o legge di Miner. Questa afferma che quando si susseguono più livelli di carico ciclico, di ampiezza F_1, F_2, F_3, ... la rottura avviene quando

$$\sum \frac{n_i}{N_i} = 1$$

dove N_i rappresenta il numero di cicli a rottura corrispondente al livello i-esimo, quando sia l'unico applicato, n_i il numero di cicli effettivamente accumulato del livello i-esimo.

Come esempio, si abbia un organo meccanico assoggettato ad un carico di ampiezza F_1 per n_1 cicli e ad un carico F_2 per n_2 cicli. Siano noti i cicli a rottura N_1 e N_2 relativi rispettivamente ai carichi F_1 e F_2 applicati singolarmente. Disponendo di un contatore per i cicli *1* e di un contatore per i cicli *2*, in ogni istante è possibile calcolare la funzione danneggiamento

$$D = \frac{n_1}{N_1} + \frac{n_2}{N_2}$$

dei cicli n_1 e n_2 accumulati sotto i carichi F_1 e F_2.

La legge di Miner afferma che la rottura avviene quando la sommatoria raggiunge il valore *1*. Si osserva che ogni livello di carico contribuisce linearmente con il numero di cicli al danneggiamento.

La legge, molto semplice, non tiene conto dell'ordine di applicazione dei carichi che invece ha un'influenza sul numero di cicli a rottura. In generale se i livelli più alti precedono nel tempo quelli più bassi la rottura si ha quando la sommatoria di Miner raggiunge un valore critico inferiore a 1; viceversa nel caso opposto. Quando si hanno periodi corrispondenti ai diversi livelli, mescolati, o periodicamente ricorrenti, ma brevi in termini di cicli rispetto al numero di cicli totali che il pezzo sopporterà, la legge di Miner è generalmente abbastanza bene verificata.

IL COEFFICIENTE DI SICUREZZA NELLA FATICA

Un problema difficile collegato alla resistenza a fatica dei pezzi delle macchine è quello del coefficiente di sicurezza, o meglio della sicurezza. Difficile per diversi motivi. In primo luogo per il carattere aleatorio della resistenza a fatica, da cui la necessità di ragionare in

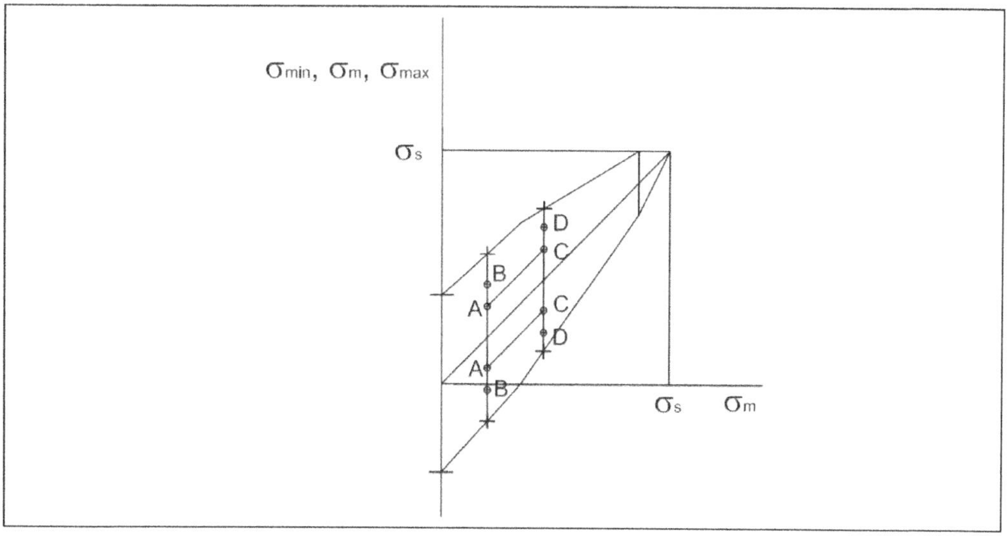

Figura 3.47. Coefficienti di sicurezza nella fatica.

termini probabilistici. In secondo perché una situazione locale di fatica è definita, in generale, da una componente statica e da una componente dinamica, e non ha senso in generale assegnare lo stesso coefficiente alle due componenti. Con riferimento alla Fig. 3.47, nel diagramma di Smith in cui si individuano i due punti *A* che rappresentano una sollecitazione affaticante, si presentano tre casi: il rischio di aumento riguarda la sola componente dinamica, la sola componente statica, oppure ambedue. I tre casi corrispondono a considerare nel diagramma di Smith lo spostamento dei punti *A*, corrispondente alla condizione di progetto nei punti *B*, oppure *C*, oppure *D*, e nel valutare in ognuno dei tre casi la sicurezza in base alla loro distanza dalle due curve del diagramma.

Capitolo 4
FLESSIONE DELLE TRAVI CURVE

Una trave curva con asse giacente in un piano di simmetria per la trave stessa si dice di grande curvatura quando le dimensioni della sezione sono dello stesso ordine di grandezza del raggio di curvatura dell'asse. Se ad una trave curva a sezione costante viene applicato un momento flettente ed uno sforzo normale agenti nel piano di simmetria come in Fig. 4.1 il comportamento della trave si discosta da quello di una trave rettilinea soggetta allo stesso momento ed allo stesso sforzo normale, ovvero per la sezione generica non è più valida la relazione, con evidente significato dei simboli,

$$\sigma = \frac{My}{J} + \frac{N}{A}$$

L'errore che si fa è tanto più grande quanto più grande è la curvatura in rapporto all'altezza della sezione. Con riferimento alla Fig. 4.1 si ha che le fibre all'intradosso presentano uno sviluppo più breve delle fibre all'estradosso. Ne consegue intuitivamente una maggiore rigidezza e quindi un maggiore stato di tensione in valore assoluto prodotto dal momento M all'intradosso rispetto all'estradosso.

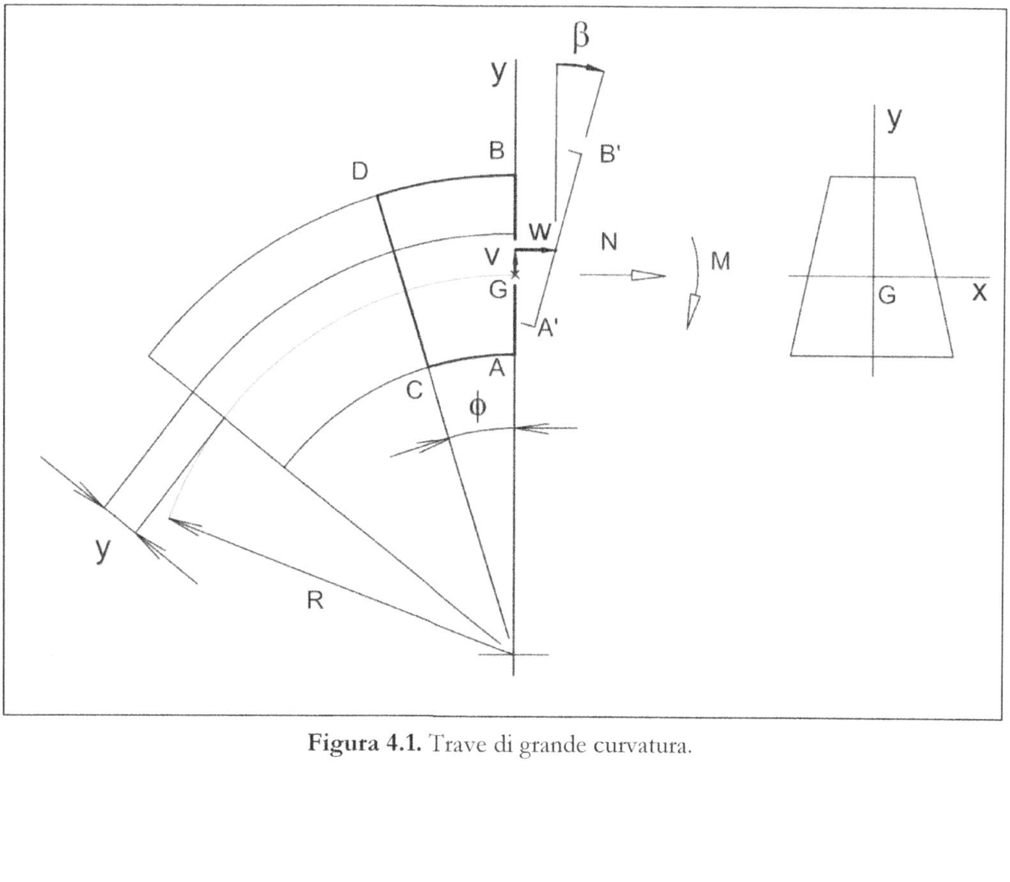

Figura 4.1. Trave di grande curvatura.

Come per le travi diritte, la teoria qui esposta delle travi curve ipotizza il mantenimento delle sezioni piane nella deformazione. La lunghezza della fibra generica, con riferimento ad un tronco di trave in cui una sezione generica forma un angolo ϕ con una sezione di riferimento, è data in assenza di carichi da (Fig. 4.1 per i simboli)

$$l = \phi\,(R + y)$$

dove $R + y$ è il raggio di curvatura della fibra generica; nella situazione deformata con la sezione *AB* che si porta in *A'B'*, la fibra generica assume la lunghezza

$$l' = \phi\,(r + y + v) + w + \beta y$$

dove v e w sono le componenti dello spostamento del baricentro *G* della sezione a seguito della deformazione; β è l'angolo fra la sezione nella situazione non deformata e la stessa nella situazione deformata, il cui contributo all'allungamento della fibra generica nella forma βy corrisponde all'ipotesi di mantenimento della sezione piana.

Con E modulo elastico si ha,

$$\sigma = E\varepsilon = E\frac{l' - l}{l}$$

$$\sigma = E\,\frac{v + \dfrac{w}{\phi} + \dfrac{\beta y}{\phi}}{R + y}$$

Ponendo

$$k_1 = \frac{E}{R}\left(v + \frac{w}{\phi}\right) \qquad\qquad k_1 + k_2 = E\frac{\beta}{\phi}$$

si ottiene

$$\sigma = k_1 + k_2\frac{y}{R + y} \tag{4.1}$$

La (4.1) esprime che la tensione si compone di un termine costante e di un termine iperbolico nullo in corrispondenza del baricentro della sezione. Le costanti k_1 e k_2 si calcolano sulla base del momento flettente M baricentrico e del momento flettente $M + NR$ rispetto all'asse di rotazione.

Tenendo conto che è nullo il momento statico baricentrico, ovvero che

$$\int_A y\,dA = 0$$

si ha

$$M = \int_A \sigma\, y\, dA = \int_A \left(k_1 + k_2\frac{y}{R + y}\right) y\, dA = k_2\frac{1}{R}\int_A \frac{R}{R + y}\, y^2\, dA$$

$$M + NR = \int_A \sigma(y+R)\,dA = \int_A \left(k_1 + k_2 \frac{y}{R+y}\right)(y+R)\,dA = k_1 RA$$

da cui

$$k_1 = \frac{M+NR}{RA} \qquad k_2 = \frac{R}{J} \tag{4.2}$$

dove

$$J = \int_A \frac{R}{R+y} y^2 \, dA \tag{4.3}$$

Sostituendo le (4.2) nella (4.1) si ottiene

$$\sigma = \frac{M+NR}{RA} + \frac{My}{J}\frac{R}{R+y} \tag{4.4}$$

Con riferimento alla Fig. 4.2, il diagramma (a) corrisponde al secondo termine della (4.4), il diagramma (b) al primo ed il diagramma (c) alla somma. Da notare che anche in presenza di assenza dello sforzo normale, la tensione risultante è somma di diagrammi come in (a) e (b).

Si osserva che al tendere della curvature $1/R$ a zero, il primo termine tende alla espressione della tensione causata dallo sforzo assiale N ed il secondo della tensione causata dal momento flettente nella trave rettilinea, in quanto $R/(R+1)$ tende a 1 e J al momento d'inerzia J_x della sezione.

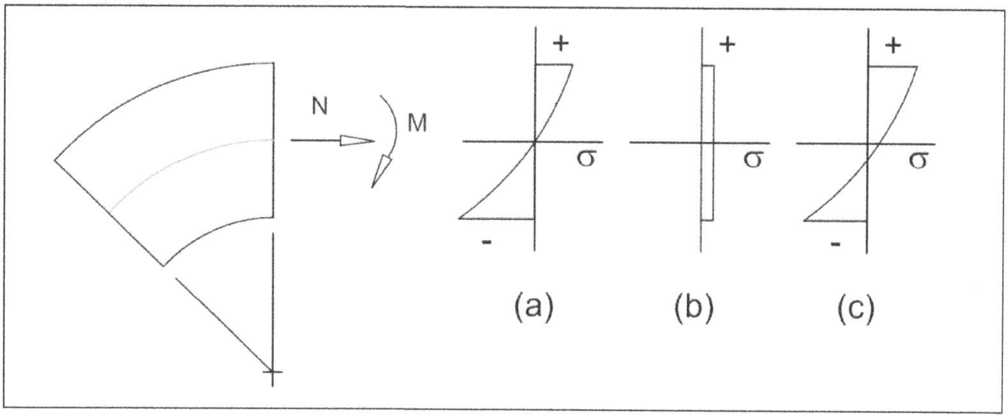

Figura 4.2. Stato di tensione nella trave di grande curvatura.

Il valore di J dipende dalla forma della sezione e può essere determinato con la relazione seguente, a seguito della discretizzazione della sezione in rettangoli (la sezione trapezia di Fig. 4.3 e la sezione a doppio T della Fig. 4.4 come esempi).

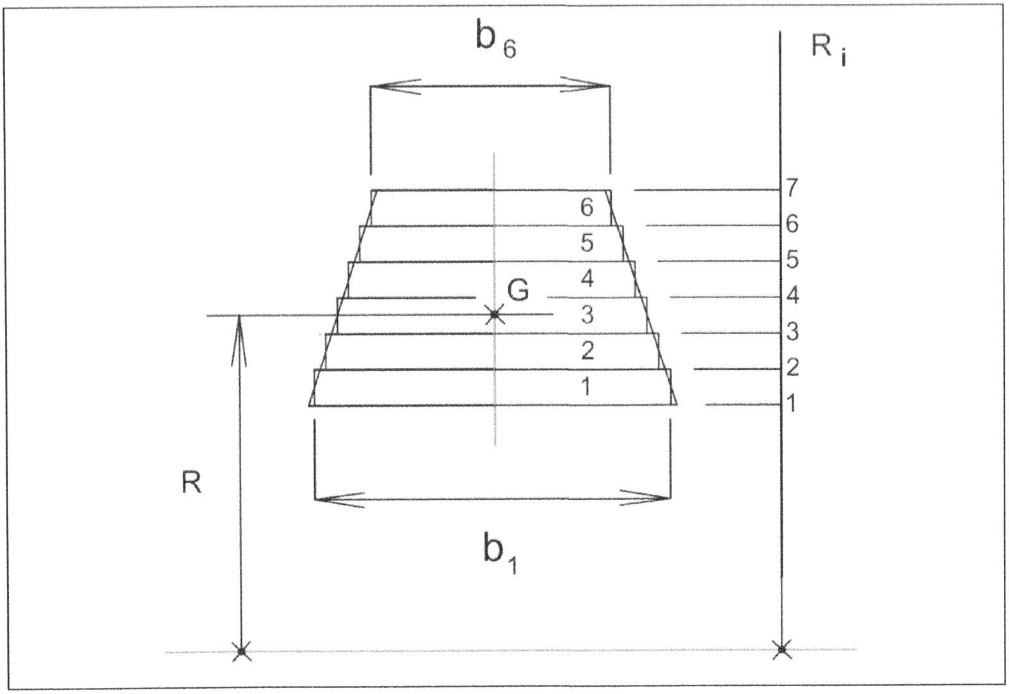

Figura 4.3. Discretizzazione della sezione trapezia.

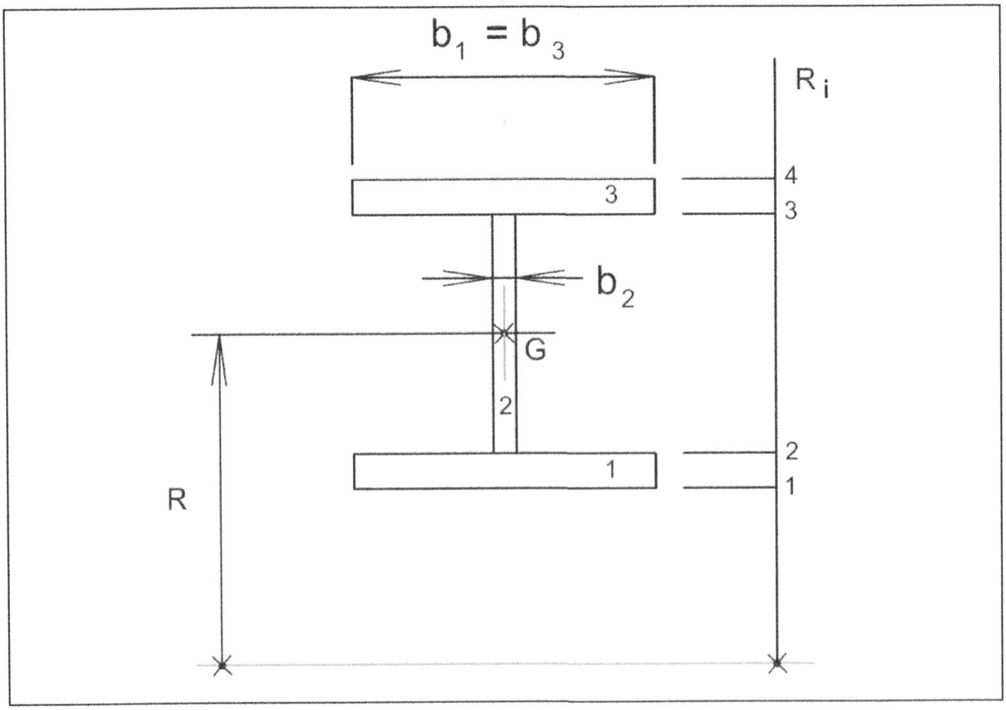

Figura 4.4. Discretizzazione della trave a doppio T.

$$J = R^2 \left(R \sum_i b_i \ln \frac{R_{i+1}}{R_i} - A \right) \tag{4.5}$$

dove R è il raggio della fibra baricentrica, A è l'area della sezione e b_i la larghezza del rettangolo compreso fra i raggi R_i e R_{i+1} (Figg. 4.3 e 4.4).

La (4.5) si dimostra a partire dalla (4.3) scritta con la sezione discretizzante in rettangoli, nel modo seguente

$$J = \sum_i \int_{R_i}^{R_{i+1}} \frac{R}{R+y} y^2 b_i dy \tag{4.6}$$

Con l'introduzione della variabile

$$t = R+y$$

la (4.6) diviene

$$\begin{aligned} J &= \sum_i b_i R \int_{R_i}^{R_{i+1}} \frac{1}{t}(t-R)^2 dt \\ &= R \sum_i b_i \left(\int_{R_i}^{R_{i+1}} t\, dt - 2R \int_{R_i}^{R_{i+1}} dt + R^2 \int_{R_i}^{R_{i+1}} \frac{dt}{t} \right) \end{aligned}$$

Tenendo conto che

$$\int_{R_i}^{R_{i+1}} t\, dt = \int_{R_i}^{R_{i+1}} (R+y) dy = R(R_{i+1} - R_i)$$

si ha facilmente, con A area della sezione, la (4.5)

$$J = R^2 \left(R \sum_i b_i \ln \frac{R_{i+1}}{R_i} - A \right)$$

La Fig. 4.5 mostra il diagramma della tensione in una trave curva a sezione rettangolare, calcolata sia con la formula delle travi diritte che con la formula delle travi curve. Si osservano scostamenti inaccettabili con l'uso della formula delle travi diritte.

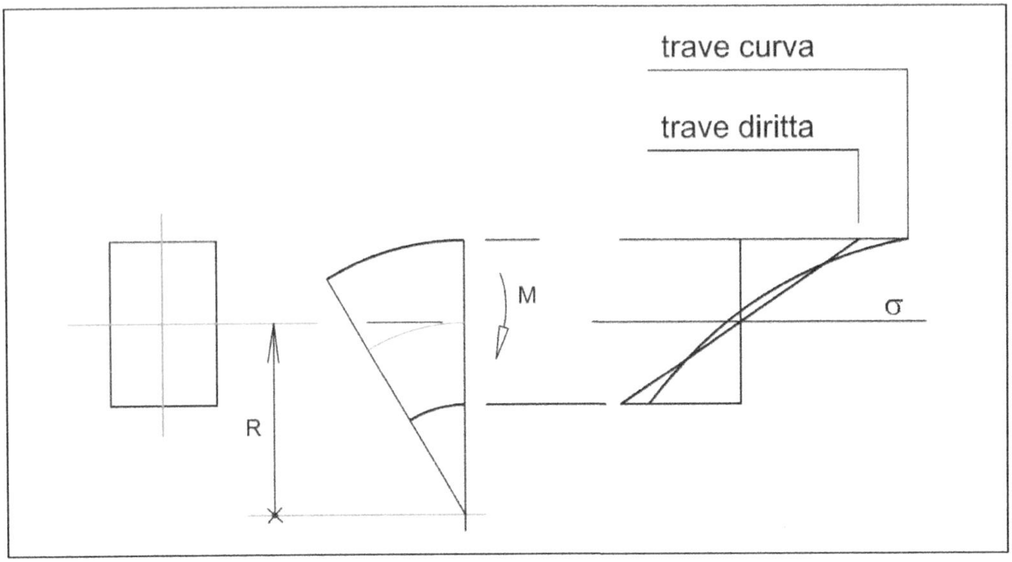

Figura 4.5. Stato di tensione nella trave curva.

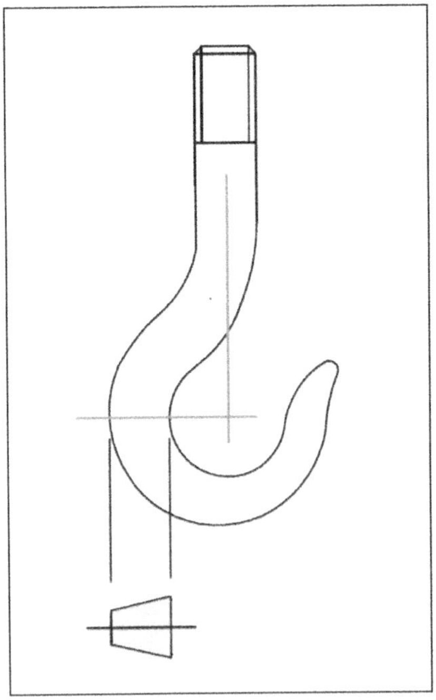

Figura 4.6. Gancio di sollevamento.

La Fig. 4.6 mostra la sezione più sollecitata, a forma trapezia, di un gancio di sollevamento, dove il concetto è quello di addensare più materiale all'intradosso, rispetto alla soluzione con sezione rettangolare, dove si ha la concentrazione di tensione corrispondente all'effetto trave curva. In tal modo si ottiene un risparmio di materiale, a parità di sollecitazione massima. Da rilevare infine che nella trave curva diversamente da quanto avviene nelle travi diritta si manifestano anche tensioni di trazione e compressione trasversali rispetto alle fibre.

Dette tensioni possono essere non trascurabili. Nel caso di travi tubolari possono produrre l'ovalizzazione della sezione e nel caso di sezioni a doppio T una flessione trasversale delle ali.

Capitolo 5
CONTATTO FRA CORPI CURVI

Nelle costruzioni meccaniche si verificano casi in cui due corpi sono premuti uno contro l'altro con la zona di contatto che, nello schema di materiali non deformabili, si riduce ad un punto o ad una linea. Il primo caso si presenta, per esempio, con due sfere e il secondo con due cilindri con assi paralleli. Casi interessanti sono i seguenti:

- coppia ruota-rotaia (Fig. 5.1);
- contatto tra due denti coniugati nelle trasmissioni con ruote dentate (Fig. 5.2);
- coppia camma-punteria (Fig. 5.3);
- contatto fra corpi volventi (sfere o rulli) e piste nei cuscinetti di rotolamento (Fig. 5.4).

La deformabilità elastica dei due corpi fa sì che le zone di contatto non siano in realtà punti o linee ma superfici di area finita. Il movimento relativo fra i due corpi nella zona di contatto può essere nullo, di strisciamento o di rotolamento.

Il problema delle tensioni nel contatto fra corpi curvi come sopra descritto è stato affrontato e risolto da Heinrich Hertz, sulla base delle seguenti ipotesi:

- i materiali costituenti i corpi a contatto hanno comportamento elastico, omogeneo ed isotropo;
- le superfici a contatto sono perfettamente levigate;
- le azioni di attrito sono nulle;
- i raggi di curvatura dei due corpi in corrispondenza del contatto sono molto grandi in confronto alle dimensioni della superficie di contatto.

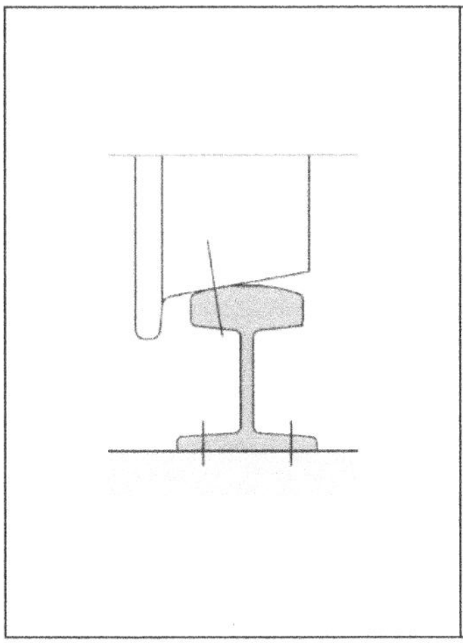

Figura 5.1. Contatto ruota-rotaia.

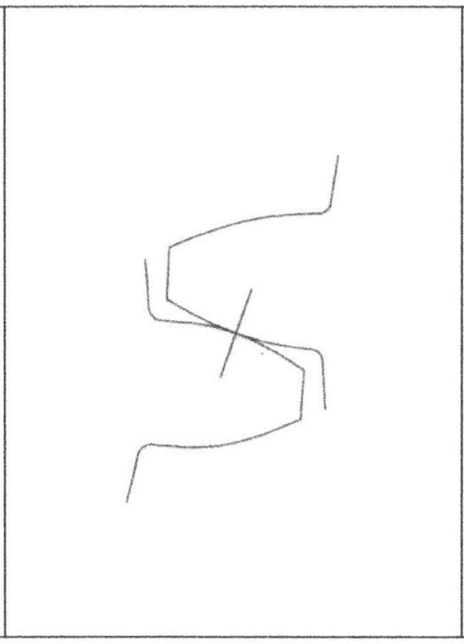

Figura 5.2. Contatto fra due denti coniugati.

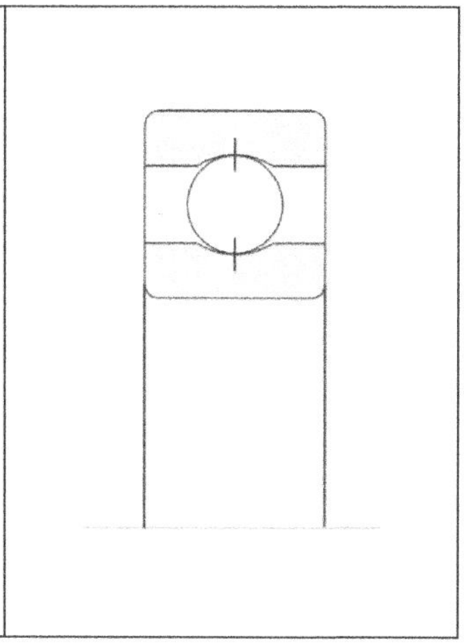

Figura 5.4. Contatti nei cuscinetti di rotolamento.

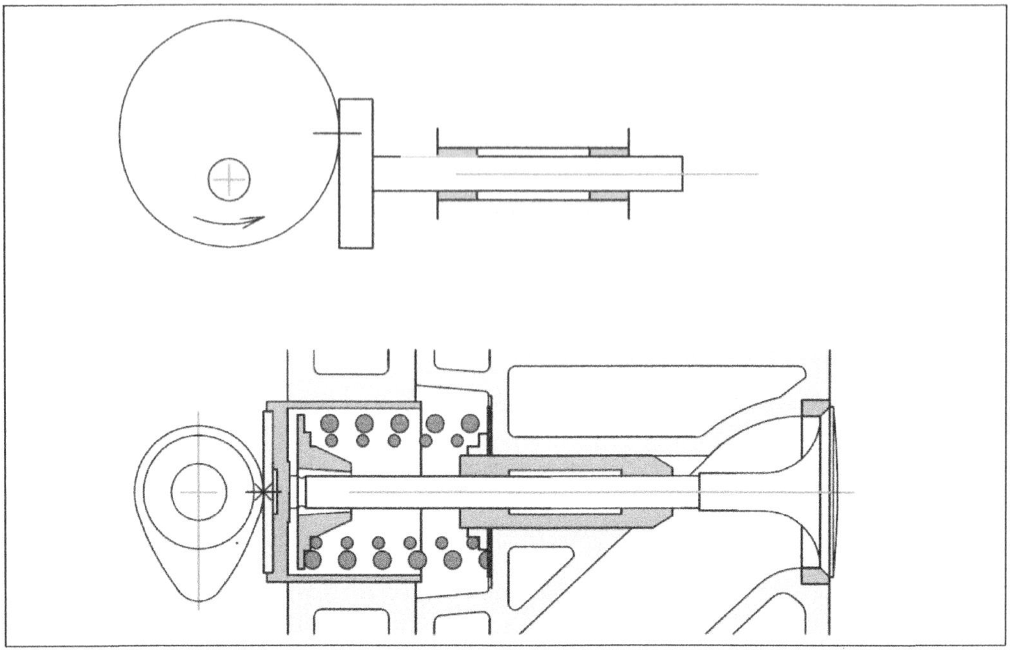

Figura 5.3. Contatti hertziani delle camme.

La pressione scambiata fra i due corpi, distribuita sulla zona di contatto, viene indicata come pressione hertziana. Nel caso di contatto puntiforme (nello schema rigido) come, per esempio, nella sfera contro sfera o sfera contro un piano o sfera contro una superficie torica, la zona di contatto ha forma circolare o, nel terzo caso, ellittica e il solido delle pressione ha la forma di un semiellissoide, con il valore massimo della pressione in corrispondenza della linea di carico (Fig. 5.5). Nel caso di contatto lungo un segmento rettilineo (nello schema rigido), come per esempio nei casi rullo contro rullo con assi paralleli oppure rullo contro un piano, la zona di contatto ha la forma di una striscia e il solido delle pressioni si ottiene per traslazione di un semiellisse (Fig. 5.6). Le zone di contatto non sono a rigore perfettamente piane come rappresentate nelle Figg. 5.5 e 5.6.

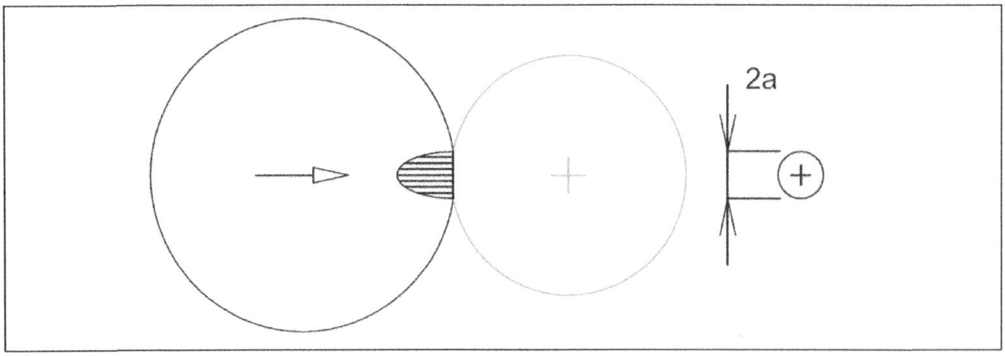

Figura 5.5. Contatto fra due sfere.

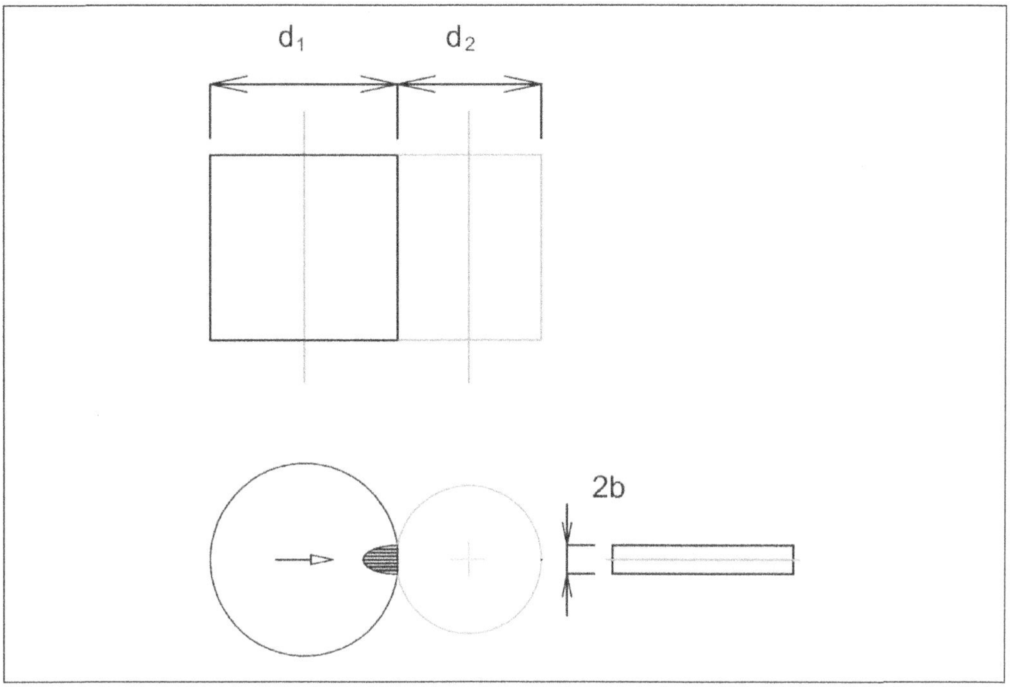

Figura 5.6. Contatto fra due rulli.

Nelle applicazioni, la pressione massima di solito non deve superare un valore ammissibile, per non provocare danneggiamenti superficiali in uno o in ambedue i corpi a contatto. Per questo si vedano, per esempio, i capitoli sui cuscinetti di rotolamento e sulle ruote dentate.

Oltre alla pressione massima nel contatto, nelle applicazioni può essere di interesse l'avvicinamento dei due corpi premuti uno contro l'altro a causa delle deformazioni hertziane. Infine può essere di interesse lo stato di tensione all'interno dei due corpi.

Lo stato di tensione all'interno è generalmente di tipo triassiale: il materiale, compresso nella direzione dell'asse di carico z (Fig. 5.7) tende a dilatarsi trasversalmente, con il materiale stesso che reagisce provocando tensioni trasversali di compressione. Si genera in definitiva uno stato di tensione triassiale, con le tre tensioni principali σ_x, σ_y, σ_z di compressione. Nella stessa Fig. 5.7 è data la corrispondente rappresentazione di Mohr dello stato di tensione. Lo stato di tensione triassiale, con le tre tensioni principali di compressione, spiega la capacità dei contatti hertziani di sopportare grandi pressioni.

Fig. 5.8 mostra per il caso sfera contro sfera l'andamento delle tensioni principali $\sigma_x = \sigma_y$ *e* σ_z e del taglio massimo lungo l'asse z di carico. Si osserva che la massima tensione tangenziale si ha all'interno, al di sotto della superficie di una quantità dell'ordine di grandezza delle dimensioni della superficie di contatto.

Lo stato di tensione interno può interessare in relazione alla così detta fatica hertziana che si manifesta, per esempio, nelle piste dei cuscinetti di rotolamento, a causa dalla ripetizione del carico, con piccole cricche sulla superficie aventi origine all'interno del materiale in corrispondenza di punti dove massima è la tensione di taglio. Di seguito si riportano alcune formule ricavate con la teoria di Hertz, avendo posto il coefficiente di Poisson $\nu = 0,3$.

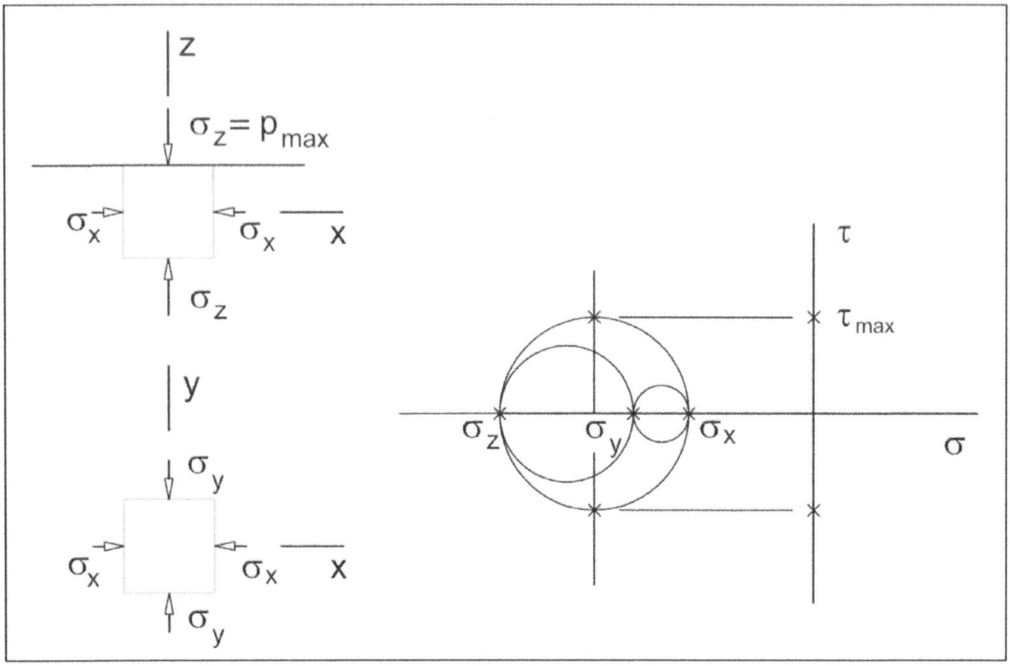

Figura 5.7. Contatto hertziano.

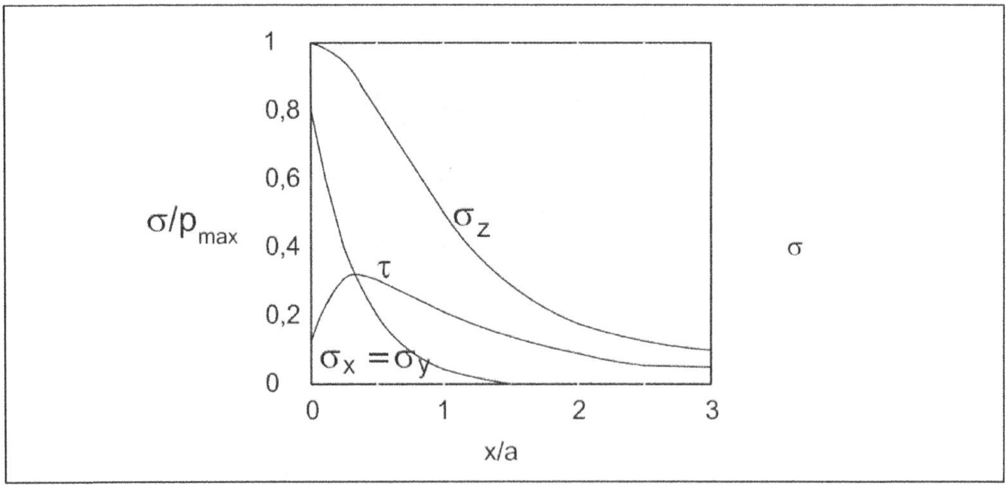

Figura 5.8. Tensioni nel contatto sfera-sfera.

Nel caso di due sfere di diametri d_1 e d_2 dello stesso materiale (Fig. 5.5) la pressione si distribuisce sul piccolo cerchio di contatto di diametro, con P carico applicato ed E modulo d'elasticità,

$$a = 0{,}88 \left(\frac{P}{E} \frac{d_1 d_2}{d_1 + d_2} \right)^{1/3}$$

La pressione massima risulta pari a

$$p_{max} = \frac{1,5\ P}{\pi a^2}$$

L'avvicinamento dei centri delle due sfere dovuto alle deformazioni locali è dato da

$$\lambda = \left[\frac{P^2}{E^2}\left(\frac{1}{d_1}+\frac{1}{d_2}\right)\right]^{1/3}$$

È interessante notare che la pressione massima rimane costante se, a parità di rapporto fra i diametri delle due sfere, rimane costante il rapporto P/d^2, dove d è il diametro di una delle due sfere preso a riferimento.

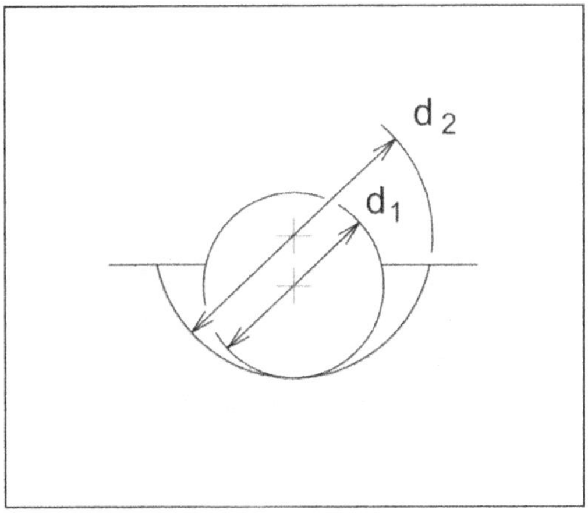

Figura 5.9. Sfera contro sede sferica.

Nel caso di una sfera in una sede sferica (Fig. 5.9), il raggio della zona di contatto e la pressione massima sono dati rispettivamente da

$$a = 0,88\left(\frac{P}{E}\frac{d_1 d_2}{d_2 - d_1}\right)^{1/3}$$

$$p_{max} = 1,5\frac{P}{\pi a^2}$$

Nel caso di due rulli paralleli, la pressione interessa una striscia di larghezza (Fig. 5.6)

$$2b = 2,15\left(\frac{P'}{E}\frac{d_1 d_2}{d_2 + d_1}\right)^{1/2}$$

dove *P'* è il carico applicato per unità di lunghezza dei rulli. La pressione massima è data da

$$p_{max} = \frac{4}{\pi}\frac{P'}{2b} = \frac{1,27\ P'}{2b} = 0,59\left(P'E\frac{d_1 + d_2}{d_1 d_2}\right)^{1/2} \quad (5.1)$$

È interessante notare che nel caso di due rulli con assi paralleli la pressione massima rimane costante se, a parità di rapporto fra i diametri dei due cilindri, rimane costante il rapporto *P'/d*, dove *d* è il diametro di uno dei due rulli preso a riferimento.

Capitolo 6
RECIPIENTI IN PRESSIONE ED ELEMENTI ROTANTI

6.1. INTRODUZIONE

Questo capitolo riunisce due argomenti, diversi per quanto si riferisce alle applicazioni, che utilizzano trattazioni analoghe per alcuni casi considerati di situazioni assialsimmetriche.

6.2. RECIPIENTI SOTTILI IN PRESSIONE

In un tubo di raggio interno *r* e spessore *t*, con pressione interna *p*, se lo spessore è piccolo rispetto al raggio, si può con buona approssimazione supporre che lo stato di tensione sia membranale, ovvero che la tensione circonferenziale sulla parete sia costante attraverso lo spessore e che sia trascurabile la tensione radiale, pari alla pressione interna al raggio interno ($\sigma_r = -p$) e nulla al raggio esterno.

Per l'equilibrio (Fig. 6.1), si ha la sollecitazione circonferenziale

$$\sigma_c = \frac{p \times r}{t}$$

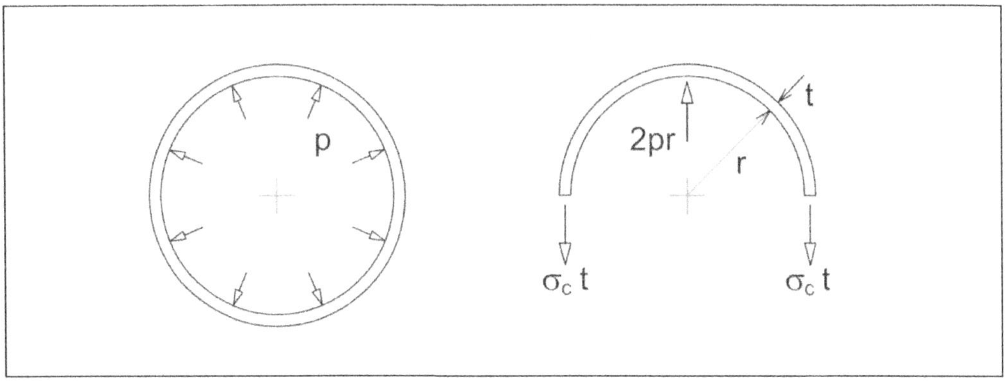

Figura 6.1. Cilindro di piccolo spessore soggetto a pressione interna.

Nella parte cilindrica dei recipienti in pressione oltre alla sollecitazione circonferenziale si ha anche la sollecitazione assiale

$$\sigma_a = \frac{pr}{2t}$$

che si ricava facilmente, confondendo il raggio medio con il raggio interno, tenendo conto della pressione che si esercita sui fondi di chiusura (Fig. 6.2).

Per il recipiente di Fig. 6.2, indicando con $\sigma_1 < \sigma_2 < \sigma_3$ le tre sollecitazioni principali della parte cilindrica, si ha

$$\sigma_1 = \sigma_c = \frac{pr}{t}$$

$$\sigma_2 = \sigma_a = \frac{pr}{2t}$$

$$\sigma_3 = 0$$

La sollecitazione di taglio massimo risulta

$$\tau_{max} = \frac{\sigma_1 - \sigma_3}{2} = \frac{pr}{2t}$$

e la pressione massima di lavoro, quando si usi la teoria di resistenza del taglio massimo,

$$p_{am} = \frac{2t\tau_{am}}{r} \qquad p_{am} = \frac{t\sigma_{am}}{r}$$

avendo indicato con τ_{am} e con σ_{am} rispettivamente le sollecitazioni ammissibili di taglio e normale.

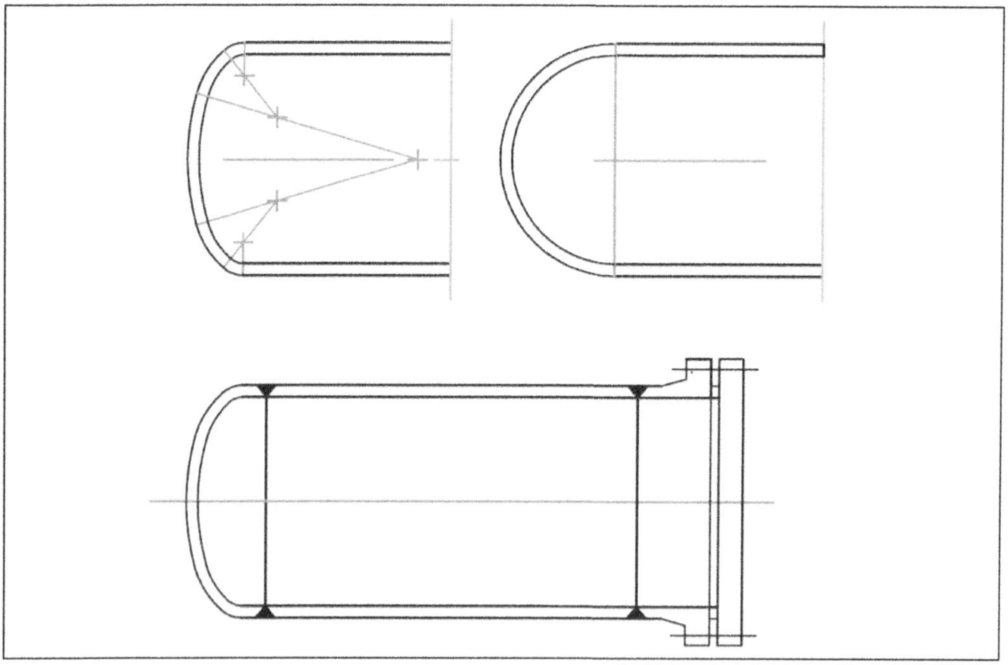

Figura 6.2. Recipiente in pressione di piccolo spessore.

Per i recipienti in pressione le sollecitazioni ammissibili sono imposte normalmente da appositi regolamenti. Il Boiler & Pressure Vessel Code dell'ASME prevede, nel caso si utilizzino i comuni acciai da costruzione, che la tensione ammissibile sia la minore tra:

- 1/4 della tensione di rottura a trazione a temperatura ambiente;
- 5/8 della tensione di snervamento a trazione a temperatura ambiente;
- 1/4 della tensione di rottura a trazione alla temperatura di lavoro;
- 5/8 della tensione di snervamento a trazione alla temperatura di lavoro;
- la tensione che produce l'1% di creep in 100000 ore alla temperatura di lavoro;
- l'80% della tensione che provoca rottura al termine delle 100000 ore alla temperatura di lavoro.

Per gli acciai ad alta resistenza, in cui la tensione di snervamento si avvicina a quella di rottura, i criteri sopra esposti divengono troppo conservativi. Per i recipienti che lavorano a temperatura ambiente, ci si può riferire alla sola tensione di snervamento in quanto parametro che meglio "controlla" il cedimento del recipiente. In tali casi si è soliti utilizzare un coefficiente di sicurezza pari a 1,5.

Nelle zone del cilindro prossime ai fondi (Fig. 6.2), allo stato di tensione trovato, con tensioni costanti attraverso lo spessore, ovvero di tipo membranale, si sommano tensioni di perturbazione provocate dalla presenza dei fondi stessi o delle chiusure flangiate. Le sollecitazioni nei fondi dipendono dalla forma di questi. Nella Fig. 6.2 sono rappresentato un fondo torosferico e un più ingombrante fondo sferico.

6.3. RECIPIENTI IN PRESSIONE DI GROSSO SPESSORE

Nei cilindri cavi in pressione di grosso spessore non si può ammettere il comportamento membranale e deve essere considerata la variazione della tensione circonferenziale σ_c lungo il raggio; inoltre non si possono trascurare le sollecitazioni radiali σ_r (nel caso in cui la pressione agisca internamente, in corrispondenza del raggio interno si ha $\sigma_r = -p$ e di quello esterno $\sigma_r = 0$).

Si isoli in un cilindro indefinito (Fig. 6.3), soggetto a pressione interna, un disco di spessore unitario e in questo a sua volta si isoli un semianello di spessore infinitesimo in direzione radiale, ottenuto eseguendo tagli con un piano diametrale e con due superfici cilindriche coassiale al cilindro cavo stesso.

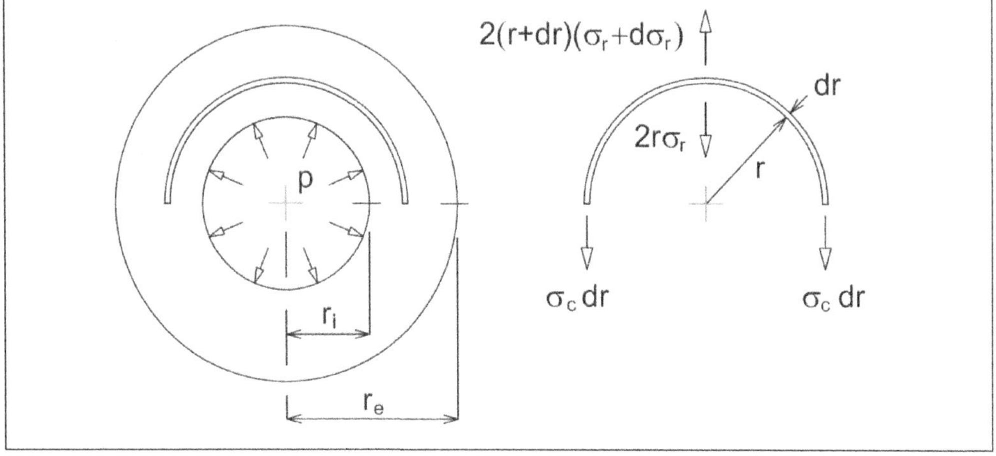

Figura 6.3. Recipiente in pressione di piccolo spessore.

Con i simboli di Fig. 6.3, per l'equilibrio in direzione perpendicolare al piano diametrale che delimita il semianello, si ha (tenendo conto che per evidenti ragioni, sia σ_c che σ_r sono funzioni solo del raggio e sono principali)

$$2dr\,\sigma_c + 2\,r\,\sigma_r - 2\,(r + dr)(\sigma_r + d\sigma_r) = 0$$

da cui trascurando gli infinitesimi di ordine superiore

$$\sigma_c - \sigma_r - r\frac{d\sigma_r}{dr} = 0 \tag{6.1}$$

Tale equazione non è da sola sufficiente a determinare lo stato di tensione. Devono essere prese in considerazione anche le deformazioni. Si assume che le deformazioni assiali siano uguali per qualsiasi valore del raggio. Indicando con $u(r)$ lo spostamento radiale subito, dopo l'applicazione della pressione interna, dai punti posti al raggio r e con $\varepsilon_r(r)$ ed $\varepsilon_c(r)$ rispettivamente la deformazione unitaria in direzione radiale e circonferenziale, si ha

$$\varepsilon_r = \frac{du}{dr} \tag{6.2}$$

e con semplici considerazioni relative alla dilatazione delle fibre circolari di raggio r

$$\varepsilon_c = \frac{u}{r} \tag{6.3}$$

Utilizzando le relazioni fra deformazioni unitarie e sollecitazioni valide in campo elastico (con E modulo elastico e ν coefficiente di Poisson)

$$\sigma_r = \frac{E}{1-\nu^2}(\varepsilon_r + \nu\varepsilon_c)$$
$$\sigma_c = \frac{E}{1-\nu^2}(\varepsilon_c + \nu\varepsilon_r)$$

e sostituendo in esse la (6.2) e la (6.3), si ha

$$\sigma_r = \frac{E}{1-\nu^2}\left(\frac{du}{dr} + \nu\frac{u}{r}\right) \tag{6.4}$$

$$\sigma_c = \frac{E}{1-\nu^2}\left(\frac{u}{r} + \nu\frac{du}{dr}\right) \tag{6.5}$$

e derivando la (6.4) rispetto a r

$$\frac{d\sigma_r}{dr} = \frac{E}{1-\nu^2}\left(\frac{d^2u}{dr^2} + \nu\frac{1}{r}\frac{du}{dr} - \nu\frac{u}{r^2}\right) \tag{6.6}$$

Sostituendo le (6.4) (6.5) (6.6) nella (6.1) si ottiene l'equazione differenziale seguente per la funzione *u(r)*

$$\frac{d^2u}{dr^2} + \frac{1}{r}\frac{du}{dr} - \frac{u}{r^2} = 0 \tag{6.7}$$

che insieme alle condizioni al contorno permette di risolvere il problema. L'integrale generale dell'equazione (6.7) è il seguente (con A e B costanti)

$$u = Ar + \frac{B}{r} \tag{6.8}$$

da cui derivando

$$\frac{du}{dr} = A - \frac{B}{r^2} \tag{6.9}$$

Sostituendo le (6.8) (6.9) nelle (6.4) (6.5) si ottiene

$$\sigma_r = \frac{E}{1 - \nu^2}\left[A(1+\nu) - \frac{B}{r^2}(1-\nu)\right] \tag{6.10}$$

$$\sigma_c = \frac{E}{1 - \nu^2}\left[A(1+\nu) + \frac{B}{r^2}(1-\nu)\right] \tag{6.11}$$

Con le condizioni al contorno (r_i ed r_e indicando i raggi interno ed esterno del cilindro)

$$\sigma_r\,(r_i) = -p\ \sigma_r \qquad\qquad \sigma\,(r_c) = 0$$

si ha

$$-\frac{p}{E}(1-\nu^2) = A(1+\nu) - \frac{B}{r_i^2}(1-\nu)$$

$$0 = A(1+\nu) - \frac{B}{r_c^2}(1-\nu)$$

da cui

$$A = \frac{1-\nu}{E}\, p \frac{r_i^2}{r_c^2 - r_i^2} \tag{6.12}$$

$$B = \frac{1+\nu}{E}\, p r_i^2 \frac{r_c^2}{r_c^2 - r_i^2} \tag{6.13}$$

Sostituendo le (6.12) (6.13) nelle (6.10) (6.11) si hanno infine le formule di Lamè per le sollecitazioni radiale e circonferenziale

$$\sigma_r = p\frac{r_i^2}{r_e^2 - r_i^2}\left(1 - \frac{r_e^2}{r^2}\right) \tag{6.14}$$

$$\sigma_c = p\frac{r_i^2}{r_e^2 - r_i^2}\left(1 + \frac{r_e^2}{r^2}\right) \tag{6.15}$$

La tensione circonferenziale risulta ovunque positiva e massima al raggio interno; quella radiale ovunque negativa e minima al raggio interno.

Se il cilindro costituisce la parte centrale di un recipiente è presente, a sufficiente distanza dalla chiusure, anche la sollecitazione assiale costante

$$\sigma_a = p\frac{r_i^2}{r_e^2 - r_i^2} \tag{6.16}$$

Dalle (6.14) (6.15) (6.16) si deduce facilmente che la tensione assiale è sempre intermedia fra quella circonferenziale e quella radiale; la sollecitazione di confronto secondo la teoria di resistenza del taglio massimo vale allora

$$\sigma = \sigma_c - \sigma_r = 2p\frac{r_i^2\, r_e^2}{r_e^2 - r_i^2}\frac{1}{r^2} \tag{6.17}$$

ed è massima per $r = r_i$

La tensione espressa dalla (6.17) non deve superare quella ammissibile per il materiale.

Se i dati di progetto sono il raggio interno r_i, la pressione interna p e la sollecitazione ammissibile σ_{am}, con la (6.17) si può determinare il raggio esterno e quindi lo spessore del recipiente. In corrispondenza del raggio interno si ha

$$\sigma_{am} = 2p\frac{r_e^2}{r_e^2 - r_i^2}$$

$$r_e = r_i\sqrt{\frac{1}{1 - \dfrac{2p}{\sigma_{am}}}}$$

Si vede che al tendere di p a $\sigma_{am}/2$ lo spessore del recipiente tende all'infinito. La Fig. 6.4 riporta lo spessore, espresso in forma adimensionale in funzione del rapporto adimensionale p/σ_{am}.

Nella Fig. 6.5 sono rappresentate in forma adimensionale le sollecitazioni in funzione del raggio.

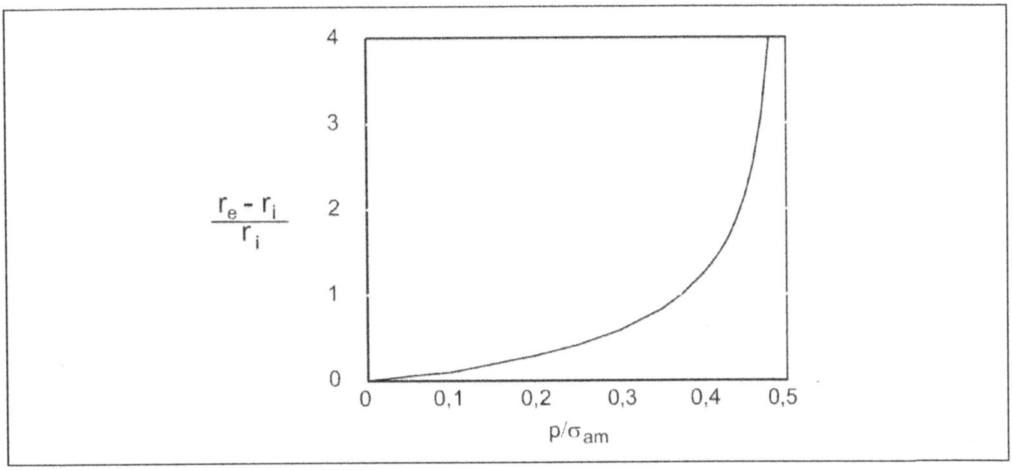

Figura 6.4. Spessore del cilindro in pressione.

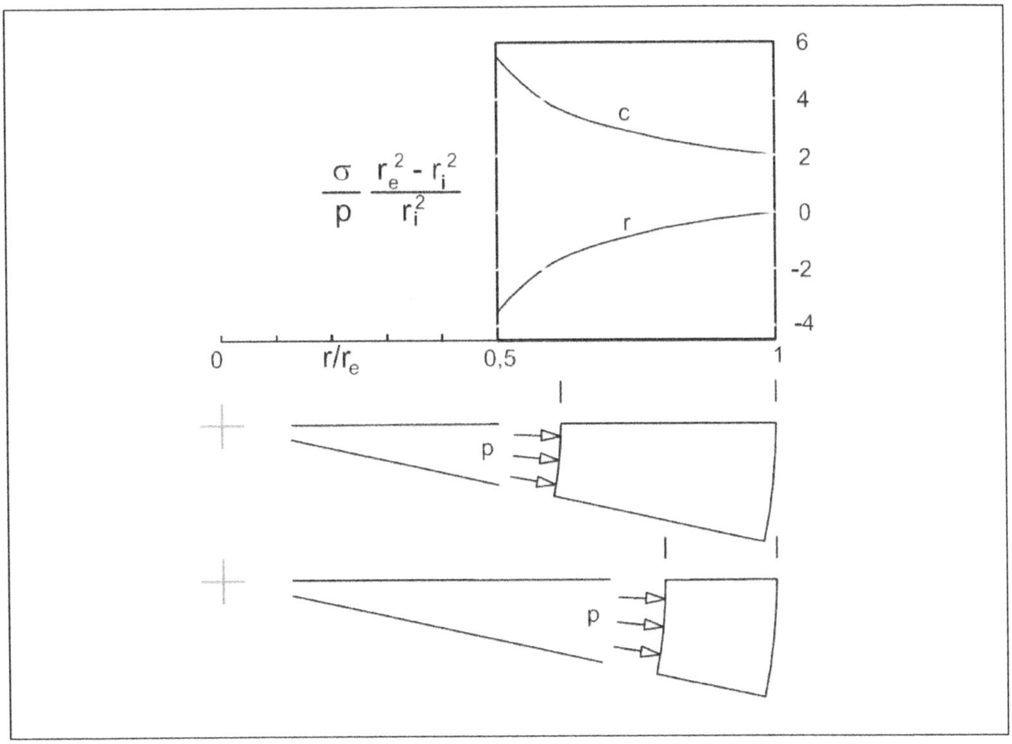

Figura 6.5. Sollecitazioni nei cilindri di grosso spessore soggetti a pressione interna.

Per mezzo della (6.14) e della (6.15) è possibile valutare l'errore che si fa con l'ipotesi dello stato membranale, normalmente adottata per i recipienti sottili.

Quando la pressione agisce all'esterno invece che all'interno del recipiente vale la trattazioni precedente fino alle (6.10) (6.11) incluse. Le condizioni al contorno sono in tale caso

$\sigma_r(r_i) = 0 \qquad\qquad \sigma(r_i) = -p$

e proseguendo in modo analogo a prima si trovano le formule seguenti per le sollecitazioni

$$\sigma_r = -p\frac{r_e^2}{r_e^2 - r_i^2}\left(1 - \frac{r_i^2}{r^2}\right) \tag{6.19}$$

$$\sigma_c = -p\frac{r_e^2}{r_e^2 - r_i^2}\left(1 + \frac{r_i^2}{r^2}\right) \tag{6.20}$$

$$\sigma_a = -p\frac{r_e^2}{r_e^2 - r_i^2}$$

$$\sigma = \sigma_c - \sigma_r = -\ 2p\frac{r_i^2\, r_e^2}{r_e^2 - r_i^2}\frac{1}{r^2}$$

La tensione ideale massima risulta uguale in valore assoluto a parità di pressione, quando questa sia esterna anziché interna.

Per cilindri o recipienti sottoposti contemporaneamente a pressione interna ed esterna, si può evidentemente ricavare lo stato di tensione applicando il principio di sovrapposizione degli effetti.

La Fig. 6.6 analoga alla Fig. 6.5 riguarda il caso di pressione esterna.

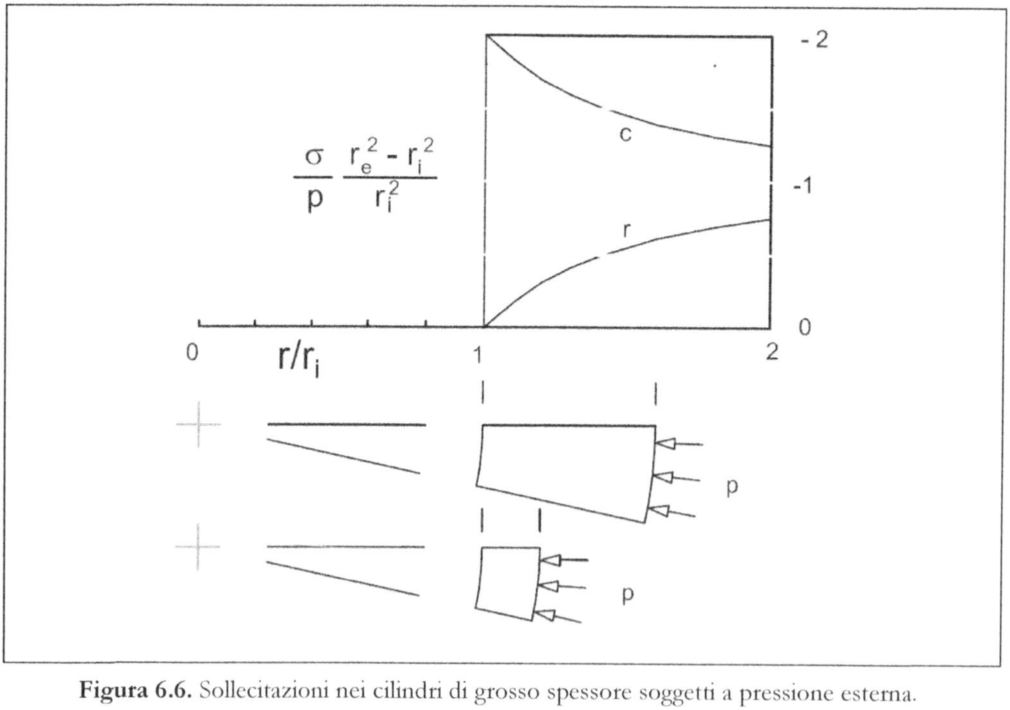

Figura 6.6. Sollecitazioni nei cilindri di grosso spessore soggetti a pressione esterna.

6.4. CILINDRI FORZATI

Quando la pressione interna è molto alta conviene sostituire un cilindro di grosso spessore con un cilindro composto ottenuto forzando uno entro l'altro una serie di cilindri.

Si consideri il caso di Fig. 6.7 di due cilindri montati con interferenza; il cilindro interno si comporta come un cilindro soggetto a pressione esterna e quello esterno come un cilindro soggetto a pressione interna.

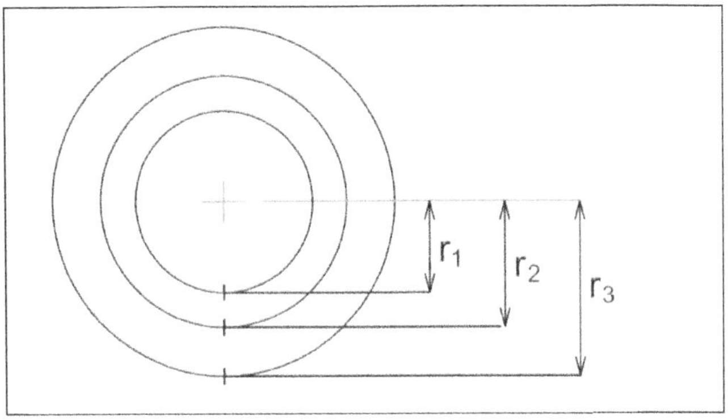

Figura 6.7. Cilindri forzati.

La (6.8), insieme con le condizioni al contorno, permette di ottenere le seguenti espressioni dello spostamento radiale

$$u'(r)=\frac{p}{E}\frac{1}{r_e^2-r_i^2}\left[(1-\nu)r_i^2 r+(1+\nu)\frac{r_i^2 r_e^2}{r}\right] \tag{6.21}$$

$$u''(r)=\frac{p}{E}\frac{1}{r_e^2-r_i^2}\left[(1-\nu)r_e^2 r+(1+\nu)\frac{r_i^2 r_e^2}{r}\right] \tag{6.22}$$

rispettivamente per pressione interna ed esterna per un cilindro di raggi esterno ed interno pari ad r_e ed r_i rispettivamente.

A seguito del montaggio (eseguito di solito dilatando per riscaldamento il cilindro esterno) si genera sulla superficie cilindrica di contatto di raggio r_2 (Fig. 6.7) una pressione tra i due cilindri componenti, che si calcola imponendo la congruenza, ovvero imponendo che la interferenza Δ, riferita al raggio, sia uguale alla diminuzione del raggio esterno del cilindro interno più l'aumento del raggio interno del cilindro esterno. Si ha

$$\Delta = -u''(r_2) + u'(r_2)$$

e, tenendo conto delle (6.21)(6.22), indicando con p_Δ la pressione nel contatto, si ha

$$\Delta=\frac{p_\Delta}{E}r_2^2\frac{2}{\left(r_2^2-r_1^2\right)\left(r_3^2-r_2^2\right)}r_2\left(r_3^2-r_1^2\right)$$

da cui si ricava la pressione

$$p_{\Delta} = \frac{\Delta E}{2r_2^3} \frac{\left(r_2^2 - r_1^2\right)\left(r_3^2 - r_2^2\right)}{r_3^2 - r_1^2}$$

Applicando a questo punto le (6.14) (6.15) e le (6.19) (6.20) si possono ricavare le tensioni provocate dal forzamento, indicate nella Fig. 6.8b. Se ora si immagina di assoggettare il cilindro composto ad una pressione interna, le tensioni risultanti si ricavano come somma di quelle dovute al forzamento e quelle dovute alla pressione interna per il cilindro completo di raggio interno ed esterno r_1 ed r_3. La Fig. 6.8a mostra le sollecitazioni provocate dalla pressione interna e la Fig. 6.8b la variazione provocata dal forzamento. Applicando un'interferenza opportuna, a parità di pressione interna, si può ottenere una significativa riduzione della sollecitazione massima. Con riferimento alla Fig. 6.8c la tensione di confronto secondo la teoria del taglio massimo, passa dal valore rappresentato dal segmento *AB* a quello rappresentato dal segmento *A'B*.

Vantaggi superiori si hanno aumentando il numero di cilindri forzati uno dentro l'altro.

Il principio dei cilindri forzati trova impiego in diverse costruzioni meccaniche (canne da fuoco, cilindri di compressori per altissime pressioni, recipienti in pressione).

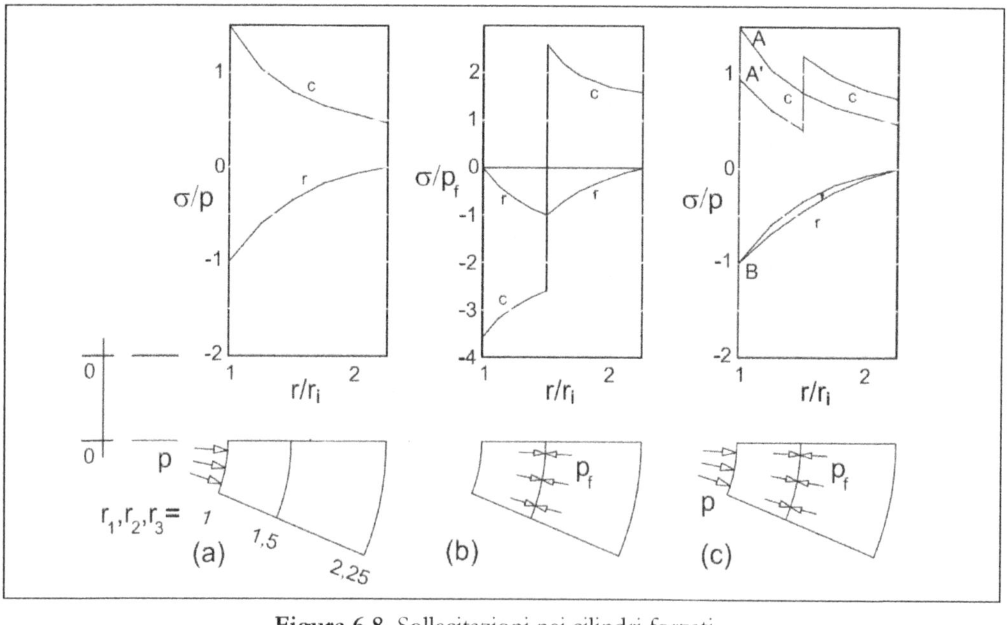

Figura 6.8. Sollecitazioni nei cilindri forzati.

La Fig. 6.9 mostra le sezioni del cilindro di un compressore e di un recipiente in pressione capaci di sopportare altissime pressioni. In questi due casi i cilindri componenti non sono tutti dello stesso materiale e hanno quindi modulo elastico diverso, ma questa caratteristica non complica i calcoli in modo significativo.

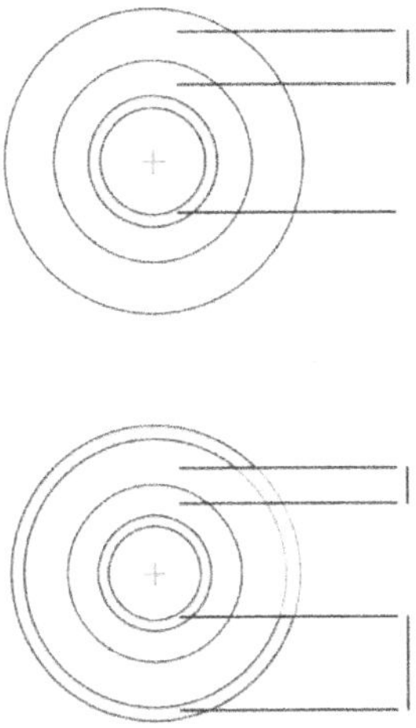

Figura 6.9. Cilindri forzati.

Un modo alternativo per limitare lo spessore di un cilindro soggetto a grande pressione interna è quello di far precedere il servizio da una prova in sovrapressione tale da provocare lo snervamento per trazione al bordo interno. Eliminando la pressione interna rimane nel cilindro uno stato di coazione di compressione nella zona interna, equilibrato da una trazione in quella esterna che sommandosi alla sollecitazione provocata dalla pressione di servizio determina una situazione tensionale favorevole.

6.5. ANELLO ROTANTE

Un anello rotante a sezione rettangolare, sottile in direzione radiale, di spessore radiale t e spessore assiale T, è soggetto al carico distribuito applicato alla fibra circolare media di raggio R (Fig. 6.10)

$$f = RtT\rho\omega^2$$

La sollecitazione, circonferenziale, risulta

$$\sigma_c = \rho\omega^2 r^2 = \rho V^2$$

dove ρ è la densità del materiale, ω la velocità angolare, r il raggio medio e V la velocità periferica in corrispondenza del raggio medio.

Per un anello d'acciaio ($\rho = 7850\ kg/m^3$) si ha

$$\sigma_c = \rho V^2 = 7850\ V^2$$

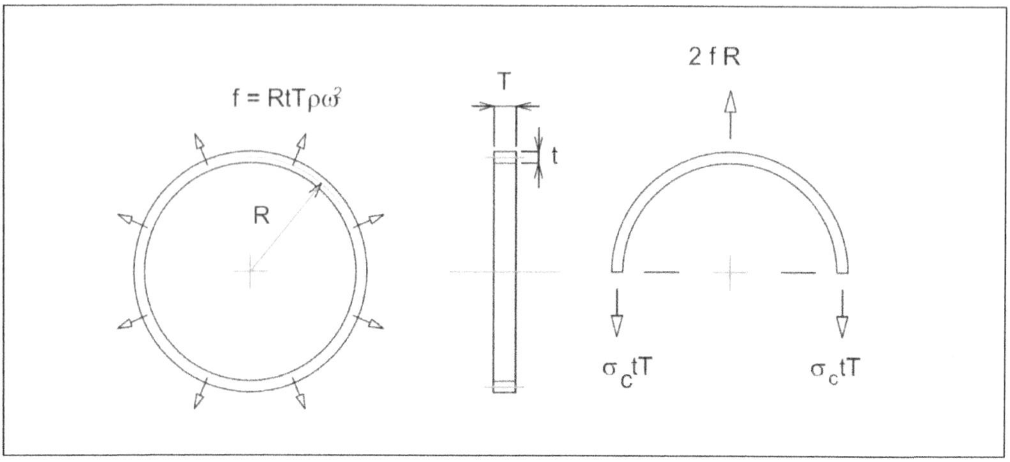

Figura 6.10. Anello rotante sottile.

e quindi

$$V_{am} = \left(\frac{\sigma_{am}}{\rho} \right)^{1/2}$$

Per esempio, con un acciaio avente σ_{am} = 250 N/mm^2 si trova

$$V_{am} = 178 \text{ m/s}$$

Velocità più elevate si possono raggiungere, a parità di resistenza del materiale, con le ruote in cui l'anello costituente la corona è collegato al mozzo per mezzo di un numero non troppo piccolo di razze o per mezzo di un disco. Le velocità periferiche più alte (fino a *500 m/s*) si possono raggiungere però soltanto in dischi con spessore variabile in modo opportuno.

6.6. DISCHI ROTANTI DI SPESSORE UNIFORME

Analogo al problema del cilindro cavo in pressione, agli effetti del calcolo delle sollecitazioni, è quello del disco rotante di spessore uniforme.

Per un disco di spessore uniforme, forato o pieno, con ragionamenti simili a quelli svolti per il cilindro cavo, si ottiene l'equazione differenziale, non più omogenea, seguente

$$\sigma_c - \sigma_r - r\frac{d\sigma_r}{dr} - \rho\omega^2 r^2 = 0$$

nelle funzioni $\sigma_c(r)$ e $\sigma_r(r)$ e si perviene, in modo analogo a quanto visto per i recipienti cilindrici di grosso spessore, alla seguente equazione differenziale del secondo ordine per la funzione spostamento radiale $u(r)$

$$\frac{d^2u}{dr^2}+\frac{1}{r}\frac{du}{dr}-\frac{u}{r^2}+r\rho\omega^2\,\frac{1-\nu^2}{E}=0$$

Essa differisce da quella relativa ai cilindri in pressione per il termine corrispondente alla forza centrifuga.

Per il disco pieno si trovano, con sviluppi simili a quelli del paragrafo 6.3, le espressioni seguenti

$$\sigma_r=\frac{3+\nu}{8}\rho\omega^2\left(r_e^2-r^2\right)$$

$$\sigma_c=\frac{3+\nu}{8}\rho\omega^2\left(r_e^2-\frac{1+3\nu}{3+\nu}r^2\right)$$

e per il disco forato (con r_i raggio interno e r_e raggio esterno)

$$\sigma_r=\frac{3+\nu}{8}\rho\omega^2\left(r_e^2+r_i^2-\frac{r_e^2\,r_i^2}{r^2}-r^2\right)$$

$$\sigma_c=\frac{3+\nu}{8}\rho\omega^2\left(r_e^2+r_i^2+\frac{r_e^2\,r_i^2}{r^2}-\frac{1+3\nu}{3+\nu}r^2\right)$$

I diagrammi delle tensioni adimensionali σ/σ_0, con

$$\sigma_0=\frac{3+\nu}{8}\rho\omega^2 r_e^2$$

per il disco pieno (Fig. 6.11) e per il disco forato (Fig. 6.12) sono tracciati per un coefficiente di Poisson $\nu = 0{,}3$, valore normalmente adottato nei calcoli per l'acciaio e per gli altri materiali metallici utilizzati per costruire i pezzi delle macchine.

Da notare nel disco forato (Fig. 6.12) la concentrazione della tensione circonferenziale al bordo del foro che tende a due volte la tensione massima nel disco pieno al tendere a zero del diametro del foro.

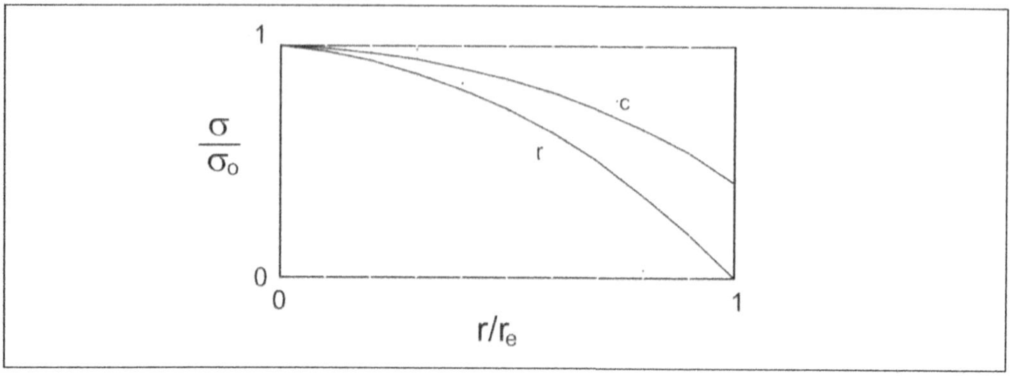

Figura 6.11. Sollecitazioni nel disco pieno.

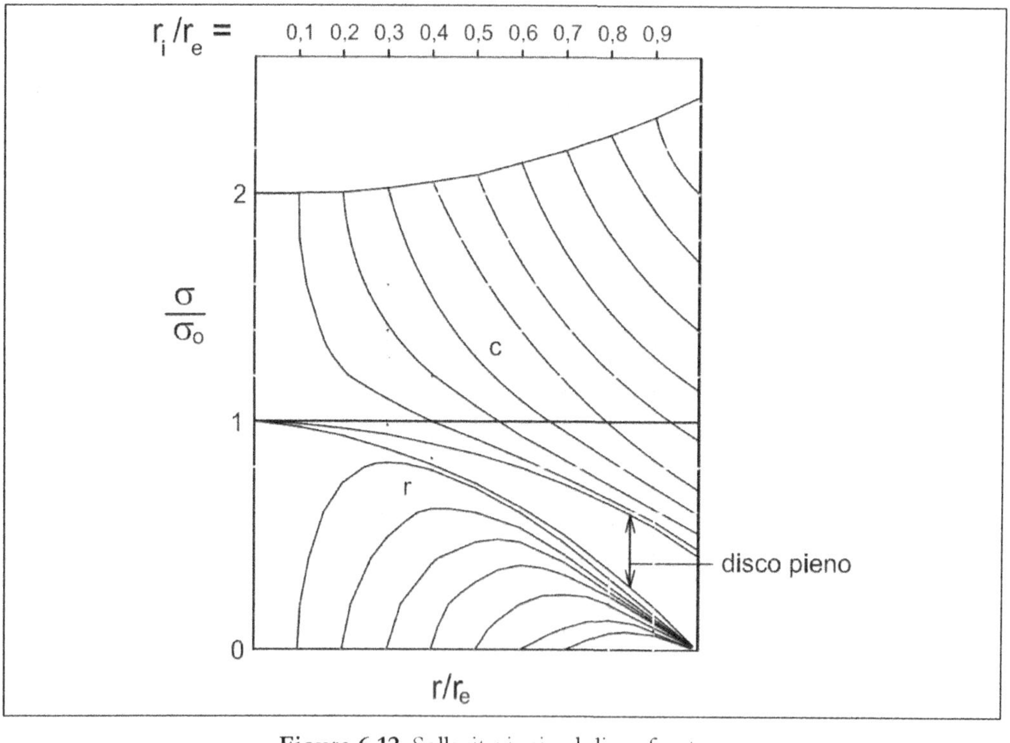

Figura 6.12. Sollecitazioni nel disco forato.

Quando il bordo esterno è soggetto alle forze centrifughe dovute alla presenza di una serie di espansioni (palette di una turbina, poli di un rotore di macchina elettrica, ecc.), di solito non si commette un grande errore, agli effetti dello stato di tensione generale del disco, assimilando l'effetto delle azioni centrifughe delle espansioni a quello di un'azione uniforme f (Fig. 6.13) applicata al bordo esterno.

Le sollecitazioni provocate dalle forze applicate al bordo esterno possono essere calcolate separatamente e poi sommate, per il principio di sovrapposizione degli effetti, a quelle presenti nel disco rotante considerato scarico sul bordo esterno.

Indicando con *m* la massa di ciascuna espansione, con *n* il loro numero e con r_* la distanza del baricentro di ciascuna espansione dall'asse di rotazione, l'effetto della centrifugazione delle espansioni equivale ad un carico distribuito sul bordo esterno.

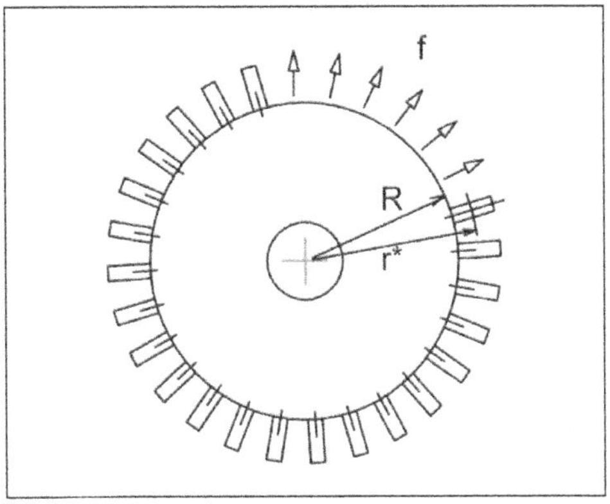

Figura 6.13. Effetto palettatura.

$$f = \frac{nm\omega^2 r^*}{2\pi R}$$

Le sollecitazioni prodotte dalle azioni *f* possono quindi calcolarsi con le formule di Lamé per il cilindro soggetto a pressione esterna, sostituendo *p* con $-f/s$, essendo *s* lo spessore del disco.

Nel caso di un disco rotante calettato sul proprio albero per mezzo di un forzamento (Fig. 6.14) si può sostituire la situazione reale (Fig. 6.14a) con la schematizzazione che tiene conto quanto all'albero solo del tratto compreso fra i piani che delimitano il disco o meglio di un tratto un po' più lungo (Fig. 6.14b), per tener conto dell'effetto di irrigidimento delle parti contigue dell'albero.

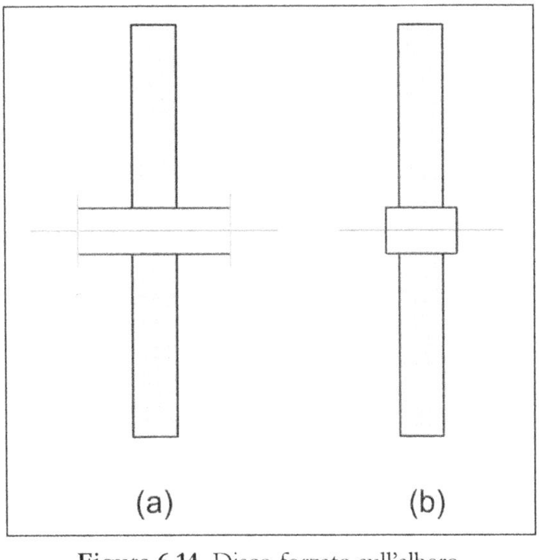

Figura 6.14. Disco forzato sull'albero.

Con la schematizzazione che trascura detto effetto di irrigidimento, lo stato di sollecitazione a disco fermo è quella provocata nel disco forato dalla pressione risultante dal forzamento applicata al bordo del foro e nel dischetto centrale dalla stessa pressione applicata al bordo esterno. Nel dischetto la pressione indotta dall'interferenza provoca uno stato di tensione biassiale uniforme con le tensioni principali pari a $-p$. Nel disco lo stato di tensione analogo a quello di un cilindro cavo soggetto a pressione interna. Quando il sistema ruota deve essere sommato lo stato di tensione dovuto al forzamento a quello che si ha nel disco completo (disco più albero) per effetto delle forze centrifughe. Con la schematizzazione di tratto di albero più lungo per tener conto dell'effetto di irrigidimento delle parti contigue, non si ha più un disco di spessore uniforme e le sollecitazioni possono essere calcolate come spiegato nel prossimo paragrafo.

Per aumentare la resistenza dei dischi rotanti e dei rotori, si suole farli ruotare, prima di porli in servizio, ad una velocità tale da provocare snervamento nella parte centrale, che è la più sollecitata. Lo scopo è di creare uno stato di precompressione, per avere poi in servizio delle tensioni massime ridotte.

6.7. RUOTE E DISCHI ROTANTI DI SPESSORE VARIABILE

Di seguito viene esposto un metodo di calcolo basato sulla discretizzazione di un disco a spessore variabile con anelli, capace di determinare i contributi alle sollecitazioni degli effetti centrifughi, della presenza di una palettatura, del forzamento della ruota sull'albero e di una temperatura variabile con il raggio della ruota.

Si consideri la ruota di Fig. 6.15a, composta da un mozzo, da una corona e da un disco di collegamento fra i due, ciascun elemento essendo di spessore assiale costante. Una tale schematizzazione può essere utilizzata sia per ruote integrali, ottenute per fusione o per fucinatura (Fig. 6.15b), che per ruote saldate (Fig. 6.15c).

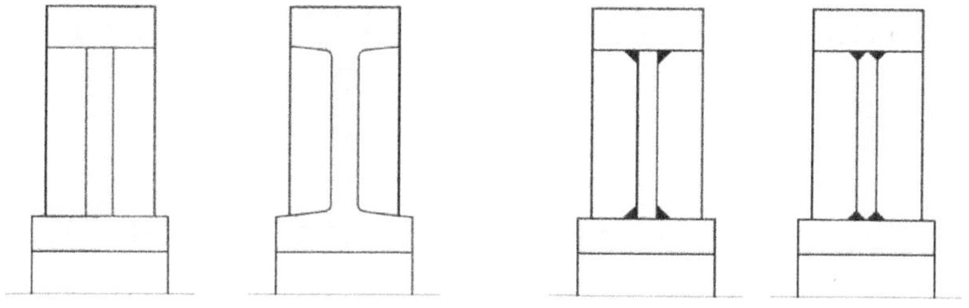

Figura 6.15. Ruota composta da mozzo, disco e corona.

Si separino ora idealmente i tre elementi di una ruota del tipo descritto con due tagli corrispondenti alle superfici cilindriche di separazione fra mozzo e disco e fra disco e corona di raggi r_2 e r_3 rispettivamente (Fig. 6.16a). Si facciano ruotare quindi i tre elementi alla velocità angolare ω, essi si espanderanno in direzione radiale distaccandosi (Fig. 76b). Il gioco radiale che si viene a creare in corrispondenza delle due sconnessioni si calcola utilizzando per ciascuno dei tre elementi la teoria del disco rotante di spessore costante.

Con i simboli di Fig. 6.16 risultano le seguenti espressioni del gioco o dislocazione positiva che viene a crearsi fra mozzo e disco e di quello fra disco e corona rispettivamente

$$\Delta_2 = \frac{\rho\omega^2}{E}\frac{3+\nu}{4} r_2 \left(r_3^2 - r_1^2\right)$$

$$\Delta_3 = \frac{\rho\omega^2}{E}\frac{3+\nu}{4} r_3 \left(r_4^2 - r_2^2\right)$$

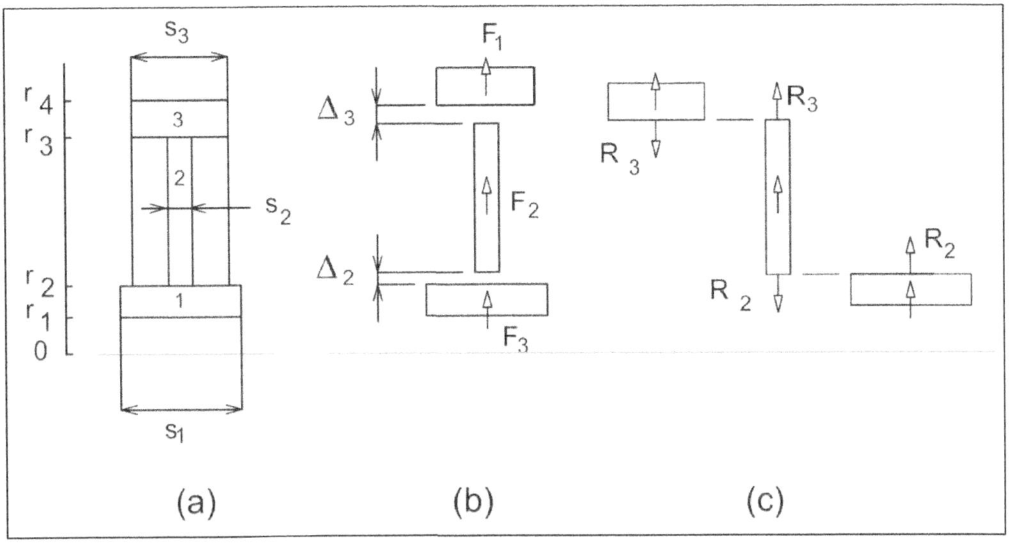

Figura 6.16. Schematizzazione della ruota composta da mozzo, disco e corona.

Lo stato di sollecitazione della ruota è la somma di quello che si produce per la rotazione dei tre anelli (mozzo, disco e corona) e di quello provocato dalle azioni radiali scambiate fra gli anelli contigui che eliminano le sconnessioni, ristabilendo la congruenza.

Gli stati di sollecitazione provocati dall'eliminazione di ciascuna delle due sconnessioni Δ_2 e Δ_3, ai raggi r_2 e r_3, si calcolano in modo analogo a quelli prodotti dagli accoppiamenti con interferenza tenendo conto che dette sconnessioni equivalgono, come le interferenze, a dislocazioni, solo che hanno il segno opposto a quelle.

Le azioni radiali R_2 fra il mozzo ed il disco e R_3 fra il disco e la corona, positive se di trazione, si determinano con il sistema seguente, che esprime il fatto che ciascuna sconnessione è eliminata per le azioni radiali applicate ai due elementi sconnessi (Fig. 6.16c),

$$\begin{aligned} \Delta_2 &= AR_2 + BR_3 \\ \Delta_3 &= CR_2 + DR_3 \end{aligned} \qquad (6.23)$$

Se come azioni radiali si assumono le risultanti delle tensioni radiali applicate a mezza circonferenza di raggio r_2 e r_3, scambiate rispettivamente fra mozzo e disco e fra disco e corona, si dimostra che $B = C$.

I coefficienti delle incognite R_2 e R_3 si determinano con la teoria dei cilindri spessi in pressione. Ad esempio A è la somma dello spostamento radiale verso l'esterno del bordo esterno del mozzo e dello spostamento radiale verso l'interno del bordo interno del disco, quando si applichi un'azione radiale di trazione unitaria fra i due elementi e B lo spostamento radiale verso l'esterno del bordo interno del disco, quando si applichi un'azione unitaria al bordo esterno del disco stesso.

Le espressioni dei coefficienti nella (6.23) sono date di seguito, con riferimento al caso più generale di disco a spessore variabile, discretizzato con più anelli.

La risoluzione del sistema (6.23) fornisce gli sforzi radiale R_2 e R_3.

Le sollecitazioni σ_r e σ_t nella ruota di Fig. 6.16 si calcolano sommando quelle che si ottengono facendo ruotare separatamente i tre elementi (mozzo, disco e corona) e quelle corrispondenti ai carichi radiali che si devono applicare nelle sconnessioni per ristabilire la congruenza, che si ricavano risolvendo il sistema (6.23).

Il modello di Fig. 6.17a, comprendente una slitta e tre molle, rappresenta un semianello soggetto alla forza centrifuga F_k, alle forze circonferenziali N_k e alle forze R_k e R_{k+1} (R_2 e R_3 nel caso della ruota composta da mozzo, disco e corona), scambiate con i semianelli contigui in corrispondenza del raggio interno e del raggio esterno.

La composizione di Fig. 6.17b rappresenta un modello per la ruota composta da mozzo (1), disco (2) e corona (3). La Fig. 6.17c rappresenta, a livello di modello, la situazione virtuale dei tre elementi separati per effetto delle forze centrifughe F_{c1}, F_{c2} e F_{c3}. I distacchi Δ_2 fra mozzo e disco e Δ_3 fra disco e corona sono quelli, come detto, da eliminare con l'applicazione delle azioni radiali R_2 e R_3.

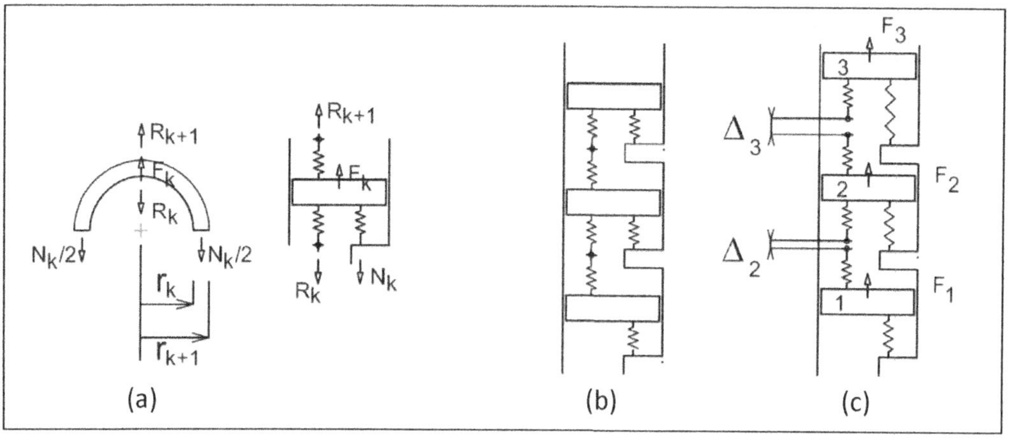

Figura 6.17. Modello della ruota composta.

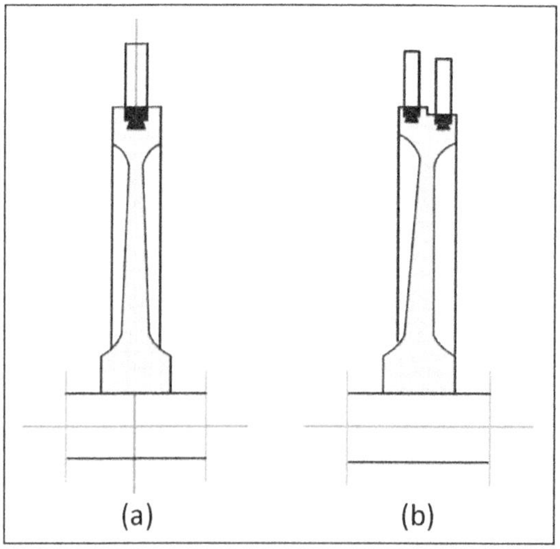

Figura 6.18. Dischi di spessore variabile.

Un procedimento analogo al precedente si può applicare per i dischi di spessore variabile con continuità (Fig. 6.18). Viene considerato in primo luogo il caso di un disco avente un piano di simmetria perpendicolare all'asse dell'albero (Fig. 6.18a). Si discretizza la struttura, sostituendo il disco reale con un disco a "scalini" (Fig. 6.19). La schematizzazione del disco può comprendere anche il tratto di albero, pieno o forato, su cui è eventualmente forzato il disco, ciò che avviene praticamente sempre per i dischi rotanti ad alta velocità. Quanto alle azioni esterne, oltre alle forze centrifughe, viene di seguito considerata un'eventuale forza uniformemente distribuita al bordo esterno che schematizza le azioni centrifughe di una palettature e la presenza di una temperatura variabile con il raggio.

La Fig. 6.20 mostra un modello dell'intero disco discretizzato, analogo a quello visto per la ruota. Si numerano gli anelli (Fig. 6.21) da *1 a m*, da quello più interno a quello più esterno (*m*). Per l'anello *k* si indica con r_k il raggio interno e con r_{k+1} il raggio esterno. Con s_k si indica lo spessore assiale dell'anello *k-esimo*. L'anello *1* corrisponde all'albero nel caso di collegamento con interferenza; nel caso di albero pieno si ha $r_1 = 0$.

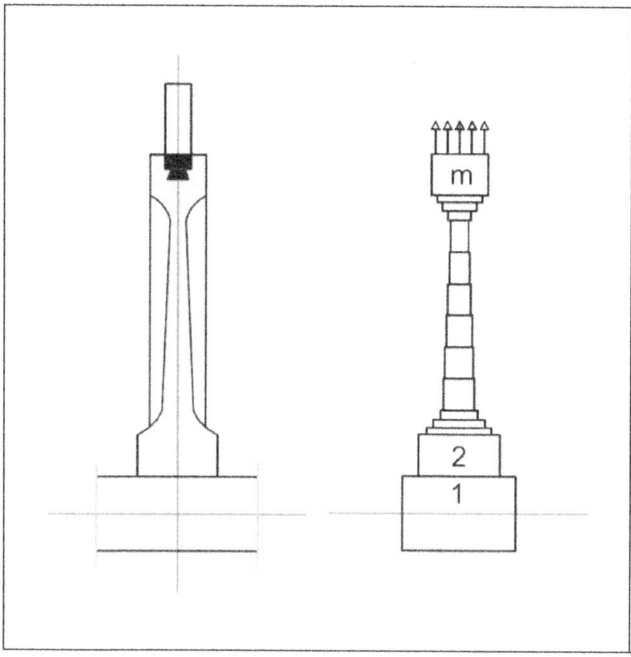

Figura 6.19. Discretizzazione di un disco di spessore variabile.

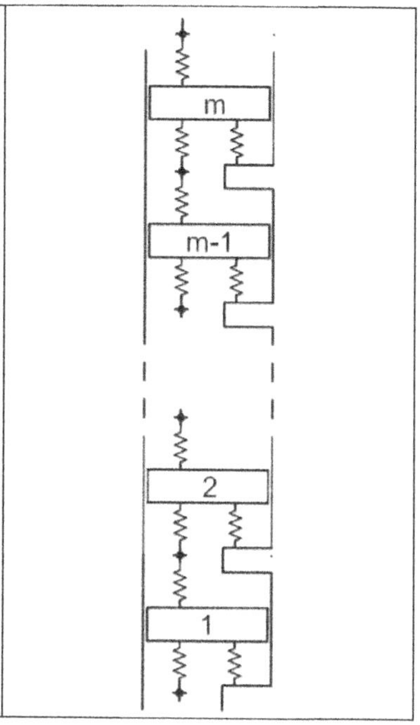

Figura 6.20. Modello del disco di spessore variabile.

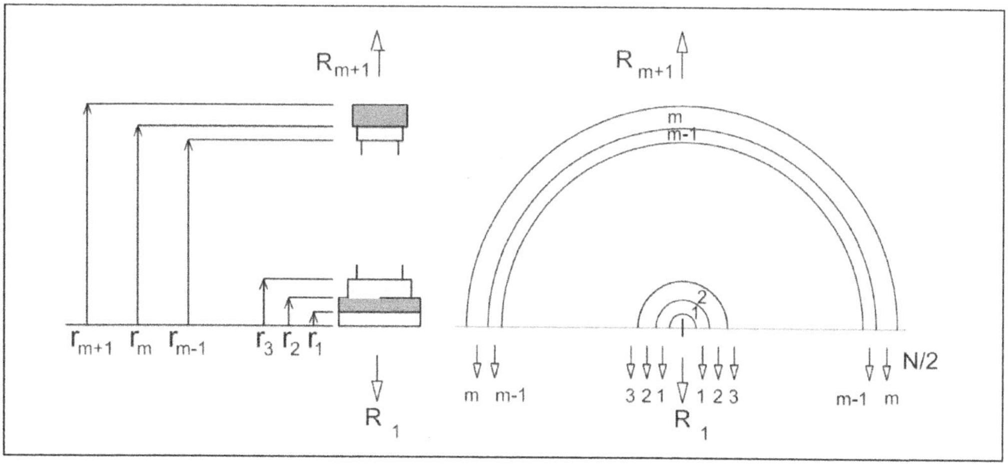

Figura 6.21. Discretizzazione con anelli del disco di spessore variabile.

Per l'elemento (anello) generico k, ottenuto con la discretizzazione, si definisce la matrice di flessibilità

$$\begin{vmatrix} \lambda^{(k)}_{k,k} & \lambda^{(k)}_{k,k+1} \\ \lambda^{(k)}_{k+1,k} & \lambda^{(k)}_{k+1,k+1} \end{vmatrix}$$

dove

- $\lambda^{(k)}_{k,k}$ è lo spostamento radiale del bordo interno, di raggio r_k, provocato da una forza unitaria applicata al bordo interno stesso
- $\lambda^{(k)}_{k,k+1}$ è lo spostamento radiale del bordo interno, di raggio r_k, provocato da una forza unitaria applicata al bordo esterno, di raggio r_{k+1}
- $\lambda^{(k)}_{k+1,k}$ è lo spostamento radiale del bordo esterno, di raggio r_k, provocato da una forza unitaria applicata al raggio r_k
- $\lambda^{(k)}_{k+1,k+1}$ è lo spostamento radiale del bordo esterno, di raggio r_{k+1}, provocato da una forza unitaria applicata al bordo esterno stesso

Con la forza intesa come la risultante delle azioni applicate al semianello si trova che $\lambda^{(k)}_{k,k+1} = \lambda^{(k)}_{k+1,k}$

Applicando le formule degli anelli (cilindri) di grosso spessore caricati all'interno e all'esterno risulta

$$\lambda^{(k)}_{k,k} = \frac{1}{2E}\frac{1}{s_k}\frac{1}{r_{k+1}^2 - r_k^2}\left[r_k^2(1-\nu) + r_{k+1}^2(1+\nu)\right]$$

$$\lambda^{(k)}_{k,k+1} = \lambda^{(k)}_{k+1,k} = \frac{1}{E}\frac{1}{s_k}\frac{1}{r_{k+1}^2 - r_k^2} r_k r_{k+1}$$

$$\lambda^{(k)}_{k+1,k+1} = \frac{1}{2E}\frac{1}{s_k}\frac{1}{r_{k+1}^2 - r_k^2}\left[r_k^2(1+\nu) + r_{k+1}^2(1-\nu)\right]$$

Le sconnessioni fra gli anelli, sono quelle provocate da:

- forze centrifughe;
- interferenza fra albero e disco ovvero fra anello *1* e anello *2*);
- carico radiale applicato al bordo esterno di raggio r_{m+1}
- temperatura variabile in funzione del raggio.

Si ha

$$\Delta_2 = \Delta_2^{(\omega)} + \Delta_2^{(T)} + \Delta_2^{(I)}$$

$$\Delta_k = \Delta_k^{(\omega)} + \Delta_k^{(T)} \qquad k = (3, 4, \ldots, m-1),$$

$$\Delta_m = \Delta_m^{(\omega)} + \Delta_m^{(T)} + \Delta_m^{(Rm+1)}$$

Per la sconnessione al raggio r_k, fra gli elementi *k-1* e *k*, si trova, per la forza centrifuga

$$\Delta_k = \frac{\rho\omega^2}{E}\frac{3+\nu}{4} r_k \left(r_{k+1}^2 - r_{k-1}^2\right)$$

Per l'effetto termico, assegnando a ciascun anello una temperatura costante, dedotta dal diagramma della temperatura funzione del raggio, si ha

$$\Delta_k^{(t)} = \alpha\, r_k\, (T_k - T_{k-1})$$

Dove α è il coefficiente di dilatazione lineare del materiale del disco e T_k e T_{k-1} le differenze fra le temperature degli elementi *k-esimo* e *k+1-esimo* e la temperatura ambiente di riferimento.

Per l'interferenza fra albero e disco

$$\Delta_2^{(I)} = -\frac{I}{2}$$

essendo I l'interferenza riferita al diametro nell'accoppiamento albero-ruota.

Per il carico radiale applicato al raggio esterno

$$\Delta_m^{(Rm+1)} = \lambda^{(m)}_{m,m+1} R_{m+1}$$

Associando ad ogni sconnessione l'equazione

$$\Delta_k = A^{(k)} R_{k-1} + B^{(k)} R_k + C^{(k)} R_{k+1} \qquad (k = 2, 3, \ldots\ldots, m)$$

dove

$$A^{(k)} = \lambda^{(k-1)}_{k,k-1}$$

$$B^{(k)} = \lambda^{(k-1)}_{k,k} + \lambda^{(k)}_{k,k}$$

$$C^{(k)} = \lambda^{(k)}_{k,k+1}$$

risulta un sistema di *m–1* equazioni nelle m–1 incognite $R_2, R_3, \ldots, R_m$.

Si riconosce che la matrice di flessibilità della struttura si può ottenere sommando le matrici di flessibilità dei singoli anelli, come indicato in Fig. 6.22.

In definitiva gli sforzi radiali si ricavano come incognite di un sistema lineare del tipo

$$\begin{aligned}
&a_{11}x_1 + a_{12}x_2 &&= y_1\\
&a_{21}x_1 + a_{22}x_2 + a_{23}x_3 &&= y_2\\
&\ldots\ldots\ldots\ldots\ldots\ldots\ldots\ldots\ldots\ldots &&\\
&a_{n-1,n-2}x_{n-2} + a_{n-1,n-1}x_{n-1} + a_{n-1,n}x_n &&= y_{n-1}\\
&a_{n,n-1}x_{n-1} + a_{n,n}x_n &&= y_n
\end{aligned}$$

Dove risultano diversi da zero solo i coefficienti compresi entro la fascia a cavallo della diagonale principale per una larghezza di tre elementi (matrice tridiagonale).

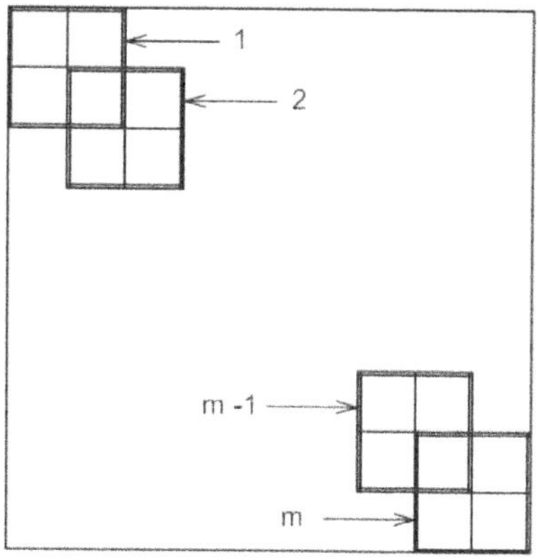

Figura 6.22. Matrici di flessibilità.

Quando la discretizzazione venga realizzata con elementi anulari di piccolo spessore, in direzione radiale, il calcolo delle sollecitazioni può essere semplificato. Per l'anello generico k-esimo si può in tal caso ammettere che siano costanti le sollecitazioni σ_c, senza per ciò commettere grave errore. Si ottengono in tal modo dei diagrammi delle sollecitazioni, funzioni del raggio, a scalini.

Per l'anello generico *k* di raggio interno r_k e raggio esterno r_{k+1} (Fig. 6.23) si hanno le seguenti componenti delle tensioni:

- tensione radiale provocata dalla rotazione libera dell'anello
- tensione radiale provocata dalle forze R_k e R_{k+1}
- tensione circonferenziale provocata dalla rotazione libera dell'anello
- tensione circonferenziale provocata dalle forze R_k e R_{k+1}

La Fig. 6.23 schematizza le tre condizioni di carico da sommare per l'anello generico k ed i corrispondenti stati di tensione:

- azioni centrifughe di risultante F_ω
- azioni di risultante R_k al raggio esterno r_k
- azioni di risultante R_{k+1} al raggio interno r_{k+1}

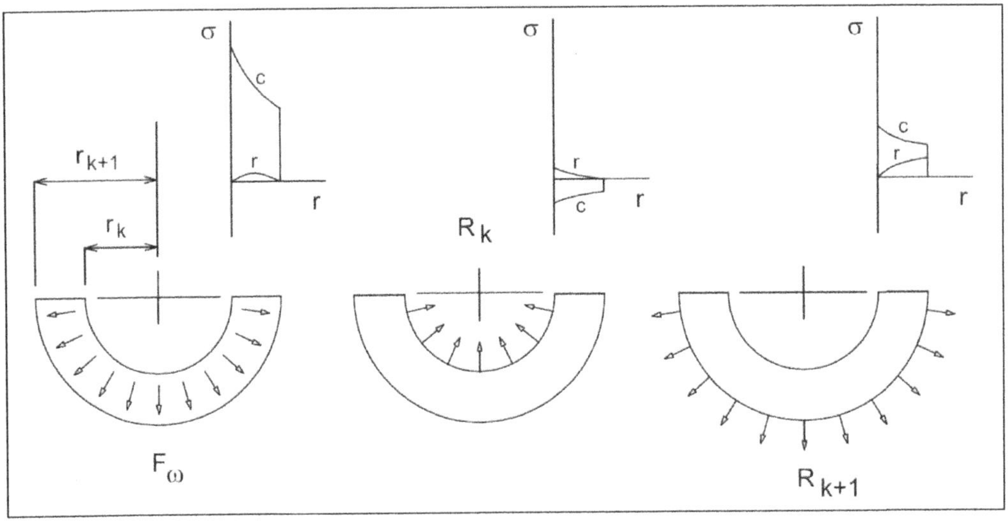

Figura 6.23. Carichi e sollecitazioni dell'anello k.

Eseguendo il calcolo mettendo in conto solo $\Delta_2^{(1)} = -I/2$ dove I è l'interferenza al montaggio fra albero e disco riferita come di solito al diametro, si ottiene lo stato di sollecitazione a ruota ferma indotto dal forzamento.

Il metodo di calcolo presentato, mentre determina valori sufficientemente precisi per le azioni R_k, non permette ovviamente la determinazione delle concentrazione locale delle sollecitazioni in presenza di forte differenza di spessore assiale fra elementi contigui, come nei casi di Fig. 6.15. Quando in questi stessi casi il collegamento fra elementi contigui è realizzato costruttivamente con saldature, sono evidentemente queste a sopportare le azioni radiali fra gli anelli.

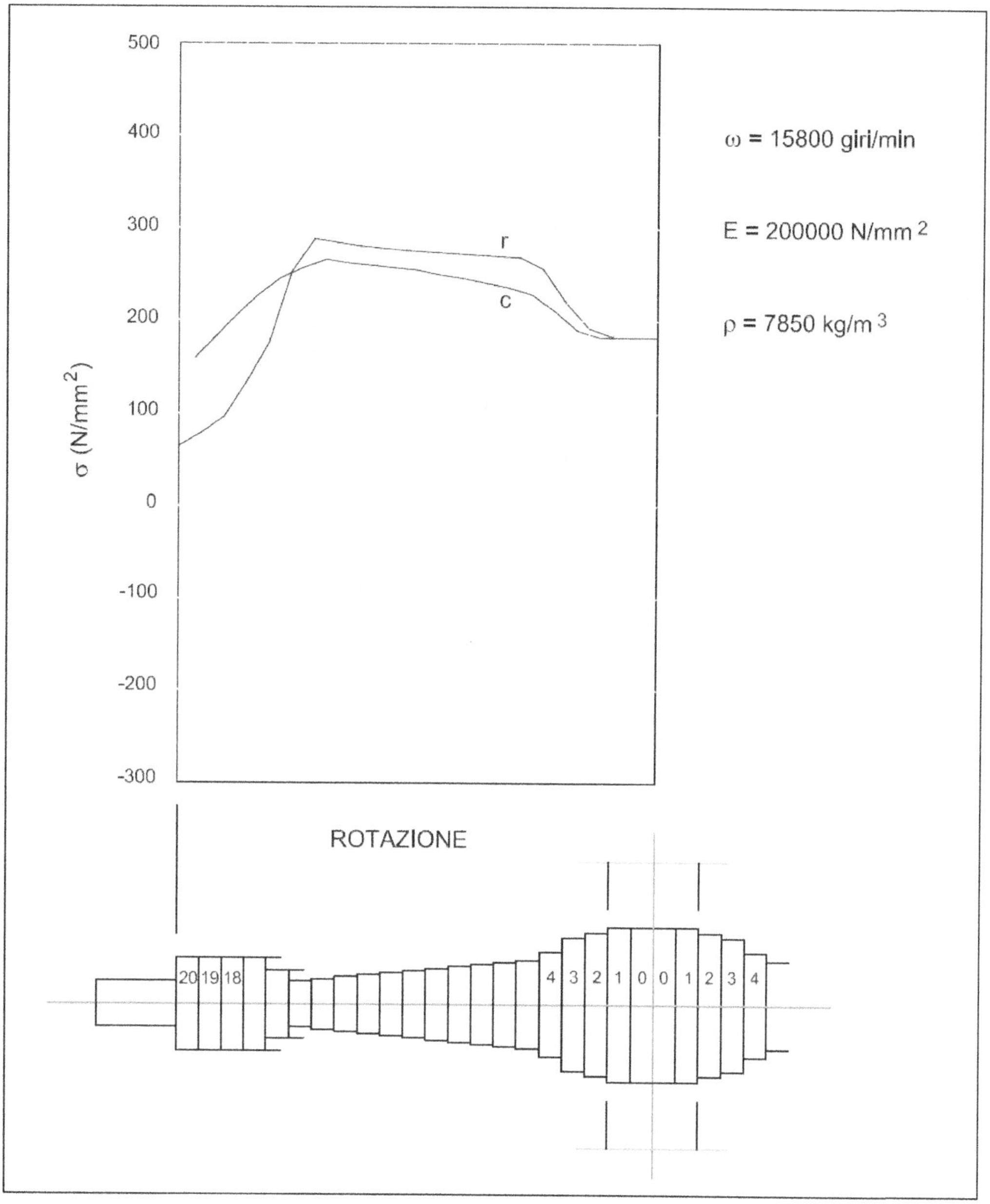

Figura 6.24. Sollecitazioni nel disco rotante.

Una semplificazione del calcolo delle sollecitazioni si ottiene discretizzando il disco con un numero $m+1$ abbastanza grande di anelli di spessore radiale virtuale unitario $r_{k+1}^* - r_k^* = 1$, da cui $r_0^* = 0$, $r_1^* = 1$, $r_k^* = k$, ……., $r_m^* = m$, $r_{m+1}^* = r_e^* = m+1$ (Fig. 6.24) e ponendo $\rho = 1$, $\omega^2 = 1$, $E = 1$. Con tali posizioni i coefficienti λ e le sconnessioni Δ assumono la forma semplificata, con $\nu = 0{,}3$, con gli spessori assiali pure virtuali $s_k^* = s_k\,(m+1)/\,r_e$

$$\lambda^{(k)}{}_{k,k} = \frac{1}{2}\frac{1}{s_k^*}\frac{1}{2_k^*+1}\left[0,7k^2 + 1,3(k+1)^2\right]$$

$$\lambda^{(k)}{}_{k,k+1} = \lambda^{(k)}{}_{k+1,k} = -\frac{1}{s_k^*}\frac{1}{2k+1}k(k+1)$$

$$\lambda^{(k)}{}_{k+1,k+1} = \frac{1}{2}\frac{1}{s_k^*}\frac{1}{2k+1}\left[1,3k^2 + 0,7(k+1)^2\right]$$

$$\Delta_k{}^{(w)} = 3,3k^2$$

$$\Delta_k{}^{(T)} = \alpha k\left(T_k - T_{k-1}\right)\frac{m+1}{r_e^*}$$

$$\Delta_2{}^{(I)} = -\frac{I}{2}\frac{m+1}{r_e^*}$$

Risolto il sistema di equazioni nelle incognite (adimensionali) R_k si può assumere come tensione radiale (adimensionale) al raggio $r_k^* = k$

$$\sigma_r^* = \frac{1}{2}\frac{R_k}{s_{k+1}^* + s_k^*}$$

e come tensione circonferenziale (adimensionale) al raggio $r_k^* + 0,5$

$$\sigma_r^* = \left(r_k^* + 0,5\right)^2 + \frac{R_{k+1}^* + R_k}{2}$$

dove il primo termine è il contributo alla tensione circonferenziale delle azioni centrifughe agenti sull'anello libero ed il secondo delle azioni radiali al raggio interno e al raggio esterno della anello k.

I risultati del calcolo, ottenuti con le posizioni unitarie indicate, possono facilmente essere riportati al disco con le dimensioni, la densità e il modulo elastico reali ed alla velocità angolare di verifica. Indicando con σ^* e Δ^* rispettivamente una generica tensione e sconnessione radiale fra gli anelli, i valori corrispondenti ai valori reali di r_e, ρ, ω, E, r_k sono dati da, come si può dimostrare,

$$\sigma = \sigma^* C_1 \qquad \text{con} \qquad C_1 = \rho\omega^2\left(\frac{r_e}{m+1}\right)^2$$

$$\Delta = \Delta^*/C_2 \qquad \text{con} \qquad C_2 = \frac{E}{\rho\omega^2}\left(\frac{m+1}{r_e}\right)^3$$

Le Figg. 6.24, 6.25, 6.26 mostrano alcuni risultati relativi ad una ruota di diametro esterno r_e = 210 mm e profilo discretizzato con 21 anelli di uguale spessore radiale come mostrato, ruotante a *15800 giri/min.* Nella Fig. 6.24 le sollecitazioni radiali (r) e circonferenziali (c) provocate dalle azioni centrifughe relative al disco ed alla palettatura. La Fig. 6.25 mostra le sollecitazioni indotte a ruota ferma da un forzamento fra albero e ruota (raggio r_2^* =2) e la Fig. 6.26 le sollecitazioni nel disco rotante con la ruota forzata sull'albero, somma di quelle indotte dalla rotazione e dal forzamento.

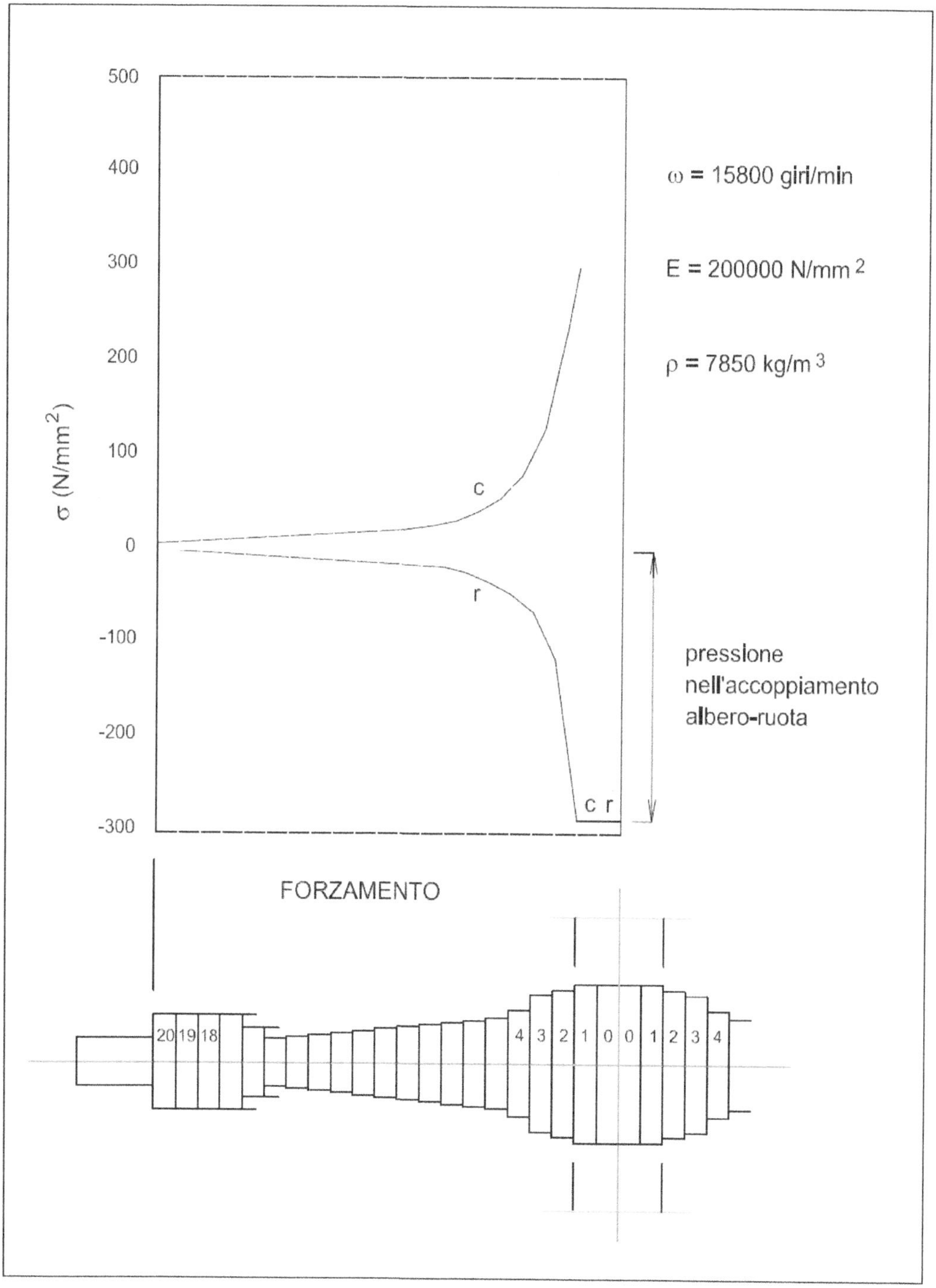

Figura 6.25. Sollecitazioni nel disco rotante.

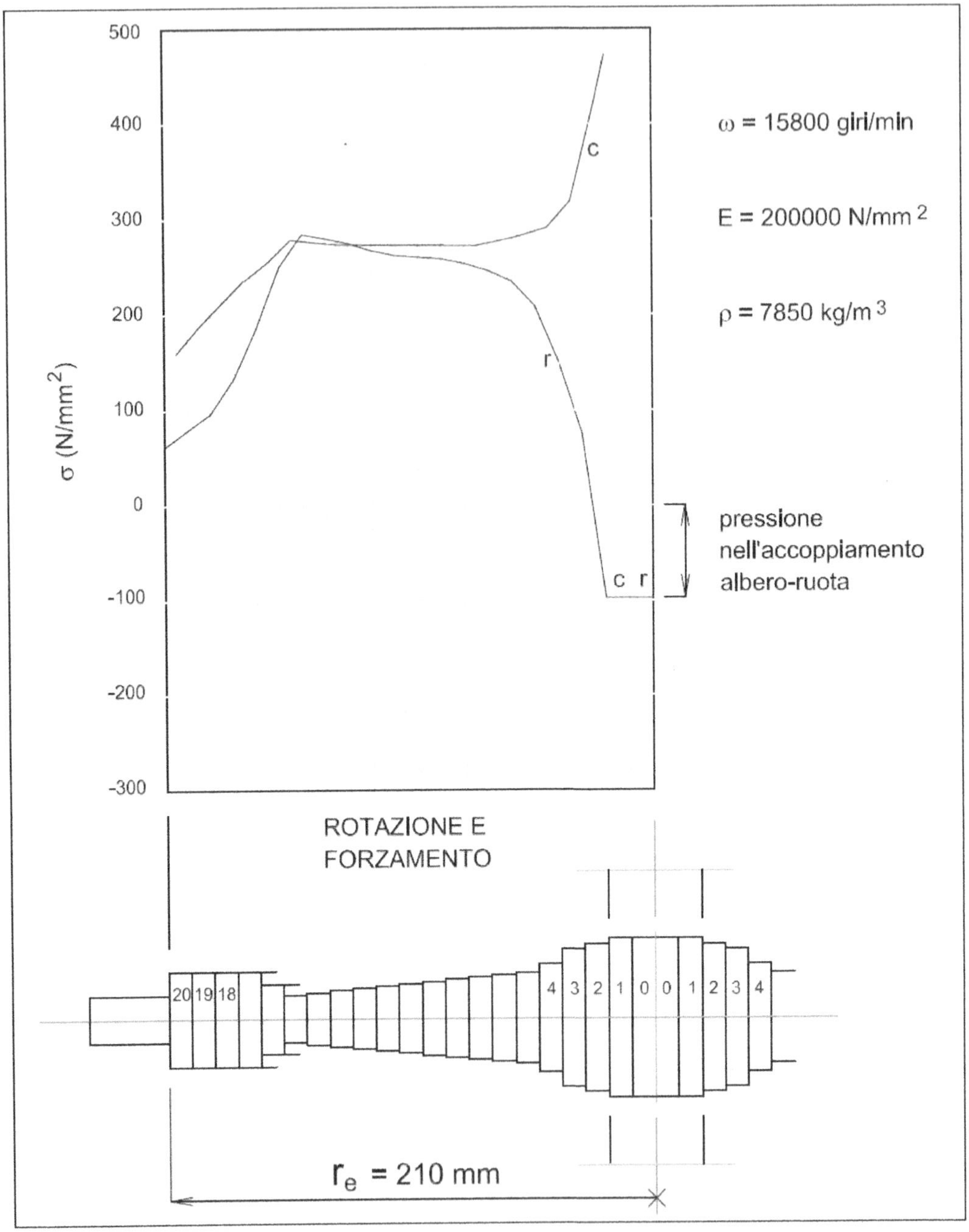

Figura 6.26. Sollecitazioni nel disco rotante.

Da notare la diminuzione della pressione realizzata col forzamento al raggio di calettamento fra albero e ruota. Per la stabilità dell'accoppiamento è necessario che l'azione radiale al raggio dell'albero rimanga negativa. Un valore positivo, quindi di trazione, a calcolo, corrisponderebbe ad una.mancanza di collegamento fra albero e ruota. Il valore ridotto della pressione fra albero e ruota è da verificare quale contributo possa dare alla trasmissione della coppia quando questa sia affidata in tutto o in parte a forzamento. Da tenere presente che il forzamento a ruota ferma in linea generale non può superare un valore corrispondente ad una interferenza relativa (rapporto fra interferenza e diametro) pari a 0,002 ÷ 0,003 per non provocare lo snervamento del bordo del foro della ruota.

Come già si è accennato per i tubi di grande spessore, esiste in generale per i dischi la possibilità di aumentarne la resistenza in servizio sottoponendoli preventivamente ad una operazione di plasticizzazione con conseguenti tensione residue, mediante rotazione ad altissima velocità.

6.8. DISCHI NON SIMMETRICI

Questo paragrafo riguarda le sollecitazioni flessionali che nascono nei dischi rotanti privi di un piano di simmetria perpendicolare all'asse.

Da un disco dotato di un piano di simmetria perpendicolare, discretizzato come in Fig. 6.27a si passi ad un altro in cui lo spessore ai diversi raggi sia lo stesso che nel primo ma che non abbia un piano di simmetria (Fig. 6.27b).

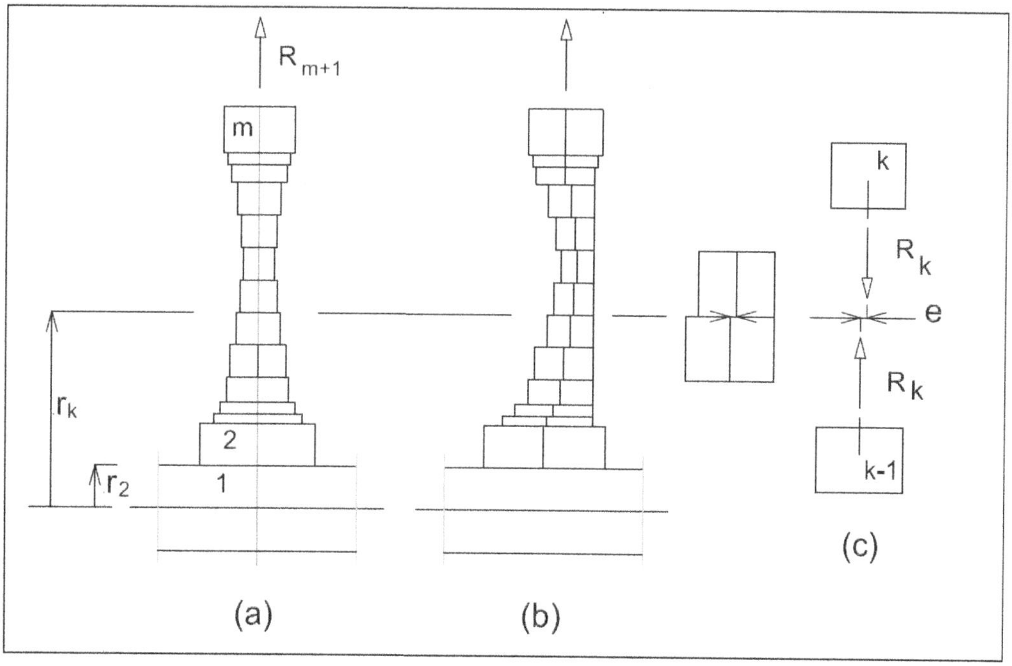

Figura 6.27. Discretizzazione del disco non simmetrico e coppie flettenti.

È facile rendersi conto che il secondo disco subisce, a parità di velocità angolare e/o di gradiente termico radiale, e/o di interferenze, rispetto al primo, uno stato di sovrasollecitazione di tipo flessionale. In altre parole il disco si comporta come una piastra circolare inflessa oltre che come una membrana circolare.

Il calcolo delle sollecitazioni flessionali può essere svolto applicando in ciascun nodo k corrispondente al raggio r_k di separazione fra l'anello k-1 e l'anello k (Fig. 6.27c) la coppia, $C_k = R_k e$, pari al prodotto del carico che si scambiano i due semianelli anelli per ristabilire la congruenza, calcolato per il disco assialsimmetrico, moltiplicato per lo sfasamento (con segno) applicato ai due anelli nel passaggio da disco simmetrico a disco assialsimmetrico (Figg. 6.27b e 6.27c). Il procedimento, che utilizza la teoria delle piastre circolari inflesse per il calcolo delle sollecitazioni flessionali, è analogo a quello visto per i dischi simmetrici, solo che, in termini di Elementi Finiti, il primo ha come incognite le forze, mentre il secondo ha come incognite gli spostamenti.

La validità della impostazione che si è data del problema è legata alle proporzioni della piastra, cioè del disco. Esso non deve essere talmente spesso o avere una superficie media così lontana da un piano, da non potere essere trattato con la teoria delle piastre. I dischi praticamente utilizzati, in particolare nel campo delle turbine rispondono di solito ai requisiti sopra indicati.

Per l'anello generico k si definisce la matrice di rigidezza flessionale

$$\begin{vmatrix} \mu^{(k)}{}_{k,k} & \mu^{(k)}{}_{k,k+1} \\ \mu^{(k)}{}_{k+1,k} & \mu^{(k)}{}_{k+1,k+1} \end{vmatrix}$$

dove

- $\mu^{(k)}{}_{k,k}$ è il rapporto fra il momento applicato al bordo interno, di raggio r_k , del semianello e lo spostamento angolare corrispondente al raggio r_k stesso
- $\mu^{(k)}{}_{k,k+1}$ è il rapporto fra il momento applicato al bordo interno, di raggio r_k , del semianello e lo spostamento angolare corrispondente al raggio r_{k+1}
- $\mu^{(k)}{}_{k+1,k}$ è il rapporto fra il momento applicato al bordo interno, di raggio r_{k+1}, del semianello e lo spostamento angolare corrispondente al r_{k+1}
- $\mu^{(k)}{}_{k+1,k+1}$ è il rapporto fra il momento applicato al bordo interno, di raggio r_{k+1} , del semianello e lo spostamento angolare corrispondente al raggio r_{k+1} stesso

Con il momento inteso come momento risultante dei momenti distribuiti applicati al semianello si trova che $\mu^{(k)}{}_{k,k+1} = \mu^{(k)}{}_{k+1,k}$.

Il proseguimento della trattazione, analogo a quello visto per i dischi simmetrici, omesso per motivi di spazio, conduce alla risoluzione di un sistema di m-1 equazioni in m-1 incognite, gli spostamenti angolari ai raggi $r_2, r_3,\ldots,r_{m-1}$, dai quali si risale alle sollecitazioni flessionali del disco asimmetrico, da sommare con quelle calcolate per il disco simmetrico corrispondente (Fig. 6.27a).

6.9. ALTRE SOLLECITAZIONI NEI DISCHI ROTANTI

Nelle fasi di avviamento e di fermata e comunque nei transitori nascono sforzi provocati dalle coppie d'inerzia prodotte dalle accelerazioni angolari. Nel caso della ruota saldata composta da mozzo, disco e corona (Fig. 6.15c) il momento d'inerzia I da introdurre nella formula

$$C = I\,\dot{\omega}$$

è ovviamente quello corrispondente a corona + disco per la saldatura fra mozzo e disco, sicuramente la più sollecitatala se i cordoni di saldatura fra mozzo e disco e fra disco e corona hanno la stessa sezione.

Nel caso di ruota integrale (Fig. 6.15b), la sezione più sollecitata al taglio nei transitori di avvio e fermata risulta ovviamente ancora quella del disco al raggio di collegamento col mozzo.

Gli effetti taglianti nei transitori si sommano agli altri (azioni centrifughe e altri). La situazione più gravosa si ha normalmente un po' prima del raggiungimento della velocità di regime nella fase di avviamento o un po' dopo la fine della velocità di regime nella fase di fermata, ovvero quando ad una coppia d'inerzia in grado di massimo, corrispondente alla massima accelerazione o decelerazione, si somma un effetto centrifugo poco inferiore al massimo: punti *A* in Fig. 6.28.

Quando è possibile si programmano tempi di avviamento e di fermata sufficientemente lunghi (accelerazioni angolari molto basse) in modo da avere azioni tangenziali trascurabili. Questo non è però il caso, ad esempio, delle turbine di impiego aeronautico, soggette a frequenti e rapide variazioni del regime di rotazione.

Nei dischi rotanti sono infine da considerare le sollecitazioni locali, o sovrasollecitazioni, nelle zone intagliate, quali nelle turbine le sedi delle radici delle palette o in corrispondenza di fori assiali che mettono in comunicazione le due facce del disco. La casistica è comunque ampia e normalmente si procede con metodi numerici per valutare dette sovrasollecitazioni.

Per quanto riguarda la natura dei carichi applicati ai dischi rotanti, statici o affaticanti, nel caso di impianti fissi funzionanti a regime costante si tratta del primo caso in quanto i tempi dei transitori di avviamento e fermata sono programmati abbastanza lunghi e distanziati nel tempo da non provocare effetti affaticanti significativi.

Altro problema è quello dello scorrimento viscoso, presente nei dischi funzionanti alle alte temperature. In alcuni casi, particolarmente nelle turbine di impiego aeronautico, viene fissato un numero di ore di funzionamento, al raggiungimento del quale il disco viene sostituito, avendo superato la deformazione permanente massima prevista.

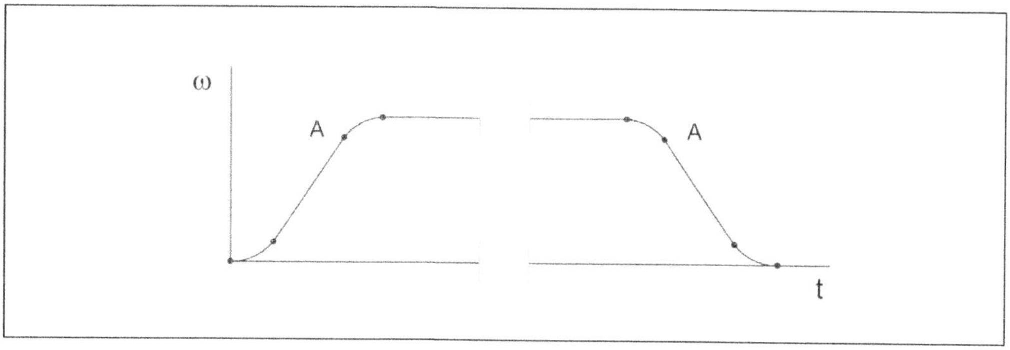

Figura 6.28. Diagramma tempo-velocità di rotazione.

6.10. ALTRI ORGANI ROTANTI

Fra gli altri organi rotanti, al di fuori di ruote e dischi assialsimmetrici, sono da citare le ruote raggiate, le eliche marine e aeronautiche e altri. Le pale delle eliche aeronautiche, per esempio, per la forma che hanno, nella rotazione subiscono sforzi di trazione, di flessione e di torsione.

Questi casi, sicuramente importanti, richiederebbero uno spazio non piccolo per una trattazione adeguata.

Capitolo 7
CHIODATURE, SALDATURE

7.1. INTRODUZIONE

I collegamenti non smontabili più utilizzati sono la chiodatura, la saldatura e l'incollaggio. Anche il collegamento forzato rientra fra quelli non smontabili quando l'interferenza è di entità tale da non permettere la separazione dei pezzi uniti senza danneggiare le superfici a contatto.

7.2. CHIODATURA

La chiodatura come sistema di collegamento di parti metalliche è attualmente meno usata di un tempo, essendo stata sostituita in molte applicazioni dalla saldatura e dall'incollaggio. Viene comunque utilizzata per collegare lamiere e profilati in acciaio e in lega leggera, per realizzare tralicci e travi composte e per collegare pezzi in materiali fra loro non saldabili. Non si usa più praticamente la chiodatura come collegamento a tenuta dei fluidi. Nelle strutture civili di grandi dimensioni le chiodature sono state spesso sostituite non solo dalle saldature, ma anche dai collegamenti bullonati, aventi il vantaggio principale della semplificazione della messa in opera.

I chiodi, in acciaio o lega leggera, vengono forniti con una testa; la seconda viene realizzata per deformazione plastica, a freddo per i diametri piccoli ed a caldo per i diametri grandi. Vengono comunemente chiamati chiodi quelli con diametro > 8 mm e ribattini o rivetti quelli con diametro < 8 mm. In linea di massima i primi vengono ribaditi a caldo ed i secondi a freddo.

Il compito del chiodo è di tenere insieme i pezzi uniti e di impedirne lo scorrimento relativo.

I chiodi "a caldo" lavorano in modo diverso da quelli "a freddo", come conseguenza della diversa messa in opera.

Il chiodo a freddo preciso o leggermente forzato nel foro, è sollecitato a taglio quando la forza trasversale *T* (Fig. 7.1a), tende a fare scorrere relativamente i pezzi collegati. Il chiodo a caldo (Fig. 7.1b), riscaldato al calor rosso per la formatura della seconda testa, entra in trazione nel raffreddamento, per l'impedimento che le teste danno alla contrazione assiale; la conseguente contrazione laterale distacca il gambo dalla parete del foro. La stabilità del giunto è affidata alle azioni d'attrito che si sviluppano fra i due pezzi compressi all'applicazione della forza trasversale.

Nel chiodo a freddo la sollecitazione nominale di taglio è, con *d* diametro del chiodo,

$$\tau = \frac{4T}{\pi d^2}$$

e nel caso statico la formula di verifica è allora

$$T_{am} = \tau_{am} \frac{\pi d^2}{4}$$

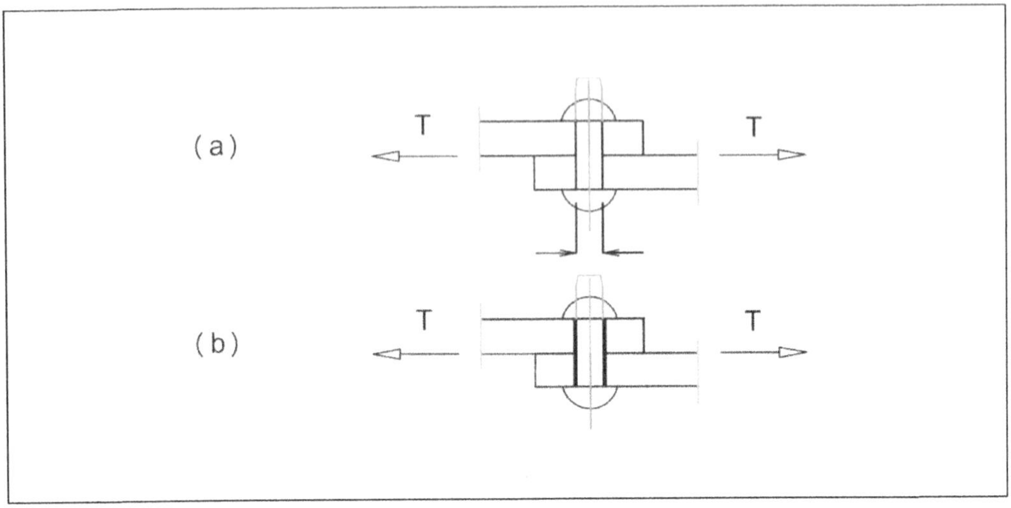

Figura 7.1. Chiodo a freddo e chiodo a caldo.

Nel chiodo a caldo (Fig. 7.1b), detta F la forza di trazione indotta dal raffreddamento ed f il coefficiente d'attrito, si ha la sollecitazione di trazione

$$\sigma = \frac{4F}{\pi d^2}$$

e la condizione di stabilità

$$T < Ff = f\sigma \frac{\pi d^2}{4}$$

Il prodotto Ff è di difficile determinazione, in quanto conseguenza del ciclo di messa in opera del chiodo e del coefficiente d'attrito, come sempre incerto. In pratica e secondo le norme il chiodo a caldo si verifica formalmente come il chiodo a freddo, tenendo conto dell'uguaglianza formale delle relative formule di verifica quando si ponga $f\sigma = \tau_{am}$, assegnando un valore ammissibile virtuale τ_{am} fornito dall'esperienza.

La Fig. 7.2 mostra il collegamento a sovrapposizione fra lamiere con due e tre file di chiodi corrispondenti e sfalsate e la Fig. 7.3 i collegamenti a semplice e doppio coprigiunto. Nelle chiodature a sovrapposizione nascono effetti secondari flessionali (Fig. 7.4).

Nel caso di tre file, con riferimento ad una striscia larga un passo p (Fig. 7.2) comprendente tre chiodi allineati (Fig. 7.5), l'eventuale cedimento avviene in parallelo. I tre chiodi, con $F_A = F_C$ per l'antisimmetria del sistema, sono ugualmente caricati ($F_A = F_B = F_C = T/3$) solo se la cedevolezza dei chiodi è molto superiore rispetto a quella dei tratti di lamiera a e b come indicati in figura.

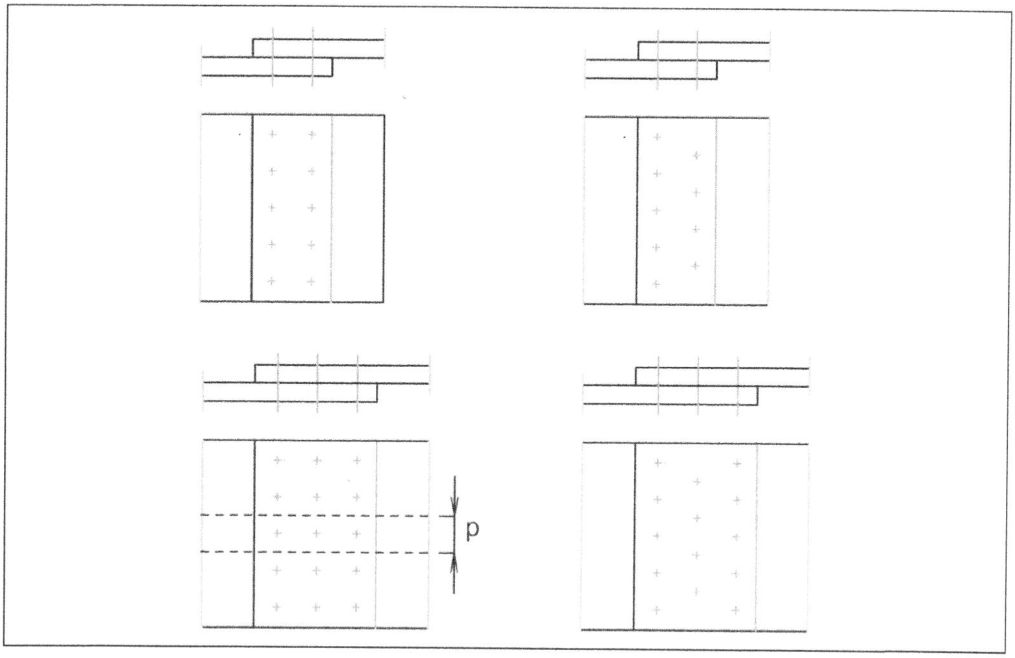

Figura 7.2. Collegamenti chiodati a sovrapposizione.

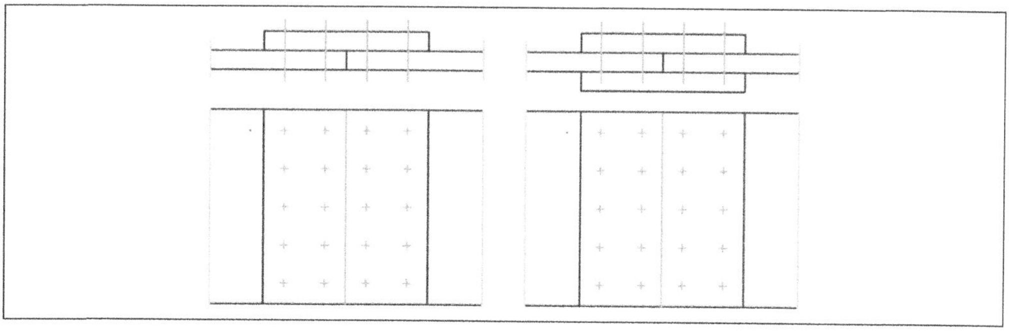

Figura 7.3. Collegamenti chiodati a semplice e doppio coprigiunto.

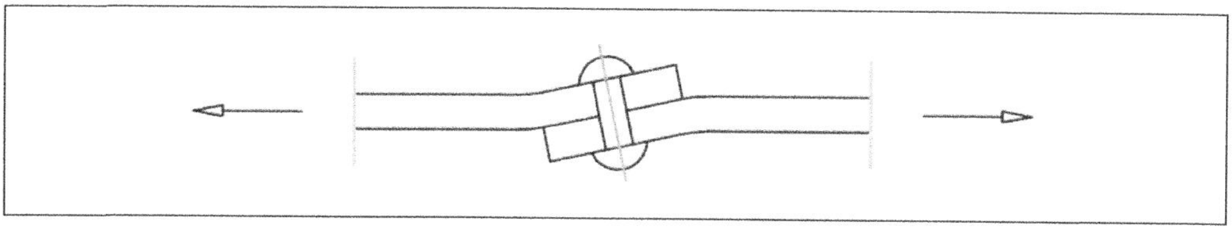

Figura 7.4. Effetto flessionale nei collegamenti chiodati.

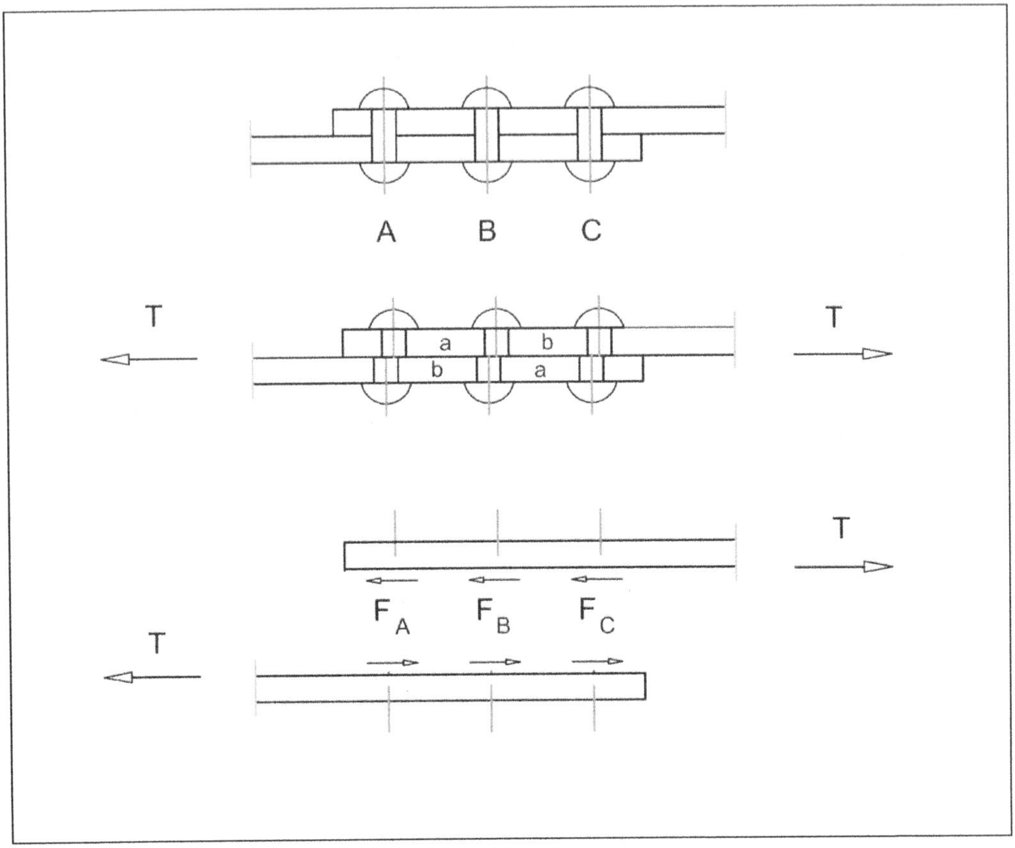

Figura 7.5. Collegamento con tre file di chiodi.

In generale però i chiodi delle file esterne sono più sollecitati di quelli delle file interne, e di questo tengono conto le normative. Con riferimento ancora al caso di tre file, si ha quindi $F_A = F_C > F_B$. Di questo fornisce una spiegazione il modello di Fig. 7.6. Il giunto con 3 chiodi allineati (Fig. 7.6a) viene schematizzato come un sistema di molle (Fig. 7.6b), equivalente al modello di Fig. 7.6c, in cui k è la rigidezza dei tratti di lamiera indicati con a e b e k^* la rigidezza di un chiodo. La Fig. 7.6d indica il sistema deformato sotto carico e la Fig. 7.6e la condizione di carico di una delle lamiere soggetta all'azione tagliante T equilibrata dalle reazioni F_A e F_B ($T = 2F_A + F_B$). La risoluzione del sistema di molle porta alla formula

$$F_A = T\frac{k + k^*}{3k + 2k^*} > \frac{T}{3}$$

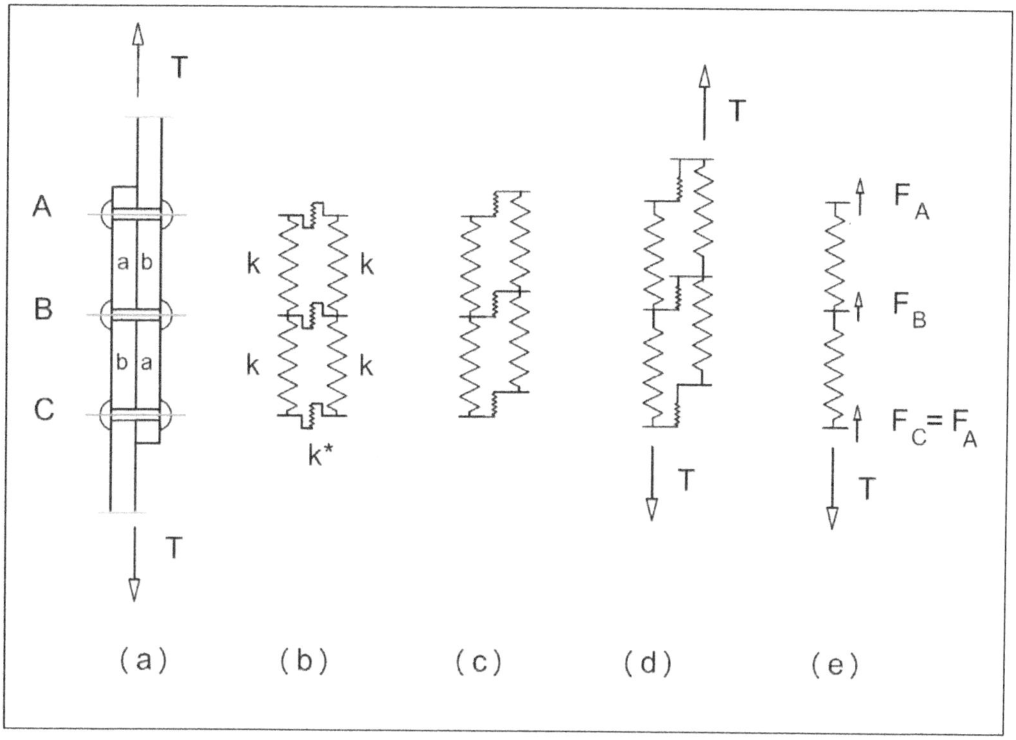

Figura 7.6. Modello di un collegamento con tre file di chiodi.

che conferma che il carico sui tre chiodi è praticamente uguale ($F_A = F_B = T/3$) se la rigidezza della lamiera è molto più grande di quella dei chiodi, e che altrimenti i chiodi delle file esterne sono più caricati.

Per il caso di due lamiere di spessore diverso collegate con due file di chiodi (Fig. 7.7a), il modello è quello di Fig 7.7b equivalente ai modelli delle Figg. 7.7c e 7.7d, in cui *k'* e *k"* sono le rigidezze dei tratti di lamiera fra i chiodi rispettivamente della lamiera più sottile e di quella più spessa e k* la rigidezza di un chiodo. Avendosi, per le molle equivalenti alle coppie di molle in serie *k*, k' e k*,k"*,

$$k_1 = \frac{k' \, k^*}{k' + k^*} \qquad\qquad k_2 = \frac{k'' \, k^*}{k'' + k^*}$$

si ottiene

$$F_A = T\frac{k_1}{k_1 + k_2} \qquad\qquad F_B = T\frac{k_2}{k_1 + k_2}$$

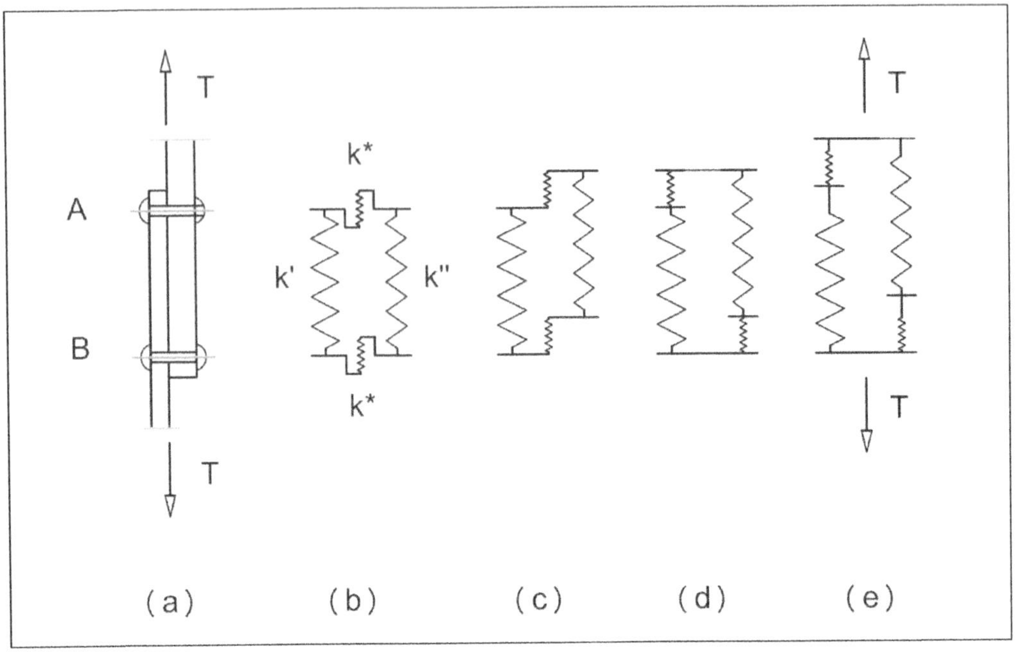

Figura 7.7. Collegamento chiodato fra lamiere di diverso spessore.

Poiché $k_1 < k_2$ risulta più sollecitato il chiodo della fila interna per la lamiera sottile, esterna per la lamiera più spessa (*B* in figura). Nell'ipotesi di chiodi rigidi, ovvero determinanti due coppie di punti di collegamento fra le due lamiere coincidenti anche sotto carico, i carichi sui due chiodi risultano, con *s'* e *s"* spessore rispettivamente della lamiera più sottile e di quella di maggiore spessore,

$$F_A = T\frac{s''}{s' + s''} \qquad F_B = T\frac{s'}{s' + s''}$$

Nei collegamenti chiodati è sempre importante individuare il chiodo o i chiodi più caricati. La Fig. 7.8 mostra, come esempio, i carichi sui quattro chiodi di collegamento di un'asta piatta ad una lamiera, soggetta a diverse condizioni di carico. Vale il principio di sovrapposizione degli effetti in presenza della somma di più di una delle condizioni rappresentate. Le soluzioni indicate in figura sono valide quando come spesso avviene in questo caso la rigidezza delle lamiere è molto alta rispetto a quella dei chiodi. Nel caso, per esempio, di applicazione contemporanea del carico trasversale *T* e della coppia *C*, risultano più caricati i chiodi indicati con *A* nella figura.

La ricerca delle situazioni di carico più critiche dei chiodi e delle lamiere indebolite dai fori è fondamentale nel caso di carichi affaticanti, dove comunque i risultati dei calcoli vanno confrontati con risultati sperimentali. Su questo argomento un grande lavoro è stato svolto in passato per le strutture aeronautiche chiodate in lega leggera.

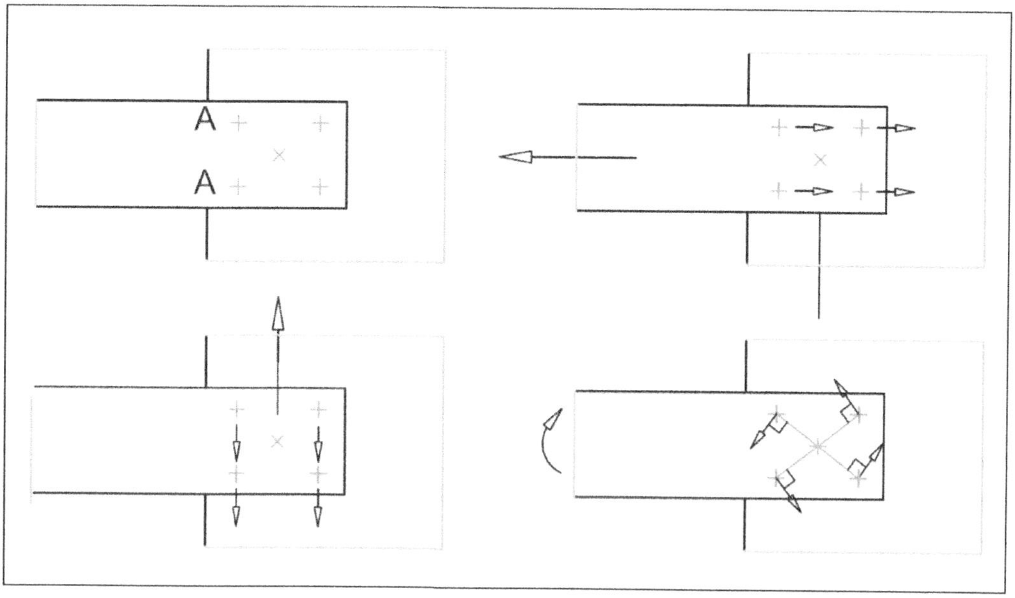

Figura 7.8. Collegamento chiodato fra un'asta piatta ed una lamiera.

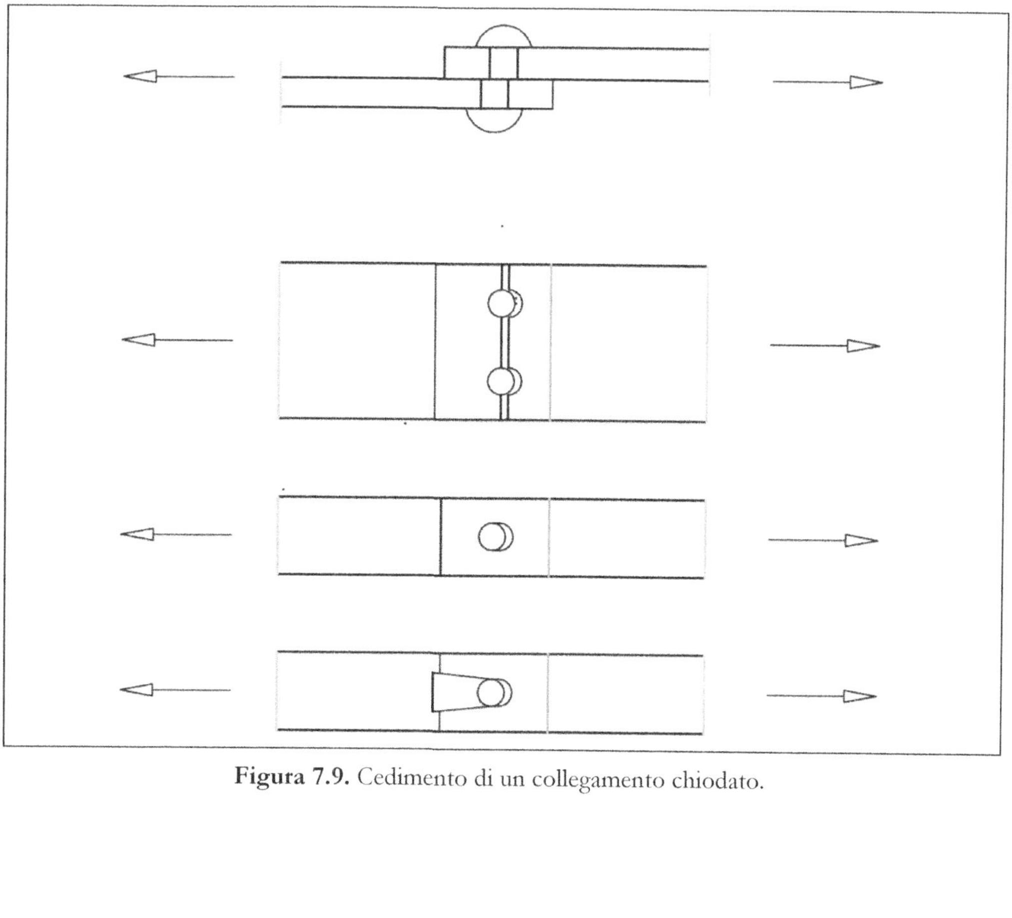

Figura 7.9. Cedimento di un collegamento chiodato.

La Fig. 7.9 schematizza quattro modi di cedimento di un collegamento chiodato:
- per taglio del chiodo
- per trazione della lamiera
- per ovalizzazione del foro
- per taglio della lamiera.

Il prodursi dell'uno o dell'altro modo dipende dal proporzionamento del collegamento e dalle caratteristiche di resistenza dei materiali delle lamiere e dei chiodi.

La Fig. 7.10 mostra il collegamento del mozzo in acciaio di un piccolo volano in lega leggera appartenente ad una costruzione scooteristica.

I metodi da seguire per le costruzioni chiodate previsti dalla norma UNI EN 1993 relativa alle costruzioni in acciaio non vengono qui richiamati per motivi di spazio.

L'argomento delle travi composte chiodate è trattato in un paragrafo che segue insieme a quello delle travi composte saldate.

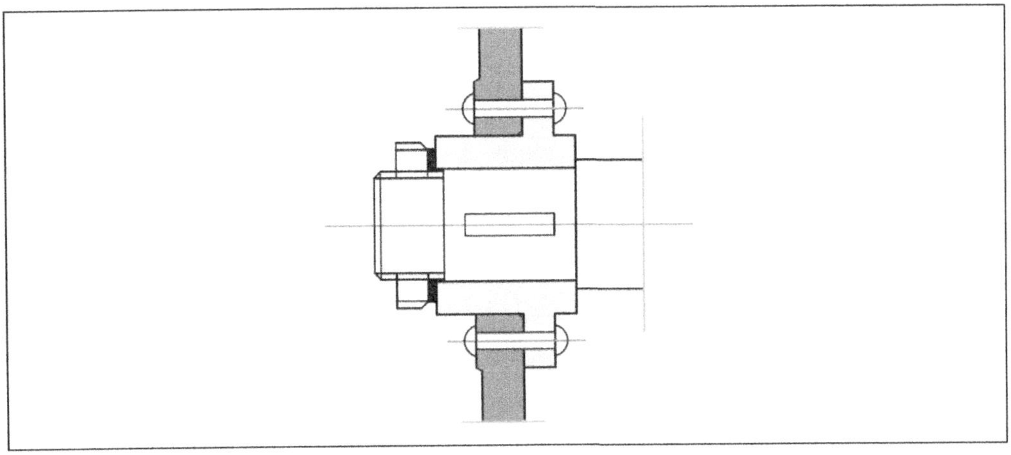

Figura 7.10. Collegamento chiodato mozzo-cartella di un piccolo volano.

7.3. SALDATURA

La saldatura realizza la continuità di pezzi uniti mediante apporto di calore, senza o con materiale di apporto. Nel primo caso di ha la saldatura autogena, nel secondo ancora la saldatura autogena se il materiale di apporto è sostanzialmente lo stesso di quello di base. Si parla di saldatura eterogena o brasatura quando il materiale di apporto è diverso da quello di base.

La saldatura riguarda anche materiali diversi da quelli metallici, quali le materie plastiche ed il vetro, ma in questo capitolo il riferimento è sempre alla saldatura dei pezzi metallici. I procedimenti principali di saldatura impiegabili per le strutture in acciaio ed in lega leggera sono:
- ad arco con elettrodi rivestiti;
- automatica ad arco sommerso;
- automatica e semiautomatica con gas di protezione inerte (anidride carbonica o sue miscele);
- saldatura manuale o automatica ad arco con elettrodo di tungsteno e protezione di gas inerte (procedimento TIG);

- saldatura semiautomatica o automatica ad arco a filo continuo con protezione di gas inerte.
- saldatura elettrica a resistenza.

Si distingue fra brasatura forte e dolce. Nel primo caso il materiale di apporto fonde a una temperatura superiore a $450\ C°$ ed è composto essenzialmente da leghe contenenti Ag e Cu . Nel secondo caso le leghe di apporto sono costituite essenzialmente da Pb, Zn, Cd, Sn con punto di fusione inferiore a $450\ C°$.

La brasatura dolce viene utilizzata quando si voglia limitare al massimo il riscaldamento dei lembi di saldatura e le conseguente deformazione dei pezzi. La resistenza strutturale di queste saldature è molto bassa.

La saldatura ha un vastissimo impiego per l'unione permanente di sub particolari al fine di ottenere particolari di ogni dimensione. I progressi di questa tecnologia hanno riguardato la sempre maggiore affidabilità strutturale del risultato, che oggi può essere svincolato dall'abilità manuale dell'esecutore, e lo sviluppo dei controlli, in particolare di quelli non distruttivi quali raggi X, ultrasuoni e liquidi penetranti, che possono essere eseguiti su una parte o sulla totalità delle saldature di un pezzo, in funzione del grado di affidabilità richiesto.

Il problema della resistenza dei collegamenti saldati è complesso, in particolare in presenza di carichi affaticanti, per le numerose variabili di cui tenere conto, fra le quali: la geometria di rado semplice con conseguenti alti effetti d'intaglio, le modifiche strutturali del materiale nelle zone di fusione e di riscaldamento, i difetti e le autotensioni che si possono verificare nel raffreddamento. Per ridurre lo stato di sollecitazione, l'attenzione deve essere rivolta alla geometria, all'ottimizzazione dei parametri di processo, all'eventuale preriscaldamento dei pezzi da unire, al controllo che la velocità di raffreddamento sia sufficientemente bassa per eliminare o ridurre le auto tensioni e alla eventuale ricottura, consistente in un riscaldamento sopra al punto A3 del diagramma Fe – C seguito da lento raffreddamento.

L'unione per saldatura di due pezzi si realizza il più delle volte mediante cordoni, schematizzabili come linee con associati sforzi longitudinali e trasversali aventi la dimensione N/m. La Fig. 7.11 mostra l'unione di testa di due lamiere dello stesso spessore.

La saldatura di testa a V viene eseguita con una passata o con un numero di passate crescente con lo spessore (Fig. 7.12a) e con l'eventuale ripresa (Fig. 7.12b). La Fig. 7.12c mostra la zona di fusione indicata con F e le zone di alto riscaldamento indicate con T soggette ad alterazione significativa delle caratteristiche del materiale. Possibili sezioni del cordone di saldatura di testa sono rappresentate in Fig. 7.13. Le sezioni a doppio V e a doppio U si utilizzano nella saldatura di lamiere di grosso spessore.

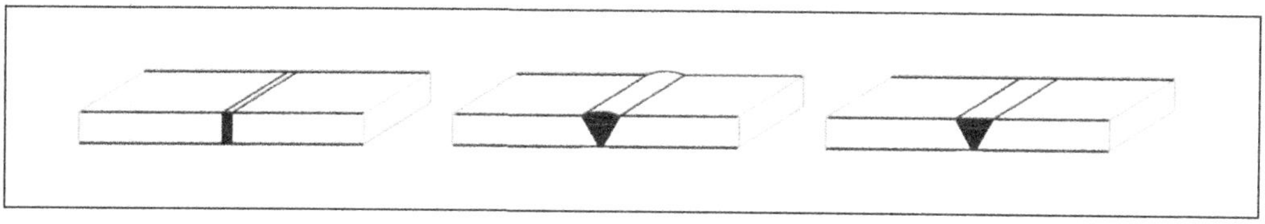

Figura 7.11. Saldature di testa.

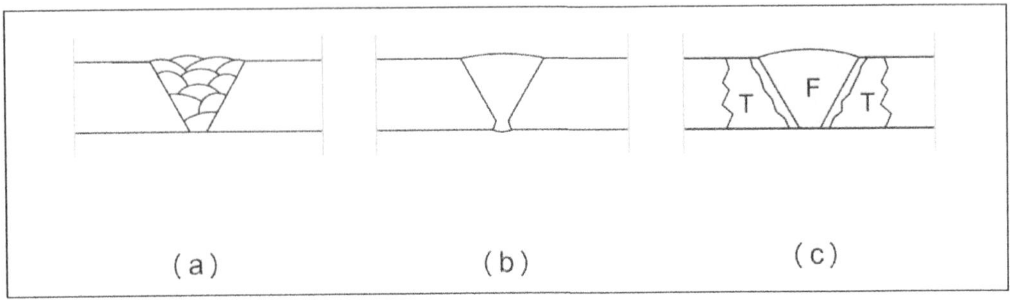

Figura 7.12. Saldature di testa a V.

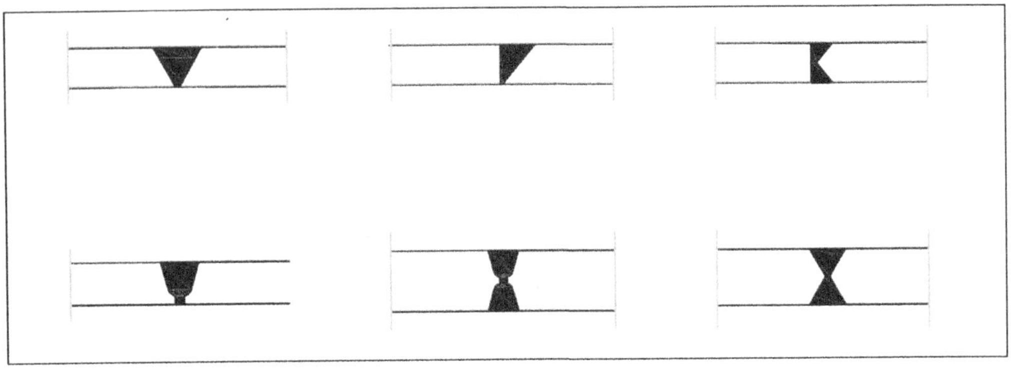

Figura 7.13. Sezioni del cordone di saldatura.

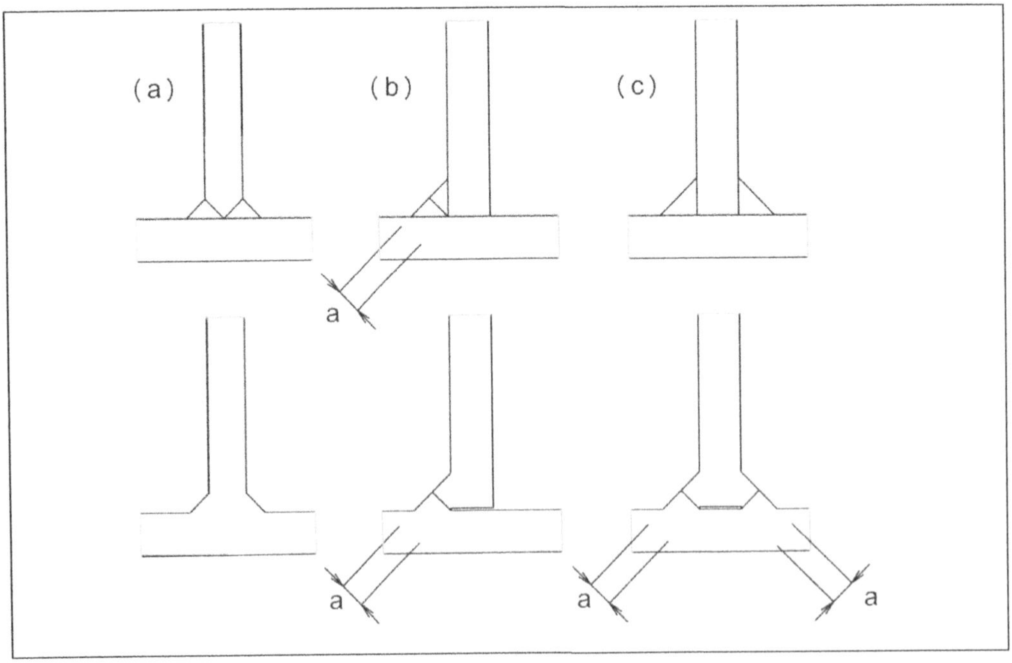

Figura 7.14. Saldature a T.

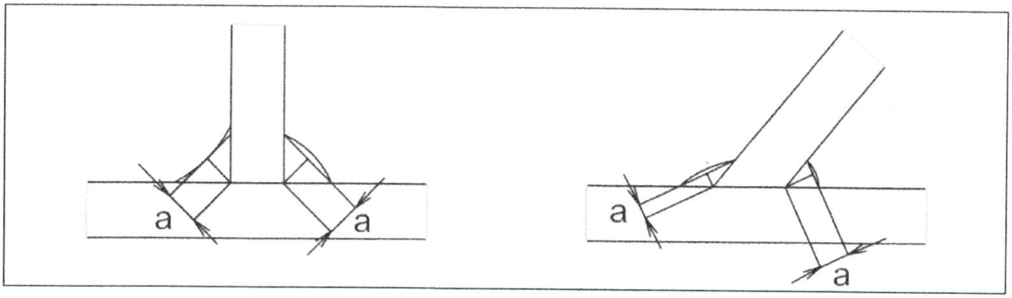

Figura 7.15. Saldature a T.

La preparazione dei bordi può essere realizzata per asportazione di truciolo (fresatura o piallatura), per taglio col cannello, per taglio laser o per molatura.

La saldatura a *T* può essere a piena penetrazione (Fig. 7.14a) , d'angolo (di solito a 45°) da un lato (Fig. 7.14b) o d'angolo da due lati (Fig. 7.14c).

Le Figg.7.14 e 7.15 evidenziano lo spessore, o altezza di gola *a* delle saldature d'angolo, da utilizzare nel calcolo delle sollecitazioni nominali.

La verifica di una saldatura di testa fra due lamiere dello stesso spessore coincide ragionevolmente con quella della lamiera stessa, salvo l'eventuale assegnazione di una sollecitazione ammissibile minore per tenere conto dell'alterazione delle caratteristiche di resistenza del materiale.

Per queste saldature (Fig. 7.16) la UNI EN 1993 raccomanda che la resistenza di progetto sia assunta pari a quella della parte più debole (probabilmente il riferimento è al caso di due lamiere di spessore o resistenza diversi) delle parti collegate. Poiché per le saldature d'angolo la stessa norma prescrive l'impiego della teoria di resistenza di von Mises, sembra ragionevole che sia utilizzata anche in questo caso di saldatura a piena penetrazione, come già prevedeva la CNR UNI 10011.

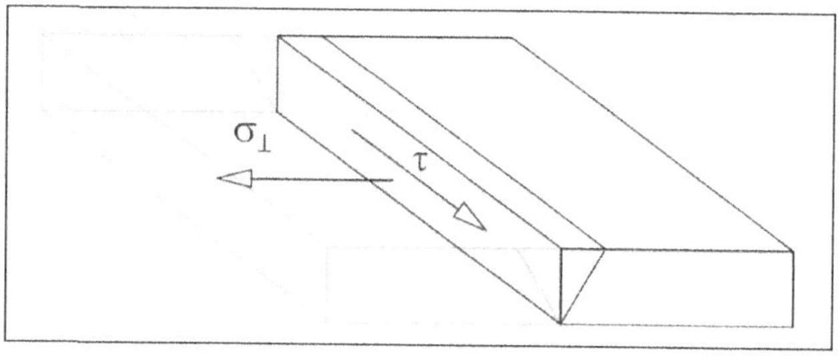

Figura 7.16. Sollecitazioni nelle saldature di testa.

Sempre la UNI EN 1993, relativamente ai giunti saldati a piena penetrazione a *T* (Fig. 7.17) prevede che la verifica sia eseguita per la lamiera di spessore minore come per una saldatura di testa a piena penetrazione.

Nel caso di saldatura a completa penetrazione a *T* le tensioni da considerare secondo le norme, con riferimento alla Fig. 7.16 sono le seguenti.

- $\sigma_{\parallel}$ tensione assiale, o longitudinale, agente parallelamente all'asse del cordone di saldatura
- $\sigma_{\perp}$ tensione trasversale agente perpendicolare al cordone di saldatura sulla sezione della lamiera più sottile, come indicato in figura.
- $\tau_{\perp}$ sollecitazione di taglio trasversale al giunto agente sulla stessa sezione, come indicato in figura

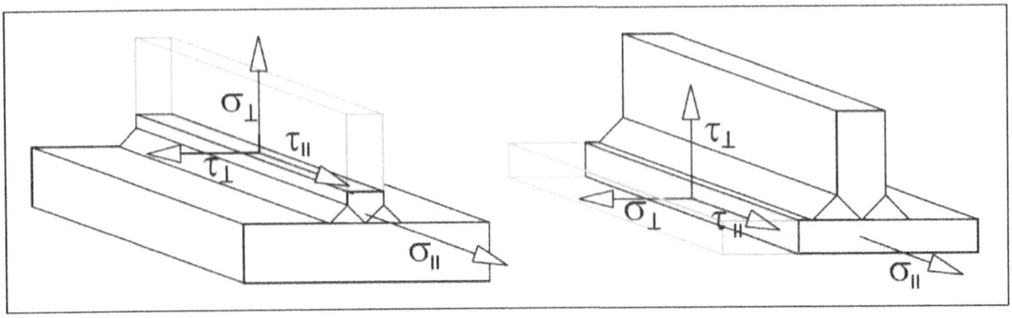

Figura 7.17. Sollecitazioni nelle saldature a T a piena penetrazione.

Tali tensioni combinate con la teoria di von Mises forniscono la tensione di confronto

$$\sigma_c = (\sigma_{II}^2 + \sigma_T^2 - \sigma_{II}\, \sigma_T + 3\, \tau_T^{\ 2})^{1/2}$$

La tensione così calcolata deve essere confrontata con la tensione ammissibile. La precedente norma CNR UNI 20011 considera giunti di I classe e di giunti II classe. Per quelli di II classe la tensione ammissibile è pari a 0,85 la tensione ammissibile del materiale di base.

L'appartenenza all'una o all'altra classe è funzione del procedimento qualificato di saldatura seguito e dal grado di difettosità rilevato con l'esame radiografico.

Le Fig. 7.18 evidenzia le sezioni di verifica di un collegamento a T con saldature d'angolo e la Fig. 7.19 gli sforzi corrispondenti ad un'azione tagliante.

La Fig. 7.20 indica le seguenti sollecitazioni da considerare in una saldatura d'angolo

- σ_T è la tensione normale perpendicolare alla sezione di gola
- σ_{II} è la tensione normale parallela all'asse della saldatura
- τ_T è la tensione tangenziale (nel piano della sezione di gola) perpendicolare all'asse della saldatura
- τ_{II} è la tensione tangenziale (nel piano della sezione di gola) parallela all'asse della saldatura

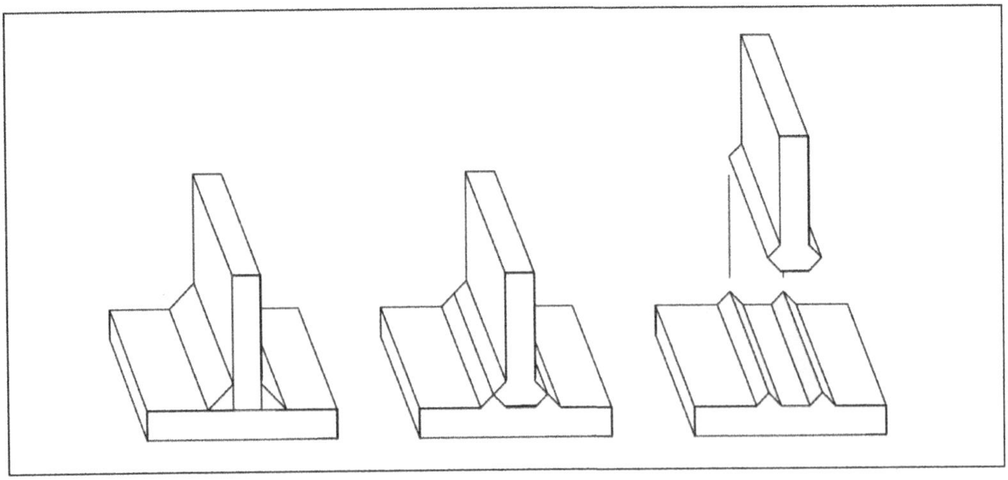

Figura 7.18. Saldature a T d'angolo.

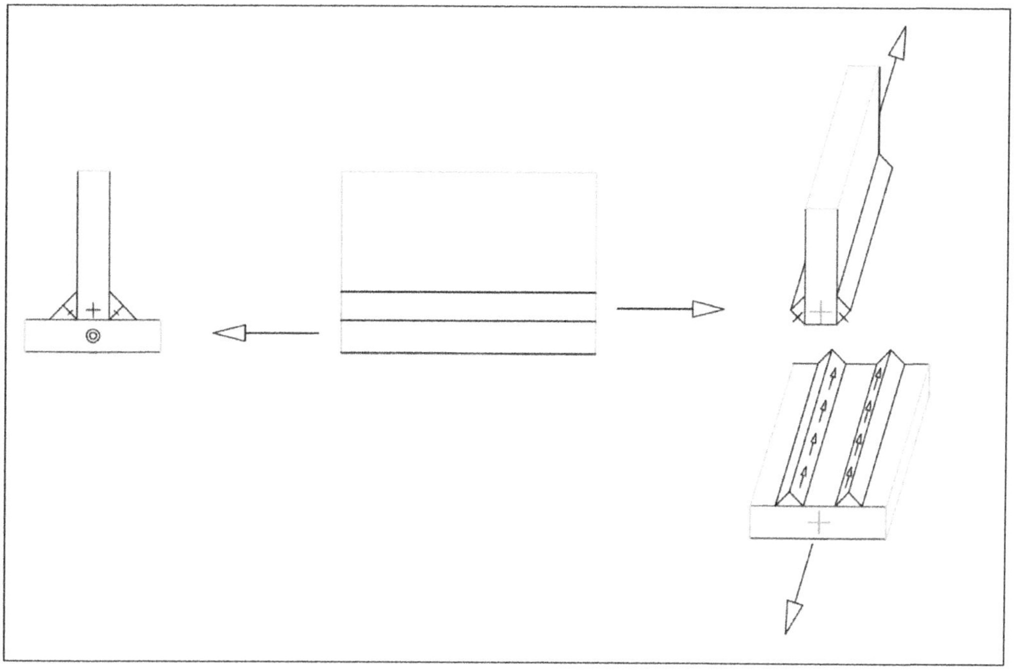

Figura 7.19. Sforzi di taglio nella saldatura a T d'angolo.

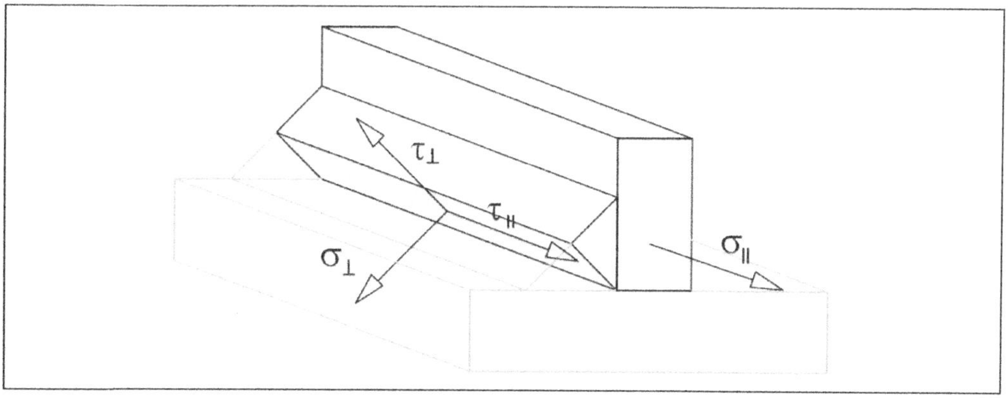

Figura 7.20. Sforzi nella saldatura a T d'angolo.

La norma UNI EN 1993 prescrive che siano verificate entrambe le seguenti relazioni (con β<1 efficienza della saldatura)

$$\left[\sigma_{\perp}^{2}+3\left(\tau_{\parallel}+\tau_{\perp}\right)^{2}\right]^{\frac{1}{2}}<\frac{\sigma_{r}}{\beta\gamma}$$
$$\sigma_{T}<\frac{0,9\sigma_{r}}{\gamma} \qquad (7.1)$$

dove σ_r è la tensione di rottura del materiale (v. il paragrafo che segue "Materiali impiegati nelle costruzioni chiodate e saldate") e γ un coefficiente di sicurezza fornito dalla tabella EN 1993-1-1. Il fatto che la tensione normale parallela all'asse della saldatura venga trascurata nella verifica di progetto sopra indicata si spiega principalmente con l'esperienza. È comunque da notare che mentre le tensioni σ_Γ, $\tau_{||}$, τ_Γ applicate alla sezione da verificare (Fig. 7.20) equilibrano le forze applicate ad una delle due parti separate con la sezione, la tensione σ non concorre a detto equilibrio ma interessa ambedue due parti.

La (7.1) corrisponde alla teoria di resistenza di von Mises.

Il fattore β per le saldature ad angolo varia fra *0,8* a *1* in funzione del materiale utilizzato e dello stato dello stesso secondo una tabella contenuta nella norma.

Di seguito viene esposta la verifica delle saldature d'angolo di un giunto a *T* basata sul principio del ribaltamento della sezione previsto dalla norma CNR UNI 10011. L'interesse di questo principio risiede nella possibilità, in determinati casi, di utilizzare le formule delle travi riferite ad una sezione virtuale piana.

Nella Fig. 7.21a è indicato un giunto a *T* con saldature a *45°* soggetto all' azione per unità di lunghezza dei cordoni di saldatura *f* indicata tendente a separare i due pezzi uniti. La Fig. 7.21b mostra gli sforzi applicati alle sezioni di verifica come normalmente vengono considerati: paralleli alle azioni esterne. Da questa ragionevole ipotesi derivano, per la saldatura a *45°*, tensioni normali e taglianti di pari entità pari a, con i simboli in figura,

$$\sigma = \tau = \frac{f}{2}\frac{\cos 45°}{a}$$

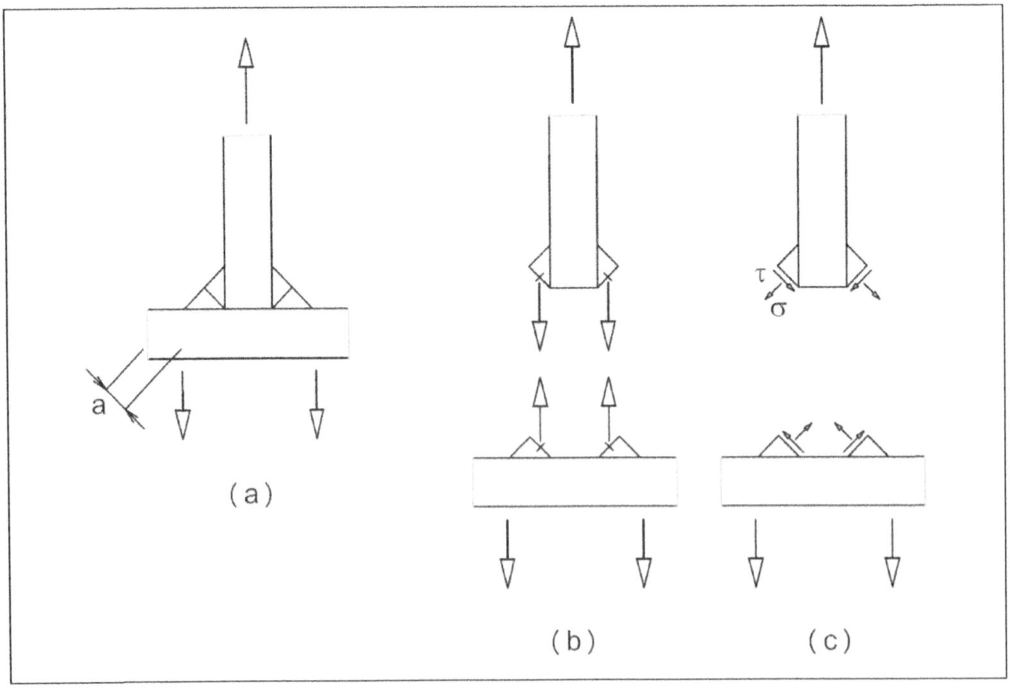

Figura 7.21. Sforzi convenzionali nelle saldature a T d'angolo.

Se si assume la tensione da confrontare con la tensione monoassiale ammissibile data dalla formula empirica

$$\sigma_c = (\sigma^2 + \tau^2)^{1/2}$$

dove con la teoria di Tresca e di von Mises si avrebbe rispettivamente

$$\sigma_c = (\sigma^2 + 4\tau^2)^{1/2} \qquad \text{e} \qquad \sigma_c = (\sigma^2 + 3\tau^2)^{1/2}$$

si ottiene la formula di verifica

$$\sigma_c = (2\sigma^2)^{1/2} = \frac{f}{2a} < \sigma_{amm} \tag{7.2}$$

La (7.2) formalmente corrisponde alla verifica a trazione riferita alla sezione corrispondente al ribaltamento delle due sezioni di verifica su un piano perpendicolare al carico *f* (Fig. 7.22).

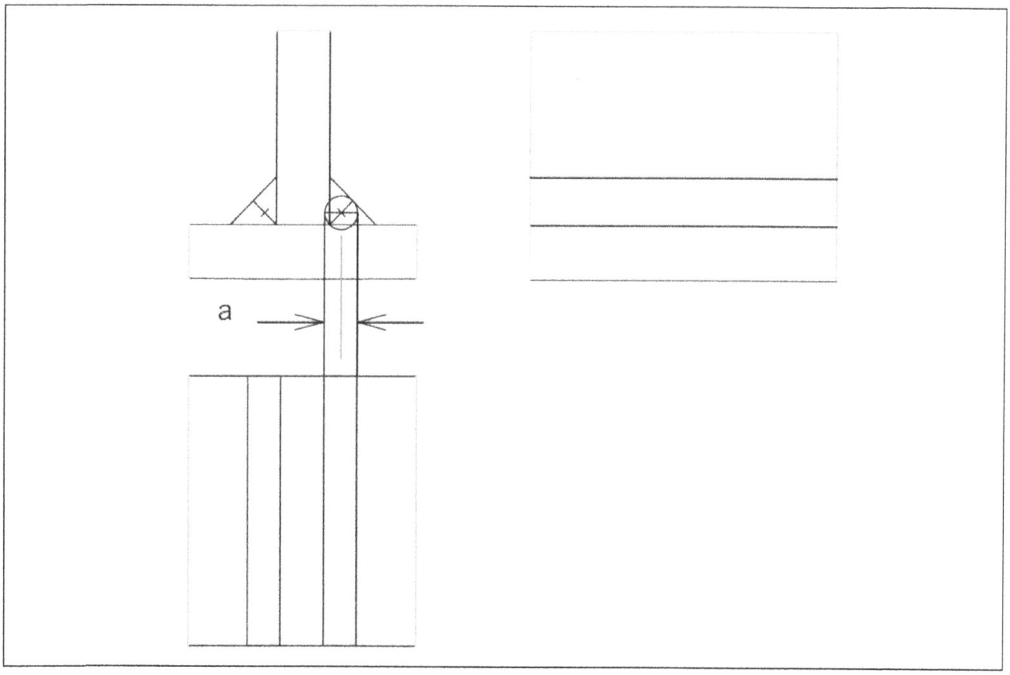

Figura 7.22. Ribaltamento delle sezioni nella saldatura a T d'angolo.

La Fig. 7.23 mostra il collegamento saldato fra un tubo ed una piastra. Estendendo il principio del ribaltamento della sezione di verifica, in questo caso si passa dalla sezione troncoconica ad una sezione anulare, come evidenziato in figura. In presenza delle risultanti delle sollecitazione N, T, M_f, M_t , con evidente significato dei simboli, la verifica della saldatura può essere eseguita con riferimento alla sezione anulare ottenuta con il ribaltamento con le formule della teoria delle travi, con l'eccezione della tensione tangenziale corrispondente alla forza tagliante T che conviene considerare uniformemente distribuita sulla sezione anulare.

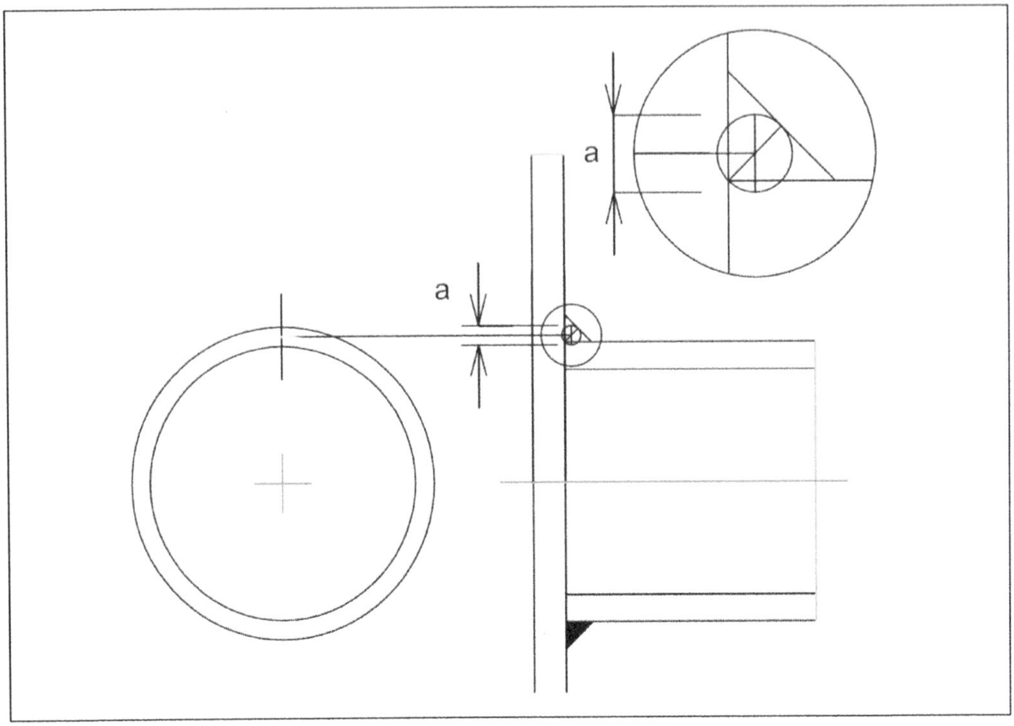

Figura 7.23. Collegamento saldato fra un tubo e una piastra.

Nel caso del tubo saldato alla piastra, come in quello precedente del giunto a T, le considerazioni svolte sono valide in presenza di vincoli sufficientemente ravvicinati della piastra. Altrimenti nasce una flessione della piastra, con ripercussione anche sulla sollecitazione delle saldature (Fig. 7. 24).

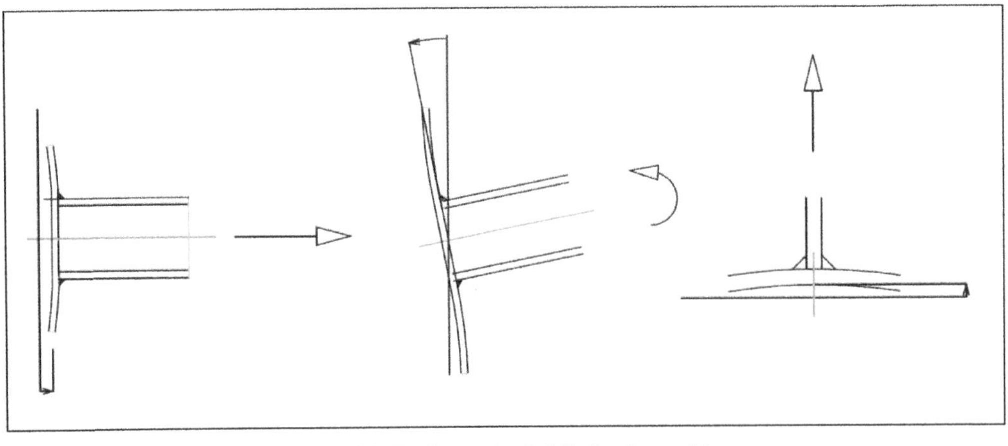

Figura 7.24. Deformazioni delle lamiere saldate.

Il collegamento saldato di un'asta soggetta a trazione ad una lamiera di Fig. 7.25 comporta considerazioni analoghe a quelle svolte relativamente al collegamento chiodato con più file. Solo nell'ipotesi di un sistema di asta e lamiera completamente rigide in rapporto ai due cordoni di saldature lo sforzo tagliante lungo le saldature risulta costante. Mettendo invece in conto le rigidezze dell'asta e delle saldature (lamiera praticamente rigida) il risultato è di una concentrazione di tensione delle saldature alle estremità, lato esterno dell'asta, come mostrato in Fig. 7.26. Questo risultato si ottiene, per esempio, utilizzando il modello in figura comprendente una serie di molle di rigidezza k corrispondenti a tratti di ugual lunghezza del tratto di asta saldato e una serie di molle di rigidezza k^* ai corrispondenti tratti di saldatura.

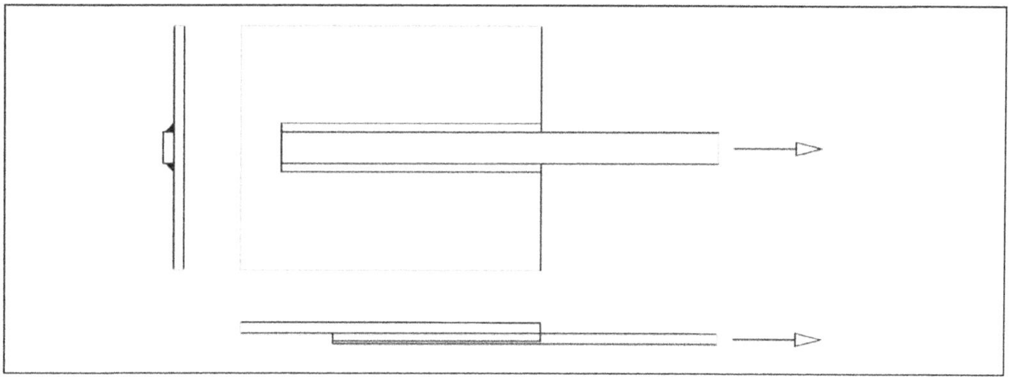

Figura 7.25. Collegamento saldato fra una lamiera ed un'asta piatta.

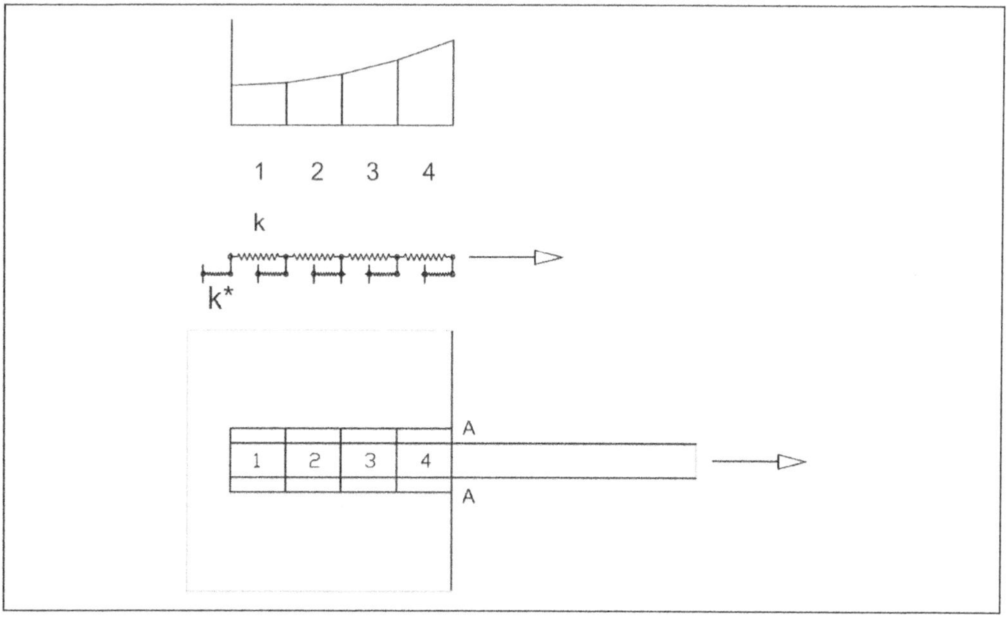

Figura 7.26. Modello di un collegamento saldato asta-lamiera.

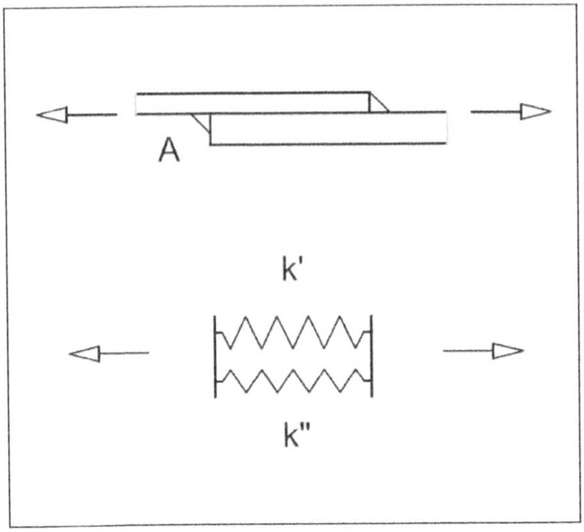

Figura 7.27. Collegamento saldato fra due lamiere di diverso spessore.

Si ha, per esempio, a parità di spessore della piastra e dell'asta e della lunghezza del tratto saldato, che la concentrazione della tensione delle saldature alle estremità *A* aumenta al ridursi della larghezza dell'asta.

Nel caso di Fig. 7.27 di collegamento saldato con due cordoni fra due lamiere sovrapposte di spessore diverso, si può utilizzare il semplice modello costituito da due molle con *k'* e *k"* rigidezza dei tratti di lamiera fra le saldature. Risulta facilmente più caricata la saldatura *A*, saldatura interna per la lamiera di minore spessore ed esterna per la lamiera di spessore maggiore.

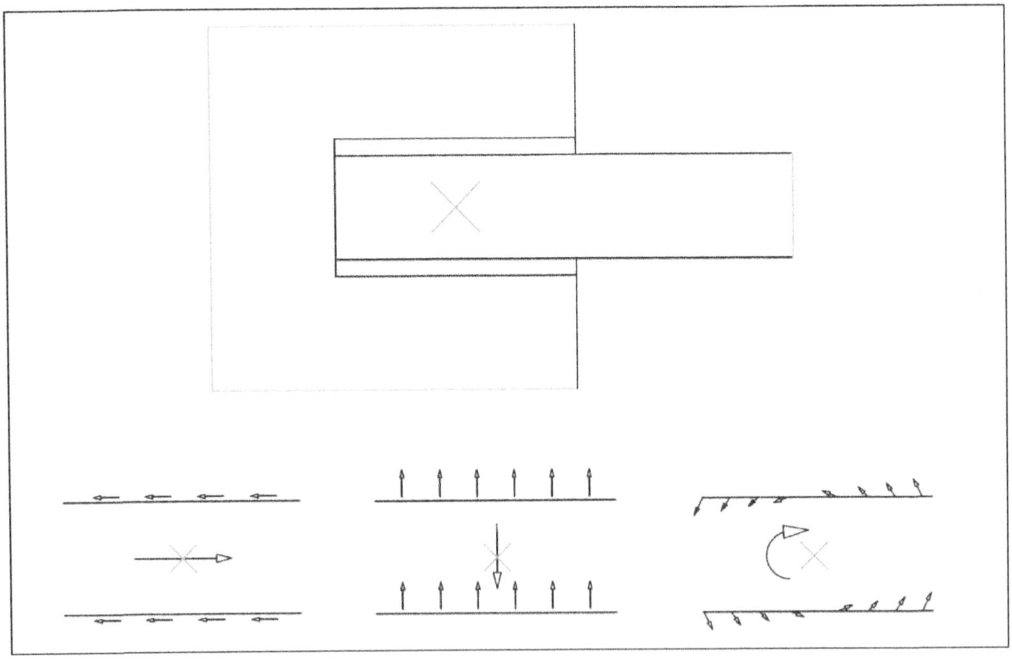

Figura 7.28. Sforzi in un collegamento saldato asta-lamiera.

La Fig. 7.28 mostra un collegamento fra una piastra e una lamiera con due cordoni paralleli. Nell'ipotesi di piastra e lamiera sufficientemente rigide gli sforzi sulle saldature provocati da un carico trasversale, da un carico longitudinale e da una coppia sono quelli qualitativamente indicati in figura.

Alcune avvertenze da rispettare nel disegno delle saldature risultano dalle Figg. 7.29, 7.30, 7.31. Nella Fig. 7.29 tre possibilità di saldatura di testa fra lamiere di diverso spessore sono ordinate a partire dalla meno consigliata in termini di resistenza strutturale. La soluzione più razionale è la terza con completa separazione fra la zona danneggiata dal punto di vista della resistenza del materiale per effetto della saldatura e la zona intagliata (variazione dello spessore). Nel caso di unione di testa di lamiere piane o calandrate è buona regola sfalsare i cordoni di saldatura come in Fig. 7.30, per non avere punti di eccessiva concentrazione di danneggiamento da riscaldamento. La Fig. 7.31 indica come evitare possibilmente la saldatura in croce di tre lamiere, per lo stesso motivo sopra detto.

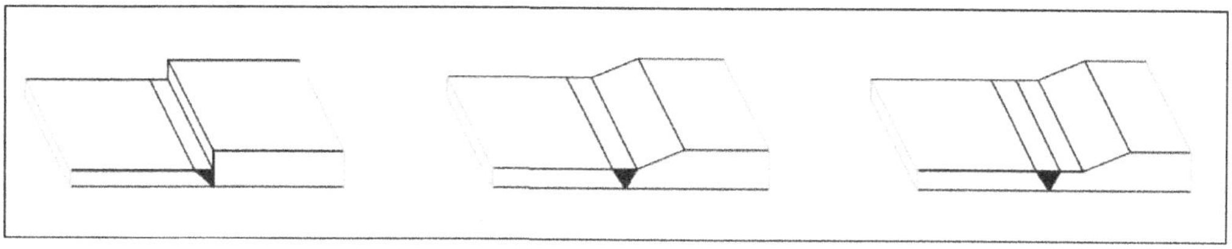

Figura 7.29. Saldature di testa fra lamiere di diverso spessore.

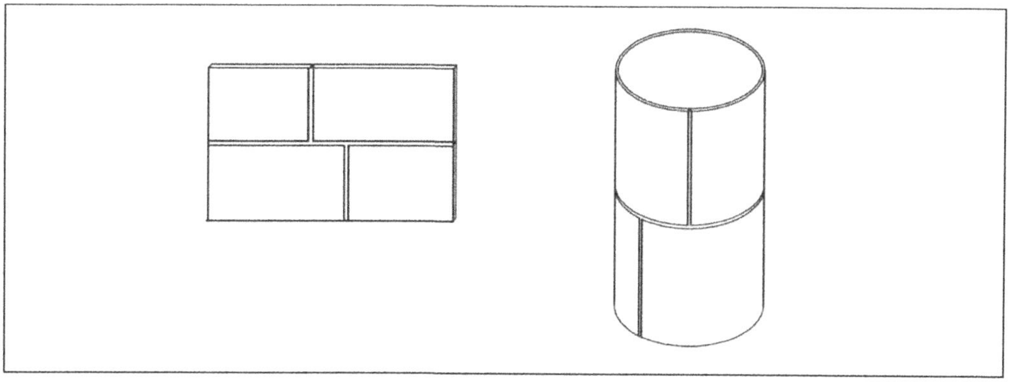

Figura 7.30. Saldature sfalsate.

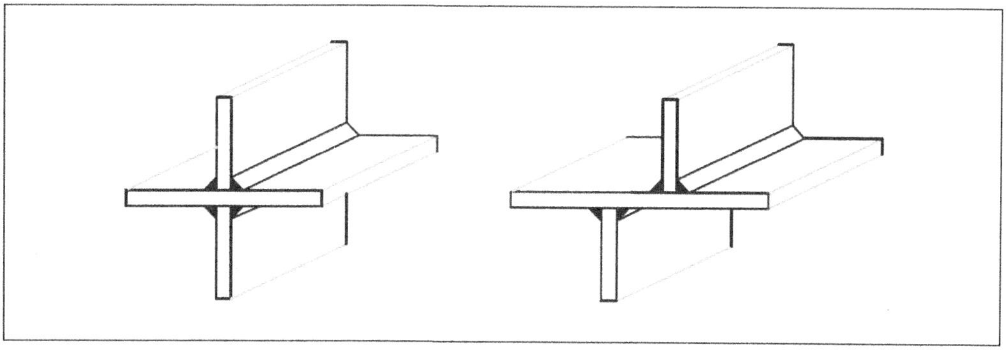

Figura 7.31. Saldature in croce.

7.4. ESEMPI DI COLLEGAMENTI SALDATI

Sei possibili soluzioni per la saldatura di una flangia ad un tubo sono indicate in (Fig. 7.32). Le soluzioni con il raccordo troncoconico sono quelle strutturalmente più razionali.

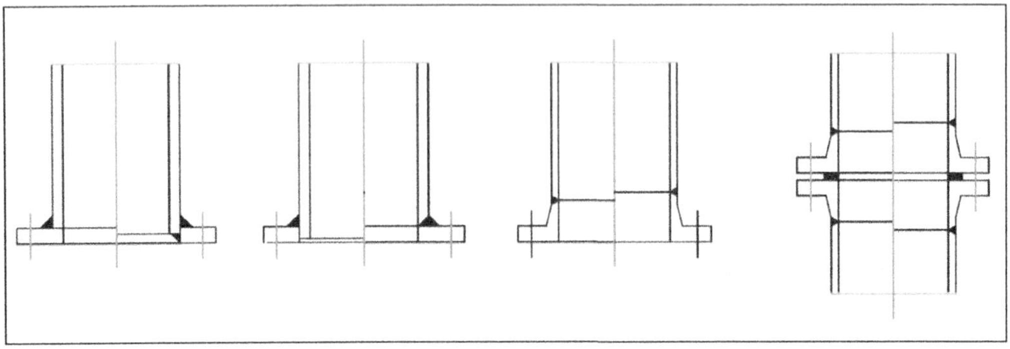

Figura 7.32. Saldature tubo-flangia.

La Fig. 7.33 mostra una possibile semplice soluzione per il collegamento di testa smontabile fra due lamiere dello stesso spessore. Le piastrine alternativamente saldate come mostra la figura vincolato trasversalmente le due parti mentre il vincolo nel piano delle lamiere si ottiene con delle semplici spine di collegamento fra piastrine e lamiere. Da notare che con questa soluzione una delle due facce del sistema risulta priva di sporgenze.

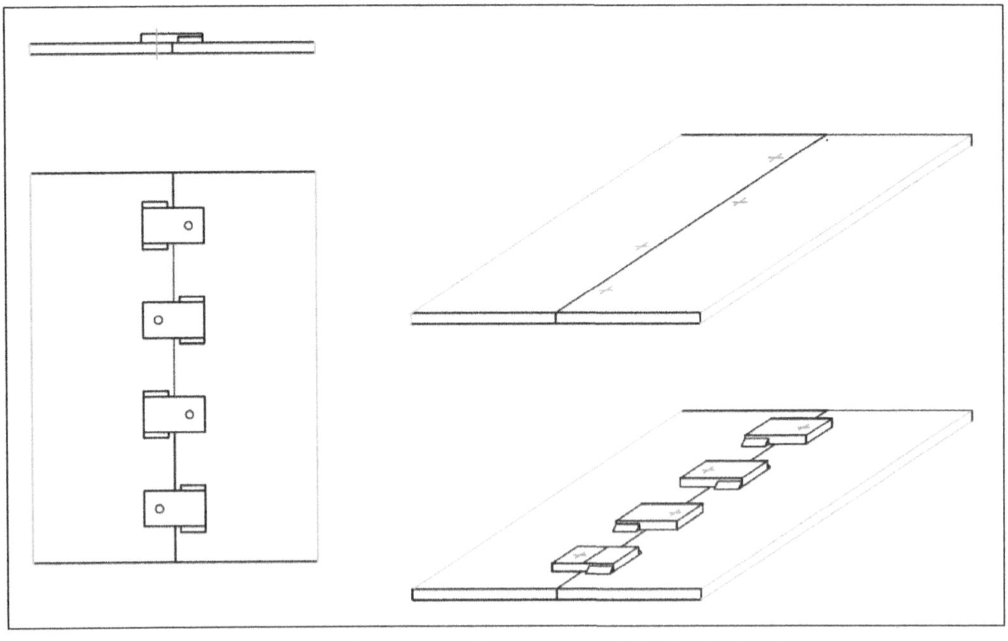

Figura 7.33. Collegamento di testa smontabile fra due lamiere.

Una semplice soluzione per applicare un carico all'estremità di una trave tubolare sottile, con la minimizzazione delle deformazioni e sollecitazioni locali, è mostrata in Fig. 7.34.

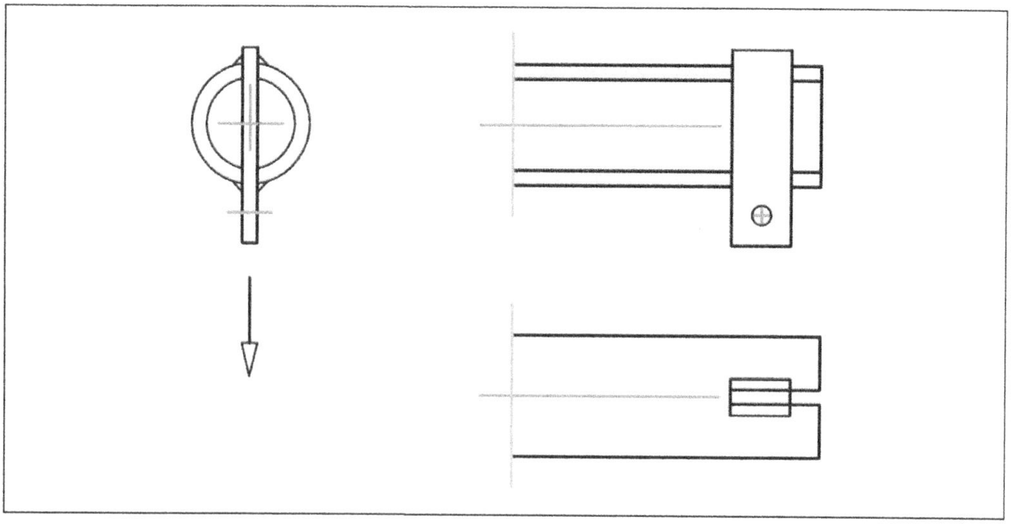

Figura 7.34. Collegamento saldato tubo-piastra di aggancio.

Alcune soluzioni per il collegamento saldato fra tubi diversi a sezione circolare sono rappresentate in Fig. 7.35. La più alta rappresenta due tubi con diametri nominali interno di uno ed esterno dell'altro uguali saldo brasati, con il materiale di apporto colato nel piccolo gioco fra i due.

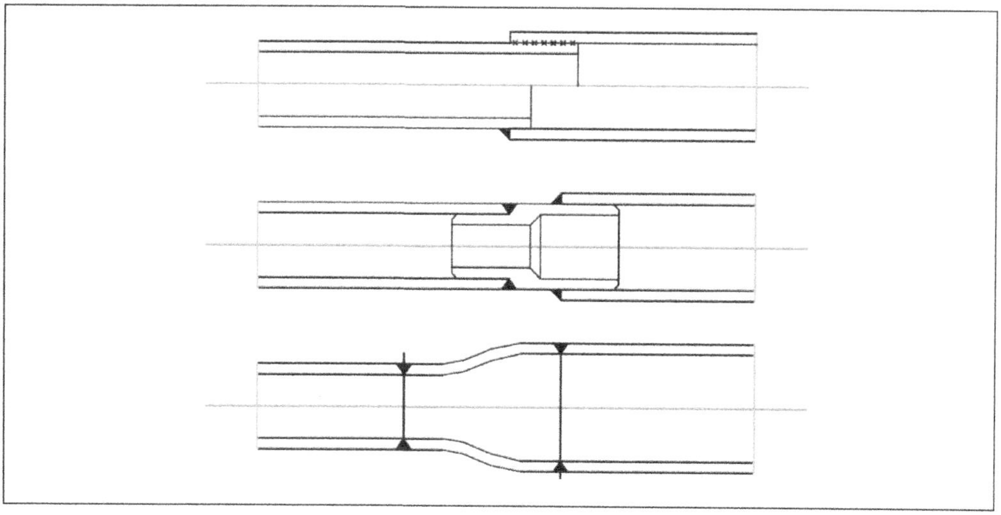

Figura 7.35. Collegamenti saldati fra tubi di diversa sezione.

Due soluzioni di base e alcune varianti di tamburi per impieghi vari sono rappresentate in Fig. 7.36. La prima soluzione è costituita un tubo, o da un cilindro calandrato e saldato longitudinalmente per le dimensioni più grandi, chiuso da due piastre circolari saldate attraversate dall'albero, a queste saldato, portante alle estremità i due perni, uno sede di cuscinetto, l'altro a due diametri, uno sede di un cuscinetto e l'altro da collegare tramite linguetta al comando di trascinamento. La seconda soluzione indicata ha invece i due perni separati, saldati alle piastre di chiusura e rinforzati con alette all'interno saldate fra i perni stessi e le piastre

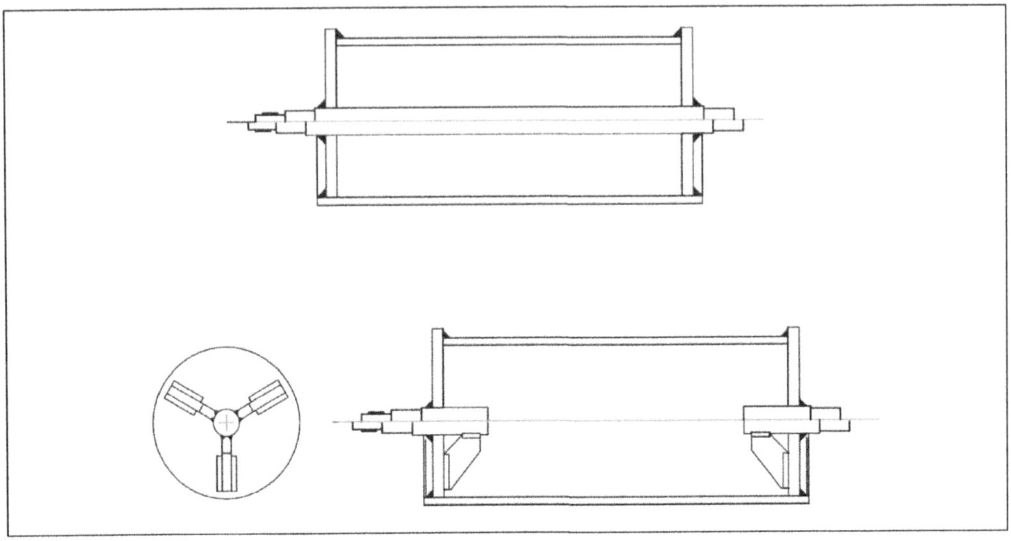

Figura 7.36. Soluzioni diverse per un tamburo saldato.

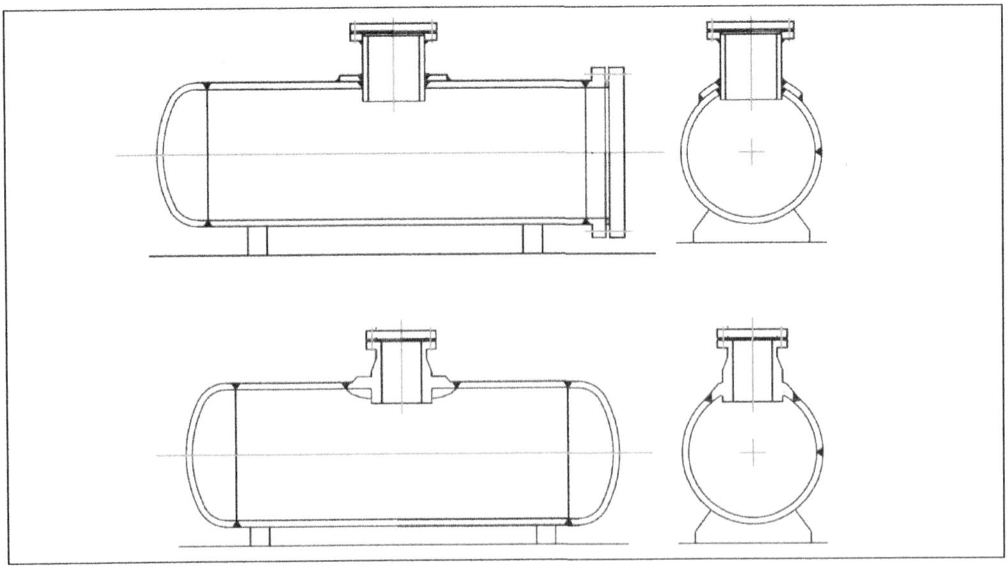

Figura 7.37. Due esempi di recipienti in pressione saldati.

La Fig. 7.37 mostra due recipienti in pressione con la parte cilindrica ottenuta per calandratura e saldatura longitudinale, il primo con un fondo bombato ed un fondo piano e il secondo con due fondi bombati. In ambedue è applicato un tronchetto radiale, nel primo caso rinforzato con una sella e nel secondo realizzato per forgiatura e conformato in modo da separare la zona di intaglio geometrico dalla saldatura al corpo cilindrico.

Le Figg. 7.38, 7.39, 7.40 si riferiscono ad una pressa meccanica a ginocchiera. Nel tempo brevissimo di azione dello stampo sulla lamiera in lavorazione, la biella applica il massimo carico del ciclo al perno dell'albero a gomito e da questo ai due cuscinetti e quindi al supporto dei cuscinetti stessi. L'azione sul supporto cilindrico, e quindi sulle saldature, risulta composta da un carico radiale F pari al carico trasmesso dalla biella e dalla coppia $C = Fd$ (Fig. 7.39a), con d distanza fra il piano medio della biella e il centro del supporto. Su ognuna delle saldature agisce sia il carico $F/2$ che determina una sollecitazione nominale di taglio sulle saldature pari a

$$\tau = \frac{F}{2S}$$

(Fig. 7.39b), con S sezione anulare corrispondente al ribaltamento della sezione, che la coppia $C = Fd$, la quale può essere equilibrata da un insieme di reazioni dei vincoli costituiti dalle due saldature in modo non univoco. Un modo, rappresentato in Fig. 7.39c, corrisponde a due forse uguali e opposte i cui effetti taglianti per le saldature indicate con A e B sono da sommare a quelli visti sopra. Un altro (Fig. 7.39d) corrisponde a due distribuzioni di sforzi paralleli flettenti per la sezione virtuale delle saldature da sommare come sopra. L'adozione dell'uno e dell'altro modo porta evidentemente a un diverso stato finale di sollecitazione per le saldature. In realtà nessuno dei due sistemi di reazioni equilibranti la coppia C, ambedue soddisfacenti la condizione di equilibrio del supporto cilindrico, è corretto. La soluzione giusta è una combinazione delle due. Quanto maggiore è la distanza fra le saldature (b in Fig. 7.39a), tanto più il primo modo prevale, come si deduce da considerazioni relative ad un movimento virtuale fra supporto e struttura costituita dalle due lamiere verticali (Fig. 7.40).

Nel caso limite di una sola saldatura ($b = 0$) la soluzione è ovviamente il secondo modo. In quale proporzione il primo modo e il secondo concorrano all'equilibrio comporta considerazioni che si omettono per motivi di spazio.

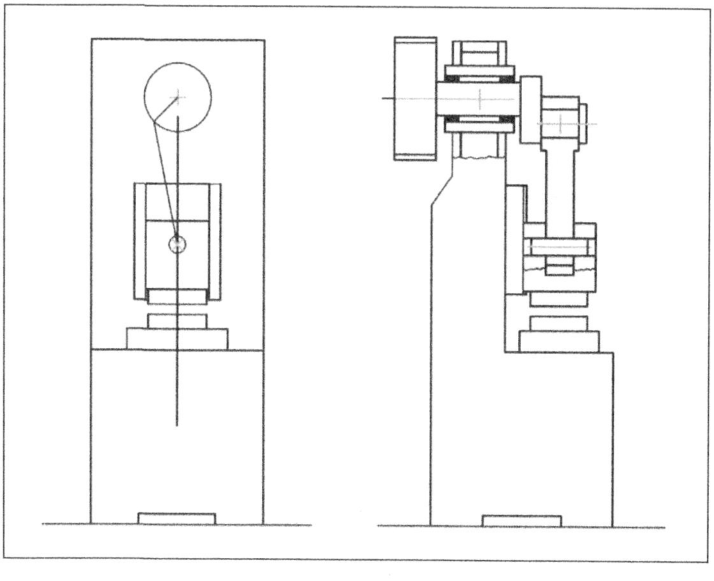

Figura 7.38. Pressa a ginocchiera.

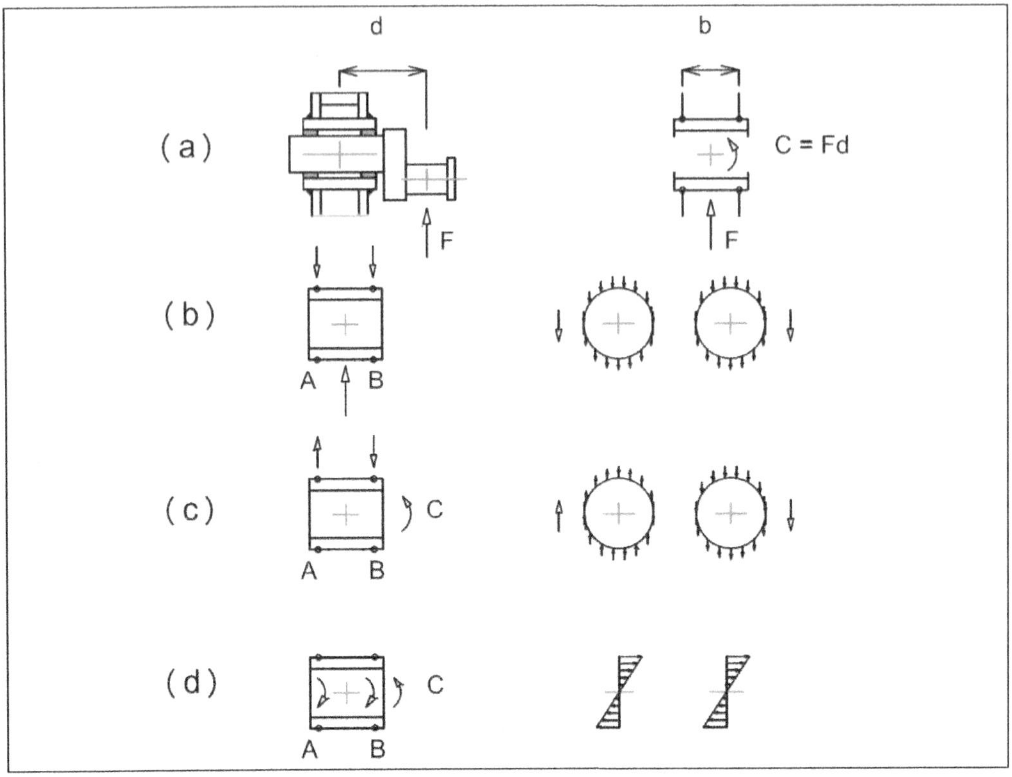

Figura 7.39. Sforzi nelle saldature fra il supporto dei cuscinetti e la struttura in una pressa a ginocchiera.

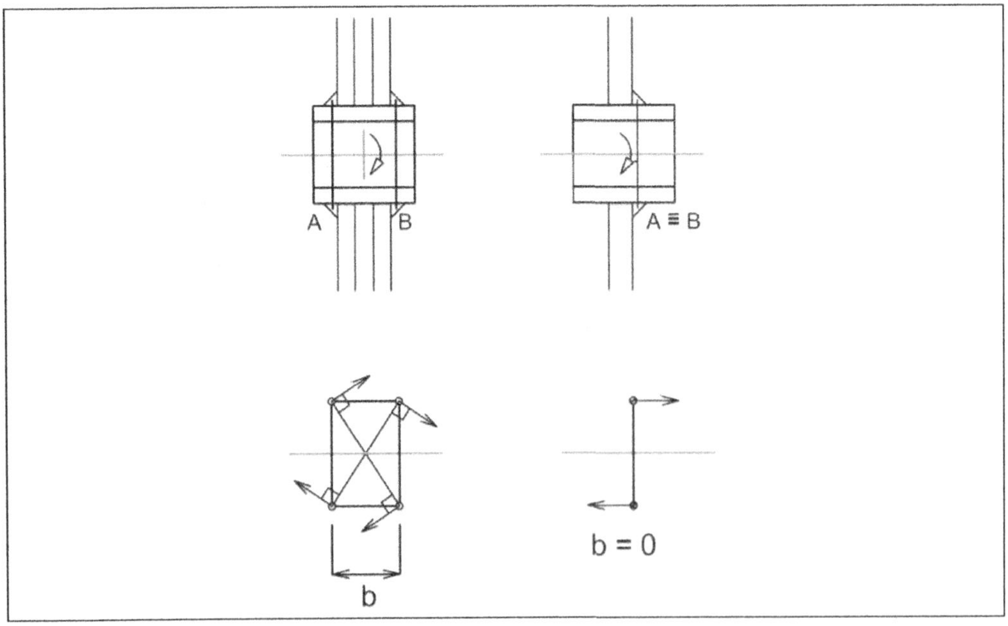

Figura 7.40. Sforzi nelle saldature fra il supporto dei cuscinetti e la struttura in una pressa a ginocchiera.

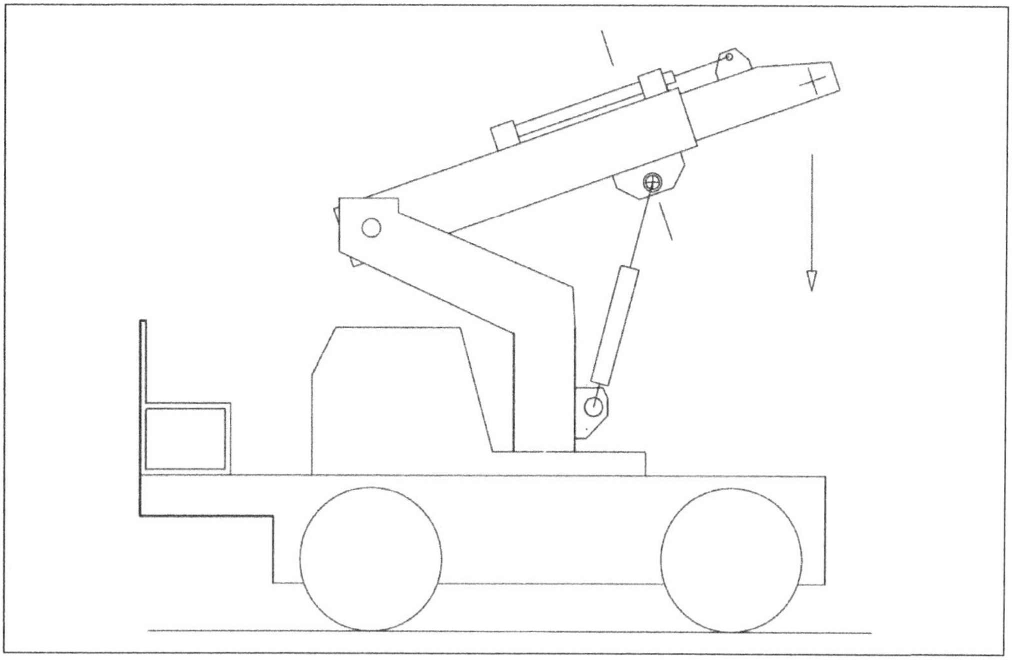

Figura 7.41. Sollevatore semovente.

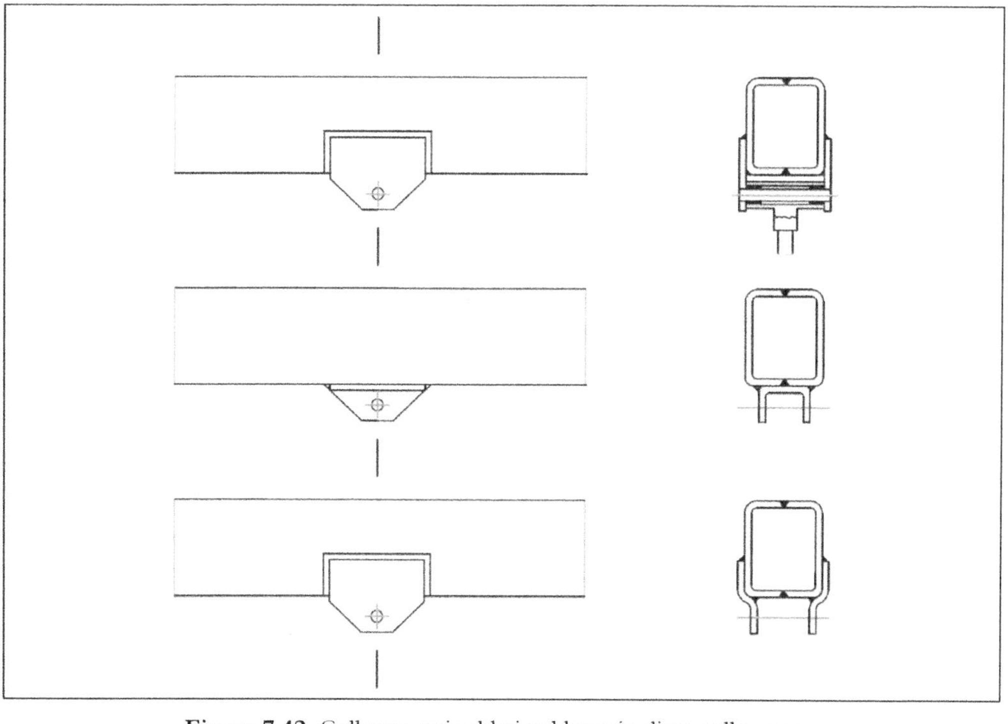

Figura 7.42. Collegamenti saldati nel braccio di un sollevatore.

Un sollevatore semovente come quello schematizzato in Fig. 7.41 è composto di solito da parti saldate sia per quanto riguarda la colonna che il braccio e l'avambraccio. La Fig. 7.42 mostra il braccio costituito da due profilati a *C* ottenuti per piegature a freddo della lamiera saldati con due cordoni nel piano di simmetria verticale e tre possibili soluzioni saldate per quanto riguarda le guance di supporto del perno fra attuatore idraulico e braccio. Da notare che la piegatura a freddo delle lamiere per la realizzazione delle parti strutturale di questo caso come del successivo, con le moderne presse piegatrici lineari, può essere eseguita, con i normali acciai a medio tenore di carbonio, fino a spessori di *12 ÷ 14 mm*.

La Fig. 7.43 mostra lo schema di un sollevatore a colonna articolata e braccio e la Fig. 7. 44 una possibile soluzione costruttiva per il braccio a forma di *C* ottenuto per piegatura a freddo di una lamiera. Si notano i rinforzi saldati per conferire al braccio una sufficiente rigidezza torsionale e i collegamenti saldati delle boccole di alloggiamento dei tre perni.

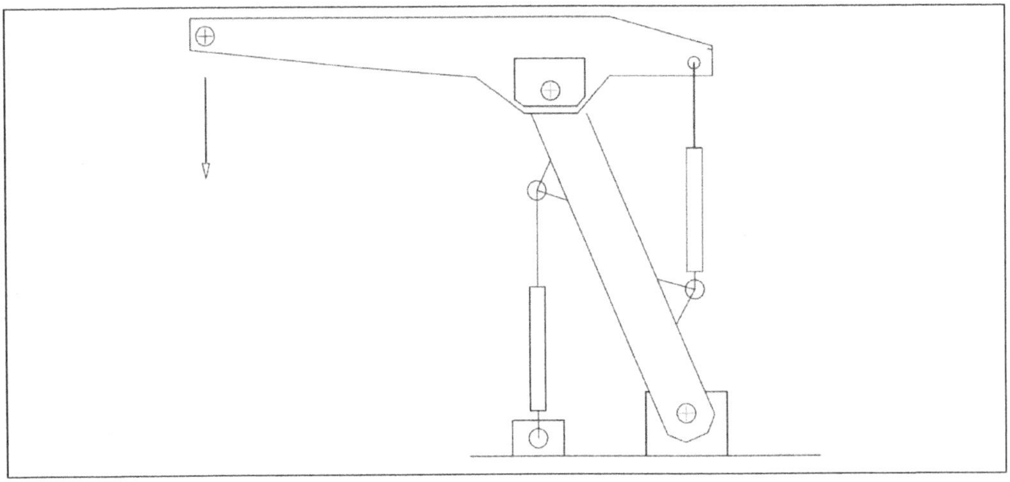

Figura 7.43. Sollevatore a colonna articolata e braccio.

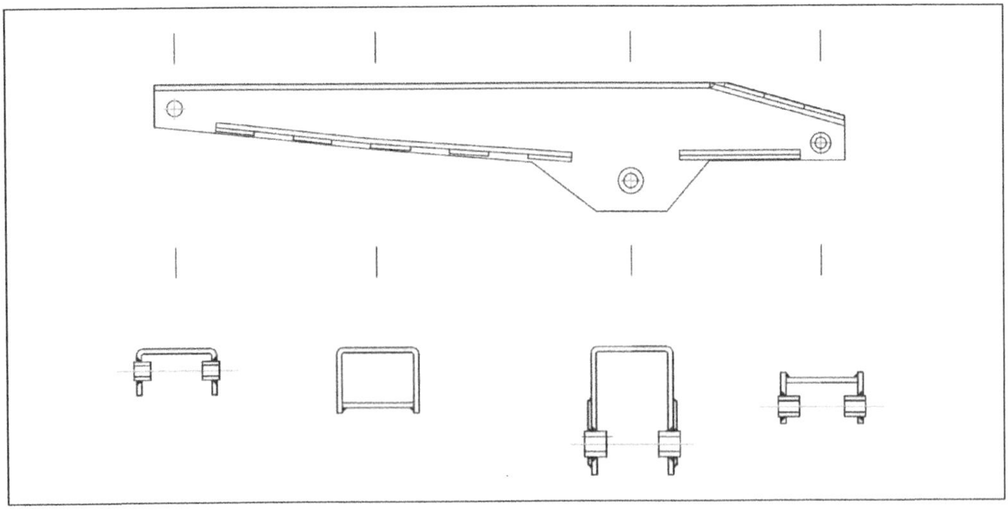

Figura 7.44. Collegamenti saldati nel braccio di un sollevatore.

La saldatura elettrica a resistenza per punti si esegue premendo fortemente due elettrodi contro le lamiere da unire, come in Fig. 7.45, facendo passare una corrente molto intensa per un tempo breve, che sviluppa una quantità di calore tale da portare a fusione localizzata il metallo base. Questo è un tipo di unione particolarmente usato per le lamiere sottili, come quelle, per esempio, indicate in figura della scocca delle costruzioni automobilistiche. Si tratta spesso di lamiere con spessore compreso fra *0,8 e 2 mm*.

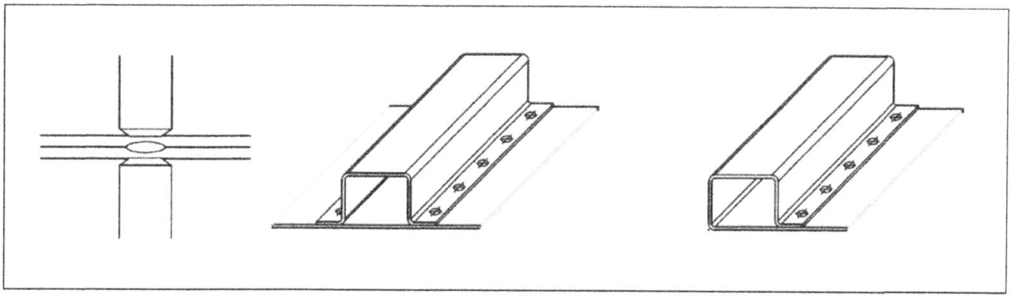

Figura 7.45. Saldature a resistenza per punti.

7.5. TRAVI COMPOSTE

L'opportunità di impiegare travi composte è legata a motivi dimensionali, in quanto travi laminate con sezioni oltre certe dimensioni non si trovano in commercio, oppure all'impiego di forme particolari. Di seguito il riferimento è principalmente alle travi composte in acciaio o in lega leggera chiodate e saldate.

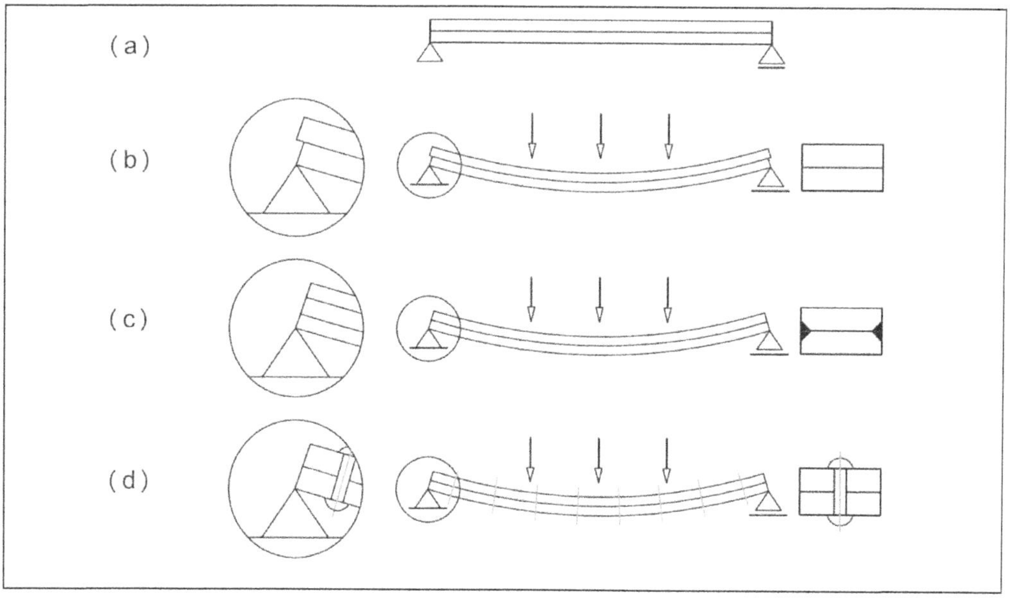

Figura 7.46. Trave inflessa composta, saldata e chiodata.

La Fig. 7.46a rappresenta due travi a sezione rettangolare uguali, sovrapposte e appoggiate. A seguito dell'applicazione di carichi flettenti, le due travi lavorano in parallelo e si produce uno scorrimento relativo fra le superfici a contatto, nullo al centro e massimo alle estremità (Fig. 7.46b). Nelle Figg. 7.46c, 7.46d sono rappresentate le stesse travi ancora sovrapposte ma rispettivamente collegate per saldatura e per chiodatura. In ambedue i casi il sistema si comporta sotto carico come un'unica trave, con la saldatura, o con la chiodatura, che impedisce lo scorrimento relativo. Per la trave composta saldata, o chiodata, il modulo di resistenza risulta pari a quattro volte quello di una delle due travi componenti e il momento d'inerzia pari a otto volte. Oltre alla verifica a flessione e taglio della trave in questi casi deve essere eseguita la verifica della saldatura, o della chiodatura.

Nella Fig. 7.47 è rappresentata una trave composta saldata a *doppio T*. Le saldature fra anima e piattabande possono essere, come mostra la figura, ad angolo continue, ad angolo a tratti oppure a piena penetrazione. La trave a cassone di Fig. 7.48 può essere saldata come la precedente. Le Figg. 7.49, 7.50 rappresentano rispettivamente le corrispondenti travi a doppio *T* ed a cassone chiodate composte da lamiere e profilati ad *L*.

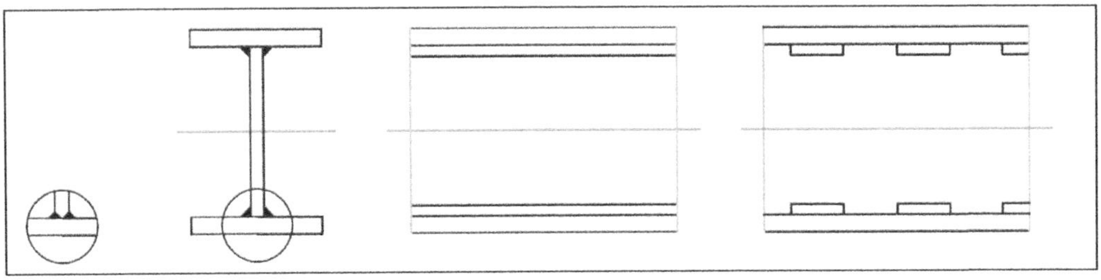

Figura 7.47. Trave composta saldata a doppio T.

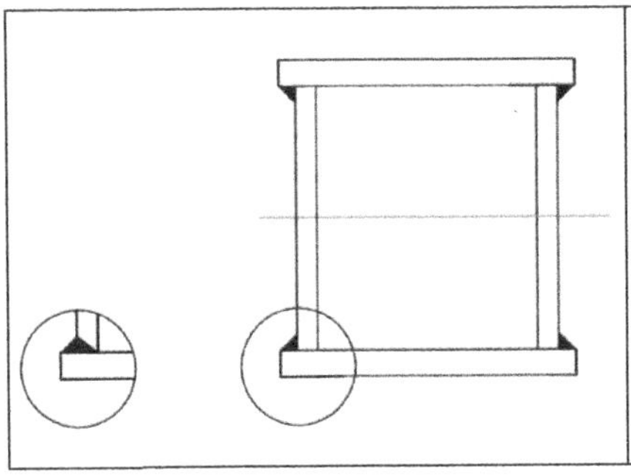

Figura 7.48. Trave composta saldata a cassone.

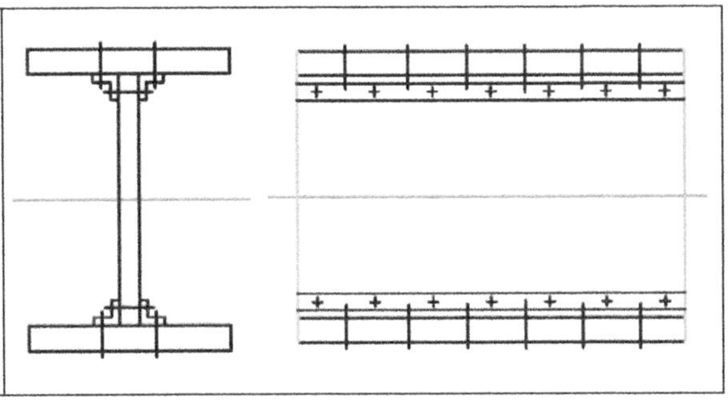

Figura 7.49. Trave composta chiodata a doppio T.

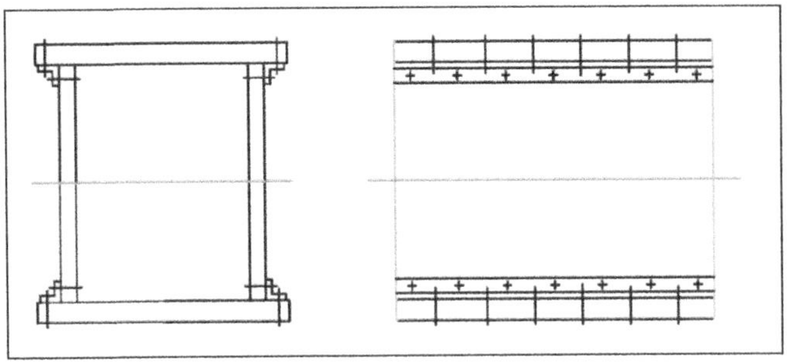

Figura 7.50. Trave composta chiodata a cassone.

La Fig. 7.51 richiama lo stato di equilibrio e le sollecitazioni corrispondenti di un tronco di trave inflessa da carichi trasversali. La sollecitazione di taglio supposta costante lungo le corde parallele all'asse neutro è data dalla nota formula

$$\tau = \frac{TS}{Jb} \tag{7.3}$$

dove per la sezione considerata T è lo sforzo di taglio, S il momento statico della parte di sezione separata dalla corda considerata rispetto all'asse neutro, J è il momento d'inerzia della sezione rispetto all'asse neutro e b la lunghezza della corda, corrispondente o alla larghezza della piattabanda o allo spessore dell'anima.

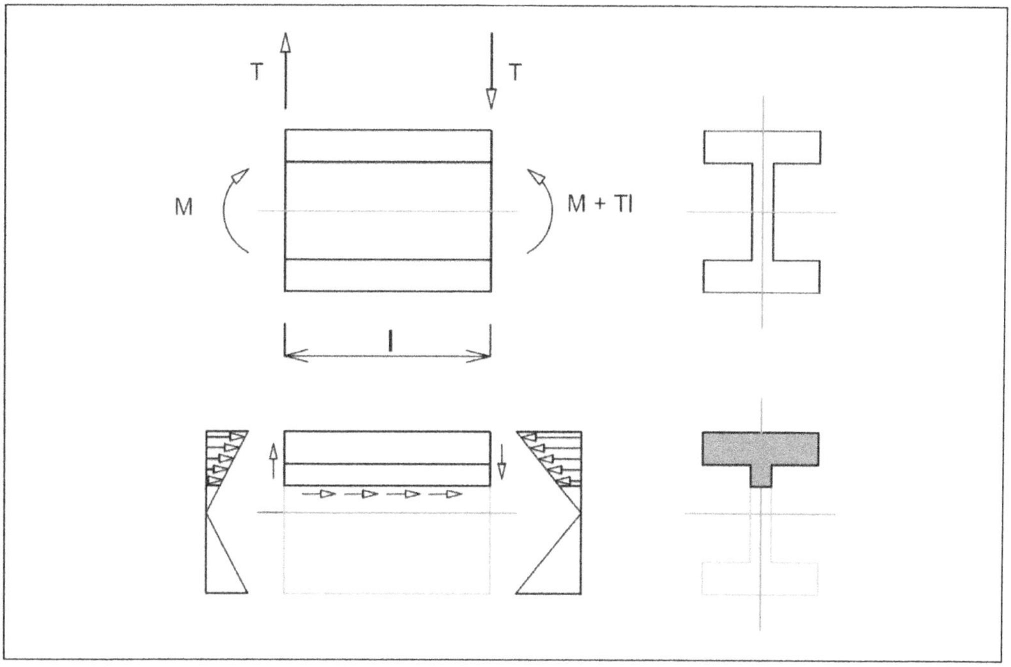

Figura 7.51. Stato di equilibrio e sollecitazioni di un tronco di trave inflessa.

Il taglio subisce una discontinuità, nel caso di trave a doppio T, nel passaggio dall'anima alla piattabanda come mostra il diagramma richiamato nella Fig. 7.52.

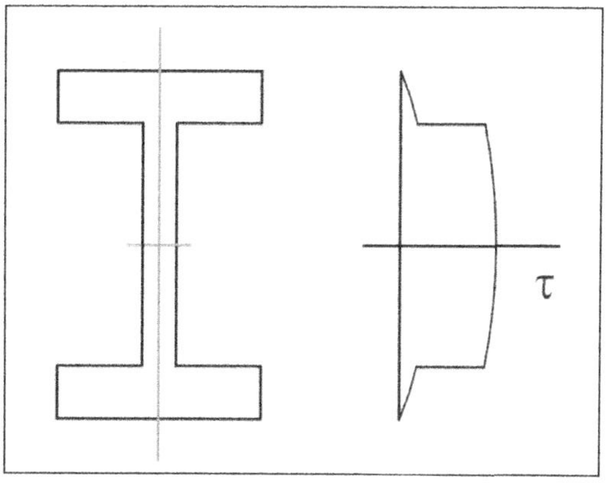

Figura 7.52. Sollecitazioni di taglio in una trave a doppio T.

Nel caso di trave composta saldata vale ancora la formula (7.3) per il calcolo della sollecitazione di taglio della saldatura, in cui si sostituisca *b*, spessore dell'anima, con *2a*, due volte lo spessore della saldatura, dovendo rimanere costante il flusso di taglio (Fig. 7.53).

Ne deriva, per esempio, che se $a = b/2$, ovvero se lo spessore della saldatura uguaglia la metà della larghezza dell'anima, il valore nominale del taglio è lo stesso per la trave integrale e per la trave composta.

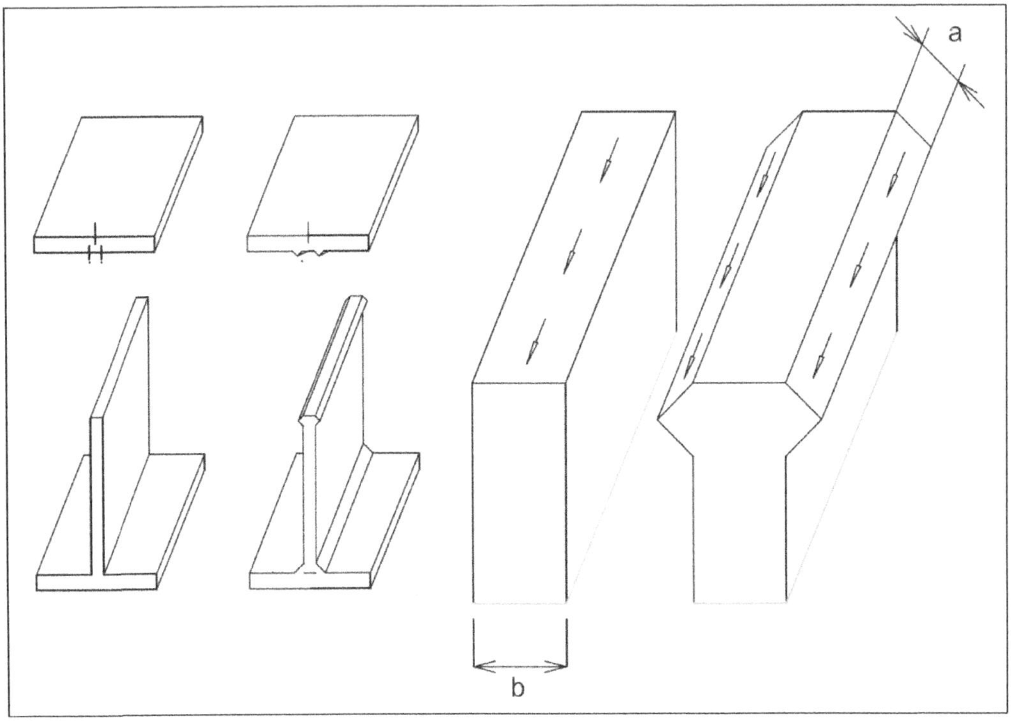

Figura 7.53. Sforzi di taglio in una trave a doppio T.

Se la saldatura è a tratti invece che continua la sollecitazione della saldatura stessa è evidentemente quella sopra vista moltiplicata per il rapporto fra la lunghezza di un tratto di saldature e il passo della saldatura a tratti.

Nel caso di trave chiodata a doppio *T* il chiodo generico assorbe in modo concentrato lo sforzo di taglio corrispondente alla lunghezza di un passo, e poiché lavorano in parallelo due sezioni, sia i chiodi fra anima e profilati a *L* (Fig. 7.54), sia i chiodi fra piattabanda e profilati a *L* (Fig.7.55), si trova

$$F = \frac{1}{2}\frac{TS}{bJ}pb = \frac{1}{2}\frac{TSp}{J}$$

dove *p* è il passo della chiodatura.

Per le trave a cassone saldata (Fig. 7.48) e chiodata (Fig.7.50) le sollecitazioni di taglio delle saldature causata dalla flessione si calcolano ancora come per la trave a doppio *T*.

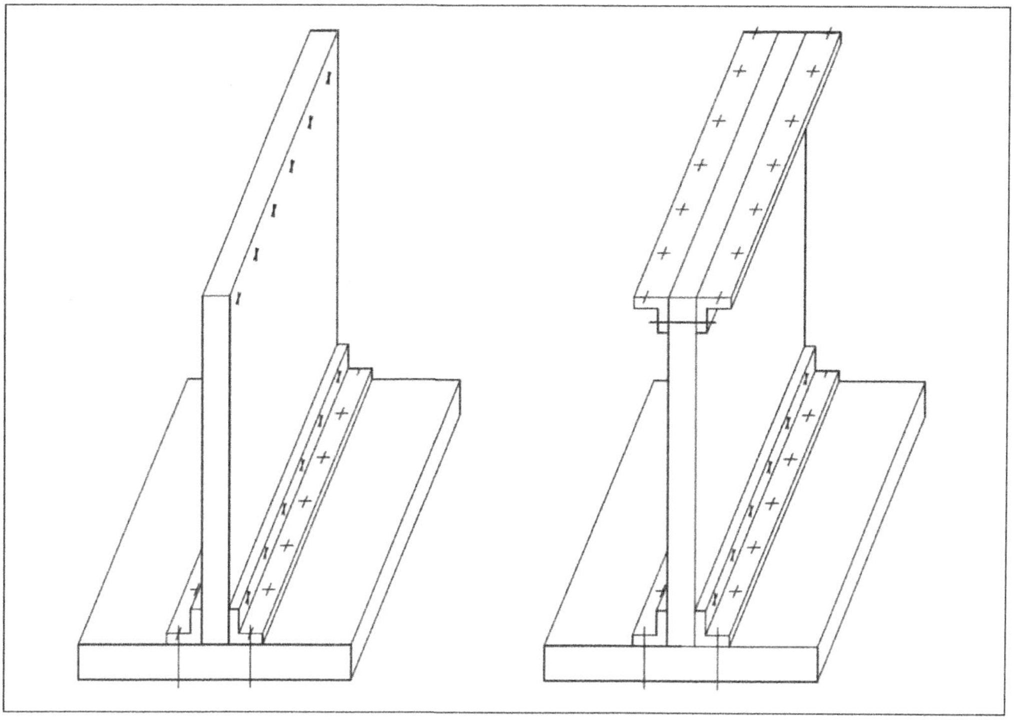

Figura 7.54. Trave chiodata a doppio T.

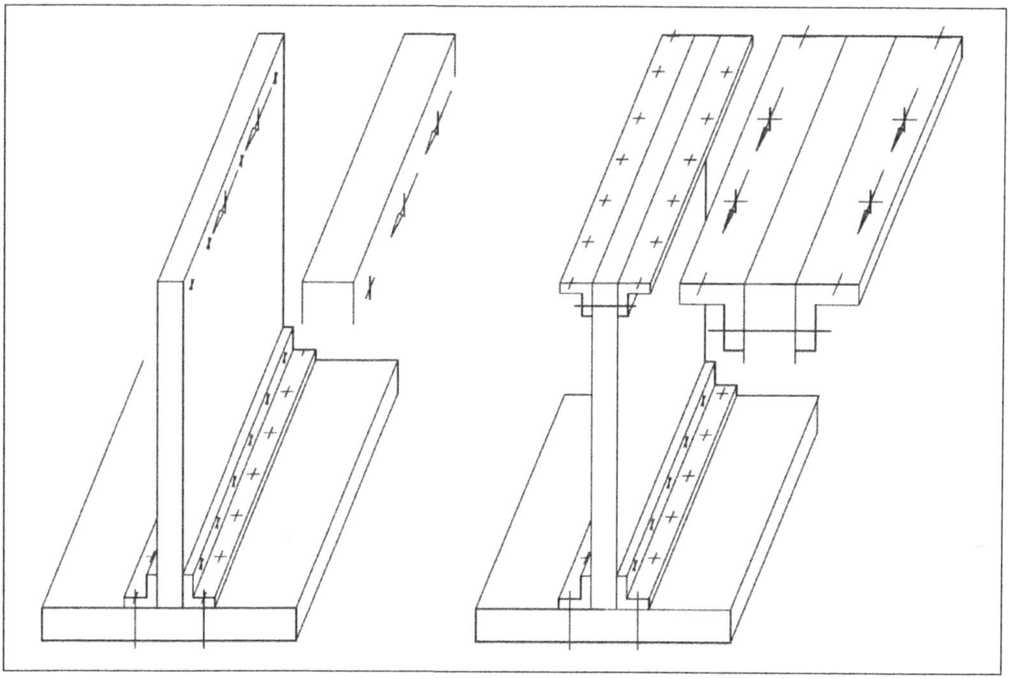

Figura 7.55. Carichi sui chiodi in una trave a doppio T.

Per quanto riguarda la torsione della trave a cassone saldata (Fig. 7.48) si fa ricorso alla formula di Bredt relativa alla torsione delle sezioni chiuse a parete sottile. Per la quale il flusso di taglio vale

$$\tau a = \frac{M_t}{2A}$$

con M_t coppia torcente e A area racchiusa compresa nella linea chiusa tracciata nello spessore.

Ne deriva per la trave a cassone saldata, la sollecitazione nella saldatura pari a

$$\tau = \frac{M_t}{2Aa}$$

essendo a lo spessore della saldatura. Per la trave a cassone chiodata (Fig. 7.50) la forza tagliante di ciascun chiodo risulta invece, ancora utilizzando la teoria di Bredt,

$$F = \frac{M_t p}{2A}$$

dove p è il passo della chiodatura. Quando la trave a cassone è sollecitata contemporaneamente a flessione e torsione, vale ovviamente il principio della sovrapposizione degli effetti.

7.6. MATERIALI IMPIEGATI NELLE COSTRUZIONI CHIODATE E SALDATE

Materiali per le costruzioni chiodate e saldate sono tipicamente gli acciai e le leghe leggere forniti sotto forma di lamiere e profilati, ottenuti per laminazione a caldo nel caso degli acciai

Le caratteristiche fisiche normalmente considerate per gli acciai da costruzione, o da carpenteria, con percentuali di carbonio non superiori allo *0,40%*, sono date nella Tabella 7.1.

Tabella 7.1 – Caratteristiche fisiche degli acciai da costruzione

modulo di elasticità	$E = 210.000\ N/mm^2$
modulo di elasticità trasversale	$G = 80.000\ N/mm^2$
coefficiente di Poisson	$\nu = 0,3$
coefficiente di dilat. termica	$\alpha = 0,000012\ C^{\circ\,-1}$

Detti acciai, aventi le caratteristiche di resistenza indicate nella seguente Tabella 7.2, sono stati unificati a partire dal D.M. del 14 gennaio 2008 (UNI EN 10025) nelle tre classi S235, S275, S355 (ex Fe360, Fe430, Fe520 – UNI 10011); t in tabella è lo spessore della lamiera.

Tabella 7.2 – Caratteristiche di resistenza degli acciai da costruzione

Classe	*Tensione di snervamento (N/mm^2)*	*Tensione di rottura (N/mm^2)*	*Tensione ammiss. di base (N/mm^2) $t < 40$ mm*	*Tensione ammiss. di base (N/mm^2) $t < 40$ mm*
Fe360/S235	235	360	160	140
Fe430/S275	275	430	190	170
Fe510/S355	355	510	240	210

Per le caratteristiche di saldabilità e di resistenza dell'ampia gamma degli acciai a basso tenore di carbonio (acciai dolci), degli acciai legati (compresi gli acciai inossidabili) e delle leghe leggere impiegati nelle costruzioni meccaniche si rimanda alle norme varie internazionali: EN, ASME, DIN, BS.

Per gli acciai non legati, la normativa indica il tenore massimo degli elementi di lega, sia quelli non voluti, quali per esempio il silicio. manganese e quelli che modificano alcune proprietà, quali per esempio il cromo, il nichel, il molibdeno e il tungsteno.

Le caratteristiche di resistenza degli acciai legati sono influenzate moltissimo dagli elementi chimici di lega aggiunti.

La normativa raccomanda un'ampia gamma di leghe di alluminio per le costruzioni saldate, con tensione di snervamento compresa fra 110 e 175 N/mm^2.

Capitolo 8
ASSI ED ALBERI

8.1. IL PROBLEMA GENERALE

Gli assi, gli alberi ed i perni, normalmente a sezione circolare, provvedono a funzioni di supporto di altri elementi meccanici (ruote, leve, camme, ecc.) e di trasmissione delle forze e del moto.

Si definiscono come segue:

- I perni sono elementi corti, fissi, oscillanti o rotanti. Lavorano prevalentemente a taglio oppure a taglio e flessione. Si chiamano perni anche le parti terminali, di diametro ridotto, degli alberi ed i tratti degli alberi accoppiati con cuscinetti, come i perni di banco e di manovella degli alberi a gomito.
- Gli assi sono elementi fissi o rotanti che non trasmettono coppia torcente.
- Gli alberi sono elementi destinati a trasmettere il moto (alberi di trasmissione) soggetti prevalentemente a torsione o flesso-torsione.

Il progetto dei perni, degli assi e degli alberi procede di solito per analogia, con riferimento a costruzioni precedenti, tenendo conto dei vincoli di specifica e delle compatibilità con le parti contigue dei gruppi meccanici nei quali si inseriscono. L'elemento viene prima disegnato e poi verificato. Se la verifica non è soddisfacente dal punto di vista della resistenza o della rigidezza, il disegno viene modificato. Le limitazioni sulle deformazioni sono di regola collegate ad esigenze funzionali. Per esempio gli alberi a camme hanno problemi di rigidezza torsionale e gli alberi che portano le ruote dentate di rigidezza flessionale. Si procede nel progetto (configurazione, materiale, ecc.) per modifiche successive, fino a quando il risultato non è soddisfacente sulla base delle verifiche previste.

Perni, assi e alberi cavi sono utilmente impiegati per ridurre le masse e di conseguenza anche le azioni inerziali. Per esempio, un albero cavo con il diametro interno pari a *0,6* il diametro esterno, dà luogo ad una riduzione della massa del *36%* rispetto a quello pieno e del momento d'inerzia e del modulo di resistenza a flessione di circa il *13%*.

È buona regola minimizzare la flessione facendo gli alberi corti e disponendo gli elementi che trasmettono i carichi (ruote, pulegge, ecc.) vicino agli appoggi. I materiali impiegati sono gli acciai al *C* e gli acciai legati. Quando il problema è la rigidezza non conviene ovviamente usare acciai ad alta resistenza, più costosi degli acciai al *C*.

Le Figg. da 8.1 a 8.8 mostrano le seguenti applicazioni di perni e alberi:

- Perni applicati nelle cerniere cilindriche e come asse di una rotella.
- Rinvio di un comando in due versioni: con asse fisso e mobile.
- Perno (spinotto) del collegamento biella-pistone.
- Albero caricato sugli sbalzi e relativa schematizzazione "a trave".
- Riduttore con indicazione delle posizioni dei carichi nelle schematizzazioni a trave. Da notare la presenza dei carichi assiali nella versione con ruote a dentatura elicoidale.
- Perni portanti una ruota nelle due versioni: fisso e rotante.
- Albero con puleggia con il confronto fra puleggia comune ed "a campana". La seconda soluzione permette di ridurre la flessione indotta dal carico della trasmissione a cinghie.
- Fuso per filatura ad anello dove il carico trasmesso dalla cinghia piana di trasmissione non provoca alcuna flessione dell'albero in quanto in asse col cuscinetto.

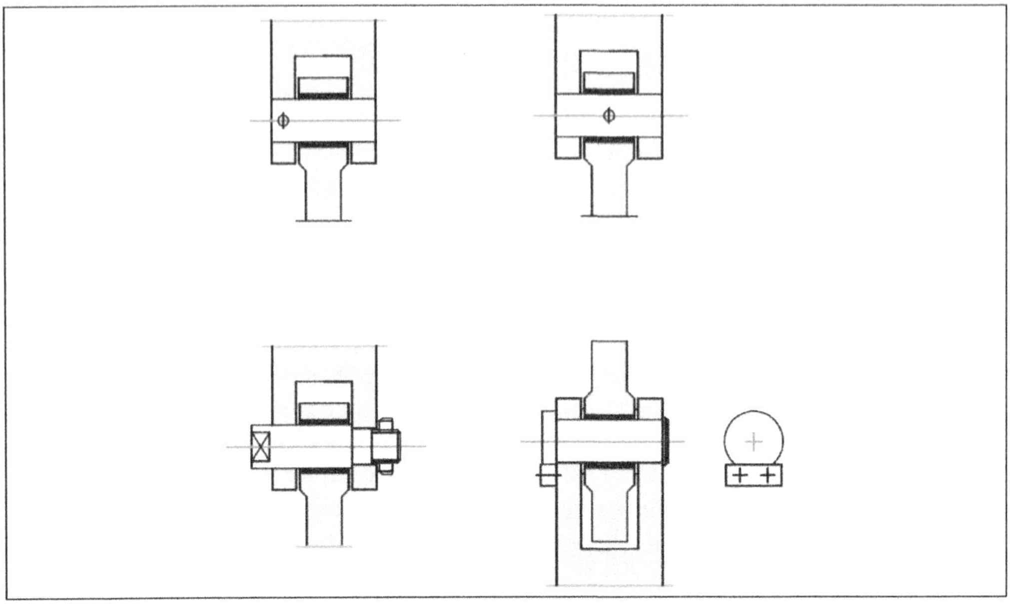

Figura 8.1. Cerniere cilindriche e asse rotella.

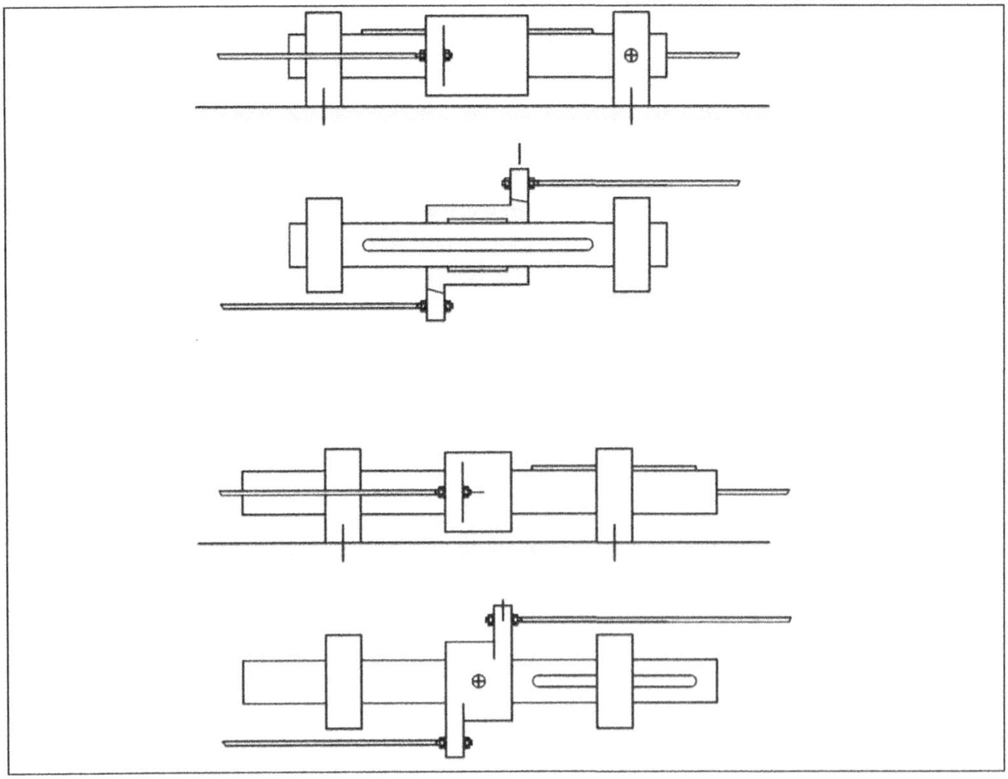

Figura 8.2. Asse fisso e mobile.

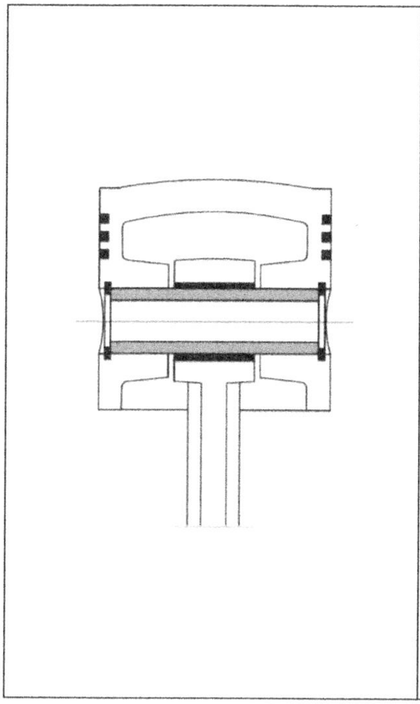

Figura 8.3. Pistone-spinotto-biella.

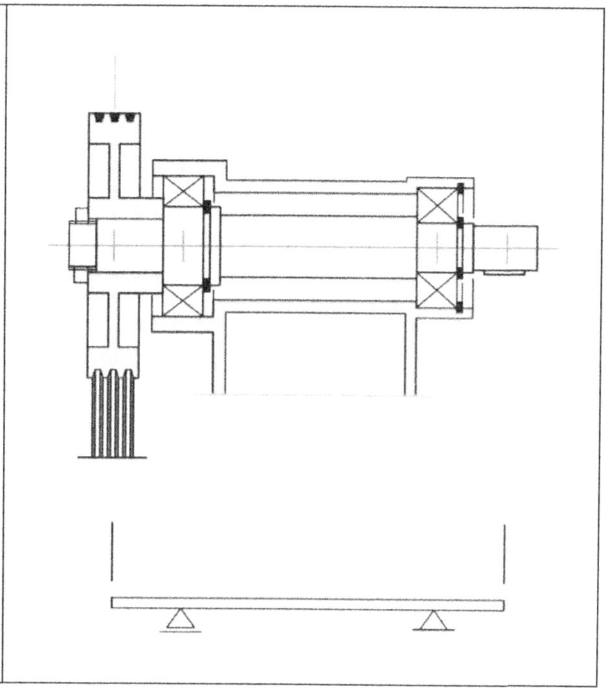

Figura 8.4. Carichi sugli sbalzi.

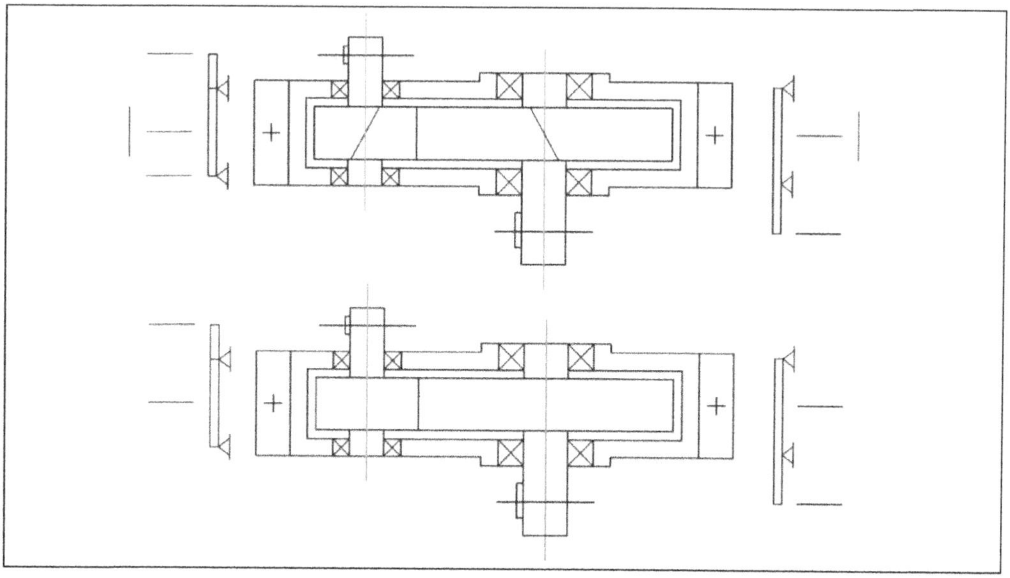

Figura 8.5. Posizione dei carichi sugli alberi di un riduttore.

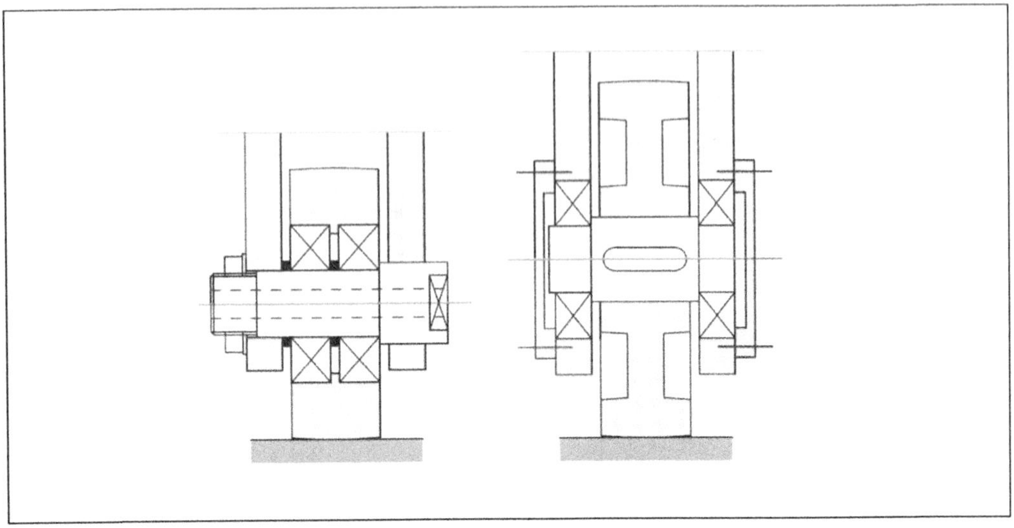

Figura 8.6. Ruote con asse fisso e rotante.

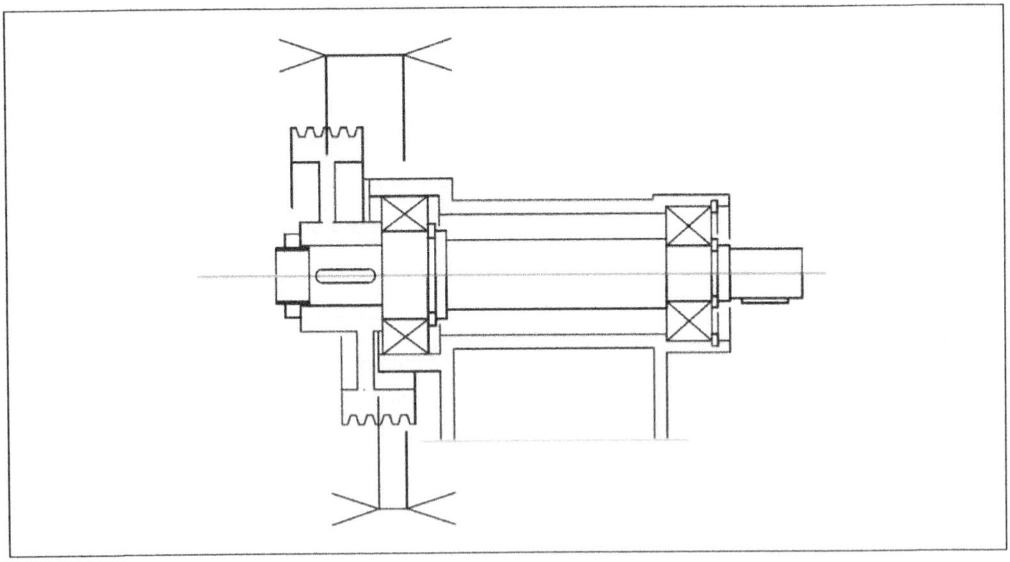

Figura 8.7. Confronto fra pulegge.

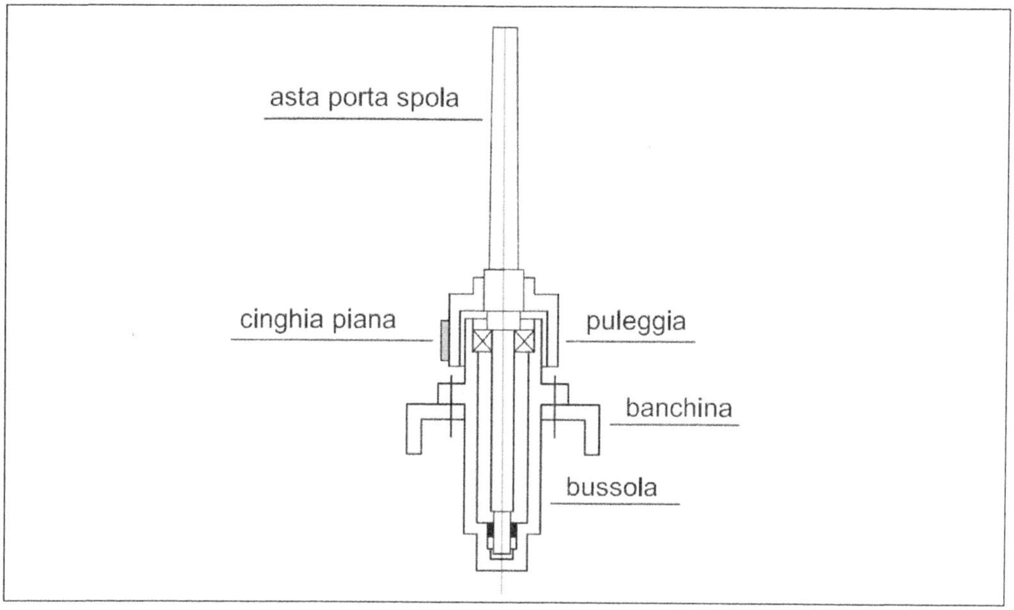

Figura 8.8. Fuso di filatura ring.

Un perno è di solito dimensionato per lavorare a taglio ma la presenza di sforzi flessionale è inevitabile. La Fig. 8.9 mostra due fra le possibili schematizzazioni delle azioni che il perno scambia con gli elementi contigui. Quale sia la schematizzazione migliore dipende dai giochi e dalle rigidezze del perno e degli altri elementi. La scelta di una o di un'altra schematizzazione porta a valutazioni molto diverse delle sollecitazioni e delle deformazioni del perno. Le dimensioni di un perno, nel caso di accoppiamento con un cuscinetto di strisciamento, possono anche essere dettate dalla necessità di non superare la pressione ammissibile nel contatto, convenzionalmente calcolata in prima approssimazione come rapporto fra il carico ed il prodotto del diametro per la lunghezza del cuscinetto.

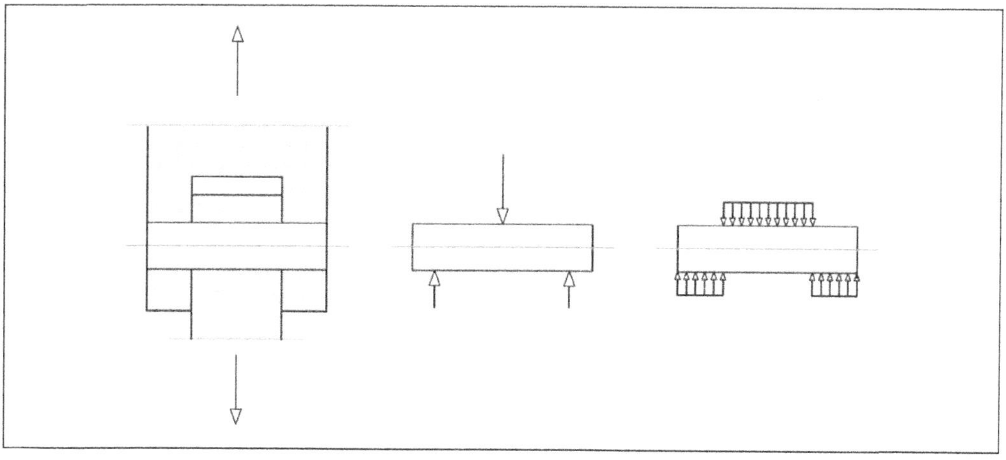

Figura 8.9. Schematizzazioni dei carichi su un perno.

Gli assi e gli alberi abbastanza lunghi si schematizzano come travi appoggiate sui cuscinetti e di solito la sezione è variabile "a scalini". I cuscinetti devono lavorare come appoggi, senza dare luogo ad effetti d'incastro. Normalmente i cuscinetti sono due. Gli alberi a gomito delle macchine alternative pluricilindriche sono però quasi sempre sostenuti da più di due appoggi, per essere più leggeri a parità di resistenza e rigidezza.

8.2. VERIFICHE DELLA RESISTENZA E DELLE DEFORMAZIONI

La verifica di un asse o albero si articola nelle seguenti fasi:

- schematizzazione strutturale, di solito come trave appoggiata;
- schematizzazione dei carichi, costanti o variabili, trasmessi per mezzo di ruote, pulegge, camme, ecc.;
- risoluzione della trave con la determinazione delle reazioni e delle caratteristiche di sollecitazione (sforzo assiale, taglio, momento torcente e momenti flettenti in due piani);
- calcolo delle sollecitazioni nominali;
- combinazione delle tensioni nella tensione di confronto, nelle sezioni più sollecitate;
- valutazione degli effetti d'intaglio provocati da variazioni di diametro, cave per linguette, fori, ecc.;
- confronto fra tensioni di confronto e ammissibili;
- calcolo delle deformazioni (frecce e inclinazioni);
- confronto delle deformazioni con i valori ammissibili.

Le Figg. 8.10 e 8.11 mostrano, con evidente significato dei simboli, la determinazione del momento torcente e dei momenti flettenti in un albero intermedio di una trasmissione con ruote dentate. Per il calcolo della tensione nominale, il momento *M* da considerare è, con riferimento alle stesse figure, il momento risultante nella sezione considerata

$$M = (M'^2 + M''^2)^{1/2}$$

dei momenti flettenti nei due piani α e β.

Lo sforzo di taglio presente insieme ai momenti flettenti ha di solito poca influenza sia sulla resistenza che sulla deformazione, salvo che per gli alberi molto corti. Un carico assiale eccentrico, presente se la coppia di ruote è a denti elicoidali o coniche, applicato al raggio primitivo della ruota considerata, concorre alla flessione dell'albero e provoca una reazione assiale di quello dei due cuscinetti che realizza la cerniera (Fig. 8.12).

Il passo successivo è il calcolo delle sollecitazioni nominali nelle sezioni a rischio che normalmente si individuano con facilità sulla base del diametro, dell'eventuale presenza di un intaglio (variazione brusca di diametro, cava per linguetta, ecc.) e dei diagrammi degli sforzi. Se l'albero è pieno si ha, con evidente significato dei simboli,

$$\sigma_n = \frac{M}{W_f} \tag{8.1}$$

$$\tau_n = \frac{C}{W_t} \tag{8.2}$$

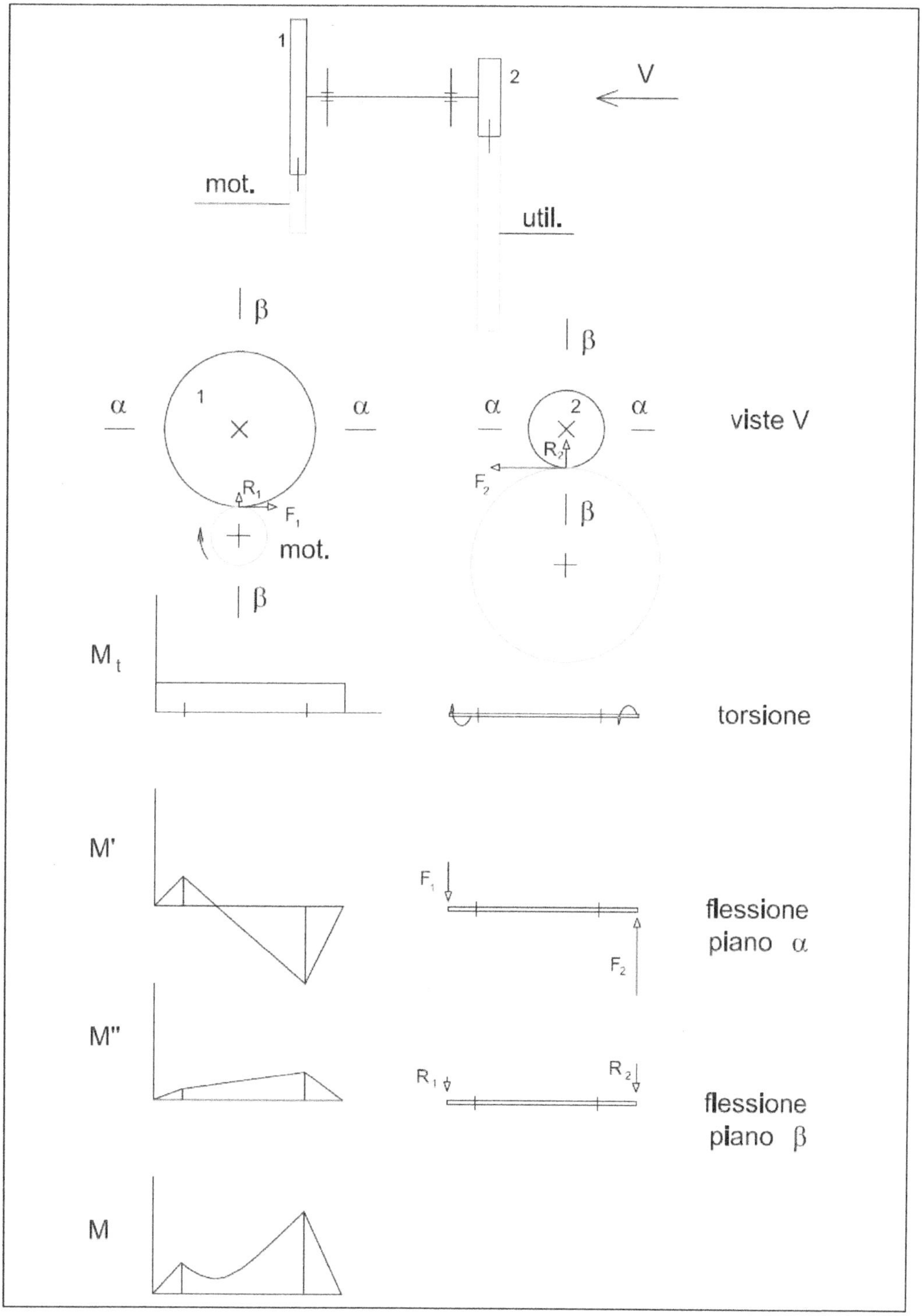

Figura 8.10. Sforzi torsionali e flessionali.

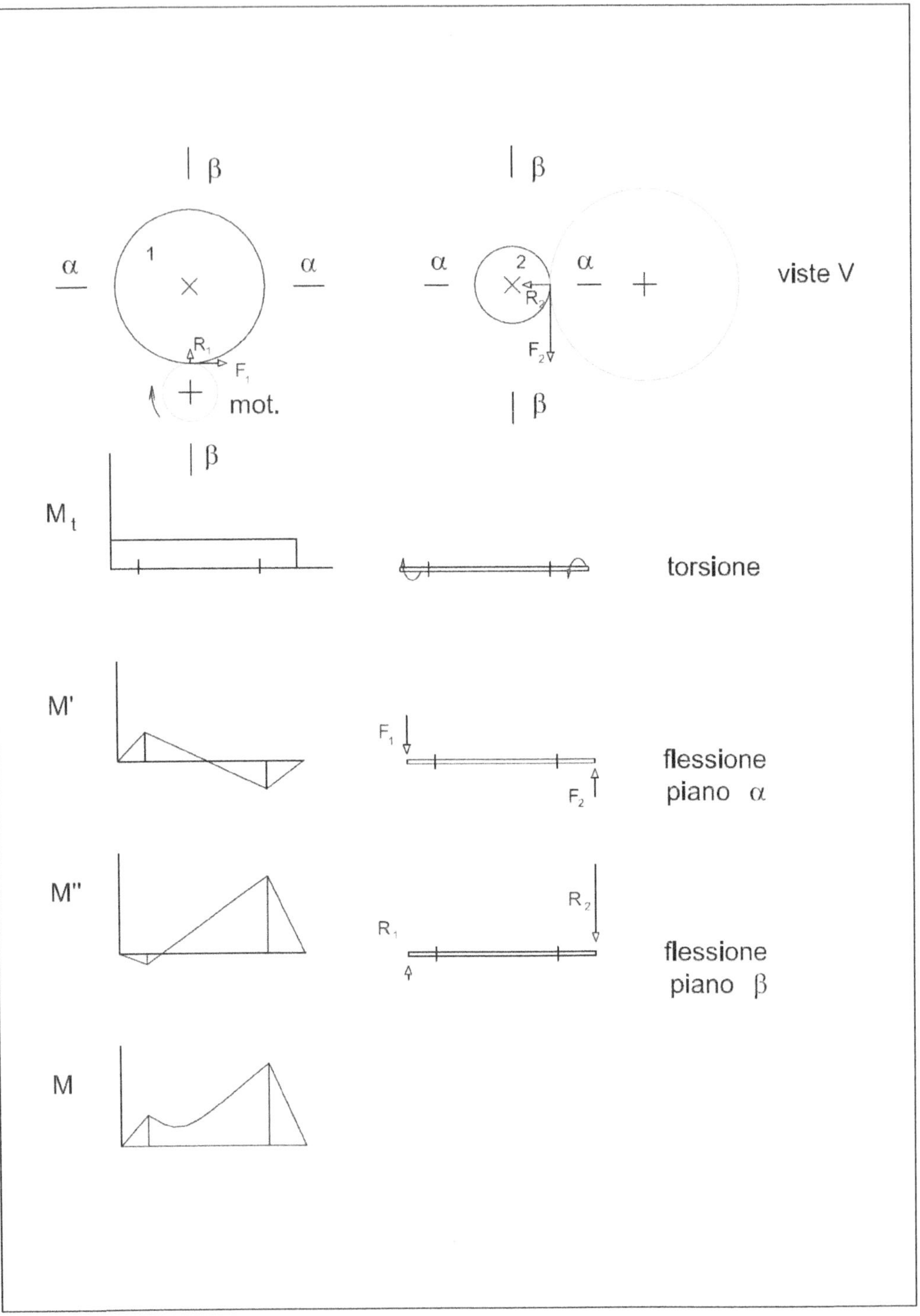

Figura 8.11. Sforzi torsionali e flessionali.

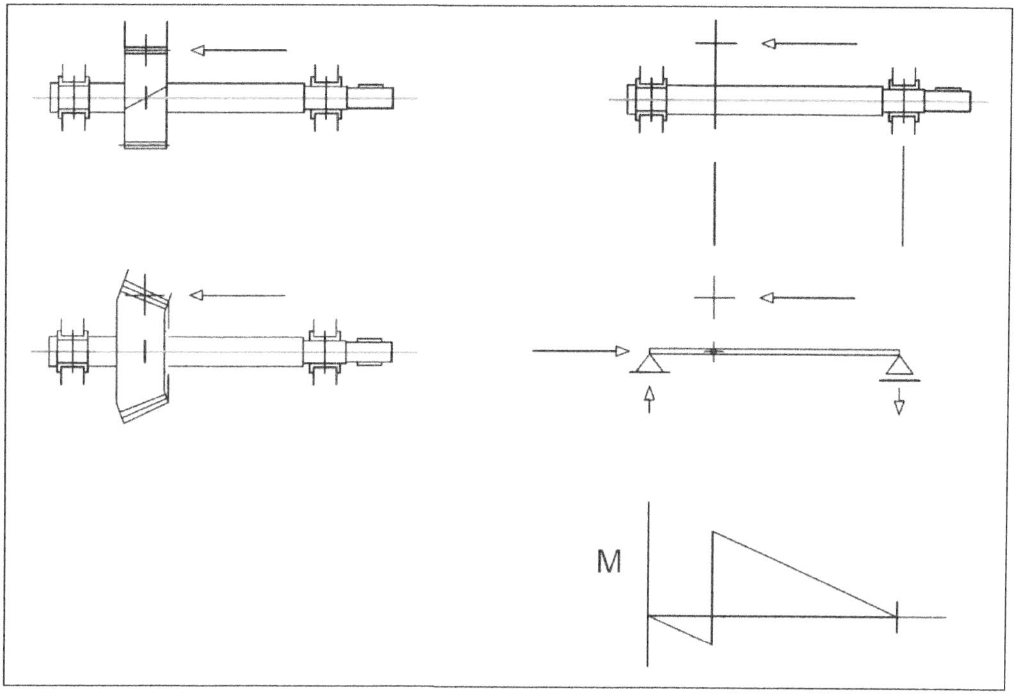

Figura 8.12. Flessione provocata dai carichi assiali.

con

$$W_f = \frac{\pi d^3}{32} \qquad W_t = \frac{\pi d^3}{16}$$

per l'albero pieno e

$$W_f = \pi \frac{d_{est}^4 - d_{int}^4}{32\, d_{est}} \qquad W_t = \pi \frac{d_{est}^4 - d_{int}^4}{16\, d_{est}}$$

per l'albero cavo.

Nel caso di carichi statici segue la verifica

$$\sigma_{cfr} = (\sigma_n^2 + H^2 \tau_n^2)^{1/2} \le \sigma_{am} \tag{8.3}$$

con $H = 1{,}73$ oppure $H = 2$ secondo che il riferimento sia alla teoria di resistenza di von Mises o del taglio massimo. Nel caso statico gli effetti d'intaglio per i normali acciai impiegati per la costruzione degli alberi sono in pratica poco significativi. Per le sezioni ove è presente solo la flessione o solo la torsione la (8.3) si riduce alle

$$\sigma_{cfr} = \sigma_n \le \sigma_{am} \qquad \text{sola flessione}$$

$\sigma_{cfr} = 1{,}73\tau_n \leq \sigma_{am}$ sola torsione (t. di von Mises)

$\sigma_{cfr} = 2\tau_n \leq \sigma_{am}$ sola torsione (t. del taglio massimo)

La tensione ammissibile statica nel caso statico si assume di solito pari alla tensione di snervamento del materiale divisa per un coefficiente di sicurezza pari a *1.5÷2*, in presenza di schematizzazioni affidabili della struttura e dei carichi. Se le sollecitazioni sono affaticanti si ha

$\sigma_{cfr} \leq \sigma_{am}$

$\tau_{cfr} \leq \tau_{am}$

con

$$\sigma_{am} = \frac{\sigma_F c_d c_s}{c_e n \beta_f} \tag{8.4}$$

$$\tau_{am} = \frac{\tau_F c_d c_s}{c_e n \beta_t} \tag{8.5}$$

dove
- σ_F limite di fatica riferito ad un provino standard sollecitato a flessione con il tipo di fatica (alternata o pulsante) presente
- τ_F limite di fatica riferito ad un provino standard sollecitato a torsione con il il tipo di fatica (alternata o pulsante) presente
- c_d coefficiente dimensionale
- c_s coefficiente superficiale
- c_e coefficiente di esercizio
- n coefficiente di sicurezza
- β_f coefficiente d'intaglio sperimentale a flessione
- β_t coefficiente d'intaglio sperimentale a torsione

Quando sono presenti contemporaneamente la flessione, di solito flessione rotante, e la torsione, la combinazione di σ_n e τ_n per ricavare la tensione di confronto è problematica. Il caso frequente di trasmissione di potenza costante comporta una sollecitazione per la torsione costante nel tempo e una sollecitazione massima di flessione variabile fra $-\sigma_n$ e $+\sigma_n$. In tale situazione non è corretto calcolare la tensione equivalente o di confronto con la teoria del taglio massimo o di von Mises. Si può comunque eseguire la verifica con la stessa formula (8.3), qui ripetuta:

$$\sigma_{cfr} = (\sigma_n^2 + H^2\tau_n^2)^{1/2} \leq \sigma_{am} \tag{8.6}$$

in cui per l'acciaio si assuma:
- $H = 1.7 \div 2$ se σ_n e τ_n sono in fase (per esempio ambedue pulsanti o alternate)
- $H = 1$ per il caso più frequente di albero rotante con C e M costanti, ovvero con σ_n alternata e τ_n costante.

La (8.6) viene in tal modo ad essere una formula a carattere empirico invece che corrispondente alle teorie di resistenza. σ_n e τ_n sono dati ovviamente ancora dalle (8.1) (8.2).

È da notare che ponendo rispettivamente $H = 1.73$ e $H = 2$ nella (8.6) si ritrova la formula delle teorie di von Mises e del taglio massimo rispettivamente. Ponendo invece $H = 1$ si da meno importanza alla sollecitazione di taglio quando la coppia C ha carattere statico.

Nel caso comune di carattere affaticante della flessione e carattere statico della torsione, σ_{am} nella (8.6), può allora ragionevolmente essere assunta pari alla tensione ammissibile data dalla (8.4) che tiene conto solo dell'effetto d'intaglio a flessione.

La Fig. 8.13 fornisce l'interpretazione geometrica della (8.6). Il campo delle sollecitazioni flessionale e torsionale ammissibili nel piano σ_n/σ_{am} , τ_n/σ_{am} è interno al quarto di ellisse di semiassi 1 e $1/H$, dove H è da definire in funzione del carattere della coppia torcente (statica, pulsante, alternata).

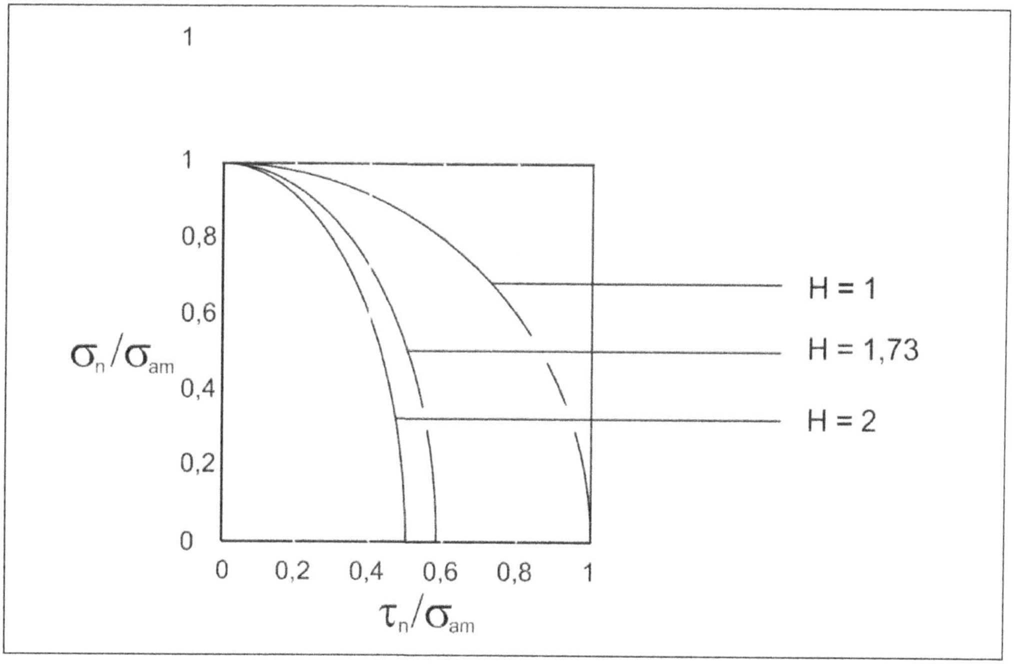

Figura 8.13. Sollecitazioni ammissibili.

La verifica a fatica con la (8.6) è legata all'assunzione di valori plausibili della tensione ammissibile ovvero di un ragionevole coefficiente di sicurezza e di valori affidabili di β_f, β_t, c_d , c_s , c_t nelle (8.4) e (8.5). Del grado di affaticamento della torsione si può solo tenere conto come detto, con un opportuno valore di H.

Di seguito vengono date indicazioni relativamente alla resistenza dei materiali, ai coefficienti di intaglio e agli altri coefficienti. Valori indicativi delle tensioni ammissibili degli alberi, quando vengano impiegati acciai con le caratteristiche minime di resistenza pari a $\sigma_s = 290$ N/mm^2 e $\sigma_r = 500$ N/mm^2, sono dati nella Tabella 8.1

Tabella 8.1 - Valori indicativi delle sollecitazioni ammissibili degli alberi in acciaio con carico minimo di snervamento $\sigma_s = 290$ N/mm^2 e carico minimo di rottura $\sigma_r = 500$ N/mm^2

	Tensione di confronto	Valori ammissibili della tensione σ_{am} o τ_{am} (N/mm^2)
Assi soggetti a flessione statica	$\sigma_{cfr} = \sigma_V = M/Wf$	$\sigma_{am} = 80 \div 120$
Assi soggetti a flessione rotante	$\sigma_{cfr} = \sigma_n = M/Wf$	$\sigma_{am} = 40 \div 60$
Alberi soggetti a torsione circa statica	$\tau_{cfr} = C/Wt$	$\sigma_{am} = 35 \div 45$
Alberi soggetti a flesso-torsione	$\sigma_{cfr} = (\sigma_n^2 + H^2\tau_n^2)^{1/2}$ con $\sigma_n = M/Wf$ $\tau_n = C/Wt$ $H = 1.7 \div 2$ per σ_n alternata e τ_n alternata $H = 1$ per σ_n alternata e τ_n statica	$\sigma_{am} = 40 \div 60$ oppure, per alberi bonificati $\sigma_{am} = 90 \div 150$
$W_f = (\pi/32)d^3$ $W_t = (\pi/16)d^3$		

8.3. RESISTENZA DI ALCUNI ACCIAI E COEFFICIENTI DIMENSIONALE, SUPERFICIALE, DI ESERCIZIO E SPERIMENTALI D'INTAGLIO

La Tabella 8.2 riporta le caratteristiche statiche e di base (a meno dell'effetto d'intaglio) a fatica di alcuni acciai impiegati per la costruzione degli alberi

Tabella 8.2 - Resistenza a fatica di base di alcuni materiali impiegati per la costruzione degli alberi

Materiale	Acciaio	σ_r minimo N/mm^2	σ_s minimo N/mm^2	σ_{FA} N/mm^2	σ_{FP} N/mm^2
Fe490	B	490	250	180	290
Fe590	B	590	450	29	230
Fe690	B	690	480	240	260
C25	V	500	300	190	250
C35	V	590	470	230	300
C45	V	670	500	260	340
35CrMo4	V	800	550	300	450
34Cr4	V	900	600	330	550
C15	E	500	350	180	290
16MnCr5	E	800	650	270	430

B – Da costruzione
V – Da bonifica
E – Da cementazione

La resistenza alla flessione rotante ed alla torsione alternata diminuisce all'aumentare del diametro. Con riferimento al limite di fatica ricavato su provini con $\phi = 9$ *mm*, la diminuzione è espressa dal coefficiente c_d che assume i valori di Tabella 8.3 per gli alberi in acciaio.

Tabella 8.3 – Coefficiente dimensionale cd

d(mm)	9	20	40	60	80	90	200	300
c_d	1	0.94	0.88	0.85	0.82	0.80	0.75	0.70

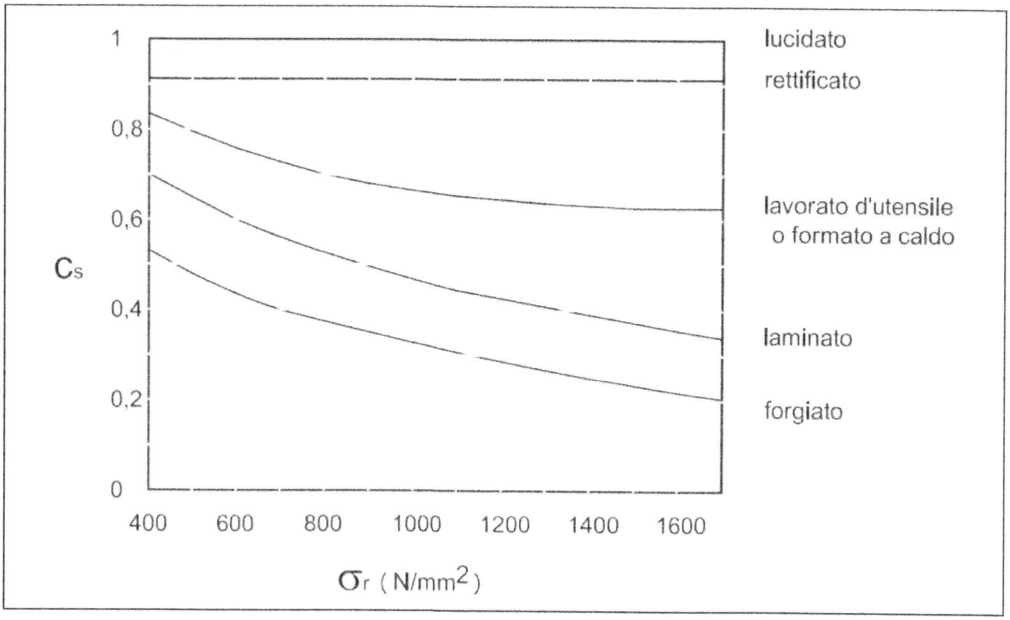

Figura 8.14. Coefficiente superficiale.

La Fig. 8.14 riporta i diagrammi del coefficiente c_s in funzione della lavorazione superficiale e del carico di rottura dell'acciaio. Tali curve valgono per gli acciai al *C*.

Il coefficiente di esercizio c_e tiene conto in modo empirico dei sovraccarichi conseguenti all'applicazione impulsiva dei carichi. Valori indicativi di tale coefficiente sono $1,5 \div 2$ per un'applicazione rapida del carico e $2 \div 3$ per un'applicazione molto rapida.

L'elenco seguente ordina le categorie di macchine nello stesso ordine in cui crescono i relativi sovraccarichi di tipo dinamico:

- macchine elettriche e idrauliche;
- macchine alternative;
- apparecchi di sollevamento;
- presse, magli, laminatoi.

Alternativa all'uso del coefficiente di esercizio e più razionale, quando possibile, è ovviamente la determinazione dei sovraccarichi dinamici con l'impiego delle moderne metodologie numeriche e sperimentali per lo studio del reale comportamento dinamico-strutturale del gruppo meccanico in corso di progetto.

La Fig. 8.15 riporta valori indicativi dei coefficienti d'intaglio sperimentali per i seguenti casi: (a) variazione brusca di diametro, (b) cava linguetta realizzata con fresa a disco, (c) cava linguetta realizzata con fresa a candela, (d) foro trasversale di piccolo diametro, (e) montaggio forzato di una ruota. Quando è indicato un intervallo del coefficiente d'intaglio il valore più basso si riferisce agli acciai con più basso carico di rottura e viceversa.

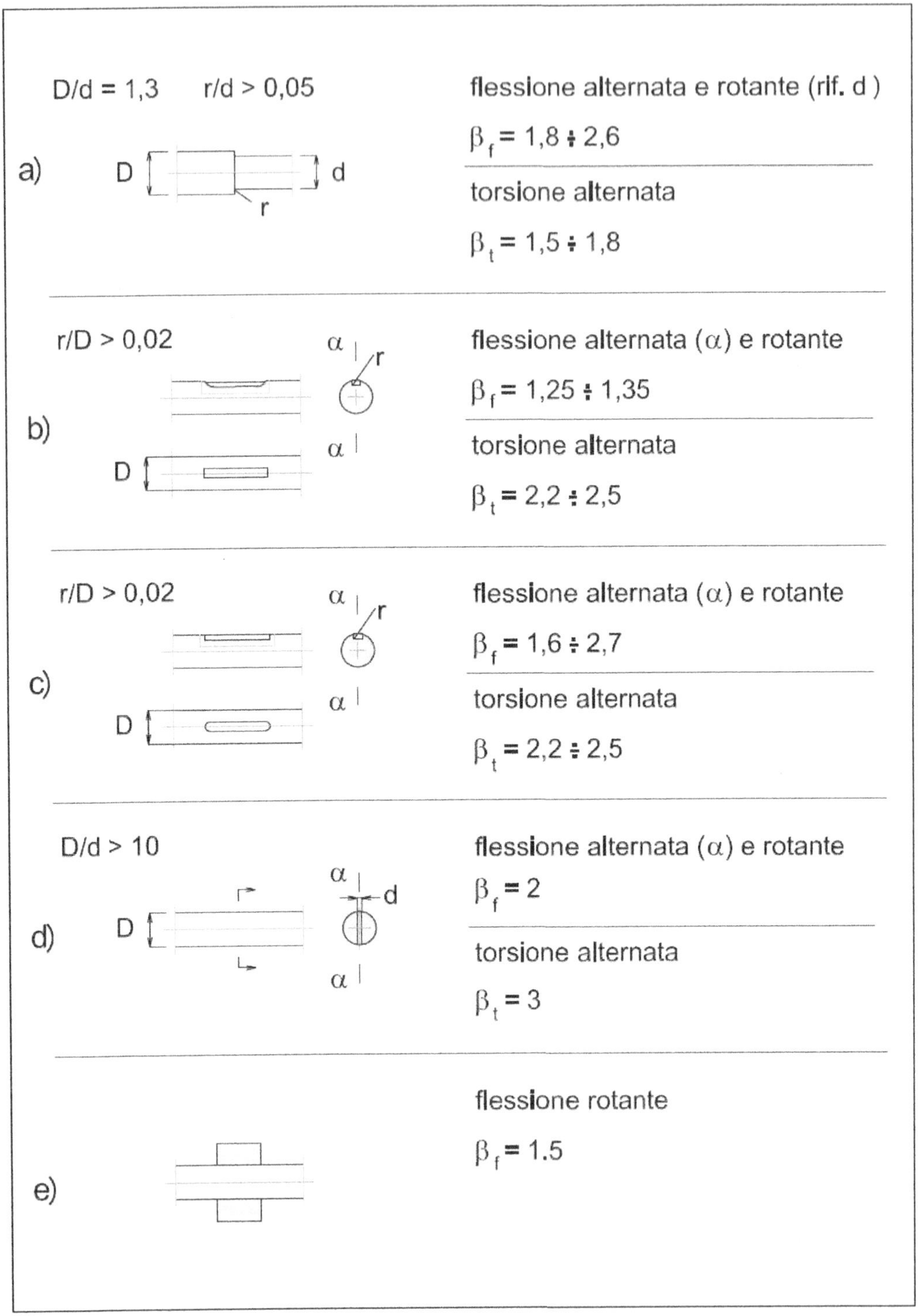

Figura 8.15. Coefficienti d'intaglio sperimentali.

8.4. VERIFICA DELLE DEFORMAZIONI

In alcune applicazioni sono molto piccole le frecce o le inclinazioni ammissibili degli alberi. Il primo caso è tipico, per esempio, delle macchine elettriche e il secondo delle trasmissioni con ingranaggi. Altre volte una buona rigidezza è necessaria per la stabilità dinamica dell'albero, per evitare, per esempio, di cadere nel campo di una velocità critica flessionale o di avere eccessive sovrasollecitazioni per vibrazioni torsionali.

La verifica che le deformazioni in alcune sezioni (frecce o inclinazioni) non superino i valori ammissibili comporta il calcolo della deformata della trave che schematizza l'albero, da eseguire con i metodi della Scienza delle costruzioni.

I valori ammissibili delle deformazioni, legati normalmente a esigenze funzionali, variano da caso a caso. La freccia massima e l'inclinazione massima di un albero non dovrebbero superare, quanto a ordine di grandezza, rispettivamente *1/3000* della distanza fra i supporti e *1/1000* di radiante.

8.5. AFFIDABILITÀ DELLE VERIFICHE DI RESISTENZA E DELLE DEFORMAZIONI

Come per tutte le verifiche degli elementi delle macchine, per quelle degli alberi è importante caso per caso una valutazione dell'affidabilità dei risultati ottenuti. Si osserva:

- La schematizzazione strutturale è facile in alcuni casi, meno in altri e, di conseguenza, gli errori che derivano da questa fase sono molto variabili.
- Gli errori derivanti da una incerta valutazione dei carichi sono pure molto variabili da caso a caso.
- La risoluzione corretta con i metodi della Scienza delle Costruzioni fino alla determinazione delle sollecitazioni nominali quasi sempre è possibile.
- La determinazione della tensione di confronto con la (8.6) impone attenzione nella scelta del fattore H.
- I valori dei coefficienti sperimentali d'intaglio, per il materiale e la geometria che interessano, non sempre sono reperibili.
- La verifica con la (8.6) è spesso problematica, sia per l'incertezza sulla tensione di confronto, dipendente da H, sia per quella sulla tensione ammissibile, dipendente dai coefficienti sperimentali.
- Il calcolo delle deformazioni è spesso possibile con sufficiente precisione anche in presenza di situazioni d'intaglio, normalmente locali, in quanto di solito queste non influiscono significativamente sul risultato (tensione o deformazione) corrispondente all'integrale del contributo di tutti i tratti della trave.

È buona regola in ogni caso non affinare alcune fasi se altre sono necessariamente grossolane. Ha senso che ogni fase dia risultati con errori comparabili con quelli delle altre fasi. Se alla fine la verifica è per qualche ragione poco affidabile, per esempio perché i carichi sono noti in modo grossolano, o si ricorre a valori alti dei coefficienti di sicurezza oppure ad approfondimenti teorici, numerici, o sperimentali.

Il metodo di verifica basato sulla conoscenza dei diversi coefficienti (dimensionale, superficiale, d'intaglio e di esercizio) è particolarmente valido se sono disponibili valori attendibili, confermati dall' esperienza, come avviene presso costruttori che realizzano particolari tipologie di elementi meccanici, in termini di materiali impiegati, forme geometriche, lavorazioni, trattamenti termici, ecc.

8.6. ALBERI A GOMITO

Le azioni del fluido intorno al punto morto superiore (pS = pressione per area del pistone) e d'inerzia ($-ma$), con m massa del pistone, agenti sul singolo pistone di una macchina alternativa (motore o compressore), sono equilibrate (equilibrio dinamico) in ogni istante dalle reazioni della biella e del cilindro (Fig. 8.16). La biella può essere tesa o compressa secondo che prevalga la forza d'inerzia o la pressione del fluido.

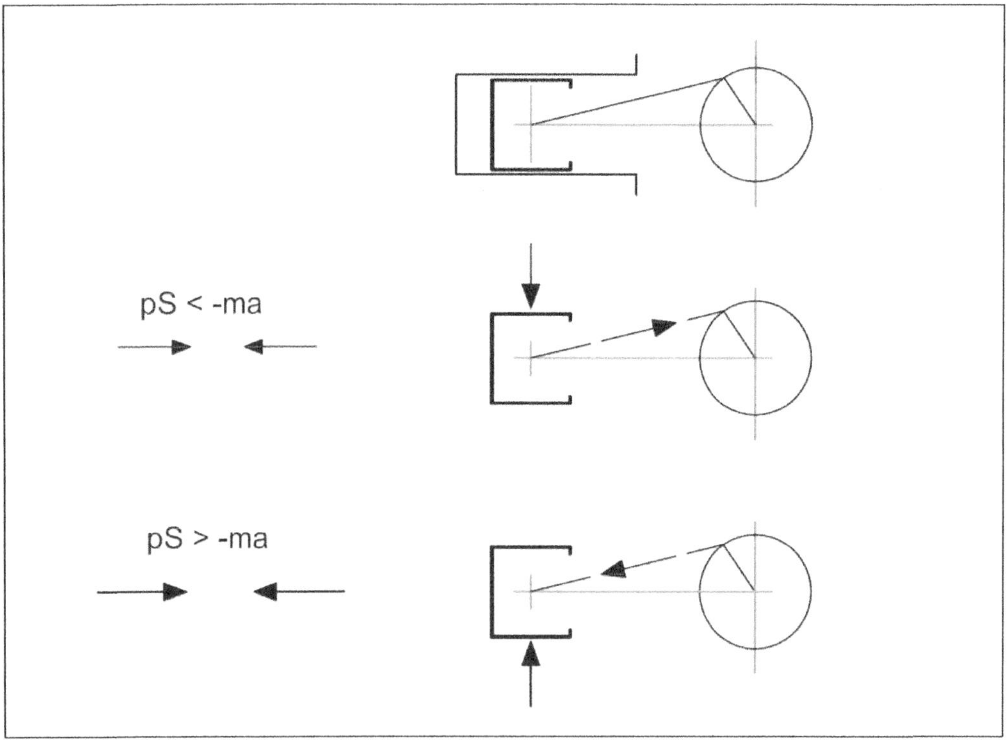

Figura 8.16. Equilibrio del pistone.

Il diagramma del ciclo della forza risultante sul pistone si ottiene come somma dei due diagrammi temporali: quello della forza dovuta alla pressione del fluido e quello delle forze d'inerzia. Sul gomito dell'albero agisce la forza trasmessa dal pistone alla biella più una componente inerziale dovuta alle accelerazioni istantanee della biella stessa. L'albero a gomito è soggetto alle azioni centrifughe proprie, di solito di modesta entità.

Il ciclo delle forze d'inerzia ha ovviamente una frequenza pari alla velocità angolare dell'albero. Il ciclo delle forze del fluido ha una frequenza pari alla velocità angolare dell'albero nel motore a due tempi e pari alla metà di quella nel motore a quattro tempi.

Le Figg. 8.17 e 8.18 mostrano i possibili schemi del manovellismo dei motori con due cilindri in linea e contrapposti, a due tempi ed a quattro tempi, nelle versioni con albero su due e su tre supporti. La Fig. 8.19 mostra il manovellismo di un motore a quattro cilindri, con l'albero su cinque supporti. La schematizzazione più semplice dell'albero è quella di trave continua su cinque supporti (i cuscinetti di banco *B* in Fig. 8.19), dei quali quattro schematizzabili come carrelli, e uno, quello centrale nel caso rappresentato, costituente anche un vincolo assiale e quindi schematizzabile come cerniera. Questa soluzione permette di non introdurre inutili tolleranze assiali e di evitare carichi assiali causati dalle dilatazioni termiche differenziali fra albero e banco. Lo schema evidenzia anche la soluzione di solito adottata di vincolo assiale delle bielle in corrispondenza del perno di manovella e di vincolo libero in senso assiale in corrispondenza dell'accoppiamento fra la biella e lo spinotto fissato al pistone. Il motivo è ancora di evitare coazioni a seguito delle dilatazioni termiche.

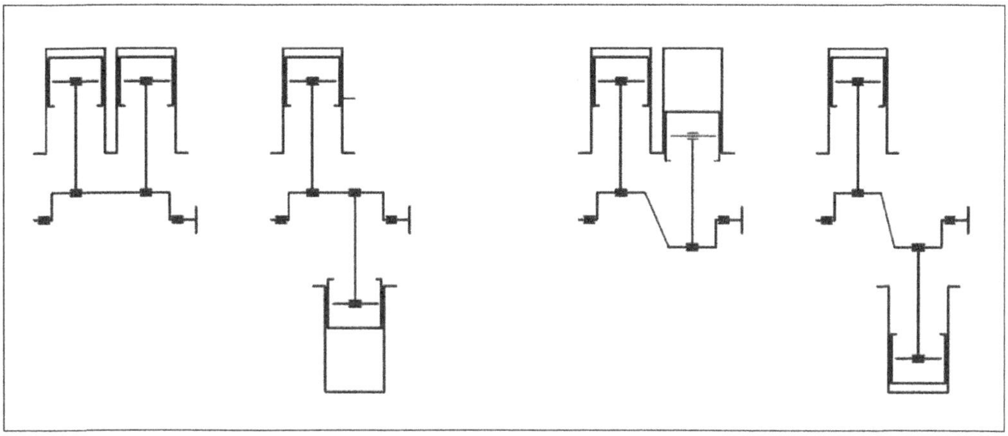

Figura 8.17. Manovellismi delle macchine alternative.

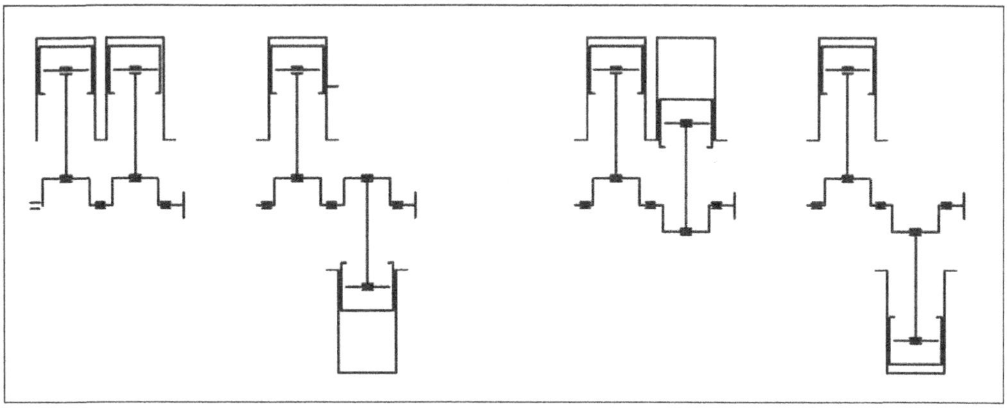

Figura 8.18. Manovellismi delle macchine alternative.

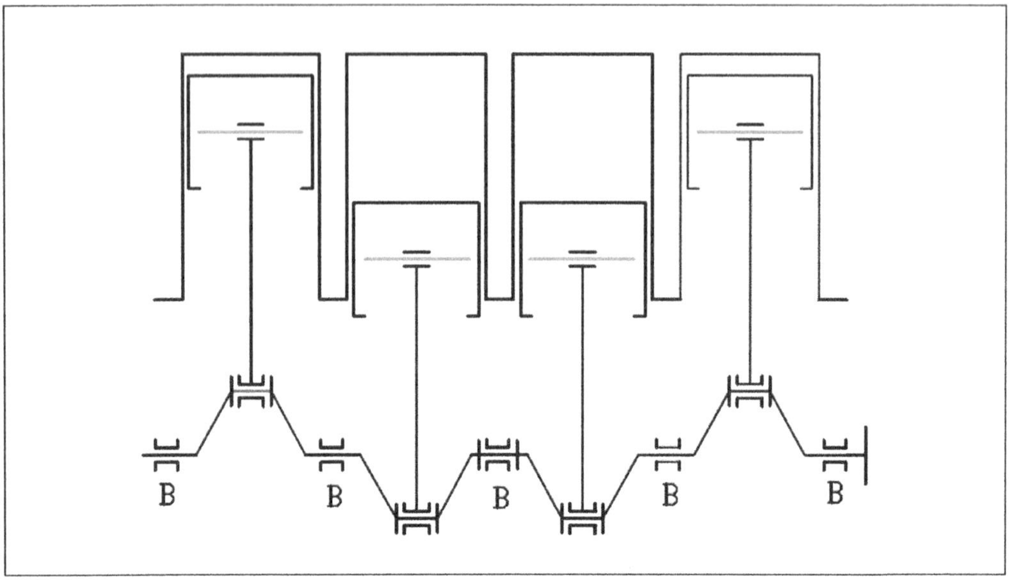

Figura 8.19. Manovellismo di un motore 4 cilindri 4 tempi in linea.

Nelle Figg. 8.20 e 8.21 è dato il disegno costruttivo di due alberi a gomito per motori a quattro cilindri in linea, rispettivamente con tre e cinque supporti. L'albero su cinque supporti, a parità di proporzioni possiede evidentemente una maggiore resistenza e una maggiore rigidezza. Per il primo albero gli ingrandimenti evidenziano i raggi di raccordo fra perni e mazzette, e la disposizione dei cuscinetti.

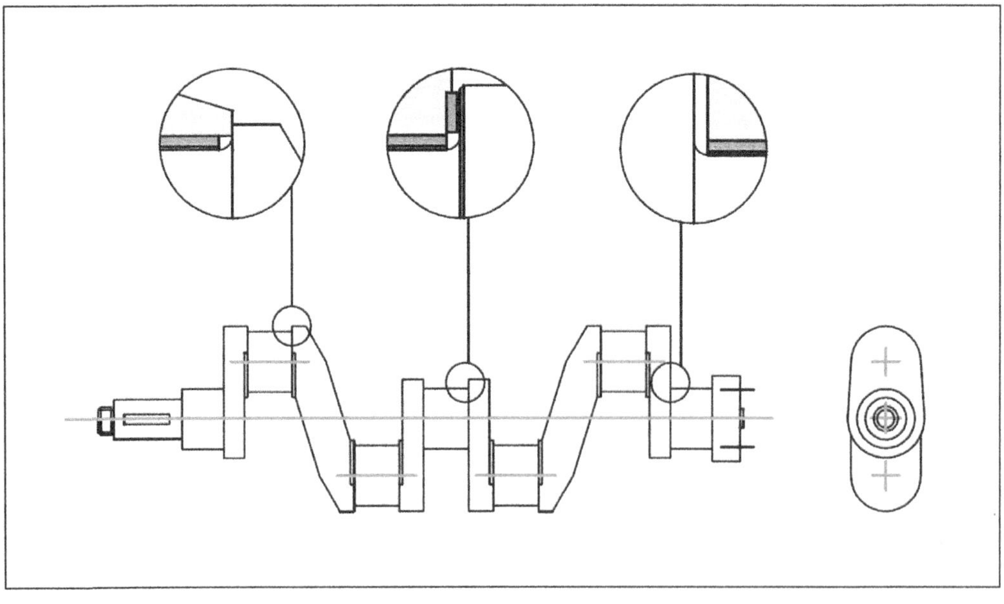

Figura 8.20. Albero su tre supporti.

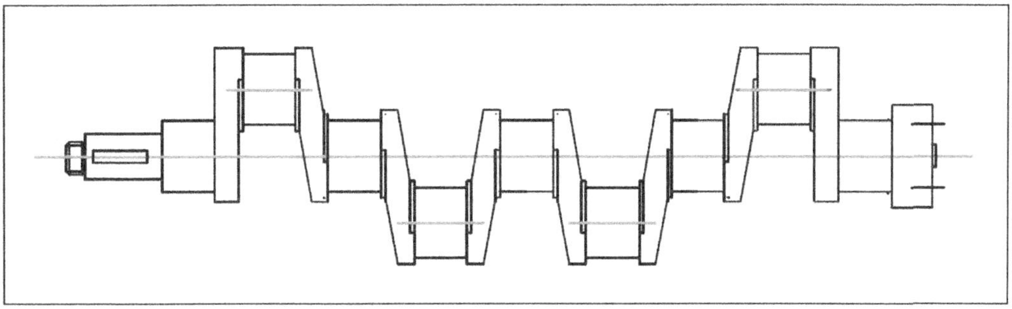

Figura 8.21. Albero su cinque supporti.

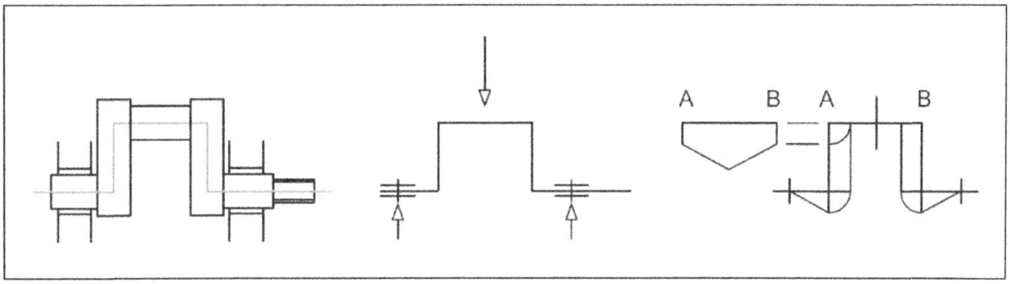

Figura 8.22. Sforzi in un albero a gomito monocilindrico.

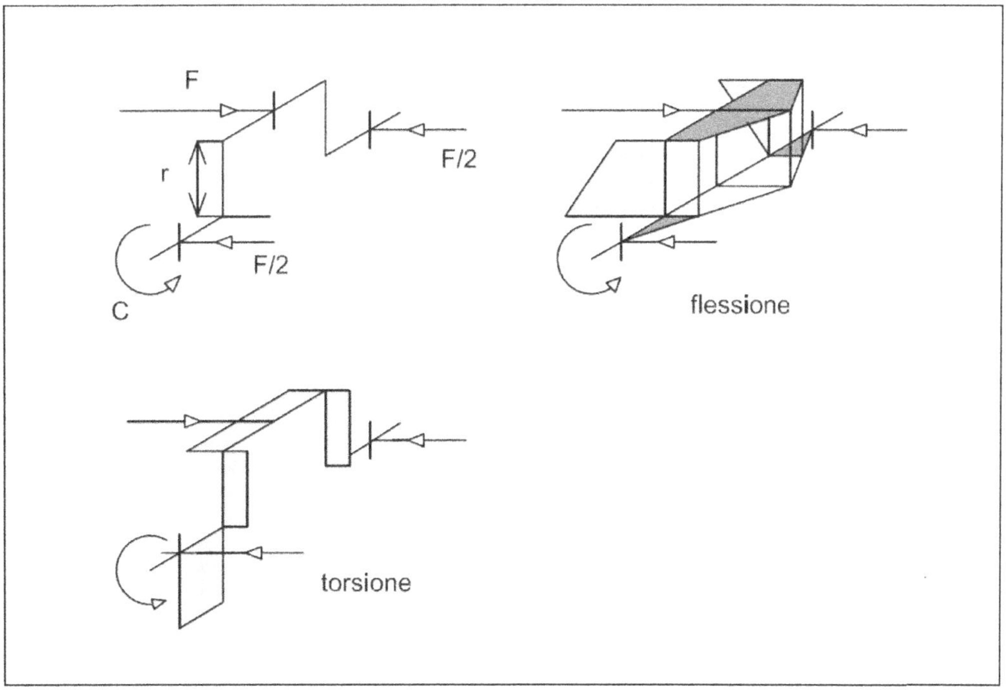

Figura 8.23. Sforzi in un albero a gomito monocilindrico.

Le Figg. 8.22 e 8.23 mostrano rispettivamente l'andamento degli sforzi lungo la linea d'asse dell'albero della macchine monocilindro, per un carico sul perno di manovella giacente rispettivamente nel piano della linea d'asse del gomito (carico radiale) e perpendicolare a detto piano (carico trasversale). In ogni istante del ciclo di funzionamento gli sforzi nominali, nell'albero schematizzato come trave, si ottengono per sovrapposizione degli effetti della componente radiale e di quella trasversale del carico sul perno di manovella. Quando i supporti sono più di due la determinazione degli sforzi nominali richiede la risoluzione del problema iperstatico della trave continua, con qualche problema relativo alla individuazione della linea d'asse e della forma delle sezioni con il baricentro di ciascuna sezione giacente in un punto della linea d'asse stessa. In tutti i casi l'albero risulta soggetto a sforzi flesso-torsionali, qualitativamente simili a quelli del monocilindro.

La verifica dell'albero deve essere eseguita per varie situazioni, o contingenze, quali per esempio: bassa velocità (forze d'inerzia molto basse) e "pieno gas", velocità massima e "un filo di gas" (funzionamento "a vuoto" con quasi solo le forze d'inerzia), velocità e gas alti convenzionali. Intorno al punto morto superiore le forze del gas e quelle d'inerzia hanno senso opposto, per cui si può per esempio avere il massimo carico sul perno di manovella alla massima velocità con il funzionamento a vuoto (pressione del gas trascurabile). Lo stesso ciclo di carico si ha in corrispondenza di ciascun perno di manovella, con la fasatura che dipende dalla geometria dell'albero e dall'ordine di accensione nei diversi cilindri.

Un primo passo nella verifica di un albero può essere, una vota abbozzato il disegno del manovellismo e dell'albero stesso, il calcolo, nelle diverse contingenze, dei carichi, degli sforzi e quindi delle sollecitazioni nominali sulla base dello schema a trave continua, seguito da un confronto fra le tensioni massime di confronto con quelle calcolate per alberi simili (per materiali, lavorazioni, trattamenti termici, geometria del raccordi) di motori o comunque macchine alternative precedentemente realizzati e sperimentati.

Una caratteristica ricercata per gli alberi a gomito è quella di un volume e quindi di una massa ridotta al minimo, compatibilmente con le esigenze di resistenza e rigidezza. Per questo, per verifiche più approfondite, si ricorre al calcolo strutturale svolto con adeguati programmi di calcolo basati sul metodo agli elementi finiti (FEM), avendo schematizzato l'albero come corpo tridimensionale, non più come trave. Le massime tensioni, che si raggiungono in corrispondenza dei raccordi fra perni e mazzette, oppure sui bordi dei fori dei canaletti di lubrificazione, devono essere confrontate con i limiti di fatica, di non facile determinazione. Com'è noto, una volta calcolate le punte di tensione in un elemento di macchina sollecitato a fatica, il termine di confronto (limite di fatica) da cui dedurre il grado di sicurezza non è determinabile dalla caratterizzazione del comportamento a fatica del materiale eseguito a livello di provini. Il riferimento deve essere allora la resistenza a fatica determinata sperimentalmente in casi analoghi.

Una minimizzazione teorica dello stato di tensione può essere ottenuta ottimizzando il disegno nelle zone di concentrazione delle tensioni con riferimento alle tensioni calcolate con i metodi numerici.

8.7. RICHIAMI SUL COMPORTAMENTO DINAMICO DEGLI ALBERI

Si considera un albero in rotazione con velocità ω con calettata una ruota schematizzata con una massa concentrata m (Fig. 8.24) grande rispetto a quella dell'albero. Una configurazione deformata possibile, nel piano rotante a cui appartiene la configurazione deformata stessa, è possibile con la forza centrifuga che equilibra la reazione elastica, ovvero se

$$m\omega^2 y = ky \tag{8.7}$$

essendo *k* la costante elastica che, per esempio, nel caso di albero a sezione costante in tutta la lunghezza con la massa calettata al centro, è pari a

$$k = \frac{48\ EI}{l^3}$$

dove *E* è il modulo elastico del materiale dell'albero, *l* la distanza fra gli appoggi e *I* il momento d'inerzia della sezione dell'albero con

$$I = \frac{\pi\phi^4}{64}$$

La relazione (8.7) ha soluzione se $k = m\omega^2$ e in tal caso si ha l'equilibrio per qualunque valore di della freccia *y*. La velocità

$$\omega_C = \sqrt{\frac{k}{m}}$$

è detta velocità critica. Quanto sopra è valido indipendentemente dall'orientamento dell'albero (orizzontale, verticale o inclinato).

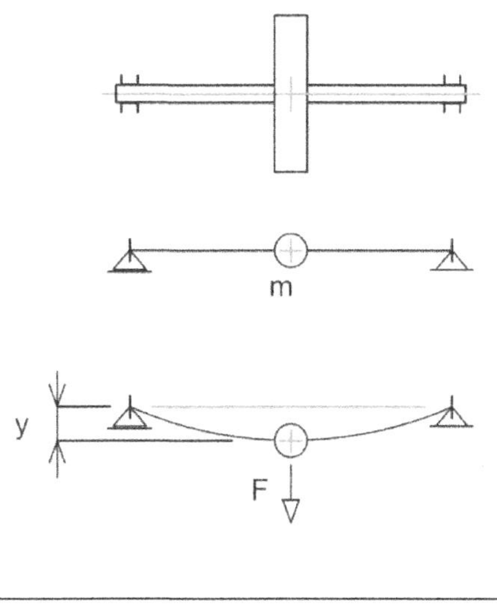

Figura 8.24. Albero con massa concentrata.

Se la massa calettata sull'albero è eccentrica con eccentricità *e*, con riferimento alla Fig. 8.25, l'equilibrio fra forza centrifuga e reazione elastica dell'albero è espresso dalla relazione

$$m\omega^2 (y + e) = ky$$

da cui

$$y = \frac{e\omega^2}{\frac{k}{m} - \omega^2} \tag{8.8}$$

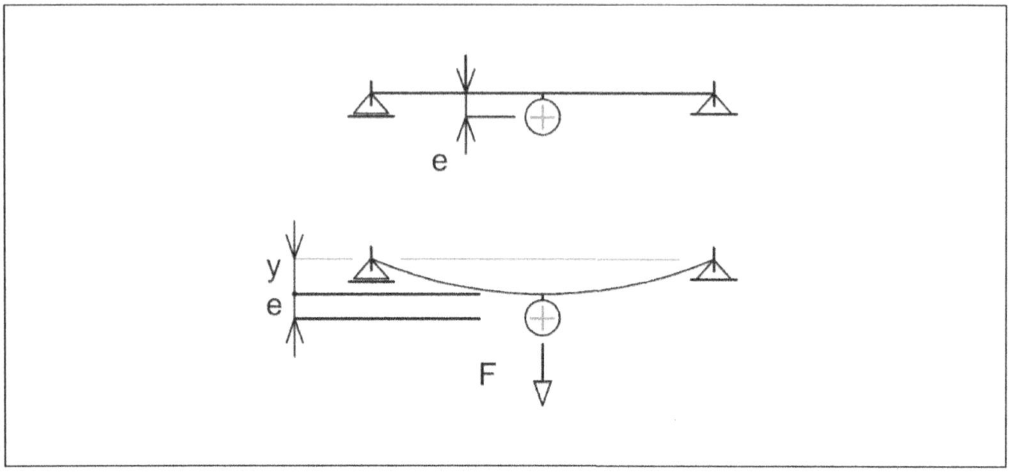

Figura 8.25. Albero con massa concentrata eccentrica.

Per la (8.8) la freccia diviene infinita per $\omega = (k/m)^{1/2}$. Ovvero in corrispondenza della velocità critica già definita.

La conseguenza di quanto sopra è che, come conferma la pratica, si deve evitare di far ruotare l'albero intorno alla velocità critica. Da notare che una piccola eccentricità dell'albero è inevitabile, anche con l'equilibratura realizzata con i più sofisticati sistemi.

In situazione deformata, il punto rappresentativo della massa proiettato su un piano fisso perpendicolare all'asse dell'albero rotante esegue un moto circolare corrispondente alla composizione di due moti armonici. Ne deriva che la velocità critica coincide con la frequenza propria nella vibrazione trasversale. Da notare che l'albero comunque in tale situazione non vibra e quindi una eventuale cedimento da velocità critica non avviene per fatica ma per superamento della resistenza statica del materiale quando l'albero si deforma in un piano rotante.

Si consideri in Fig. 8.26 l'albero con una ruota calettata in posizione asimmetrica, tale da determinare nella deformazione una inclinazione del disco che schematizza la ruota e si consideri non una massa concentrata ma il disco con le sue caratteristiche inerziali. In tale caso la deformazione dell'albero è provocata non solo dalla forza centrifuga F ma anche dalla coppia d'inerzia espressa da

$$C = (J_\eta - J_\zeta)\omega^2\beta$$

dove, con riferimento alla Fig. 8.26, β è l'angolo che l'asse ζ forma con l'asse z e J_η e J_ζ sono i momenti d'inerzia di massa rispetto agli assi principali d'inerzia η e ζ, rispettivamente normale e parallelo alla tangente alla linea elastica dell'albero nel centro di calettamento del disco.

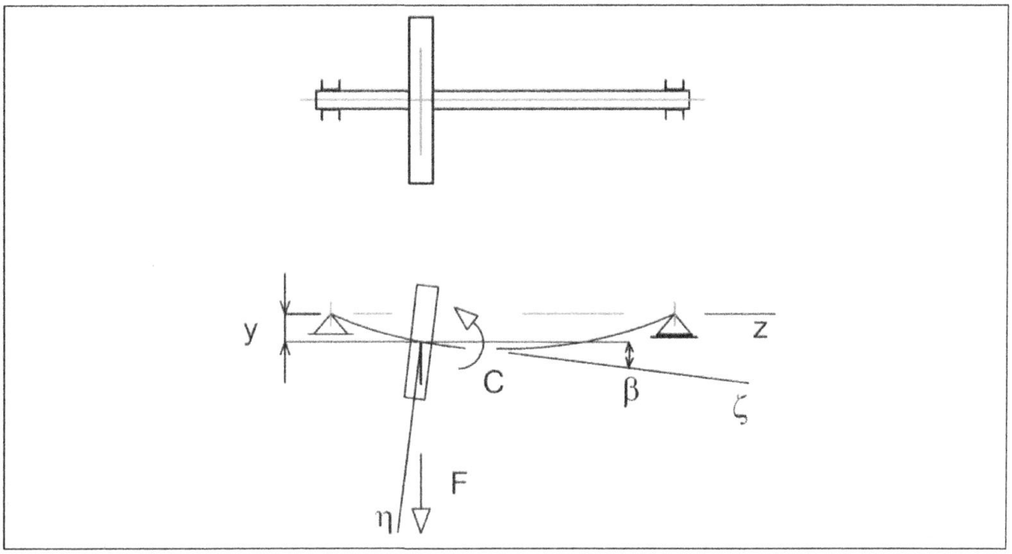

Figura 8.26. Albero con disco non al centro.

La presenza della coppia, con effetto raddrizzante, quando $J_\eta > J_\zeta$, porta, con una normale proporzione della ruota calettata sull'albero, ad una velocità critica un po' maggiore di quella che si ha con la massa concentrata.

La Fig. 8.27 mostra un albero con due masse concentrate e le due deformate corrispondenti alla prima e alla seconda velocità critica. Il numero di velocità critiche è pari al numero di masse calettate sull'albero, del quale si trascura la massa. Ciò vale anche nel caso dei dischi ($J_\eta > J_\zeta$), con valori delle velocità critiche maggiori di quelle con le masse concentrate.

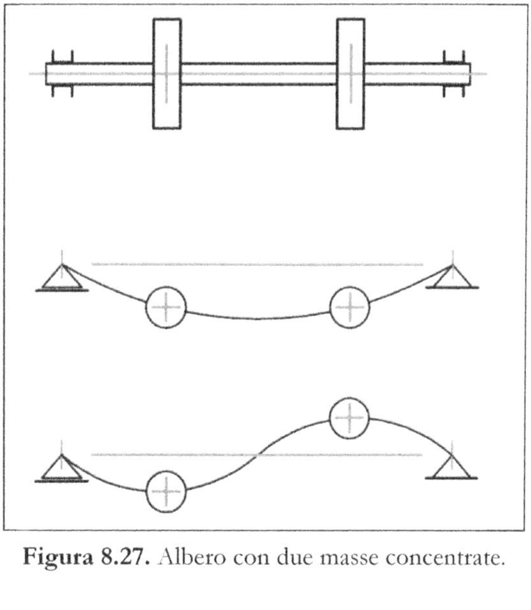

Figura 8.27. Albero con due masse concentrate.

Per l'albero con calettate n masse può essere utilizzata la seguente formula di Dunkerley per il calcolo della prima velocità critica ω_c dell'albero,:

$$\frac{1}{\omega_c^2} = \frac{1}{\omega_1^2} + \frac{1}{\omega_2^2} + \ldots + \frac{1}{\omega_n^2} \tag{8.9}$$

dove ω_1, ω_2, … , ω_n sono le velocità critiche corrispondenti all'albero con calettata la sola massa *1*, la sola massa *2* e così via. La (8.9) fornisce un valore approssimato per difetto della prima velocità critica.

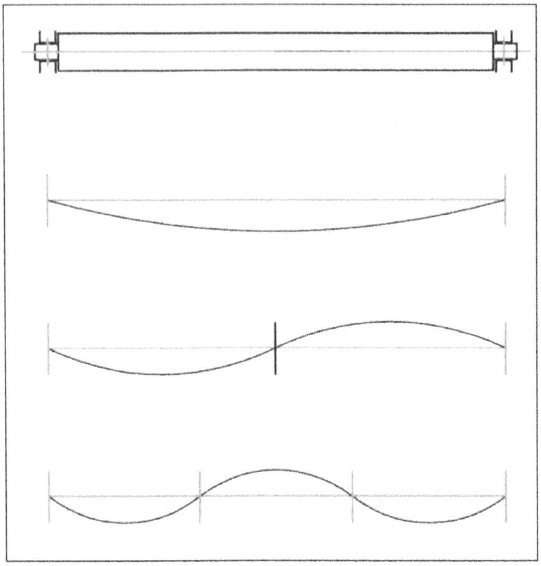

Figura 8.28. Albero con massa distribuita.

La Fig. 8.28 rappresenta un rotore "liscio" senza masse calettate, schematizzato come una trave a sezione costante appoggiata agli estremi. Questa schematizzazione è valida, per esempio, per i rotori degli alternatori delle centrali elettriche. In tale caso, avendosi una distribuzione continua della massa, si hanno infinite velocità critiche ω_1, ω_2, …. La n-esima velocità critica è espressa da

$$\omega_n = \frac{n^2\pi^2}{l^2}\sqrt{\frac{EI}{\rho}}$$

dove ρ è la densità lineare (kg/m) dell'albero, E il modulo elastico del materiale, I il momento d'inerzia della sezione dell'albero ed l la distanza fra gli appoggi.

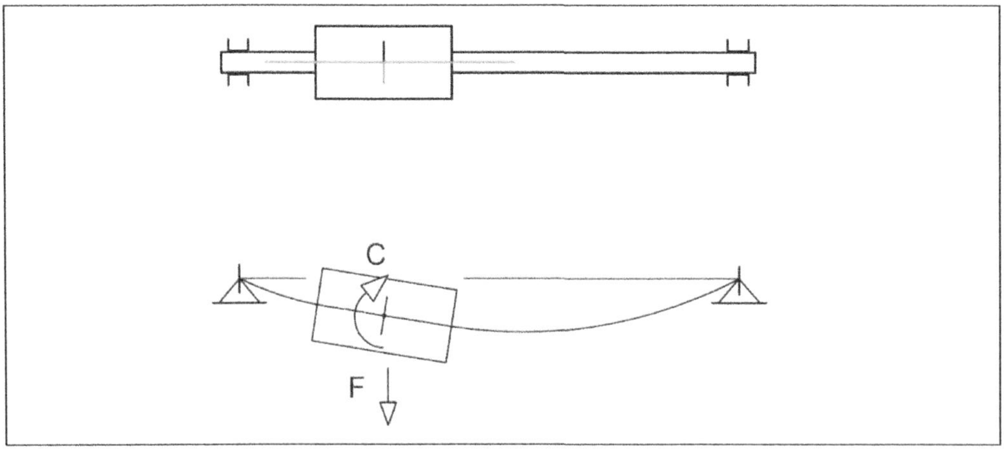

Figura 8.29. Albero con "rullo".

La Fig. 8.29 mostra il caso in cui, con riferimento alla Fig. 8.26, $J_\eta < J_\zeta$, ovvero in cui l'elemento applicato all'albero non è più un disco ma un rullo, o manicotto. L'elemento cilindrico dà allora luogo ad una coppia contraria a quella che si ha del disco, con effetto anti raddrizzante. In questo caso si ha anche una seconda velocità critica.

Capitolo 9
CALCOLO DELLE MOLLE

9.1. GENERALITÀ

Le molle sono pezzi meccanici molto deformabili elasticamente, impiegati nelle macchine con funzioni diverse quali:
- richiamare un elemento in una posizione precedente;
- esercitare una forza:
- smorzare effetti dinamici;
- immagazzinare e restituire energia.

Sono caratterizzate da grandi deformazioni indotte al montaggio e durante il funzionamento, diversamente da quanto avviene per gli altri pezzi meccanici. Le molle più usate sono le seguenti:
- barra di torsione;
- molle a elica cilindrica;
- molle a spirale piana;
- balestra;
- molle a disco.

Quasi sempre sono costruite in acciai ad alta resistenza. Vengono comunque impiegate in casi particolari molle in acciaio inossidabile, in bronzo e in ottone. Molle tutte particolari sono quelle in gomma; altre si basano sulla compressione di un gas. Qui vengono considerate solo le molle metalliche.

Nelle sospensioni dei veicoli, in parallelo alle molle agiscono sempre dispositivi smorzanti. Le balestre e le molle in gomma danno luogo però di per se ad una non trascurabile dissipazione di energia nella deformazione. Nelle molle è significativa la curva *carico-spostamento*, come nella molla ad elica (Fig. 9.1a) o *coppia-rotazione* come nella barra di torsione (Fig. 9.1b). Tale curva, o caratteristica, può essere lineare o meno. Con riferimento alla Fig. 9.2, $k = F/f$ (oppure $k = M/\theta$) è la rigidezza ($1/k$ la flessibilità) avente dimensioni carico/lunghezza (oppure coppia/angolo). Più ingenerale $k = dF/df$ (oppure $k = dM/d\theta$). Il diagramma praticamente lineare con la rigidezza indipendente dalla freccia è il più comune. Il diagramma con la rigidezza crescente con la freccia è tipico di molti tipi di molle in gomma. Il diagramma con la rigidezza decrescente con la freccia è tipico delle molle a disco.

L'area sotto le curve (Fig. 9.2)

$$E = \frac{1}{2} F_0 f_0 \qquad \text{oppure} \quad E = \int_0^{f_0} F df$$

rappresenta l'energia potenziale elastica accumulata dalla molla.

Ad ogni tipo di molla si associa un coefficiente di utilizzazione del materiale con il quale la molla è costruita, come sarà visto più avanti.

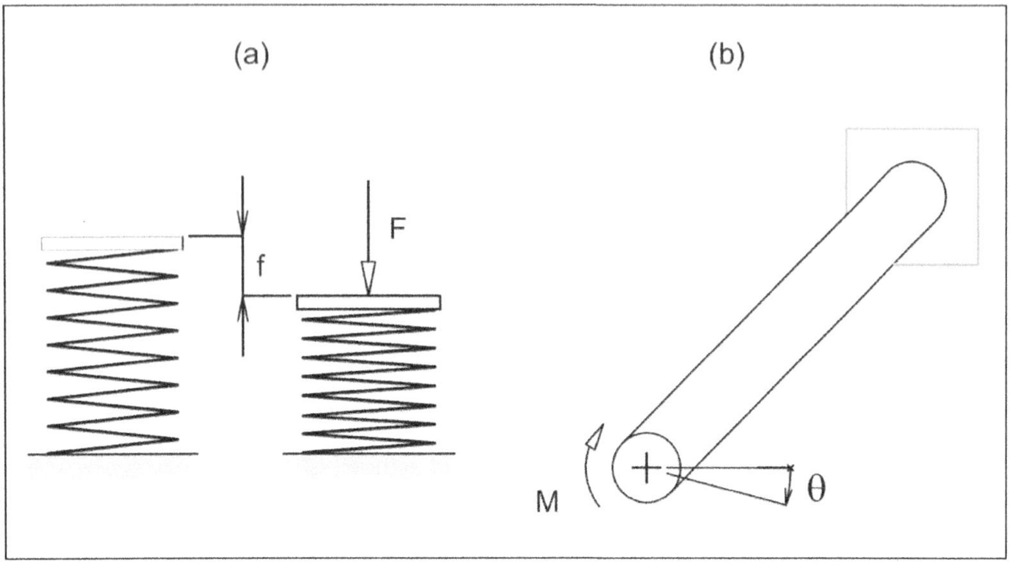

Figura 9.1. Molla ad elica e barra di torsione.

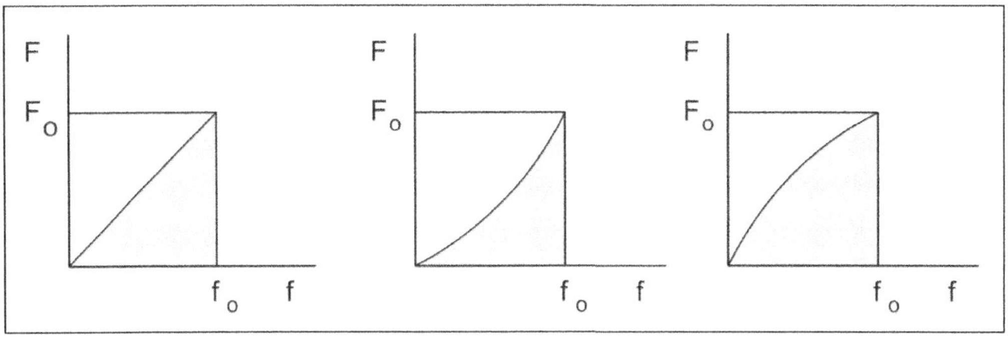

Figura 9.2. Caratteristica delle molle.

La Fig. 9.3 mostra una molla caricata tramite un braccio di lunghezza *b*. La rigidezza *k* all'estremità della leva, con k_m rigidezza della molla e *a* distanza della molla dal fulcro, è

$$k = \frac{F}{\delta} = k_m \left(\frac{a}{b} \right)^2$$

Nel caso di Fig. 9.4 di una barra di torsione caricata per mezzo di un braccio, la rigidezza è data da, con k_t rigidezza della barra di torsione e *b* lunghezza del braccio,

$$k = \frac{k_t}{b^2}$$

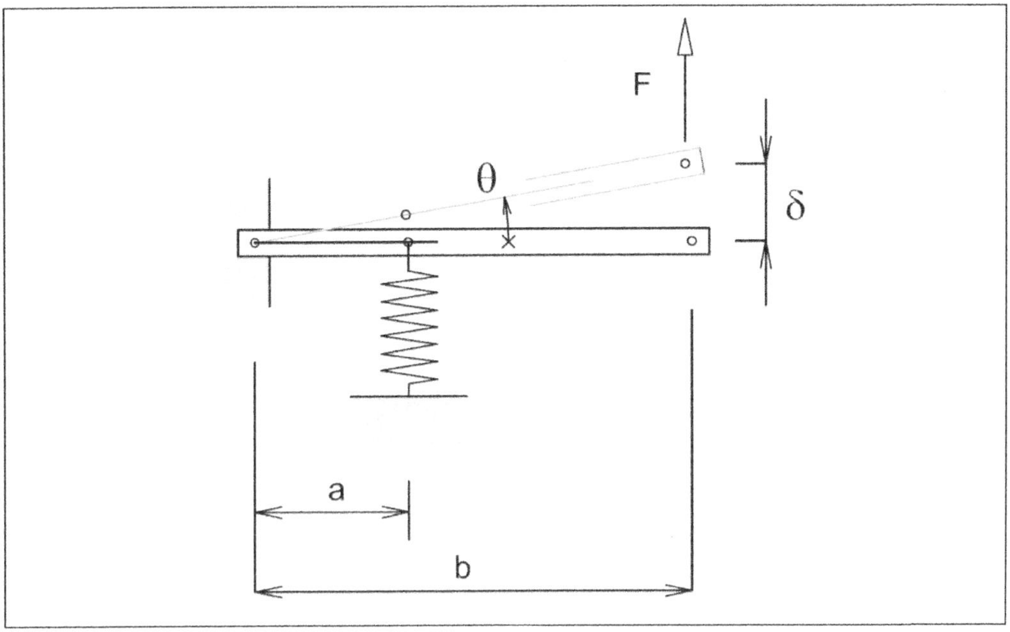

Figura 9.3. Braccio con molla ad elica.

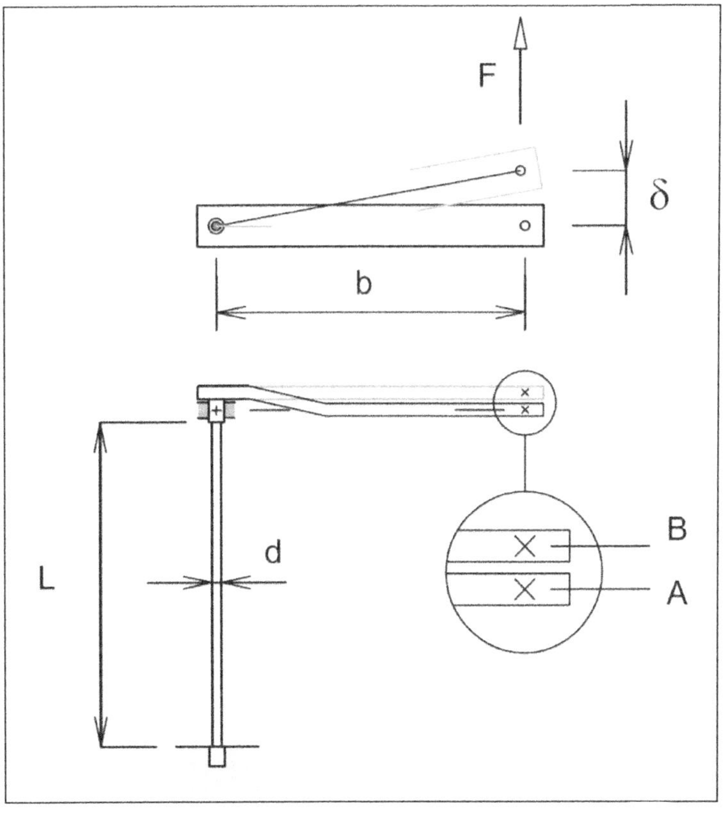

Figura 9.4. Braccio con barra di torsione.

È importante che la barra lavori con il carico applicato in *A* in figura piuttosto che in *B*, per evitare una sovrasollecitazione flessionale. In ambedue i casi si è trascurata la deformazione del braccio e le espressioni sono valide per piccoli spostamenti angolari del braccio.

Per due molle in serie e in parallelo la rigidezza risultante è rispettivamente

$$k = \frac{k_1 k_2}{k_1 + k_2} \qquad \text{e} \qquad k = k_1 + k_2$$

Le molle associate con masse costituiscono sistemi vibranti in cui non sempre si può trascurare la massa propria della molla, essendo essa un continuo dotato di massa oltre che di elasticità. Per esempio, le molle ad elica cilindrica pongono a volte problemi di sovrasollecitazioni provocate dalle vibrazioni in direzione del loro asse, secondo la legge dell'asta vibrante.

Il dimensionamento delle molle viene generalmente eseguito per successivi tentativi, a partire dai dati di progetto. Conviene prevedere molle di minimo peso e di minimo ingombro. Si ricorre per questo a materiali ad elevato carico di snervamento ed elevata resistenza a fatica e si preferiscono i tipi di molle che sfruttano al meglio la resistenza del materiale.

Sia σ la sollecitazione massima in una molla soggetta alla forza F. Sia Q l'energia potenziale elastica accumulata sotto la stessa forza. Si definisce il coefficiente di utilizzazione m come il rapporto fra l'energia Q e quella Q_0 che verrebbe accumulata se tutti i punti della molla lavorassero alla massima sollecitazione σ.

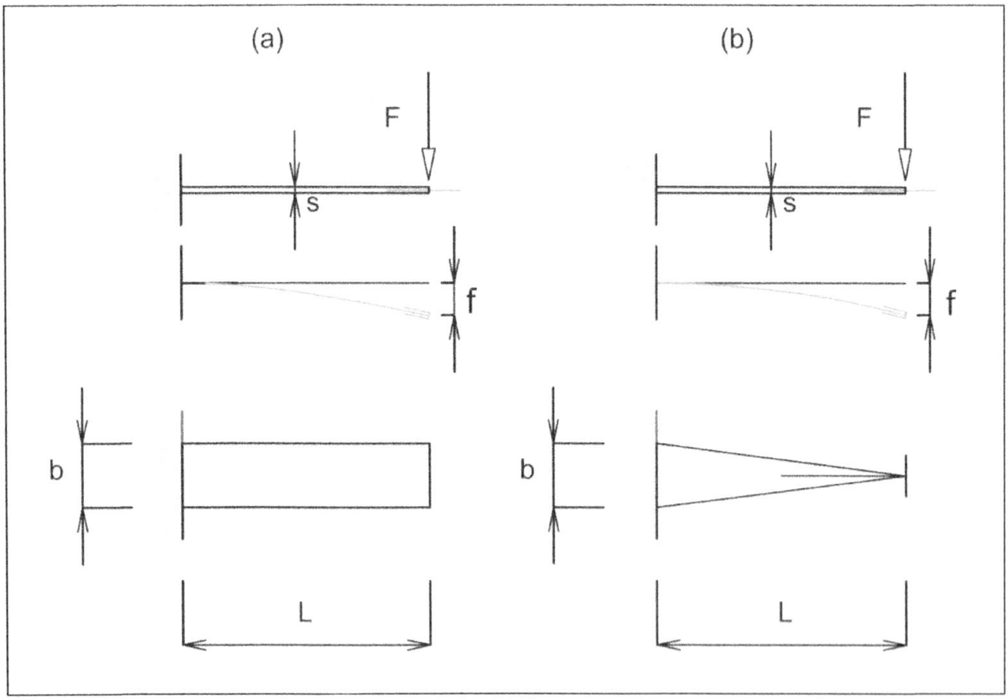

Figura 9.5. Molla incastrata.

Come esempio si consideri la molla di Fig. 9.5a, a forma di lamina rettangolare incastrata, con il carico F applicato all'estremità. La freccia è

$$f = \frac{FL^3}{3EJ} \qquad \text{con} \qquad J = \frac{bs^3}{12}$$

da cui

$$f = \frac{4FL^3}{Ebs^3}$$

e l'energia elastica

$$Q = \frac{Ff}{2} = \frac{2F^2L^3}{Ebs^3}$$

La sollecitazione massima è

$$\sigma = \frac{FL}{W} \qquad \text{con} \qquad W = \frac{bs^2}{6}$$

da cui

$$\sigma = \frac{6FL}{bs^2}$$

L'energia corrispondente alla sollecitazione uniforme σ è

$$Q_o = \frac{18F^2L^3}{Ebs^3}$$

e il coefficiente di utilizzazione

$$m = \frac{Q}{Qo} = \frac{1}{9}$$

Con analogo calcolo si trova, per esempio, che la molla a forma triangolare di Fig. 9.5b ha un coefficiente di utilizzazione $m = 1/3$. Questa molla è di uniforme resistenza, nel senso di essere soggetta alla stessa sollecitazione massima in ogni sezione, come si può facilmente verificare. Quando le molle di flessione sono realizzate con lamine molto sottili, con frecce elastiche f dello stesso ordine di grandezza della lunghezza L non possono più essere considerate lineari.

9.2. MATERIALI

Le molle metalliche si costruiscono in acciai ad alto carico di snervamento. Solo in casi particolari si usano altri materiali. La Fig. 9.6 mostra il confronto fra i diagrammi *sollecitazione-deformazione unitaria* ricavati nella prova di trazione di un normale acciaio da costruzione (*A*) ed di un acciaio da molle (*B*). Il secondo si caratterizza per l'elevato carico di snervamento, non molto inferiore al carico di rottura, e per una bassa deformazione unitaria alla rottura.

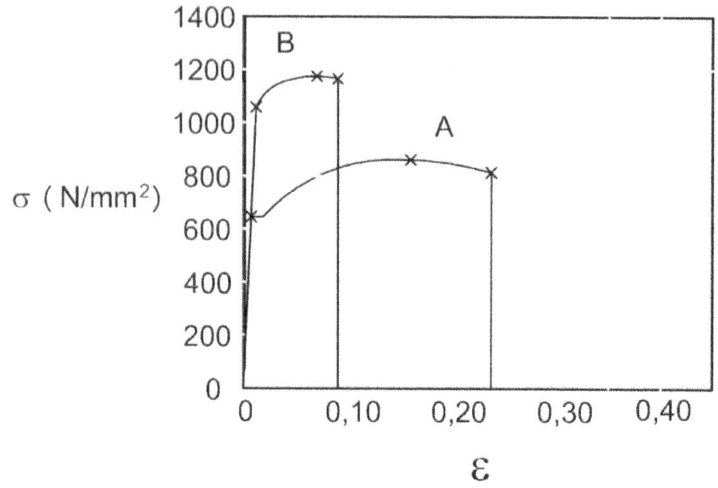

Figura 9.6. Confronto fra le caratteristiche di due acciai.

Il modulo elastico ed il modulo di elasticità tangenziale possono essere assunti sempre uguali a

$$E = 206000 \ N/mm^2 \qquad e \qquad G = 81400 \ N/mm2$$

Si impiegano per la costruzione delle molle acciai al *C* e legati. Fra i primi, per esempio, gli acciai *C72* e *C98*. L'aggiunta di Silicio fino al *2%* aumenta il carico di snervamento e la resistenza all'urto. Il Vanadio *(0,1 ÷ 0,2%)* ed il Tungsteno (> *1,2%*) migliorano le caratteristiche meccaniche anche alle alte temperature. I materiali per molle a più alta resistenza sono quelli al Silicio-Vanadio e al Cromo-Silicio-Vanadio.

La resistenza a fatica dipende non solo dalle dimensioni, dalla composizione e dallo stato del materiale, ma anche dalla finitura superficiale delle molle. Per le molle ad elica, particolarmente per piccoli diametri del filo, si usa normalmente il filo armonico, realizzato in acciaio al carbonio trafilato, ad altissima resistenza. La norma UNI 3823 prevede fili di quattro classi (*A, B, C, D*), con resistenza crescente dalla *A* alla *D*. Le prime due sono consigliate quando le sollecitazioni sono prevalentemente statiche e le seconde per le applicazioni dinamiche.

La Fig. 9.7 riporta la resistenza a rottura minima dell'acciaio armonico delle classi *C* e *D* in funzione del diametro del filo.

La tecnologia di realizzazione delle molle è molto varia, anche in funzione dello stato del semilavorato di partenza. Le molle realizzate dal filo vengono avvolte a freddo fino a circa *10 mm* di diametro, il più delle volte da acciaio incrudito per trafilatura e pretrattato. Per diametri maggiori vengono avvolte a caldo, con successivo trattamento di bonifica.

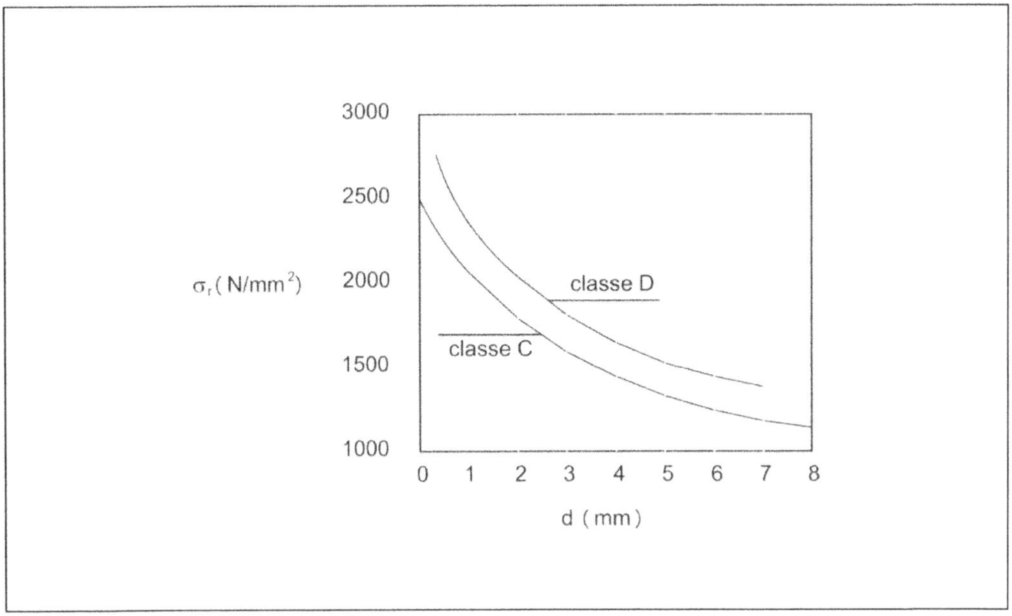

Figura 9.7. Resistenza a rottura dell'acciaio armonico.

9.3. IL PROGETTO DELLE MOLLE

I problemi di progetto riguardano la scelta del tipo di molla da usare, il posizionamento nel cinematismo di azionamento (braccio, parallelogramma, ecc.) e la scelta del materiale, e quindi della tecnologia, al fine di ottenere la rigidezza e la resistenza desiderate, rispettando gli spazi disponibili. Di seguito si riportano i criteri di progetto e di verifica per le molle più comuni. Maggiore attenzione è stata riservata alle molle ad elica cilindrica soggette a compressione e trazione, che trovano il più largo impiego.

Nel calcolo delle molle si distingue fra impiego statico con poche ripetizione del carico, o della deformazione, e impiego dinamico con conseguenti sollecitazioni a fatica.

9.4. BARRA DI TORSIONE

La barra di torsione si presta ad essere impiegata come collegamento elastico fra elementi con moto relativo di rotazione. L'impiego di questa molla è spesso reso difficile dalla sua notevole lunghezza.

Nelle barre di torsione (Fig. 9.8), il tratto centrale è raccordato con ampio raggio alle due teste di estremità, che vengono collegate alle due parti in movimento relativo del sistema in modi diversi: con uno scanalato, con una chiavetta che agisce contro un piano della testa, o in altri modi. Il diametro delle teste deve essere almeno 1,4 volte il diametro della barra a sezione circolare piena.

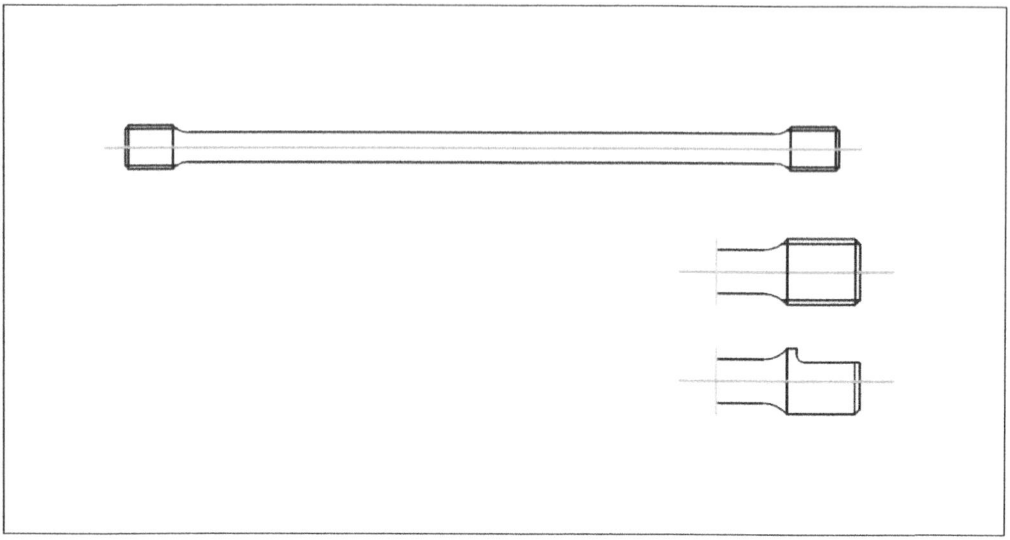

Figura 9.8. Barre di torsione.

La lunghezza utile da considerare nei calcoli è un po' più grande del tratto cilindrico, per tener conto dell'elasticità delle parti estreme.

Le formule da utilizzare per il progetto e la verifica sono quelle note della trave soggetta a torsione. Per la barra a sezione circolare piena di lunghezza utile *L* e diametro *d*:

$$\tau = \frac{16C}{\pi d^3} \qquad \theta = \frac{CL}{GJ_o}$$

con

$$J_o = \frac{\pi d^4}{32}$$

τ sollecitazione massima di taglio
C coppia torcente applicata
G modulo di elasticità tangenziale del materiale

Dalla seconda relazione si ricava la rigidezza

$$k_t = \frac{C}{\theta} = \frac{GJ_o}{L} = \frac{\pi G d^4}{32L}$$

Se, per esempio, sono assegnate la rigidezza k_t, la coppia massima applicata *C* e la sollecitazione ammissibile del materiale τ_{am}, risulta

$$d = \sqrt[3]{\frac{16C}{\pi\tau_{am}}} \qquad e \qquad L = \frac{\pi G d^4}{32 k_t}$$

Il dimensionamento in questo caso è dunque univoco. Se invece si vuole realizzare una barra di torsione cava (con rapporto fra i diametri interno ed esterno non fissato), che ha il pregio di avere un miglior coefficiente di utilizzazione (m=1/2 per la barra piena e tende a 1 al tendere a 0 dello spessore) oppure si deve azionare la barra con una leva essendo assegnata la rigidezza all'estremità della leva ma non la lunghezza della stessa, il dimensionamento non è più univoco.

Se sono assegnate la rigidezza k_t , l'escursione angolare θ e la sollecitazione ammissibile τ_{am} si ha $C = k_t\theta$ e si è ricondotti al primo caso.

La sollecitazione statica ammissibile, quando un fine-corsa determina con precisione l'angolo di deformazione massimo θ, può essere posta pari a circa *0,9* volte la sollecitazione di snervamento a taglio (pari, a sua volta, a *0,6 ÷ 0,7* volte la sollecitazione di snervamento a sforzo normale) del materiale utilizzato per costruire la barra. In tal modo, per i materiali più usati si hanno tensioni di lavoro di *600 ÷ 800* N/mm^2.

Nel caso di deformazione alternata fra due valori θ_{min} e θ_{max} devono essere calcolate le corrispondenti sollecitazioni ed eseguita la verifica di resistenza con il diagramma di Smith, o con un diagramma equivalente relativo alla resistenza a fatica, per il materiale della molla. La resistenza a fatica dipende com'è noto anche dalla condizione superficiale dei pezzi. Le barre di torsione possono per questo essere rettificate nella parte utile, compresi i raccordi.

Le barre cave sono poco usate, anche se più leggere a parità di prestazioni. Il loro costo è più alto per la difficoltà di lavorazione di precisione all'interno. In ogni caso lo spessore delle barre cave non deve scendere al di sotto del valore critico agli effetti dell'instabilità elastica.

9.5. MOLLE A ELICA A TRAZIONE E COMPRESSIONE

Sono molle di largo impiego per il costo di costruzione non elevato, per la facilità di inserimento in spazi diversi (l'ingombro laterale e la lunghezza possono infatti variare inversamente per dar luogo a molle equivalenti) e perché non richiedono una rigorosa coassialità fra estremità fissa e mobile. La molla ad elica, dal punto di vista del calcolo è una trave a sviluppo elicoidale, caricata secondo l'asse dell'elica, in cui la sollecitazione prevalente è di torsione, costante nelle sezioni. L'elica puo essere destra o sinistra. Il momento torcente che sollecita il filo è FR, dove F é il carico, R il raggio dell'elica o della spira e d il diametro del filo (Fig. 9.9). La sollecitazione massima, nominale in quanto trascura alcuni effetti, è

$$\tau_n = \frac{16\,FR}{\pi d^3}$$

La freccia, indicando con i_u il numero delle spire utili, pari al numero delle spire totali meno i tratti estremi appoggiati che non partecipano della deformazione, si ricava integrando i contributi dei tratti elementari di spira. Risulta

$$f = \int \frac{FR^3}{GJ_o} d\alpha = \frac{64\, i_u FR^3}{Gd^4}$$

essendo $d\alpha$ l'angolo che sottende il tratto elementare della spira considerata per approssimazione circolare. La rigidezza è

$$k = \frac{F}{f} = \frac{Gd^4}{64 i_u R^3}$$

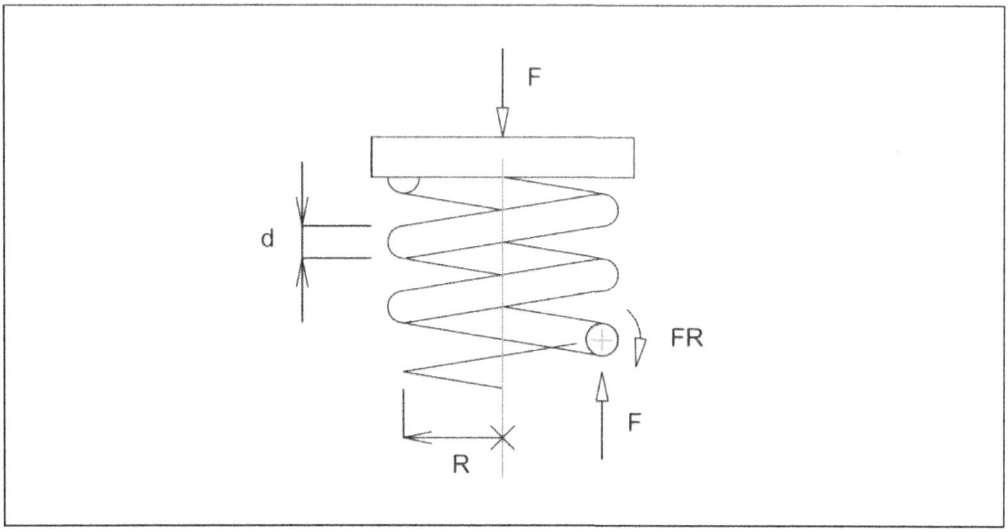

Figura 9.9. Sforzi nella molla ad elica.

Da notare che la sostanziale linearità di queste molle, anche per frecce dello stesso ordine di grandezza delle dimensioni delle molle stesse, deriva dalla posizione del carico rispetto alle sezioni del filo, praticamente indipendente dalla deformazione.

Se sono assegnati il carico massimo F_{max}, , la rigidezza k e la sollecitazione τ_m, deve essere per prima cosa fissato o il diametro della spira, o il diametro del filo, per procedere con il dimensionamento. Esistono dunque infinite molle che soddisfano alle condizioni assegnate.

Fino qui la teoria é approssimata perché non tiene conto della sollecitazione dovuta allo sforzo di taglio F e dell'effetto "trave curva". Inoltre, a causa dell'inclinazione dell'elica media, quello che è stato considerato un momento torcente sarebbe da scomporre, a rigore, in un momento torcente ed in un momento flettente e così lo sforzo F andrebbe scomposto in uno sforzo tagliante ed in uno sforzo normale. Tuttavia, nelle molle di comune impiego, che anche per ridurre al minimo l'ingombro vengono costruite con le spire molto ravvicinate, si trascura l'effetto dell'inclinazione, ovvero si considerano le spire come piane ai fini della posizione delle sezioni rispetto al carico F. Non sono invece da trascurare l'effetto dello sforzo di taglio e l'effetto "trave curva".

Con riferimento alla Fig. 9.10, gli scorrimenti unitari del materiale γ_i all'interno (arco AB) e γ_e all'esterno (arco CD) sono rispettivamente uguali al rapporto fra archi uguali (AA'=CC') e fibre di lunghezza diversa (arco CD > arco AB), ovvero la sollecitazione tangenziale all'intradosso (punti dell'arco AB) è superiore a quella all'estradosso (punti dell'arco CD).

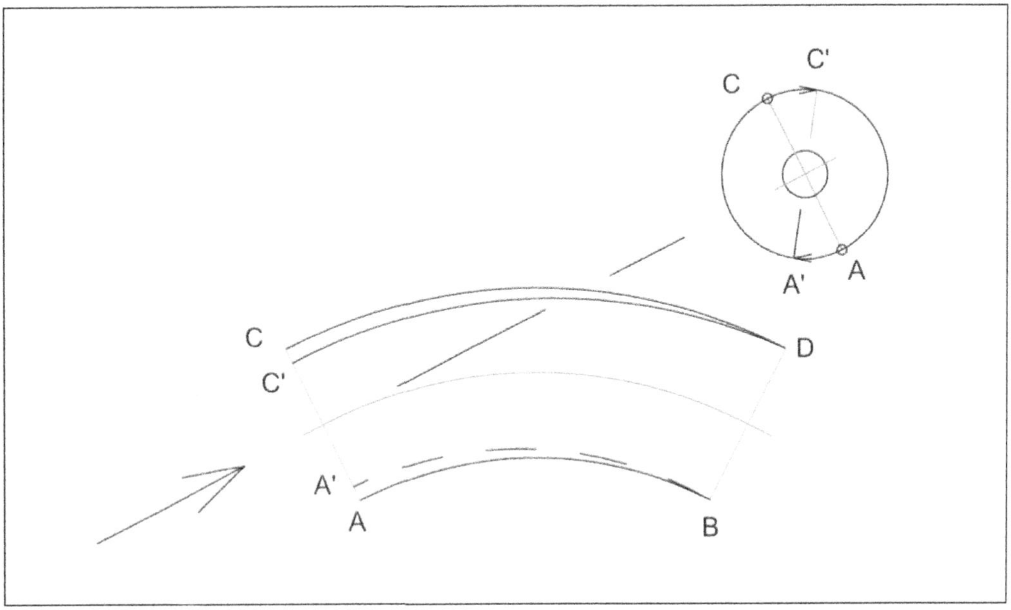

Figura 9.10. Effetto trave curva.

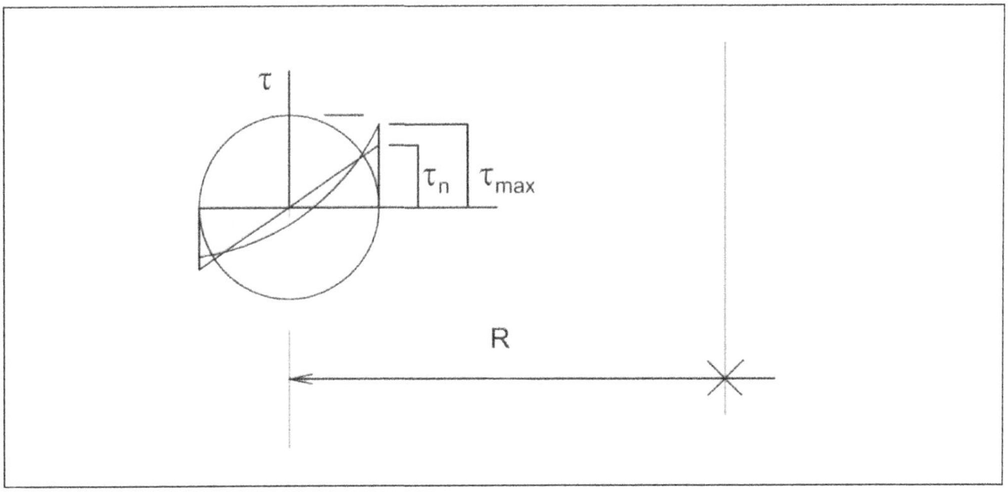

Figura 9.11. Effetto trave curva.

La sollecitazione della sezione filo, quando si mette in conto l'effetto "trave curva", è indicata in Fig. 9.11, in confronto con la tensione nominale. Della sollecitazione aggiuntiva dovuta allo sforzo di taglio e dell'effetto trave curva si tiene conto con il fattore di maggiorazione (si omette la dimostrazione)

$$\lambda = \frac{4c - 1}{4c - 4} + 0{,}615\ c$$

funzione del fattore o rapporto di avvolgimento

$$c = \frac{2R}{d}.$$

La Fig. 9.12 riporta il grafico corrispondente alla formula. La sollecitazione massima effettiva è dunque

$$\tau = \lambda \tau_n$$

Per esempio, in una molla con rapporto di avvolgimento pari ad 8 si trova un fattore $\lambda = 1.18$. La correzione non può dunque essere tralasciata nelle verifiche di resistenza. Teoricamente un'analoga correzione dovrebbe essere fatta anche per la freccia in quanto la molla è più rigida di quanto dice la teoria elementare. Tuttavia, poiché la differenza in questo caso è molto piccola, in pratica questa correzione si può tralasciare.

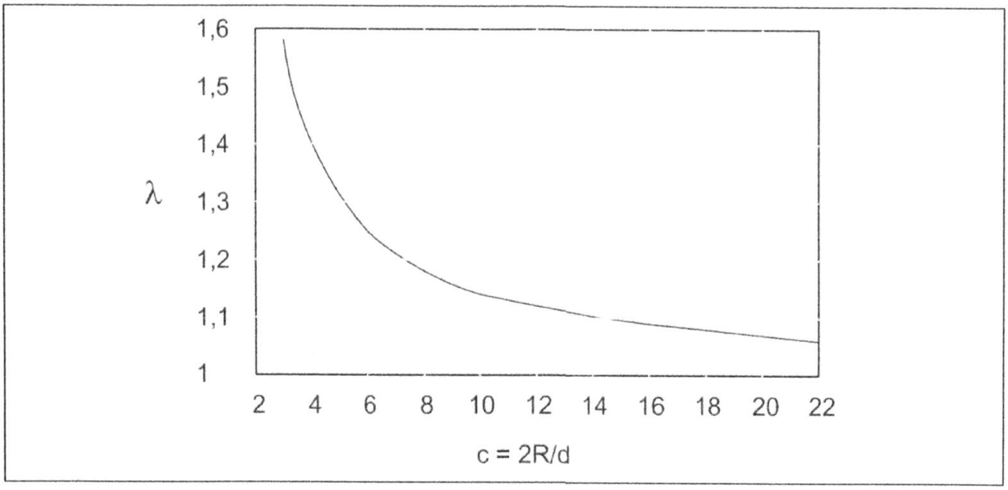

Figura 9.12. Fattore λ.

Le molle ad elica di compressione si presentano spesso come in Fig. 9.13, con le spire estreme ravvicinate e molate per realizzare superfici di appoggio piane su un arco intorno a *270°* oppure senza modifiche delle spire terminali. Le molle di compressione devono essere centrate, all'interno o all'esterno, alle due estremità. Quando i piani di appoggio fisso e mobile non si mantengono abbastanza perpendicolari all'asse della spira devono essere previsti appoggi orientabili.

Per impedire fenomeni di inflessione laterale, se si tratta di molle di compressione con le spire terminali molate e guidate per un breve tratto, la lunghezza libera L_* (lunghezza a molla scarica) e la freccia massima sono soggette alle seguenti limitazioni dettate dall'esperienza:

$L/(2R) < 7{,}5$ $\qquad$ $f_{max}/L < 0{,}73$

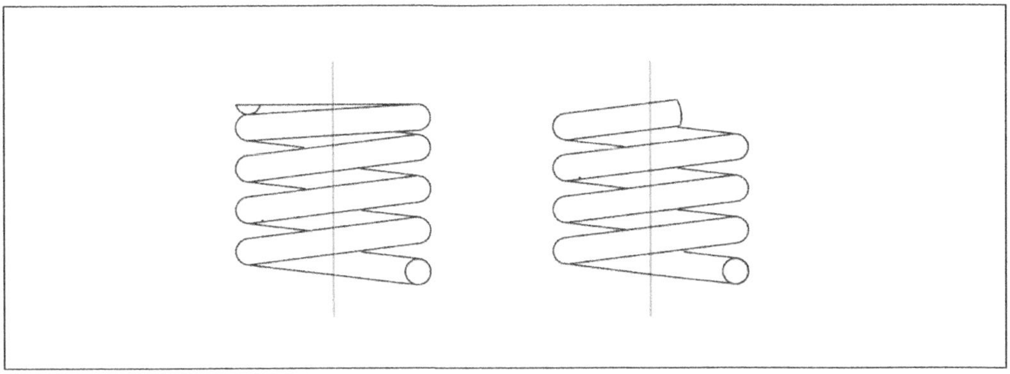

Figura 9.13. Molle ad elica di compressione.

Se si tratta di molle con spire terminali semplicemente molate, solo centrate e non guidate, le limitazioni sono

$$L/(2R) < 6{,}3 \qquad f_{max}/L < 0{,}55$$

Per valori della lunghezza libera inferiori non esiste pericolo di inflessione laterale. Per valori superiori si deve predisporre una guida esterna o interna sufficientemente lunga. Il passo dell'elica si tiene normalmente, a molla scarica, nei valori

$$p = 0{,}3\ R \div 0{,}5\ R$$

Il rapporto o fattore di avvolgimento $c = 2R/d$ fra il diametro medio della spira ed il diametro del filo conviene praticamente che non sia < 4.

Le molle di compressione vengono impiegate anche in parallelo, ad esempio con disposizione concentrica, come nelle valvole dei motori a benzina e Diesel, in cui è poco lo spazio a disposizione (Fig. 9.14). Le Figg. 9.15 e 9.16 mostrano l'impiego delle molle ad elica nelle sospensioni delle automobili.

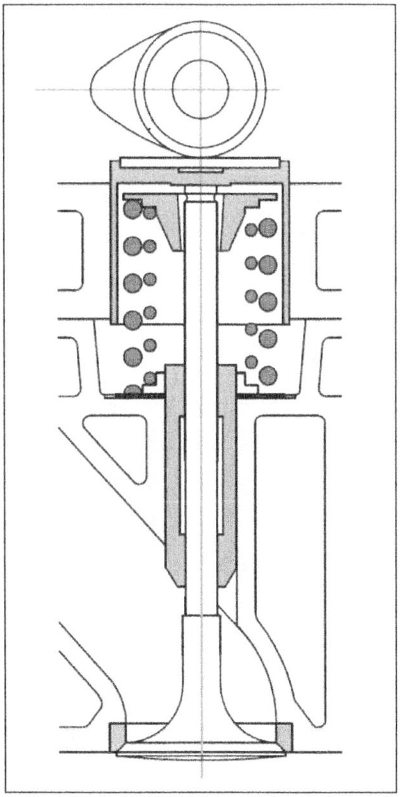

Figura 9.14. Valvola.

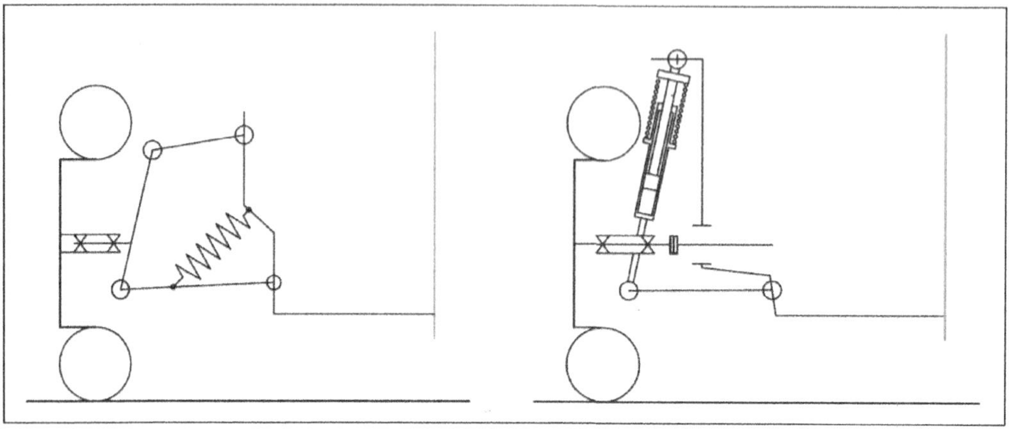

Figura 9.15. Sospensioni anteriori.

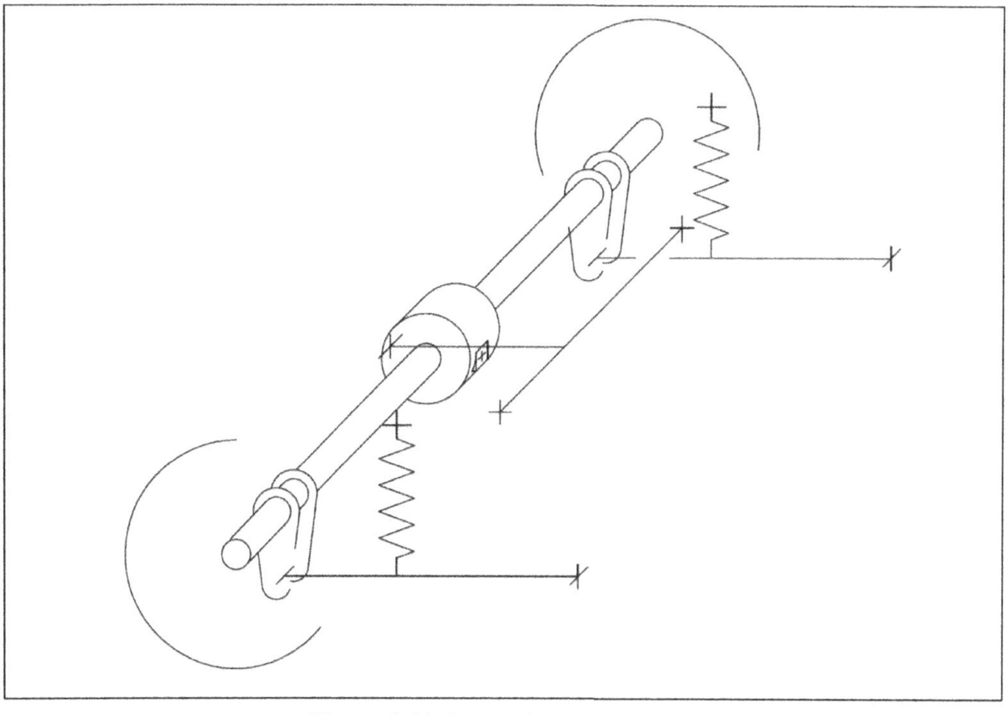

Figura 9.16. Sospensione posteriore.

Grandi molle ad elica di compressione sono realizzate a volte con barre a sezione rettangolare, in sostituzione del filo, con il vantaggio di accumulare più energia a parità di ingombro. Richiedono però cicli di lavorazione per deformazione a caldo complicati.

Le molle di trazione sono quasi sempre con le spire a contatto e precaricate durante la costruzione (Fig. 9.17). Il carico minimo al quale viene fatta lavorare la molla deve essere poco superiore al precarico. In tal modo si ottiene la molla più corta possibile.

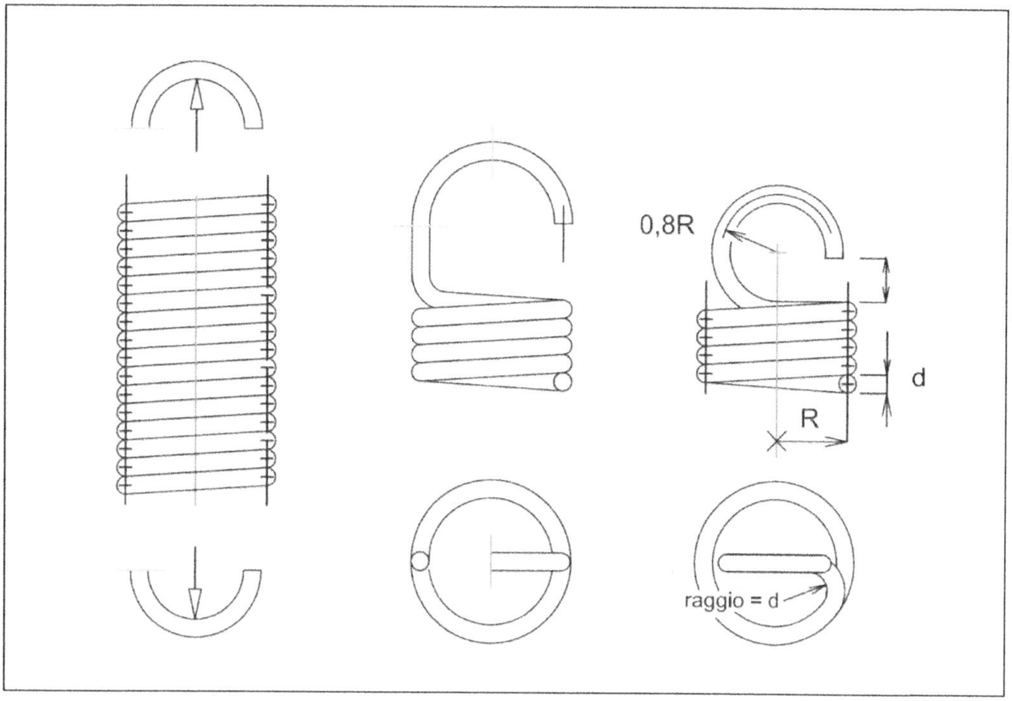

Figura 9.17. Molle ad elica di trazione.

Le estremità vengono conformate in vario modo (Fig 9.17). Non di rado esse costituiscono la zona debole della molla. La rottura avviene per flesso-torsione nel passaggio dalla spira all'occhiello di trazione, in particolare se il raggio di raccordo è stretto o se rimane il segno dell'utensile di piegatura. La terza estremità rappresentata nella Fig. 9.17 rappresenta una conformazione sperimentata, nella quale l'occhiello non rappresenta un punto debole.

Soluzioni diverse dai semplici occhielli, per ovviare alla rottura delle estremità, sono indicate nella Fig. 9.18.

I valori consigliati del fattore di avvolgimento sono gli stessi delle molle ad elica di compressione.

Da notare che, per ovvie ragioni, il numero di spire delle molle ad elica non deve essere comunque troppo piccolo. Nelle molle ad elica sia di compressione che di trazione la sollecitazione ammissibile nel caso di impiego statico può essere determinata nel modo che segue, dove

- σ_r è il carico di rottura minimo del materiale, funzione dell'acciaio impiegato per la costruzione della molla e del diametro del filo;
- a_1 è il rapporto fra la resistenza al taglio e la resistenza alla trazione, pari per gli acciai da molle a circa 0.6;
- a_2 è il rapporto fra il carico di snervamento e il carico di rottura, pari per gli acciai da molle a circa 0.9;
- a_3 è l'inverso del coefficiente di sicurezza; per gli impieghi statici si può prendere $a_3 = 1/1.08$.

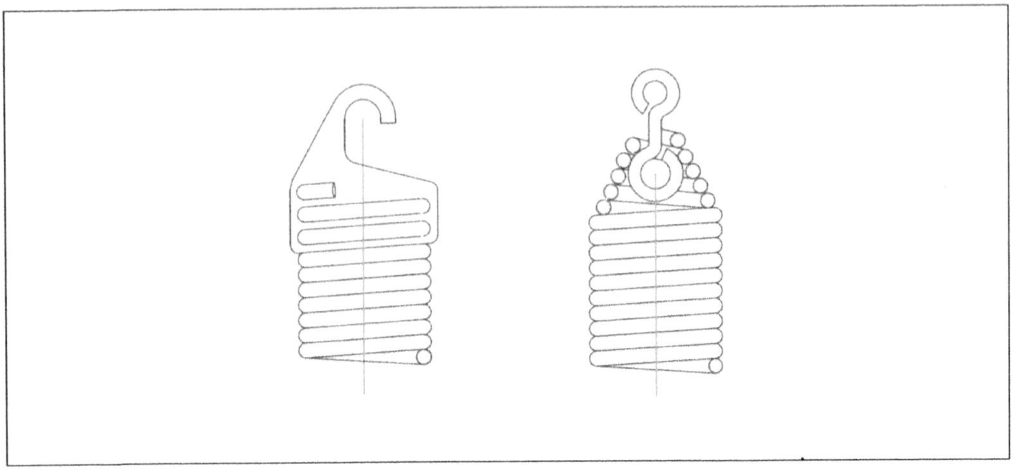

Figura 9.18. Molle ad elica di trazione.

Con i valori assunti per i coefficienti a_1, a_2, a_3, la tensione ammissibile per le molle di compressione risulta

$$\tau_{max} = 0,6 \cdot 0,9 \frac{1}{1,08} \sigma_r = 0,50\ \sigma_r$$

e per le molle di trazione si può assumere

$$\tau_{am} = 0,45\ \sigma_r$$

per tener conto di una maggiore incertezza sul centramento del carico e per una possibile maggiore sollecitazione negli occhielli d'estremità.

Riassumendo si consigliano, per l'impiego statico, quando non esistano incertezze sulle condizioni di lavoro, le tensioni ammissibili

$\tau_{am} = 0,50\ \sigma_r$ per le mole di compressione

$\tau_{am} = 0,45\ \sigma_r$ per le molle di trazione

Quando la molla, di compressione o di trazione, lavora con una deformazione oscillante fra f_{min} e f_{max}, ovvero con il carico fra $F_{min}=kf_{min}$ e $F_{max}=kf_{max}$, devono essere calcolate le sollecitazioni

$$\tau_{min} = \frac{16\lambda F_{min} R}{\pi d^3} \qquad \tau_{max} = \frac{16\lambda F_{max} R}{\pi d^3}$$

e l'oscillazione della tensione

$$\Delta\tau = \tau_{max} - \tau_{min}$$

da confrontare, per molle in filo armonico, con i valori ammissibili dati dai diagrammi relativi alla resistenza a fatica. Non per tutti i materiali si trovano detti diagrammi. Per le molle di trazione la resistenza a fatica data dai diagrammi conviene che sia ridotta secondo il fattore 1/1.2, per tener conto, come nell'impiego statico, dell'incertezza sul centramento del carico e della possibile sovrasollecitazione degli occhielli. La resistenza a fatica delle molle può essere aumentata in modo significativo (*10 ÷ 20%*) con la pallinatura.

9.6. MOLLA A SPIRALE

Questa molla (Fig. 9.19) è conformata secondo una spirale di Archimede (raggio proporzionale all'angolo). Si presta, come la barra di torsione, ad essere impiegata come collegamento elastico fra elementi con moto relativo di rotazione, solo che ha proporzioni tutte diverse: piccolo ingombro assiale e grande ingombro radiale. Di solito queste molle sono costruite di non grandi dimensioni, per basse coppie. La deformazione può essere anche di alcuni giri.

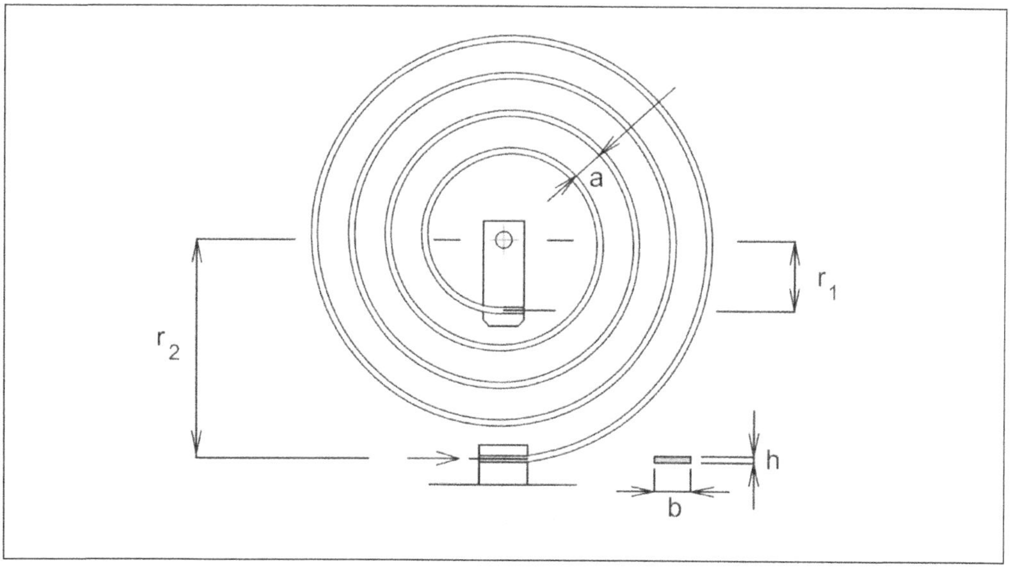

Figura 9.19. Molla a spirale.

La soluzione costruttiva razionale è costituita da una bandella sottile a sezione rettangolare, incastrata al perno centrale ed in corrispondenza del vincolo fisso esterno. In questo caso, se il numero delle spire non è troppo piccolo e se le spire non vanno a contatto, si ha praticamente un momento flettente costante lungo la spirale pari alla coppia *C* applicata al perno centrale. La sollecitazione massima vale dunque

$$\sigma = \frac{C}{W} = \frac{6C}{bh^2}$$

essendo W il modulo di resistenza a flessione, b ed h i lati della sezione rettangolare. La relazione fra l'angolo di rotazione θ del perno centrale e la coppia C è

$$\theta = \frac{Cl}{EJ}$$

dove l è lo sviluppo della parte utile della molla ed J il momento d'inerzia a flessione della sezione ($J = bh3/12$). La rigidezza è

$$\frac{C}{\theta} = \frac{EJ}{l}$$

Valgono le seguenti relazioni geometriche, con riferimento alla Fig. 9.19, con n numero di spire,

$$a = \frac{r_2 - r_1}{n} - h \qquad l = \pi \frac{r^2_2 - r^2_1}{a + h}$$

La tensione ammissibile statica dovrà essere dell'ordine della metà, o un po' meno, della resistenza a rottura del materiale $(\sigma_r/2)$, purché non siano presenti sovrasollecitazione nelle zone di incastro. Per la resistenza a fatica è necessario disporre di dati relativi alla bandella utilizzata.

9.7. MOLLE A ELICA LAVORANTI A FLESSIONE

Sono molle ad elica cilindrica che, come la barra di torsione e la molla a spirale piana, realizzano un collegamento elastico fra organi in moto relativo di rotazione. Quando vengono disposte, come di regola, anche per contenere l'inflessione laterale, intorno ad un perno, deve essere verificata la non interferenza con il perno stesso al variare del raggio interno delle spire a seguito della deformazione. L'impiego più comune è per richiamare in posizione elementi mobili intorno ad un asse. La Fig. 9.20 mostra alcune versioni di queste molle, che si diversificano per la forma dei terminali di aggancio e la Fig. 9.21 una applicazione.

Le relazioni fondamentali per il progetto e la verifica sono di seguito riportate. La sollecitazione a flessione massima è

$$\sigma = \mu\sigma_n = \frac{\mu 32C}{\pi d^3}$$

essendo C la coppia di torsione intorno all'asse dell'elica, σ_n la sollecitazione nominale e μ il coefficiente di maggiorazione della tensione, funzione del fattore di avvolgimento $c = 2R/d$, che tiene conto dell'effetto trave curva a flessione. Il fattore μ è dato nel diagramma di Fig. 9.22.

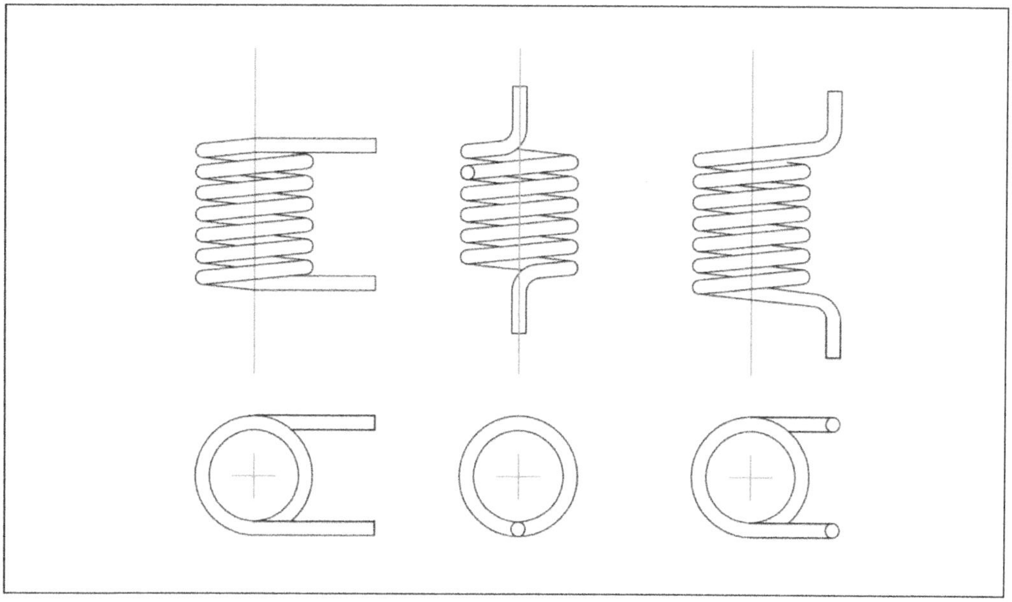

Figura 9.20. Molle ad elica lavoranti a flessione.

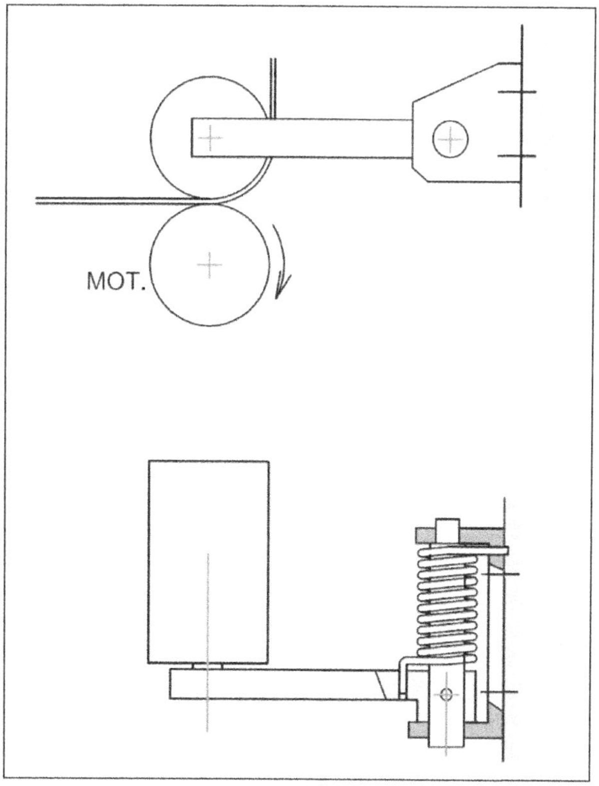

Figura 9.21. Rullo pressore.

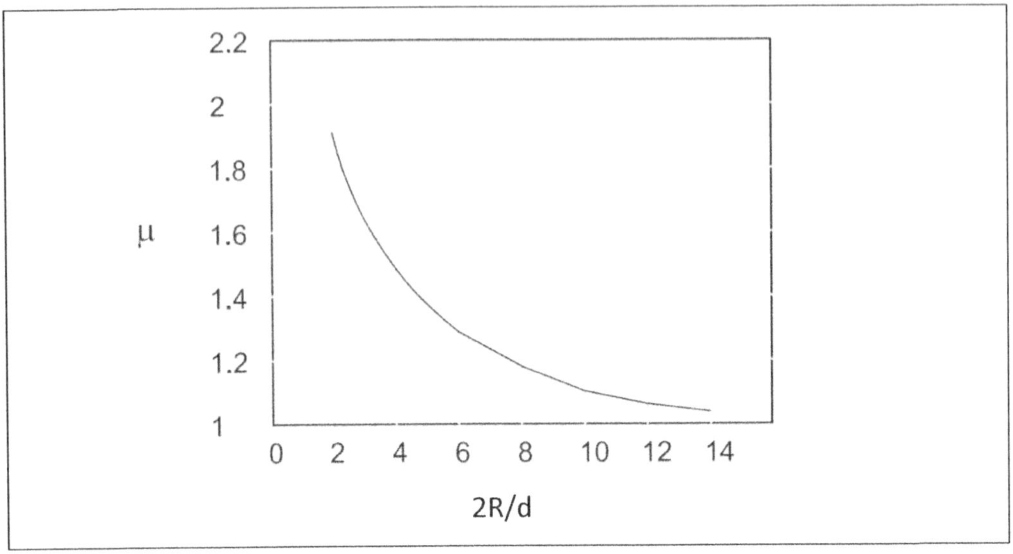

Figura 9.22. Fattore μ .

La rotazione relativa fra le estremità fissa e mobile in funzione della coppia corrispondente è

$$\theta = \frac{Cl}{EJ}$$

in cui $l = n2\pi R$, con n numero di spire utili, è lo sviluppo della parte utile della molla ed J il momento d'inerzia a flessione della sezione di diametro d ($J= \pi d^4/64$). La rigidezza è

$$k = \frac{C}{\theta} = \frac{EJ}{l}$$

Normalmente si tratta di molle di non grandi dimensioni, costruite in filo armonico. Le sollecitazioni ammissibili sono praticamente quelle indicate per le molle ad elica soggette a compressione o a trazione, con l'avvertenza che ora si tratta di sollecitazioni di flessione invece che di torsione. In pratica si può tenere $\sigma_{amm}=1.6\tau_{am}$ con τ_{am} come determinato per le molle di compressione e trazione.

9.8. BALESTRA

Trascurando le molle di flessione a lamina, a forma rettangolare (Fig. 9.5), impiegate come semplici elementi di richiamo elastico o di chiusura con una determinata forza (per esempio, nei dispositivi elettromeccanici), la molla tipica di flessione è la balestra composta da un pacco lamine di lunghezza degradante, o foglie, sovrapposte (Fig. 9.23),. Ha origini antiche e fino a pochi decenni fa rappresentava l'elemento elastico della sospensione di quasi tutti i veicoli ferroviari e stradali, provvedendo anche con la dissipazione di energia nello sfregamento fra le foglie ad uno smorzamento coulombiano utile per il comfort, da solo o in parallelo con gli

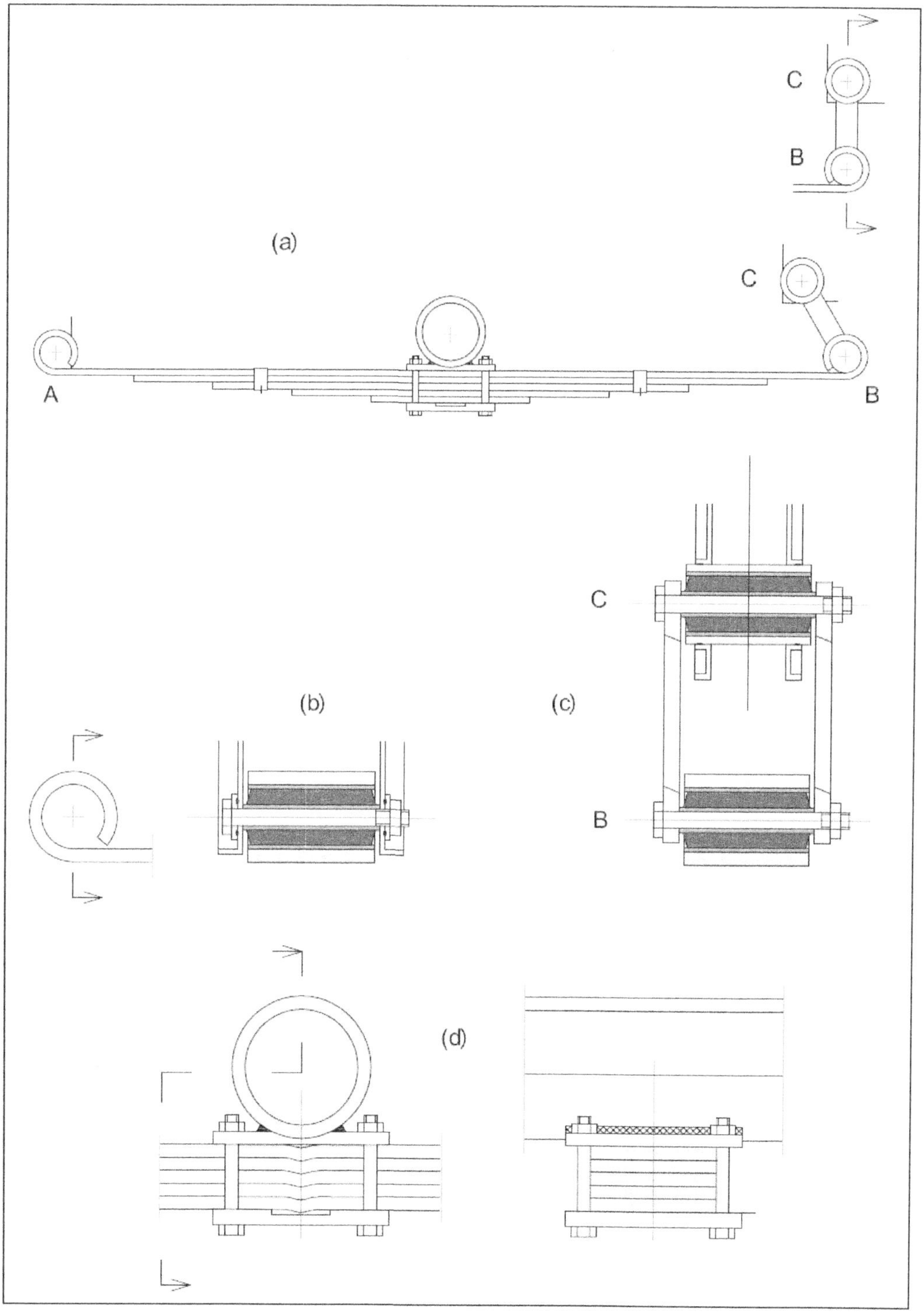

Figura 9.23. Balestra.

ammortizzatori di tipo viscoso. La balestra è stata sostituita in gran parte nelle sospensioni come elemento elastico dei veicoli dalla molla ad elica, dalla barra di torsione o dalla sospensione pneumatica. Tuttavia le balestre vengono ancora impiegate, nelle autovetture e, maggiormente nei veicoli pesanti stradali, per la semplicità costruttiva che si ottiene, come, per esempio, nella sospensione posteriore di Fig. 9.24, con le balestre che oltre che costituire il collegamento elastico realizzano il collegamento cinematico del ponte al telaio.

La foglia più lunga, foglia madre, ha le estremità a forma di occhio, una collegata direttamente al telaio con un perno, l'altra collegata al telaio per mezzo di un pendolo in modo da realizzare lo schema della trave inflessa con i vincoli cerniera ed appoggio, o pendolo. Le altre foglie del pacco di lunghezza degradante sono vincolate in direzione longitudinale fra di loro ed alla fogli madre solo al centro, per cui durante il funzionamento ogni foglia può scorrere rispetto alle due foglie contigue. Il collegamento centrale fra le foglie più semplice, con un perno, di rado viene realizzato a causa del notevole effetto d'intaglio che introdurrebbe nella sezione centrale di ogni foglia. La Fig. 9.23d, mostra una fra le soluzione adottate per il vincolo centrale, consistente in una insellatura locale delle foglie che realizza il vincolo con l'introduzione di un modesto effetto d'intaglio. Molto spesso i perni non sono collegati direttamente al telaio od al pendolo, costituito questo da due biellette, o biscottini, ma con interposizione di silentbloc, come mostra la figura, allo scopo di filtrare le vibrazioni di alta frequenza trasmesse dalla strada.

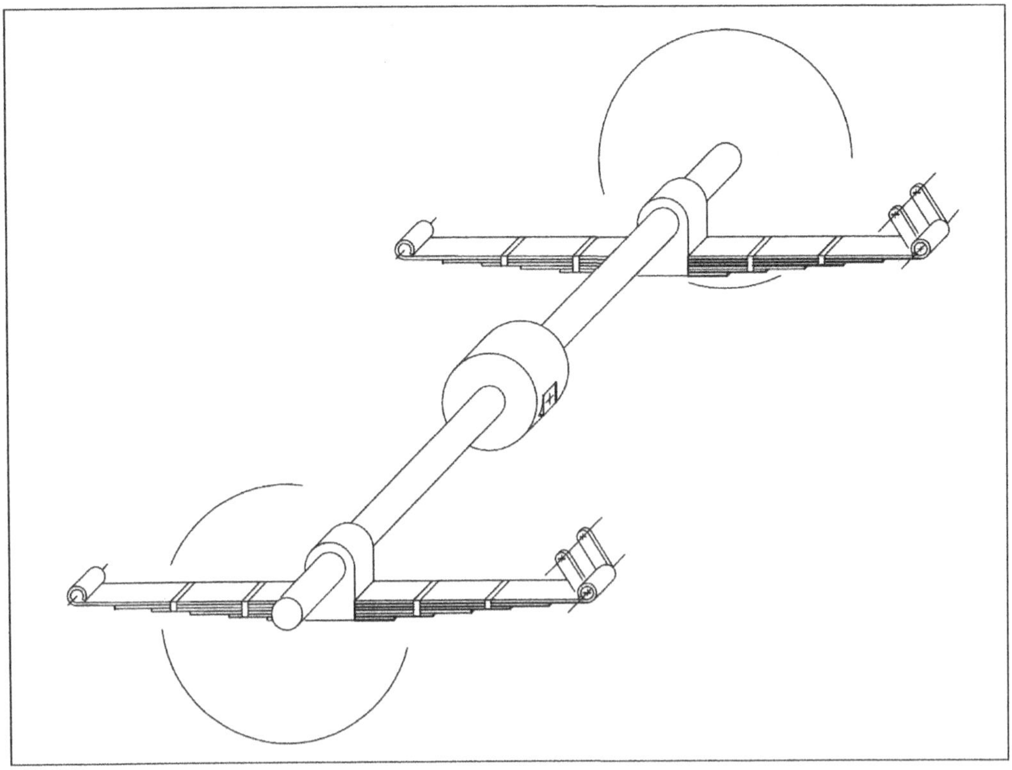

Figura 9.24. Sospensione posteriore.

Come detto una delle due estremità è collegata al telaio con un perno, l'altra di solito con un pendolo, più spesso inclinato come nella soluzione *A* piuttosto che perpendicolare alla retta congiungente le due estremità come nella soluzione *B*. A partire da una conformazione rettilinea della balestra, la soluzione *A* introduce un irrigidimento della balestra con l'aumentare del carico per effetto delle componenti orizzontali delle due reazioni, positivo per il comfort, come sarà visto più avanti.

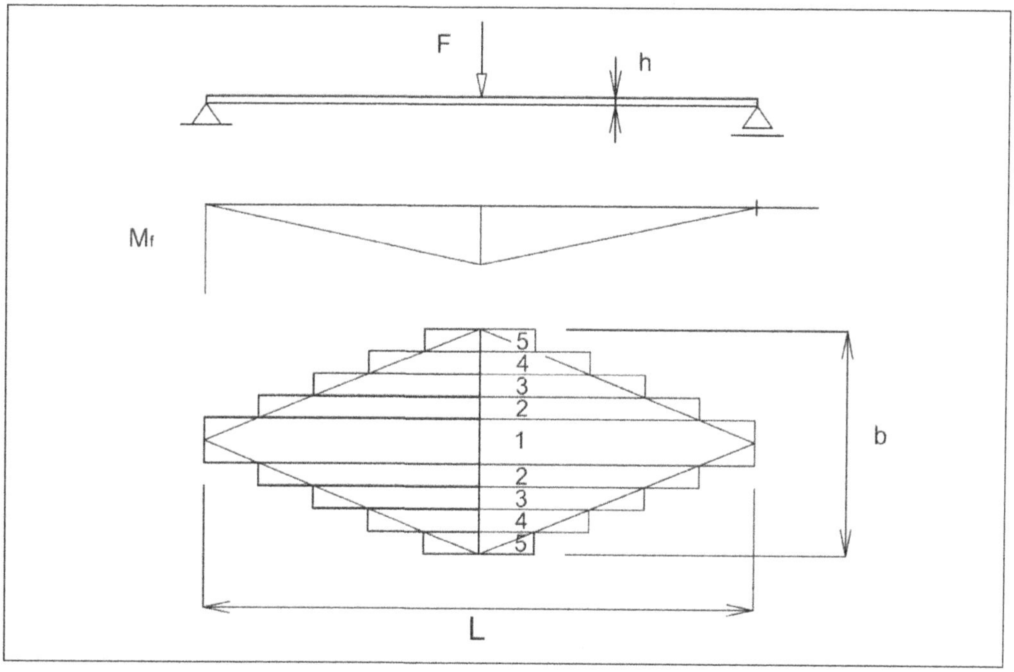

Figura 9.25. Trave equivalente.

Per un calcolo di prima approssimazione del diagramma-carico freccia e della sollecitazione massima della balestra si può fare riferimento ad una trave ideale con la pianta a forma di rombo (Fig. 9.25), di uniforme resistenza a flessione. Si passa dalla trave ideale a forma di rombo alla balestra sovrapponendo le strisce ricavate come in figura (*1, 2, 3, 4, 5*) che vanno a lavorare in parallelo, così come avviene nella trave a forma di rombo, con la striscia centrale che corrisponde alla foglia madre. In tal modo con riferimento ai simboli in figura, la sollecitazione massima di prima approssimazione nella sezione centrale è

$$\sigma = \frac{F\frac{1}{2}}{W} \qquad \text{con } W = \frac{bh^2}{6}$$

da confrontare con la resistenza a fatica e la freccia

$$f = \frac{1}{32}\frac{FL^3}{EI} \qquad \text{con } I = \frac{bh^3}{12}$$

9.9. MOLLE A DISCO O A TAZZA

Le molle a disco, o tazza, (Fig. 9.26a) hanno forma di disco conico forato. Possono essere leggermente spianate (Fig. 9.26b) in per migliorare gli appoggi. Singolarmente sono molto rigide; vengono spesso usate in serie (Fig. 9.26c), o in parallelo (Fig. 9.26d), o anche a gruppi serie-parallelo per ottenere l'elemento elastico desiderato. I pacchi devono essere guidati internamente o esternamente (Fig. 9.27). Sono disponibili per ampi campi di dimensioni(diametro esterno da *8* a *250* mm) e capacità di carico. Nel caso di molle in serie ogni molla è soggetta al carico esterno applicato, mentre nel caso di molle in parallelo ogni molla subisce $1/n$ il carico esterno, dove n è il numero di molle. Il pacco di molle in parallelo comporta strisciamenti fra ogni molla e le due contigue, al variare del carico, con conseguenti dissipazioni energetiche provocate dalle azioni d'attrito, eventualmente utili in casi di funzionamento dinamico.

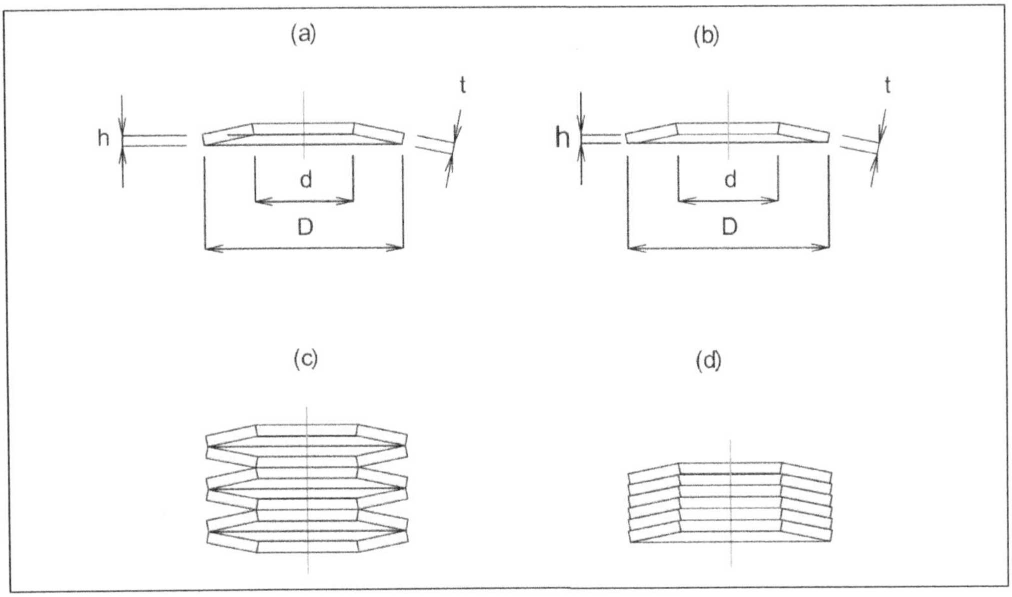

Figura 9.26. Molle a disco.

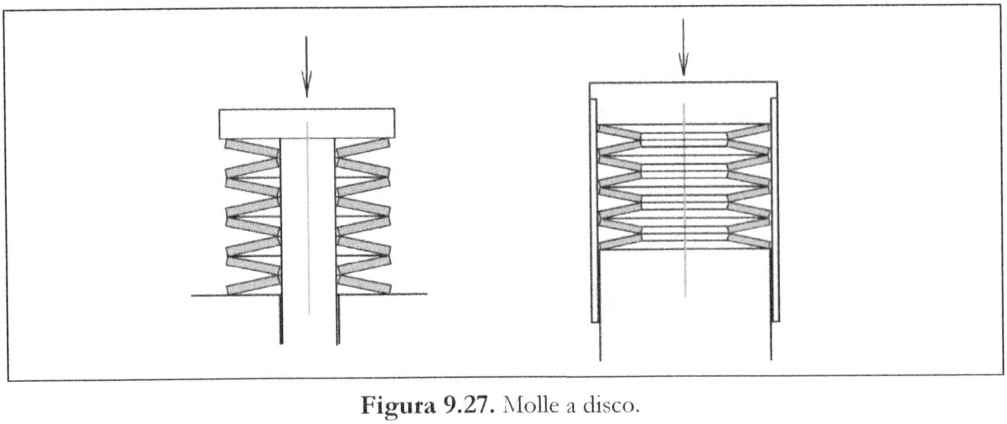

Figura 9.27. Molle a disco.

A parità di diametro interno ed esterno sono fornite, a catalogo, con diversi spessori. Riescono ad immagazzinare molta energia in proporzione allo spazio occupato.

Essendo: *h* l'altezza interna, *t* lo spessore, *d* e *D* i diametri interno ed esterno vale la seguente formula empirica che esprime un legame non lineare del carico *F* con la freccia *f* (*c* = 905500 N/mm^2 per gli acciai da molle e *K* costante adimensionale data dalla Tabella 9.1 in funzione del rapporto *D*/*d*).

$$F = \frac{c\ tf}{KD^2}\left[(h-f)(h-0,5f)+\ t^2\right]$$

dalla quale, derivando, la rigidezza

$$k = \frac{dF}{df} = \frac{c\ tf}{KD^2}\left(h^2 - 3hf + 1,5\ f^2 + t^2\right)$$

e, integrando, l'energia elastica

$$Q = \int_0^f Fdf = \frac{c\ tf^2}{2KD^2}\left[(h-0,5f)^2 + t^2\right]$$

Normalmente deve essere $f \leq 0,75\ h$, per non superare la tensione statica ammissibile. Per carico affaticante si deve fare riferimento alle indicazioni dei costruttori relative ai materiali con i quali sono costruite le molle. Il diagramma di Fig. 9.28, corrispondente alla prima formula, che ha in ascissa il rapporto *f*/*h* fra la freccia e l'altezza interna ed in ordinata il rapporto *F*/*F'* fra il carico ed il carico corrispondente a molla piatta; si usa nel modo seguente: si valuta il carico corrispondente a *f* = *h*, ovvero il carico *F'* che rende piatta la molla, si esegue il rapporto *F*/*F'*, si procede in orizzontale fino alla curva corrispondente al rapporto *h*/*t* della molla che si considera, si scende in verticale fino all'asse delle ascisse, dove si trova il rapporto *f*/*h*, dal quale, essendo noto *h*, si ricava la *f* cercata.

Tabella 9.1 – Valori della costante K

D/d	*K*
1,2	0,29
1,4	0,45
1,6	0,57
1,8	0,65
2	0,69
2,2	0,73
2,4	0,75

È interessante notare che per rapporti *h*/*t* intorno a *0.4÷0.5* queste molle sono quasi lineari. Crescendo detto rapporto cresce invece la non linearità. Per valori fra *1.5 e 1.75*, come si vede dalla figura, esiste un ampio tratto della caratteristica quasi piatto. Questa particolarità viene sfruttata quando è necessario generare un carico abbastanza costante, anche con tolleranze larghe della catena di quote che sta fra i due piani di appoggio del pacco di molle.

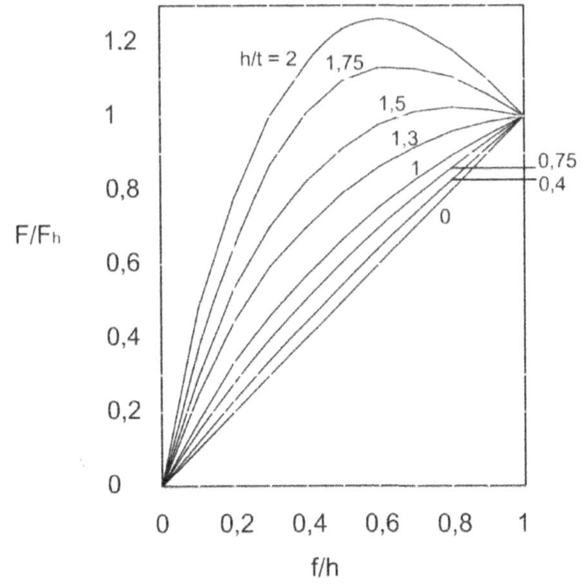

Figura 9.28. Caratteristiche delle molle a disco.

9.10. MOLLA AD ANELLI

La Fig. 9.29a rappresenta una molla ad anelli caricata sull'ultimo anello. Il concetto è di alternare anelli a superfici coniche interna ed esterna. A seguito della dilatazione degli anelli esterni e della contrazione di quelli interni provocata dai carichi scambiati, si ha una compenetrazione assiale in ogni contatto anello interno-anello esterno. La somma di tutte le compenetrazioni è la freccia della molla. Tali molle lavorano a partire da un precarico, ottenuto ad esempio con un bullone centrale. Il coefficiente di utilizzazione, nell'ipotesi approssimata di sollecitazione di trazione e di compressione circonferenziale uniforme rispettivamente negli anelli esterni ed interni è unitario o addirittura superiore all'unità se si mette in conto anche il lavoro d'attrito che si produce per gli strisciamenti durante la deformazione fra le superfici coniche, che può avere lo stesso ordine di grandezza dell'energia elastica immagazzinata

La Fig. 9.29b mostra la forza che si scambiano gli anelli interno ed esterno, inclinata dell'angolo di attrito φ. L'angolo di inclinazione α deve essere inferiore all'angolo di attrito perché la molla "ritorni" quando viene scaricata. In pratica si deve avere α non inferiore a circa 15°. Una molla di questo tipo costituisce di fatto un insieme molla-smorzatore, utile in casi come quello dei respingenti ferroviari, in cui deve essere assorbita una grande energia derivante da urto e non devono innescarsi pericolose oscillazioni. Il calcolo di queste molle si basa sulla teoria degli anelli sottili: con gli anelli interni soggetti a sollecitazione circonferenziale di compressione uniforme e quelli esterni a sollecitazione circonferenziale di trazione uniforme, per effetto delle componenti perpendicolari all'asse della molla dei carichi scambiati fra gli anelli.

Sono molle normalmente di grandi dimensioni con gli anelli ottenuti per forgiatura. Tale tecnologia permette di tenere con i migliori materiali una tensione ammissibile dell'ordine di $300 \div 400\ N/mm^2$.

Si tralascia per brevità l'esposizione del calcolo, che d'altra parte non presenta difficoltà particolari.

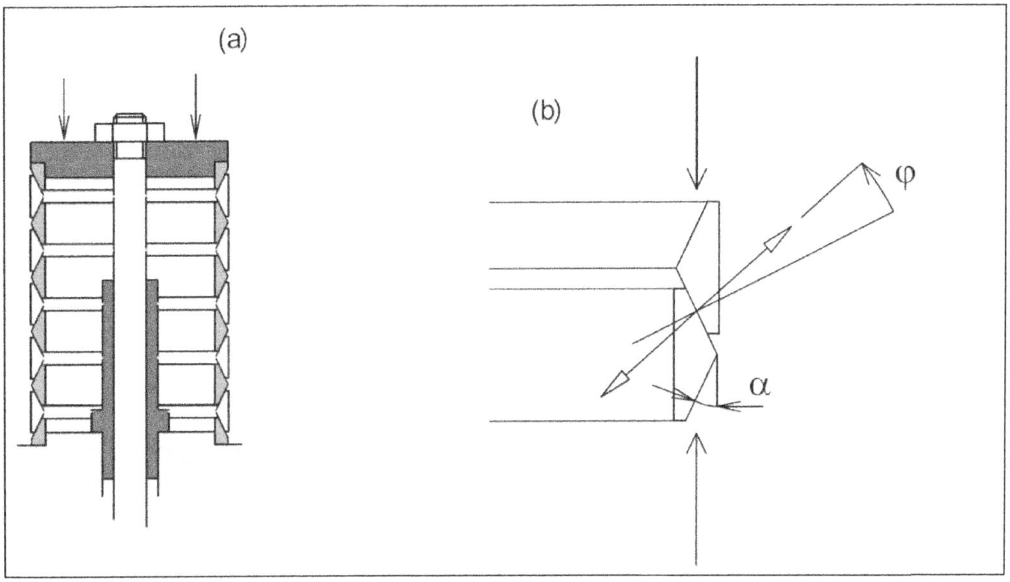

Figura 9.29. Molla ad anelli.

9.11. SOSPENSIONI

Nelle sospensioni dei veicoli è sempre definita dalla specifica di progetto la frequenza propria corrispondente agli spostamenti verticali. Con riferimento, per esempio, alla massa *m* e alla rigidezza *k* della sospensione relativa, la frequenza propria è

$$\omega = \sqrt{\frac{k}{m}}$$

Se si desidera una frequenza costante al variare del carico *P* che grava sulla sospensione, da veicolo scarico a veicolo a pieno carico, si deve avere, con *A* costante

$$A = \frac{k}{m}$$

Quanto sopra nell'ipotesi che le oscillazioni siano di ampiezza così piccola da essere considerate lineari anche con la sospensione non lineare. Poiché si ha anche $P = mg$ (*g* accelerazione di gravità) e, per definizione, $k = dP/df$

$$\frac{dP}{df} = \frac{AP}{g}$$

ovvero, con $B = \frac{A}{g}$

$$\frac{dP}{P} = Bdf$$

da cui, essendo C una costante,

$$\ln P - C = Bf$$

e ponendo $C = \ln P_0$, essendo così P_0 il carico corrispondente a

$$f = \frac{1}{B} \ln \frac{P}{P_0}$$

La legge logaritmica della freccia in funzione del carico, con un aumento della rigidezza all'aumentare del carico stesso, risulta dunque quella teoricamente migliore. In pratica nelle sospensioni dei veicoli si cerca di approssimare questa legge: dimensionando opportunamente il cinematismo della sospensione, inserendo dei tamponi di gomma che intervengano quando il carico superi un determinato valore oppure inserendo una molla supplementare che entri in azione, in parallelo con quella principale, quando il carico raggiunga un determinato valore. Nell'ultimo caso si ottiene una caratteristica costituita da due tratti rettilinei, che possono in una certa misura approssimare la legge logaritmica.

Capitolo 10
CHIAVETTE, LINGUETTE, SCANALATI E SPINE

Le chiavette, le linguette, gli scanalati e le spine realizzano collegamenti smontabili fra albero e ruota o fra albero e braccio.

La chiavetta consiste in una zeppa, o cuneo, forzata nello spazio fra albero e mozzo, libera trasversalmente (Fig. 10.1). La trasmissione della coppia è permessa dalle azioni d'attrito. La coppia trasmissibile dipende dall'entità del forzamento e dal coefficiente d'attrito, da cui la difficoltà di una valutazione accurata.

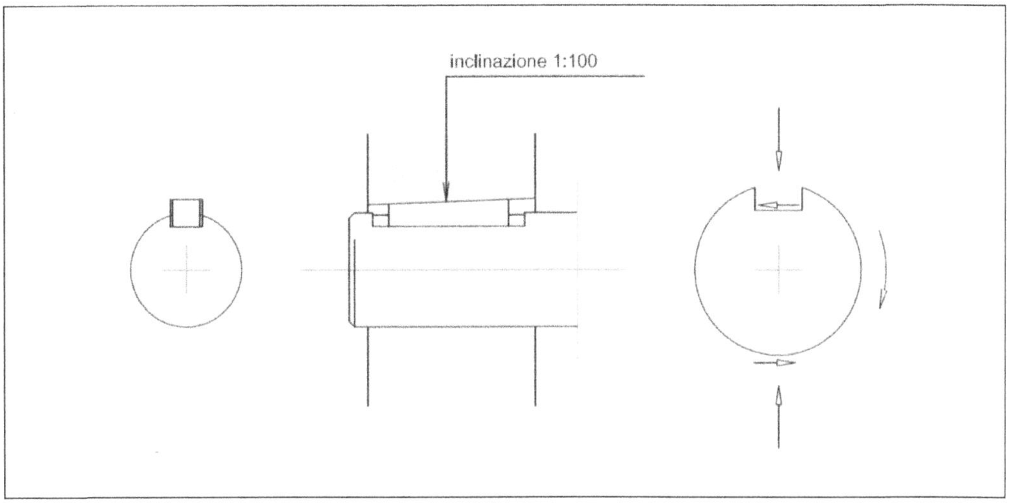

Figura 10.1. Collegamento con linguetta.

Nel sistema albero-ruota, la piccola eccentricità generata dal forzamento della chiavetta determina un effetto centrifugo squilibrante che sconsiglia l'uso di questo collegamento per le alte velocità di rotazione.

Il collegamento con chiavetta era prevalentemente utilizzato in passato, quando albero e ruota venivano collegati con la chiavetta aggiustata mediante limatura.

Diverse da quella comune la chiavetta ribassata e la chiavetta concava (Fig. 10.2).

Nella Fig. 10.3 due possibili modi per realizzare la cava sull'albero. Con fresa a bottone e con fresa a disco. La seconda soluzione dà luogo ad un minore indebolimento dell'albero per effetto d'intaglio. Per i valori dei coefficienti d'intaglio si veda il Capitolo 8.

La Fig. 10.4 mostra la soluzione con due coppie di chiavette tangenziali capace di trasmettere grandi coppie. In questo caso le azioni d'attrito, con l'angolo di inclinazione indicato in figura, molto inferiore all'angolo d'attrito, hanno il compito di mantenere in posizione e forzate due biette, ciascuna composta da due chiavette. La trasmissione della coppia non è affidata in questo caso alle azioni d'attrito. Il sistema si comporta come un collegamento di forma o geometrico precaricato, particolarmente indicato in presenza di inversioni del senso della coppia trasmessa.

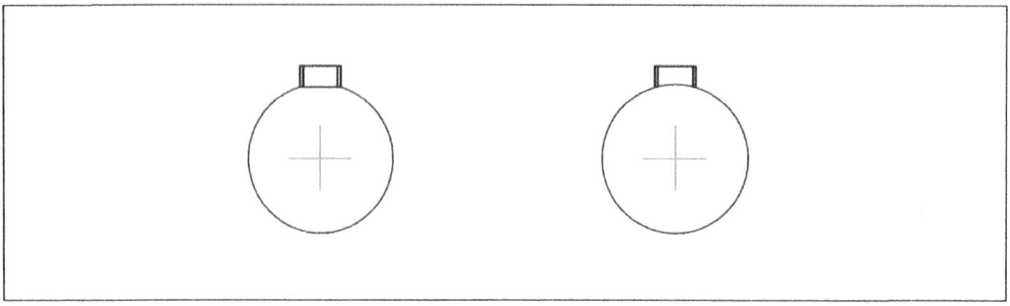

Figura 10.2. Chiavetta ribassata e chiavetta concava.

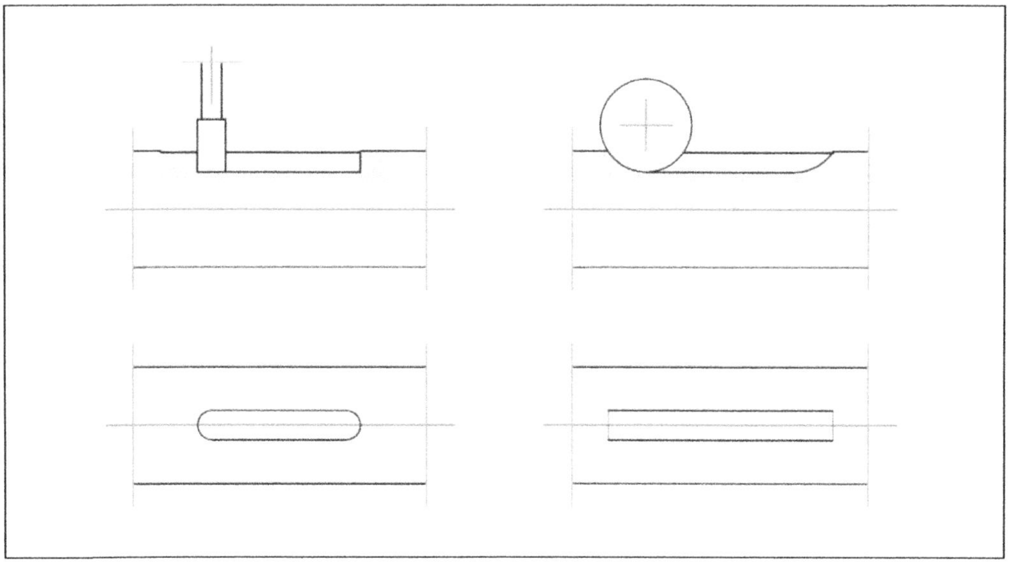

Figura 10.3. Cave per le chiavette e per le linguette.

Il sistema con linguetta (Fig. 10.5a e 10.5b) è il più usato per collegare albero e ruota.

Al contrario della chiavetta la linguetta è precisa trasversalmente nella cava dell'albero e in quella del mozzo, mentre possiede un gioco radiale. La linguetta permette lo scorrimento assiale della ruota sull'albero (Fig. 10.5b). La coppia trasmissibile, è facilmente

$$C = b\ c\ \tau_{am}\ \frac{d}{2}$$

con τ_{am} tensione ammissibile al taglio, *b* lunghezza, *c* larghezza della linguetta e *d* diametro della ruota.

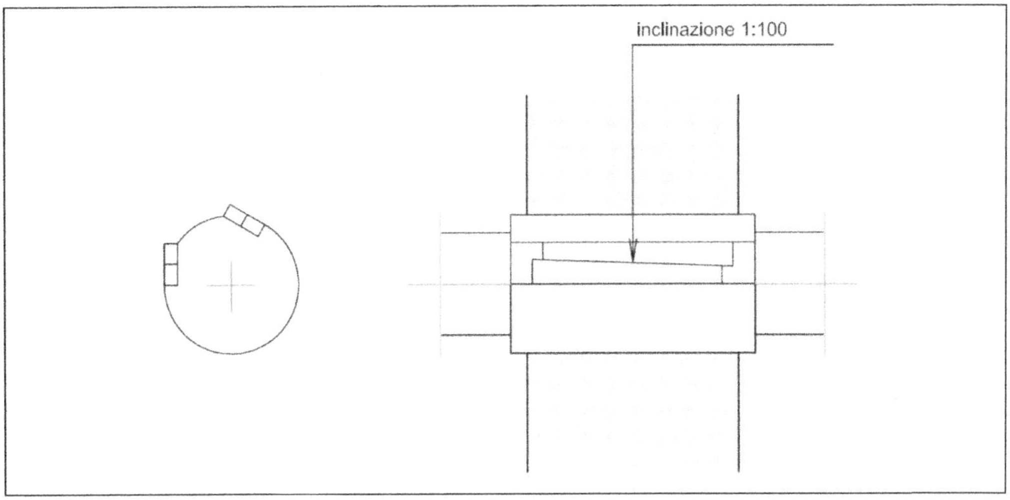

Figura 10.4. Collegamento con chiavette tangenziali.

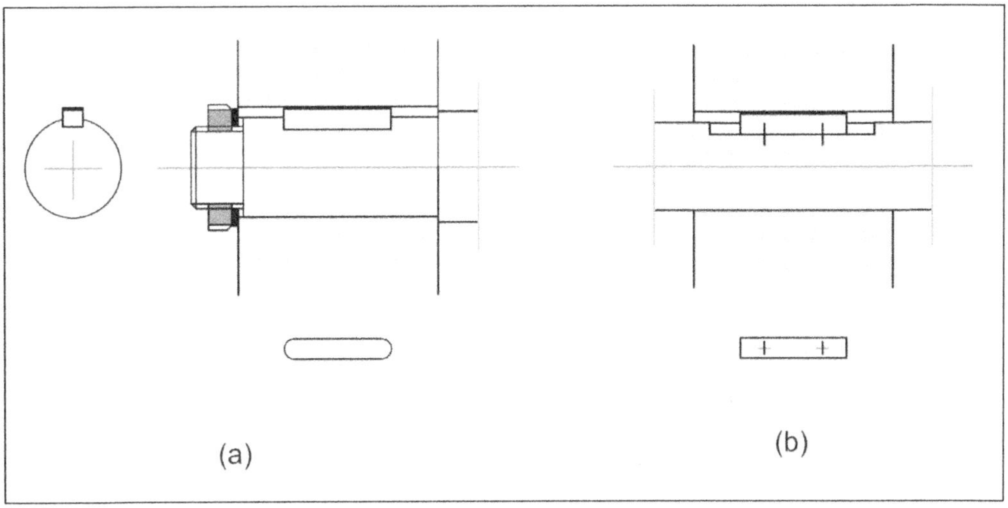

Figura 10.5. Collegamenti con linguetta.

Anche con la linguetta la cava sull'albero può ottenersi nei due modi indicati nella Fig. 10.3.

Le linguette vengono in generale realizzate con acciai a basso contenuto di carbonio, senza trattamento termico. Normalmente la linguetta costituisce l'elemento più debole della trasmissione.

Una linguetta diversa è quella a disco o americana (Figg. 10.6 e 10.7), di realizzazione molto semplice, sia la linguetta stessa che la cava ottenuta con fresa a disco. Non si presta per la trasmissione di grandi coppie, per il notevole indebolimento dell'albero prodotto dalla cava. Viene utilizzata sia nell'accoppiamento albero-mozzo cilindrico (Fig. 10.6) che in quello conico (Fig. 10.7). Nel secondo caso collabora con il collegamento semplice conico (Fig. 10.8), dove il forzamento fra le superfici coniche è prodotto dal serraggio della ghiera avvitata sul codolo filettato. Nell'ipotesi di pressione uniforme fra cono maschio e cono femmina, la coppia trasmissibile con il semplice collegamento conico è

$$C = \frac{F}{\operatorname{sen}\alpha} f \frac{d_m}{2}$$

con α semiangolo di apertura del cono, f coefficiente d'attrito, F carico assiale prodotto dal serraggio della ghiera e d_m diametro medio del cono di contatto.

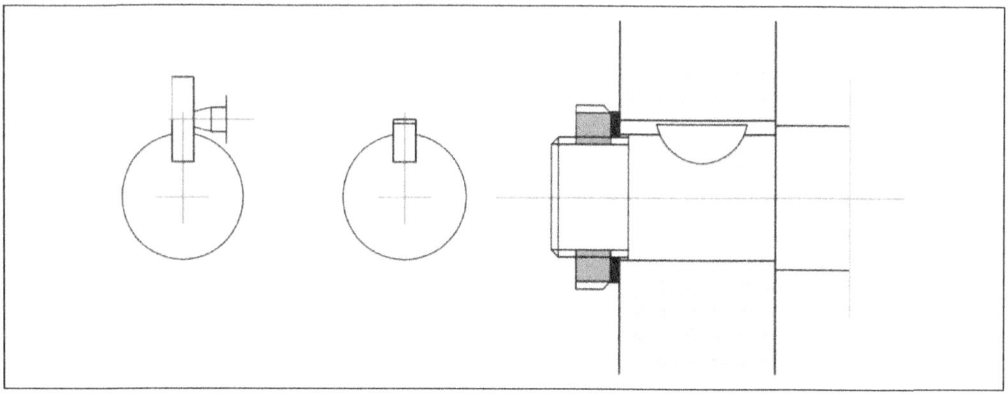

Figura 10.6. Linguetta a disco su estremità d'albero cilindrica.

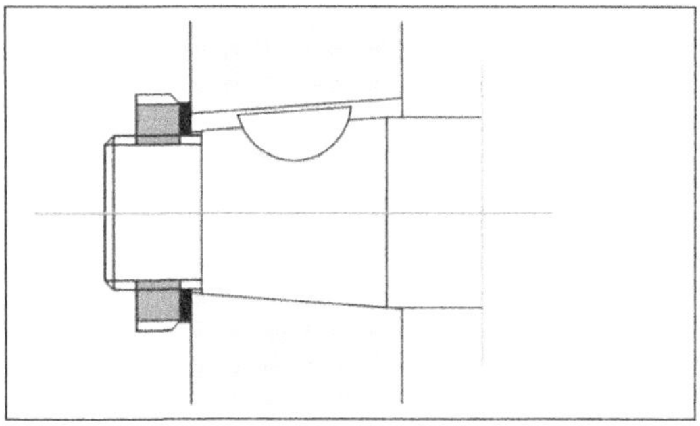

Figura 10.7. Linguetta a disco su estremità d'albero conica.

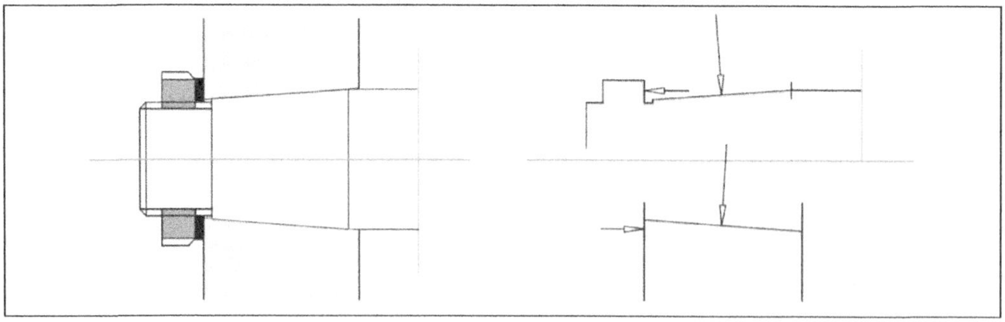

Figura 10.8. Collegamento forzato su estremità d'albero conica.

In molti casi la soluzione più razionale del collegamento albero-ruota dal punto di vista strutturale è il profilo scanalato (Figg. 10.9 e 10.10). Il costo delle lavorazioni per asportazione di truciolo delle costole dell'albero e delle scanalature del mozzo, insieme con quello dei trattamenti termici e delle eventuali rettifiche, è alto. Tuttavia nelle produzioni di grande serie i costi unitari possono ridursi sensibilmente realizzando il profilo sull'albero per deformazione plastica e sul foro per brocciatura.

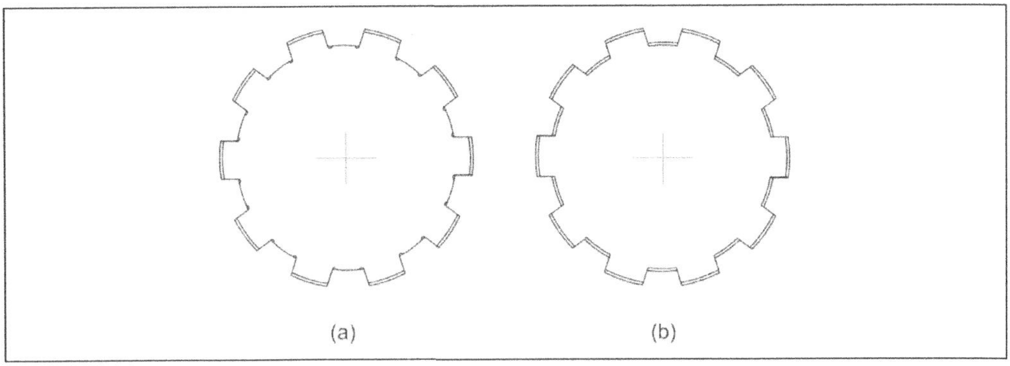

Figura 10.9. Profili scanalati a fianchi paralleli.

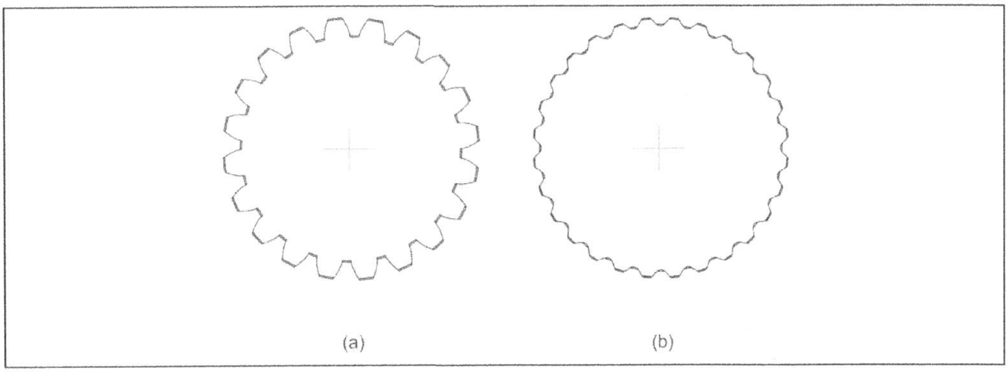

Figura 10.10. Profili scanalati a fianchi ad evolvente e con risalti a sezione trapezia.

L'ottimizzazione dei profili scanalati impiegati per trasmettere la massima coppia tende a realizzare l'uniforme resistenza, ovvero il cedimento contemporaneo a torsione dell'albero ed a taglio e flessione delle costole. Nel caso di scanalato scorrevole assialmente sotto carico può esistere un problema di usura dei fianchi, da risolvere aumentando la precisione di lavorazione e la durezza superficiale dei fianchi.

Le Fig. 10.9a rappresenta un profilo a fianchi paralleli, con centraggio sul diametro interno e la Fig. 10.9b un profilo ancora a fianchi paralleli ma con centraggio sui fianchi. Il centraggio sul diametro interno permette una maggior precisione. La Fig. 10.10a rappresenta un profilo con centraggio sui fianchi ad evolvente, la cui realizzazione utilizza le stesse lavorazioni delle ruote dentate, e la Fig. 10.10b un profilo con i risalti a sezione trapezia con centraggio sui fianchi. Si definiscono profili striati i profili di quest'ultimo tipo con molti denti, usati particolarmente nelle costruzioni veicolistiche.

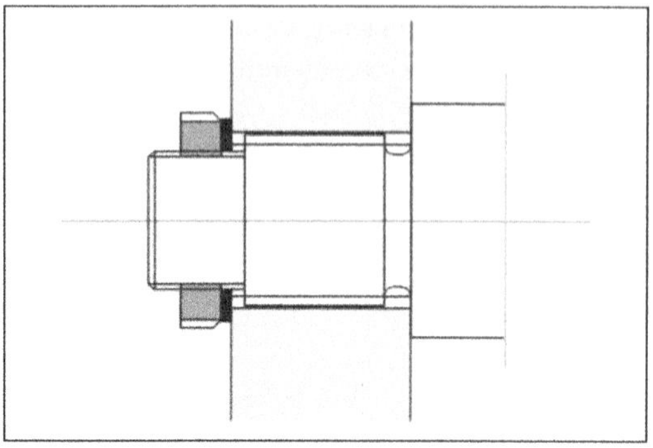

Figura 10.11. Montaggio ruota-albero con collegamento scanalato.

Un montaggio con scanalato è rappresentato in Fig. 10.11.

Gli scanalati, per la possibilità di scorrimento assiale dell'elemento montato sull'albero, vengono usati, per esempio, nel collegamento fra treni di ingranaggi e relativi alberi nei cambi di velocità delle automobili.

La Fig. 10.12 mostra due collegamenti albero-braccio. Il primo (sistema "velo") con chiavetta trasversale molata e forzata serrando il dado agente sul codolo filettato, è ampiamente usato nella bicicletta fra asse centrale e pedivelle. Il secondo, comprendente un morsetto ed un bullone di serraggio sull'albero scanalato, viene usato, per esempio, nel fissaggio del pedale del freno o della messa in moto sul relativo alberino nei veicoli a due ruote.

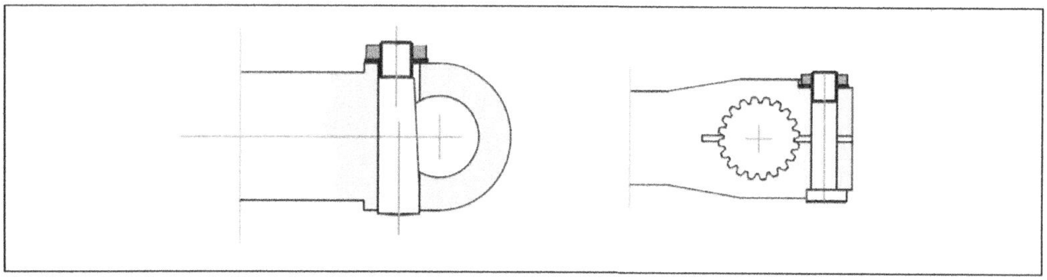

Figura 10.12. Collegamenti geometrici forzati braccetto-alberino.

In tutti e due i casi si tratta di collegamenti geometrici precaricati, particolarmente indicati in presenza di coppie istantanee molto alte. Ambedue possono essere stretti di nuovo a seguito di allentamento.

Un sistema semplice è quello con spina cilindrica leggermente forzata sul diametro, o conica inserita a forza assialmente, o "elastica" . Le spine vengono utilizzate, com'è noto, anche come elementi di riferimento e resistenti in molti altri casi. La Fig. 10.13 mostra il fissaggio sull'albero con spina di una ruota dentata e la Fig. 10.14 di un braccetto. In linea di massima

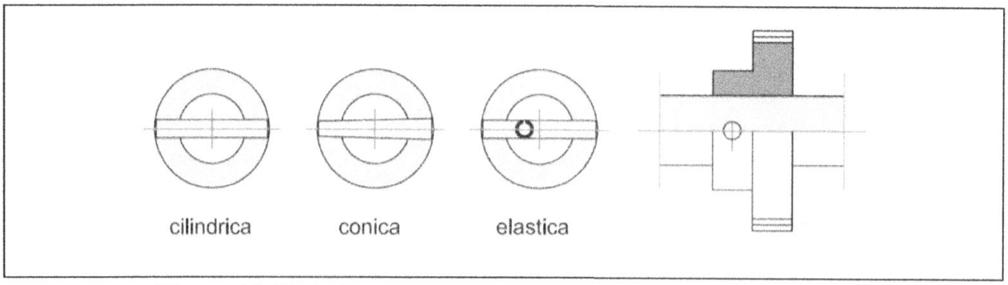

Figura 10.13. Collegamento albero-piccola ruota dentata con spina.

questo collegamento viene utilizzato nelle costruzioni di piccole dimensioni. La coppia trasmissibile è data facilmente da

$$C = S\tau_{am}\, D$$

con *D* diametro dell'albero e *S* sezione della spina.

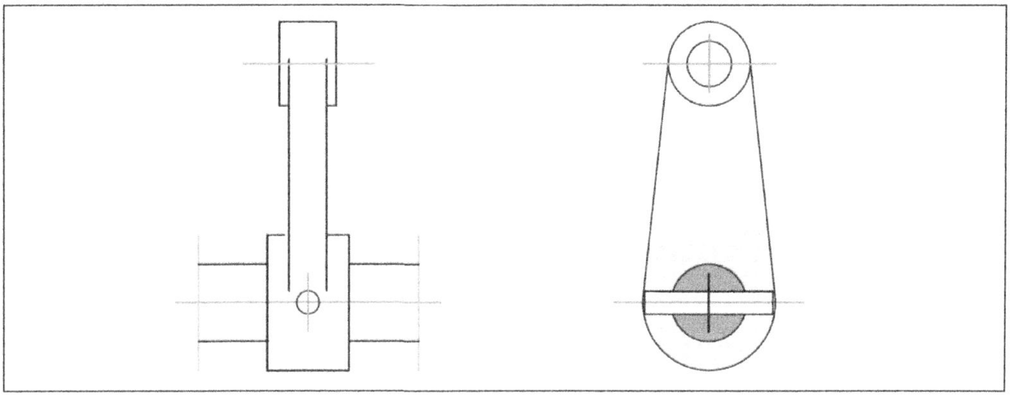

Figura 10.14. Collegamento braccetto-alberino con spina.

La Fig. 10.15 rappresenta il fissaggio con spine fra un'astina piena ed un tubetto, alternativo ad un fissaggio con rivetti.

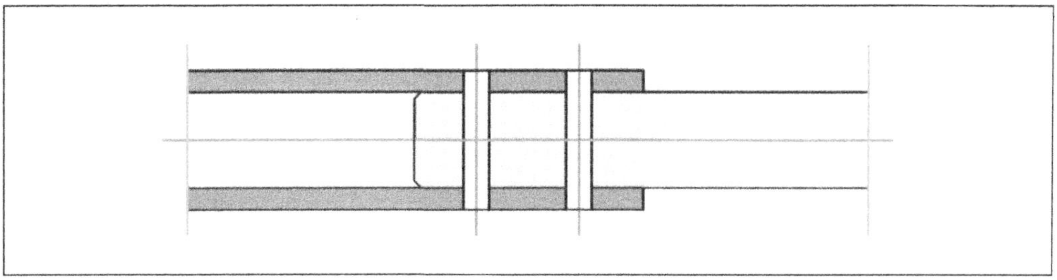

Figura 10.15. Collegamento astina-tubetto con due spine.

Nei rotori operanti alle alte velocità come nei dischi delle turbine a vapore e a gas si usa l'accoppiamento ruota-albero con interferenza, di solito non smontabile, stante l'entità dell'interferenza. La trasmissione della coppia avviene per le azioni d'attrito corrispondenti alla pressione fra albero e foro determinata dall'interferenza. Il rapporto fra interferenza e diametro, ovvero l'interferenza relativa, non deve di solito superare il 2 ÷ 3 per mille, per non determinare lo snervamento del bordo del foro. La coppia trasmissibile è facilmente

$$C = p\, f\, l\, \pi \frac{D^2}{2}$$

dove p è la pressione, f il coefficiente d'attrito, l la lunghezza dell'accoppiamento e D il diametro dell'albero.

Da tener presente che in rotazione l'effetto della centrifugazione equivale ad una riduzione dell'interferenza e quindi della coppia trasmissibile. Una soluzione a volte adottata è quella in cui si ha contemporaneamente l'accoppiamento forzato e una coppia di linguette a 180 gradi, collaboranti per la trasmissione della coppia. Il collegamento forzato albero-ruota è trattato nel Capitolo 6.

Capitolo 11
ACCOPPIAMENTI FILETTATI

11.1. GENERALITÀ

Gli elementi filettati, in primo luogo le viti di collegamento, e le viti di manovra, sono di largo impiego nelle macchine e nelle strutture.

Le normali viti hanno una filettatura ad un principio; le viti di manovra possono avere una filettatura ad uno o più principi. Se non espressamente specificato le filettature sono destrorse, ovvero l'avanzamento della vite avviene mediante una rotazione in senso orario. I profili delle filettature sono unificati a livello internazionale (Tabella 11.1).

Tabella 11.1 – Unificazione delle filettature

metriche triangolari	UNI 4534, 4535
metriche trapezoidali ISO	UNI ISO 2901, 2902, 2903, 2904
gas	UNI ISO 228 – 1, 228 - 2
a dente di sega	UNI 127, 128
viti autofilettanti	UNI EN ISO 1478

11.2. GEOMETRIA DEGLI ACCOPPIAMENTI FILETTATI

Per le viti di serraggio si impiegano le filettature unificate metriche. Il profilo base, ottenuto sezionando la superficie della filettatura con un piano passante per l'asse, ha forma triangolare con smussi, con angolo fra i fianchi di 60°. I profili della vite e della madrevite corrispondenti sono riportati in Fig. 11.1. Il diametro nominale *d* della filettatura coincide con il diametro esterno della vite. La designazione delle filettature metriche è formata dal simbolo *M* seguito dal valore del diametro nominale in mm: *M8*, per esempio. Tale designazione riguarda le viti metriche, a passo grosso, normalmente utilizzate, per le quali la Tabella 11.2 fornisce le dimensioni fondamentali. Le filettature a passo fine si ottengono applicando un filetto con passo unificato minore di quello grosso per il dato diametro. La designazione è formata dal simbolo *M* seguito dal diametro nominale e dal passo: *M20x1,5*, per esempio. Impiegate sono pure le filettature trapezie e a dente di sega. La filettatura trapezia (Fig. 11.2a), che ha un rendimento inferiore a quello della vite a filetto rettangolare, ma superiore a quello della vite a filetto triangolare, viene a volte utilizzata nelle viti di manovra per l'elevata resistenza dei filetti. La filettatura a dente di sega (Fig. 11.2b) viene utilizzata nelle viti di manovra nei casi in cui lo spostamento avvenga con sforzi diversi nei due sensi (torchi, martinetti, ecc.). Infine le filettature gas (Fig. 11.2c) per gli accoppiamenti a tenuta di gas e liquidi nelle tubazioni; la tenuta si ottiene con l'accoppiamento filettatura esterna conica ed interna cilindrica, oppure con ambedue le filettature coniche. Le filettature gas conservano l'originaria designazione in pollici, riferita al diametro interno del tubo.

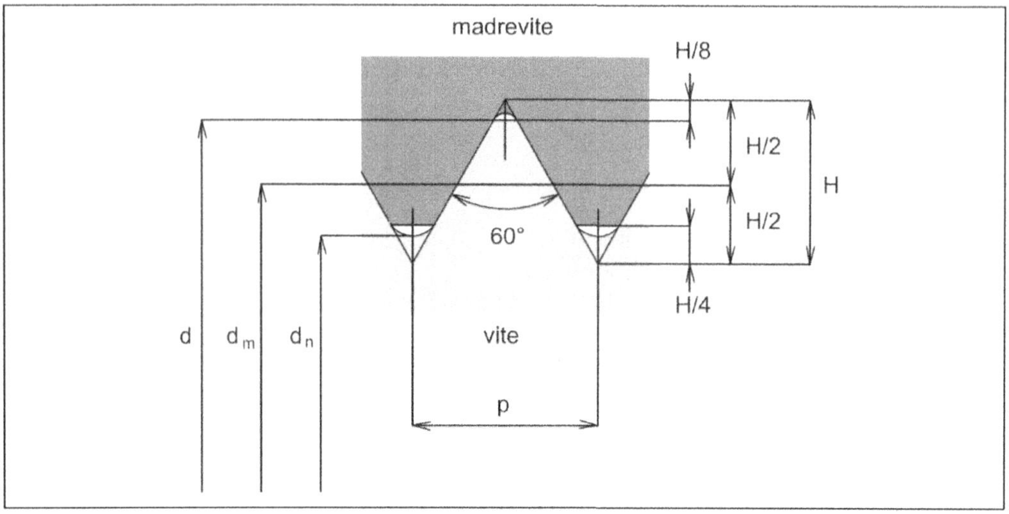

Figura 11.1. Profilo base della filettatura metrica triangolare.

Tabella 11.2 – Filettature metriche ISO a profilo triangolare a passo grosso

diametro nominale d			*passo p*	*diametro medio d_m*	*diametro di nocciolo d_n*	*sezione di nocciolo S*
1	2	3				
mm	mm	mm	mm	mm	mm	mm^2
1,6			0,35	1,373	1,171	1,08
	1,8		0,35	1,573	1,371	1,48
2			0,4	1,740	1,509	1,79
	2,2		0,45	1,908	1,648	2,13
2,5			0,45	2,208	1,948	2,98
3			0,5	2,675	2,387	4,47
	3,5		0,6	3,110	2,764	6,00
4			0,7	3,545	3,141	7,75
	4,5		0,75	4,013	3,580	10,1
5			0,8	4,480	4,019	12,7
6			1	5,350	4,773	17,9
		7	1	6,350	5,773	26,2
8			1,25	7,188	6,466	32,8
		9	1,25	8,188	7,466	43,8
10			1,5	9,026	8,160	52,3
		11	1,5	10,026	9,160	65,9
12			1,75	10,863	9,853	76,2
	14		2	12,701	11,546	105
16			2	14,701	13,546	144
	18		2,5	16,376	14,933	175
20			2,5	18,376	16,933	225
	22		2,5	20,376	18,933	282
24			3	22,051	20,319	324

NOTA - Sono da impiegare preferibilmente i diametri della colonna 1, quelli della colonna 2 in caso di necessità e quelli di colonna 3 sono se possibile da evitare

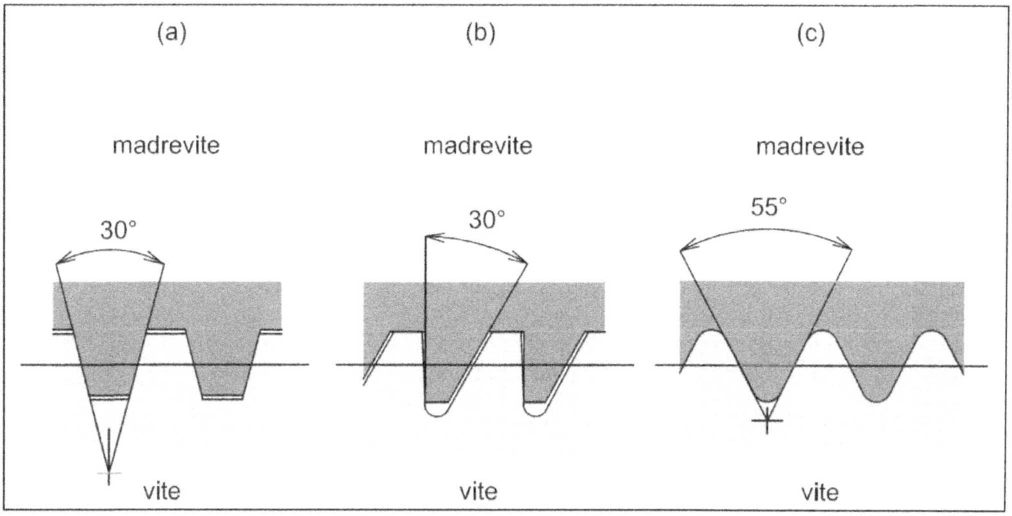

Figura 11.2. Filettature trapezia, a dente di sega e gas.

Le viti di serraggio hanno varie forme. Più utilizzate nelle costruzioni meccaniche sono quelle a testa esagonale e quelle a testa cilindrica con esagono incassato (Fig. 11.3); altre viti con intaglio per il cacciavite sono rappresentate in Fig. 11.4. In Fig. 11.5 tre versioni del grano filettato.

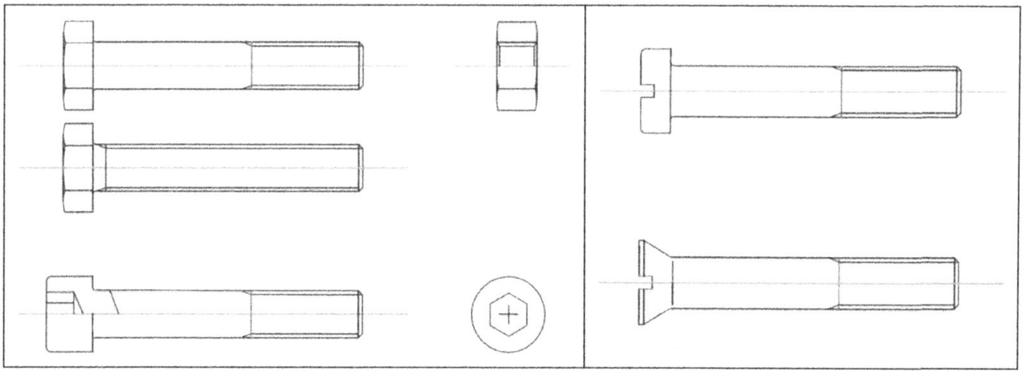

Figura 11.3. Viti. **Figura 11.4.** Viti.

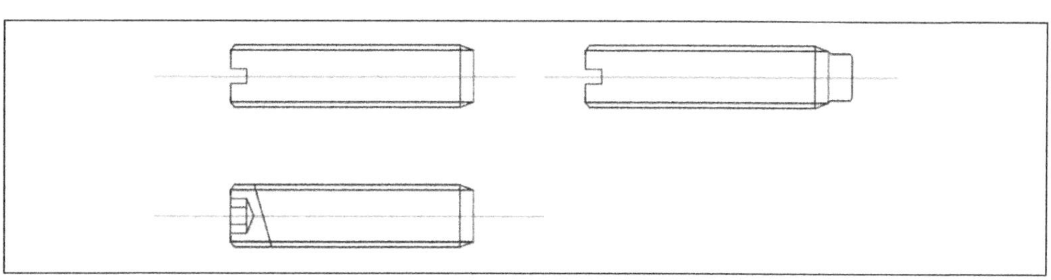

Figura 11.5. Grani filettati.

11.3. COLLEGAMENTI FILETTATI

I collegamenti principali con viti sono i seguenti:
- vite semplice;
- bullone (vite più dado);
- vite prigioniera;
- ghiera interna e esterna:

Nel collegamento con vite semplice (Fig. 11.6a) il foro del pezzo superiore ha un diametro poco più grande del diametro esterno della vite, la quale si impegna nel pezzo filettato inferiore. Il collegamento con bullone (Fig. 11.6b), con il foro nei pezzi ancora di diametro poco più grande del diametro esterno della vite, richiede l'accessibilità ad ambedue le superfici esterne dei pezzi e non ha il problema del grippaggio della madrevite. La vite prigioniera è filettata su

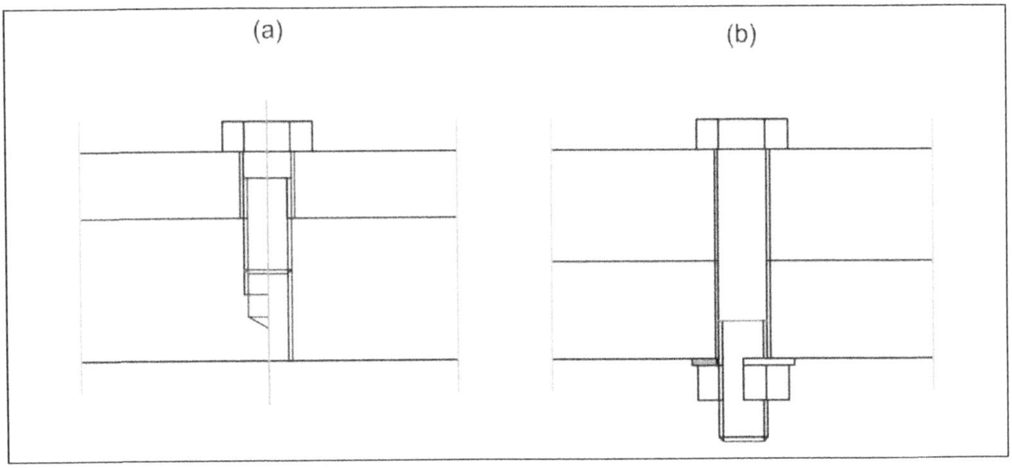

Figura 11.6. Collegamenti mediante vite semplice e bullone.

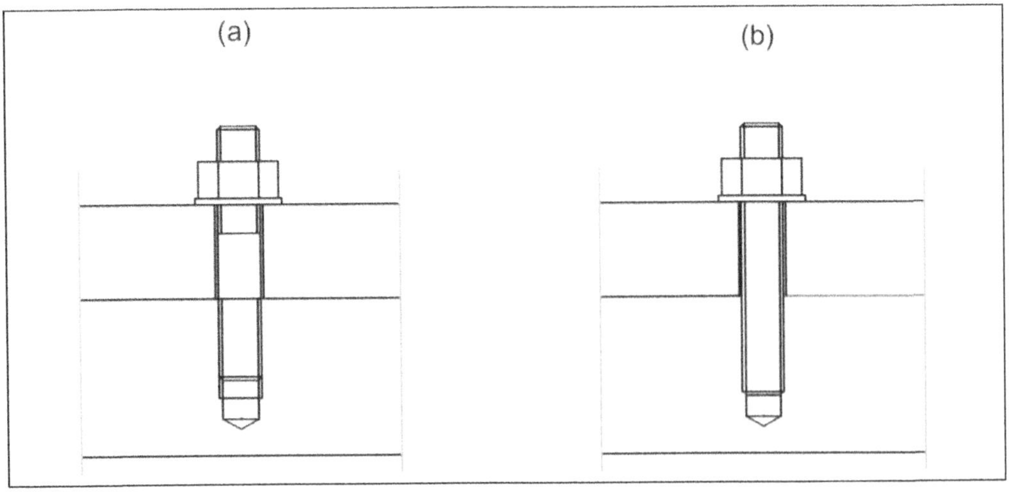

Figura 11.7. Collegamenti mediante vite prigioniera e barra filettata.

ambedue le estremità: una, detta radice, viene avvitata e bloccata con interferenza nel pezzo inferiore, l'altra accoglie il dado (Fig. 11.7a). L'avvitamento della vite prigioniera nel pezzo inferiore si esegue per mezzo di un dado e un controdato avvitati provvisoriamente sull'estremità superiore della vite. Nel montaggio e nello smontaggio, rimanendo la vite fissata al pezzo inferiore, non si presenta il problema del grippaggio della madrevite. Una soluzione diversa di collegamento con vite prigioniera è rappresentato in Fig. 11.7b. La vite, in questo caso una barra filettata, viene forzata sul fondo della filettatura cieca della madrevite. La Fig. 11.8 mostra, come altri elementi di collegamento filettati, una ghiera interna ed una ghiera esterna.

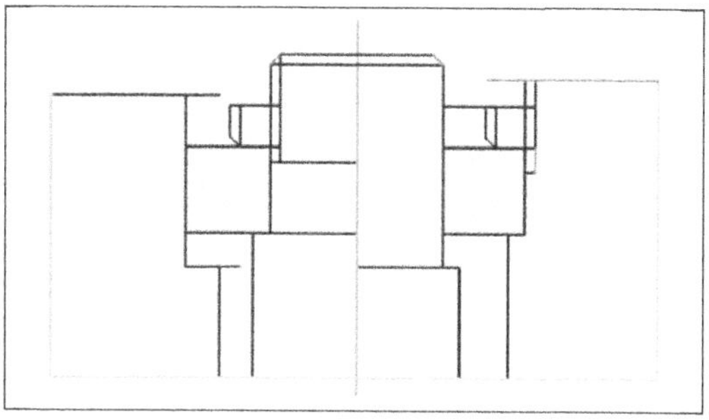

Figura 11.8. Bloccaggio dei cuscinetti con ghiera interna ed esterna.

Quando è necessario che la testa della vite non sporga dalla superficie del pezzo le possibilità sono due (Fig. 11.9): vite a testa svasata , oppure incasso con una lamatura della superficie di appoggio della testa della vite. La prima soluzione realizza un riferimento assiale dei due pezzi e ciò può costituire un inconveniente.

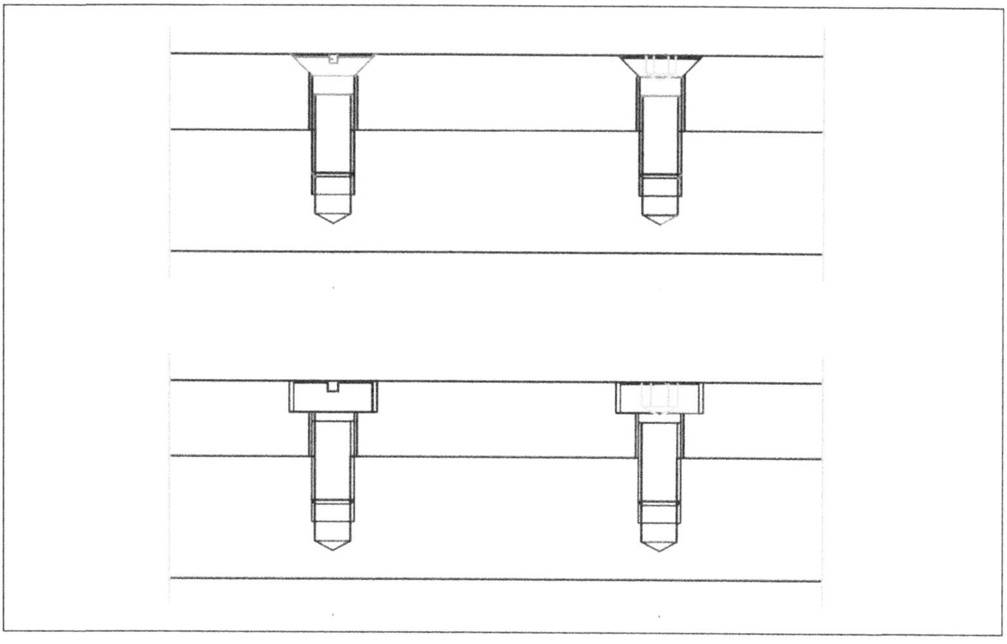

Figura 11.9. Collegamenti con viti con testa non sporgente.

Nel collegamento con vite semplice in cui il pezzo filettato sia in lega leggera è facile il grippaggio fra vite e madrevite durante il serraggio. Utilizzando filetti riportati è possibile però anche in questo caso realizzare collegamenti affidabili. Le filettature riportate si possono ottenere mediante bussole con filettatura esterna autofilettante o montata con interferenza oppure con filetti riportati a forma di molla elicoidale (Fig. 11.10).

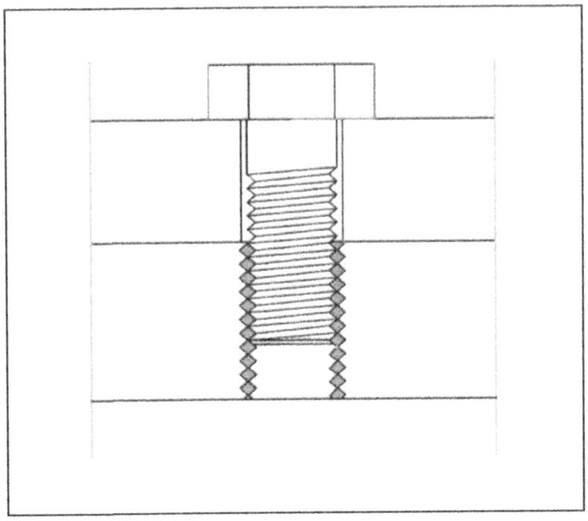

Figura 11.10. Madrevite con filetto riportato.

11.4. MODO DI LAVORARE DELLE VITI

In presenza di carichi assiali che tendono a distaccare i pezzi, la vite reagisce con un aumento dello sforzo di trazione come sarà visto più avanti. I carichi trasversali che tendono a fare scorrere i pezzi uno rispetto all'altro (Fig. 11.11) sono invece equilibrati dalle azioni d'attrito che si generano fra i due pezzi compressi l'uno contro l'altro dalla vite o dal bullone; la verifica della stabilità del giunto in questo secondo caso è molto semplice, a parte il problema di assegnare un conveniente coefficiente di sicurezza, per tener conto dell'inevitabile incertezza sul valore del coefficiente d'attrito.

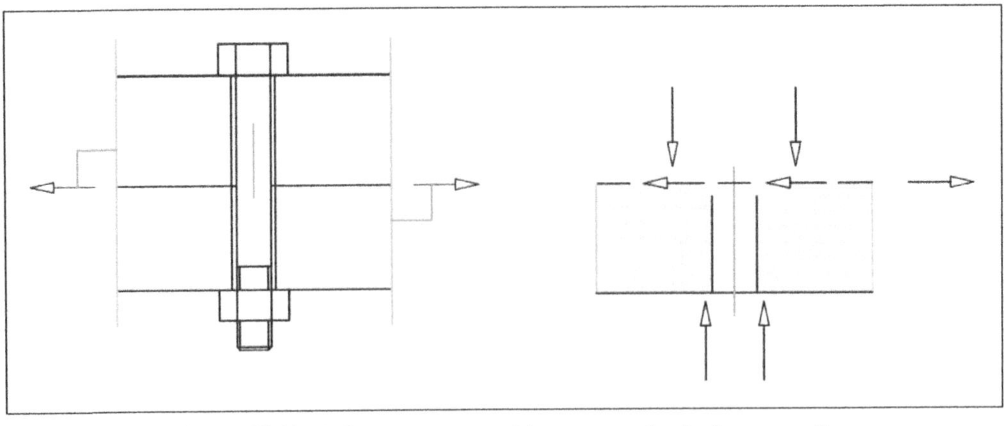

Figura 11.11. Collegamento con viti soggetto ad azioni trasversali.

Le viti lavorano dunque a trazione, contrariamente alle spine e ai perni che, inseriti con precisione nei fori, sono capaci di sopportare solo i carichi trasversali, lavorando a taglio. Esiste anche il bullone-perno, che in pratica è un bullone inserito con precisione nel foro che attraversa i pezzi, che si diversifica rispetto al semplice perno per avere in più una filettatura, una testa e un dado. Il bullone-perno realizza inoltre un riferimento assiale preciso fra i pezzi. Due pezzi collegati con due bulloni-perno risultano perfettamente riferiti. Il bullone perno, comportando l'uso di tolleranze strette dell'accoppiamento vite-pezzi, risulta più costoso del collegamento con vite semplice o con bullone.

Il cedimento da sforzo normale della vite, in teoria potrebbe avvenire in due modi: cedimento del filetto della vite o della madrevite, sollecitato prevalentemente a sforzo di taglio, o rottura a trazione della sezione di nocciolo. In pratica le filettature unificate delle viti a passo grosso sono proporzionate in modo che la rottura avvenga sempre nel secondo modo. Rimane per i filetti il problema del grippaggio che può riguardare sia la vite che, nel caso di vite semplice, anche il pezzo filettato.

La valutazione del carico sui filetti, ovvero del carico sul filetto più caricato, comporta considerazioni che coinvolgono l'elasticità del gambo della vite e dei filetti. La Fig. 11.12 mostra un modello nel quale le travi rappresentano i filetti e le molle i tratti di gambo compresi fra i filetti. I primo filetto, lato testa della vite, è il più caricato. Si trova che il numero di filetti in presa è inutile che superi il numero di 6 ÷10, in quanto il primo filetto anche con un numero di filetti superiore sopporta in ogni casi circa un terzo del carico totale. Avere troppi filetti in presa, non solo non serve agli effetti della resistenza ma è anche sconsigliabile, in quanto con l'aumentare del numero dei filetti in presa, a causa delle inevitabili piccole differenze di passo fra vite e madrevite, si può generare un'interferenza vite-madrevite, evidentemente da evitare.

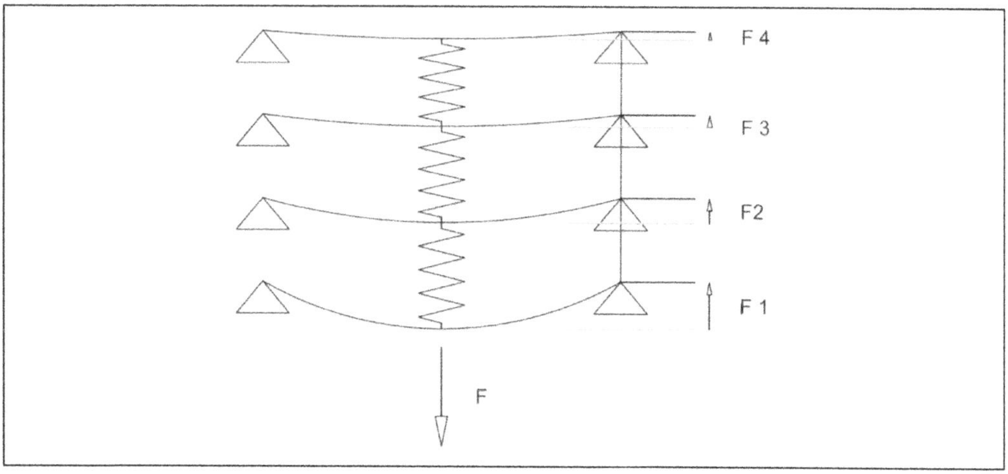

Figura 11.12. Ripartizione del carico sui filetti.

Quando si devono collegare elementi sottili o di materiale tenero è possibile usare viti autofilettanti che non richiedono una preventiva maschiatura del pezzo normalmente filettato. Esse devono essere realizzate con un materiale di elevata durezza e con un opportuno profilo della filettatura. Queste viti possono anche essere utilizzate in unione ad apposite piastrine in acciaio per molle temprato con funzione di dado. Queste viti, per l'attrito generato dalla aderenza forzata all'alloggiamento, sono difficilmente soggette a svitamento spontaneo.

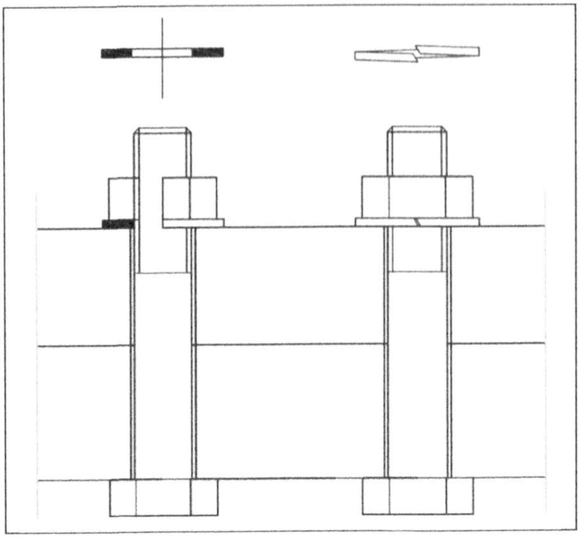

Figura 11.13. Rondelle.

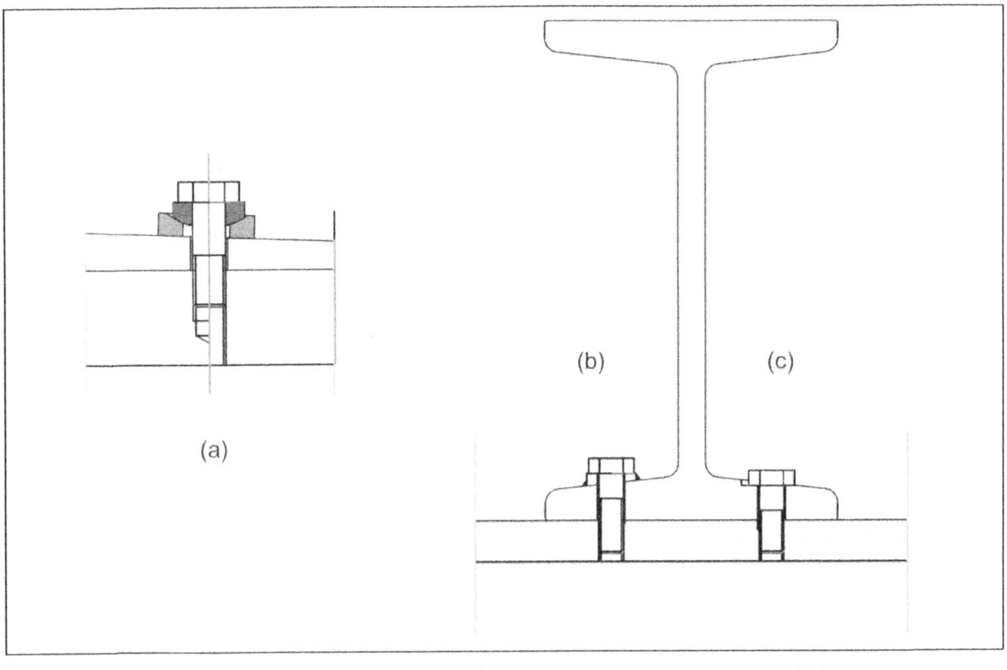

Figura 11.14. Appoggi: sferico, su piastrina rastremata e su superficie fresata.

Sotto la testa della vite semplice o tra il dado del bullone, o del prigioniero, e la superficie del pezzo viene di solito interposta una rosetta. In Fig. 11.13 sono rappresentate una rondella semplice ed una rosetta elastica poste sotto il dado. Lo scopo delle rosette è di mantenere più uniforme la pressione del dado sul pezzo, nonché di proteggere la superficie di appoggio dallo strisciamento durante il serraggio. Alcuni tipi di rosette, come la rosetta elastica in Fig. 11.13 vengono impiegate anche per impedire lo svitamento spontaneo delle vite e dei dadi. Le rosette sferiche (Fig.11.14a) vengono impiegate quando manca il parallelismo fra le superfici delle parti serrate. Per il serraggio delle ali dei profilati con angolo, nel collegamento con una lamiera, possono essere utilizzate delle piastrine a spessore variabile (Fig.11.14b), saldate o meno, oppure può essere eseguita una spianatura localizzata (Fig. 11.14c), per ripristinare le condizioni di ortogonalità tra l'asse della vite e la superficie di appoggio del dado.

11.5. MATERIALI

Le viti vengono costruite prevalentemente in acciaio. Per definire completamente viti e dadi, oltre alla geometria devono essere assegnati:

- la categoria di esecuzione comprendente la qualità generale del prodotto, in particolare le tolleranze di lavorazione;
- la classe di resistenza del materiale;
- il rivestimento superficiale.

Le norme UNI EN ISO 4759 prevedono le categorie *A*, *B* e *C* per le normali applicazioni (con precisione decrescente da *A* e *C*) e la categoria *F* per quei prodotti per i quali esistono esigenze particolari relative alle tolleranze come, per esempio, per la meccanica fine.

Dal punto di vista della resistenza le viti sono divise in classi caratterizzate da un simbolo formato da due numeri separati da punto, di solito stampigliato sulla testa: moltiplicando il primo numero per 100 si ottiene il carico unitario di rottura a trazione del materiale in N/mm^2, mentre il prodotto dei due numeri corrisponde ad un decimo del carico unitario di snervamento N/mm^2. Per esempio, la classe *8.8* corrisponde ad un carico di rottura di $800\ N/mm^2$ e ad un carico di snervamento di $640\ N/mm^2$. In Tabella 11.3 sono riportate le classi di resistenza delle viti previste dalle norme UNI EN 20898 e in Tabella 11.4 sono specificati per ciascuna classe il tipo di acciaio e la composizione chimica. I dadi sono classificati in base alla durezza oppure alla durezza e ad un carico di prova (UNI EN 20898).

Tabella 11.3 – Classi di resistenza delle viti

classe di resistenza	σ_r (N/mm^2)	σ_s (N/mm^2)
3.6	300	180
4.6	400	240
4.8	400	320
5.6	500	300
5.8	500	400
6.8	600	480
8.8	800	640
10.9	1000	900
12.9	1200	1080

La normativa UNI 3740-6 riporta le direttive da seguire per i rivestimenti, che servono in ogni caso ad evitare l'ossidazione. Nella norma sono previsti rivestimenti galvanici, che conferiscono una buona estetica, rivestimenti fosfatici, che tendono a mantenere costante il coefficiente d'attrito sulle superfici di scorrimento e i rivestimenti di zinco a caldo, ottenuti per immersione in bagno. Come si osserva in Tabella 11.4, per le classi di resistenza *8.8, 10.9 e 12.9* sono previsti trattamenti di tempra e di rinvenimento. Quando le filettature sono sottoposte a forti pressioni specifiche o a frequenti montaggi, possono essere trattate con processi di indurimento superficiale quali la cementazione e la nitrurazione.

Tabella 11.4 – Caratteristiche degli acciai delle varie classi di resistenza delle viti

Classe di resistenza	Materiale e trattamento termico	Composizione chimica			
		C		P	S
		% min	%max	%min	%max
3.6	acciaio non legato o legato a basso tenore di C	---	0,20	0,05	0,06
4.6/4.8/5.6 5.8/6.8	acciaio non legato o legato a basso o medio tenore di C	---	0,55	0,05	0,06
8.8	acciaio non legato o legato a basso o medio tenore di C temprato e rivenuto	0,28	0,55	0,04	0,05
10.9	acciaio non legato o legato a medio tenore di C temprato rivenuto	0,28	0,55	0,04	0,05
12.9	acciaio legato a medio tenore di C temprato e rinvenuto	0,28	0,50	0,03	0,05

Le viti e i dadi costruiti con metalli non ferrosi o in plastica sono impiegati per casi speciali, o per la loro migliore resistenza alla corrosione, o per la migliore conducibilità termica o elettrica, o per l'estetica. Fra i materiali non ferrosi più usati l'ottone e il nylon. In tutti i casi si ha una resistenza inferiore a quella delle viti in acciaio.

11.6. COSTRUZIONE DELLE VITI

La realizzazione delle filettature avviene con processi di tornitura oppure per deformazione plastica, di solito per rullatura. La prima tecnica è adottata normalmente per le viti di maggiori dimensioni. La resistenza all'usura e alla fatica è maggiore nelle vite con filettatura rullata, a causa dell'incrudimento a cui è sottoposto il materiale. Il comportamento a fatica delle viti con filettatura tagliata al tornio può essere migliorato mediante rullatura della gola dei filetti.

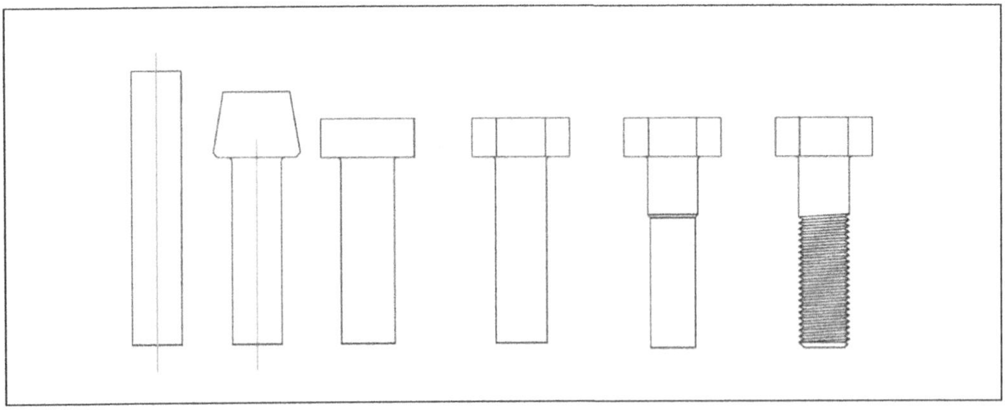

Figura 11.15. Realizzazione di una vite per deformazione plastica.

La Fig. 11.15 mostra il ciclo schematico di realizzazione di una vite per deformazione plastica. La deformazione può essere eseguita con utensili di varia forma. La testa della vite è ottenuta partendo da trafilati a sezione esagonale oppure per ricalcatura a caldo o a freddo. I dadi vengono costruiti per stampaggio a caldo oppure tagliati da trafilati a sezione esagonale; in entrambi i casi la filettatura è ottenuta per maschiatura.

11.7. DISPOSITIVI CONTRO LO SVITAMENTO

Una volta che la vite è stata serrata, è teoricamente sufficiente che l'angolo di attrito, o l'angolo di attrito virtuale per le viti a filetto triangolare, sia superiore all'angolo di inclinazione dell'elica media per garantire che non vi sia svitamento. Questa condizione è sempre largamente rispettata, in quanto, contro un'inclinazione dell'elica media nelle filettature metriche di $2° \div 3°$, si ha un angolo di attrito fra $10°$ e $20°$. Un contributo alla stabilità del collegamento è dato anche dalle azioni d'attrito sotto la testa della vite e sotto il dado nel caso del bullone. Quando però il collegamento è soggetto a vibrazioni o sovraccarichi con riduzioni istantanee della pressione fra le parti in contatto e quindi delle azioni d'attrito, si possono avere delle piccolissime successive rotazioni nel senso dello svitamento. Il problema si presenta maggiormente, per ovvie ragioni, nei casi di viti corte e quindi molto rigide. Il fenomeno può essere controllato inserendo una rosetta elastica, come visto, che impedisca alla pressione sulle parti a contatto di scendere sotto determinati limiti (Fig.11.13), oppure con i dadi autobloccanti, o con l'impiego di piastrine o copiglie che impediscono in modo "positivo" (a prescindere dall'attrito) la rotazione della vite o del dado (Fig. 11.16), oppure con il sistema dado-controdado.

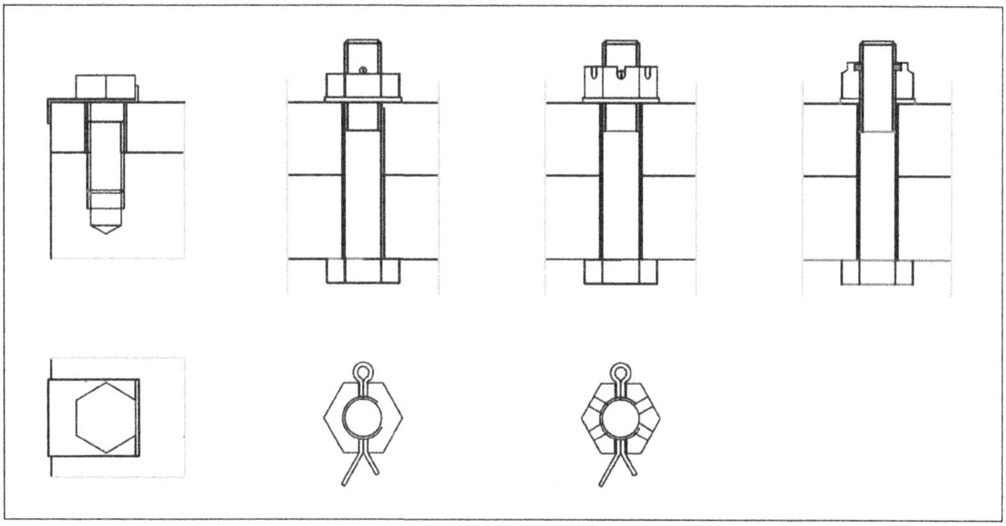

Figura 11.16. Dispositivi antisvitamento.

Il principio di funzionamento del controdado è rappresentato in Fig. 11.17. Quando in una vite serrata viene applicato il controdado il gambo del bullone viene ulteriormente teso, mentre il carico si trasferisce progressivamente al controdado stesso. Il dado viene così alleggerito di una parte del carico e successivamente, con il progredire del serraggio del controdado, viene scaricato e può arrivare ad essere caricato in senso inverso, con la forza agente sulla filettatura del dado che viene quindi ad avere senso opposto rispetto alla forza prima dell'intervento del controdado. A parità di precarico del bullone è quindi necessaria per l'equilibrio una forza sulla filettatura del controdado superiore rispetto a quella del dado. Questo causa un aumento della forza d'attrito che si oppone allo svitamento. Poiché è il controdado a sopportare il carico maggiore, è necessario che la sua altezza non sia inferiore o a quella del dado.

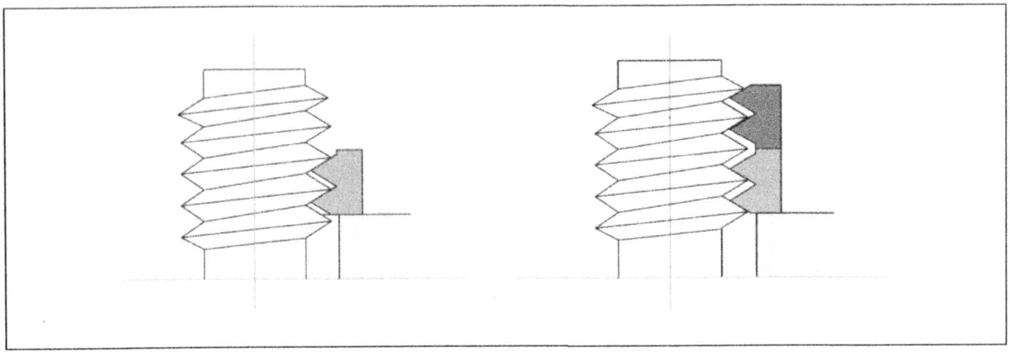

Figura 11.17. Sistema dado-controdado.

Per evitare lo svitamento possono essere anche impiegate viti con appoggio conico (Fig. 11.18), per le quali è ovviamente maggiore il momento di svitamento che nel caso di appoggio piano. È la soluzione usata per il collegamento delle ruote delle automobili, dove un contributo alla stabilità del collegamento è dato anche dall'elasticità della zona di appoggio della vite, o per la forma, nelle ruote in acciaio stampato, o per il materiale, nelle ruote in lega.

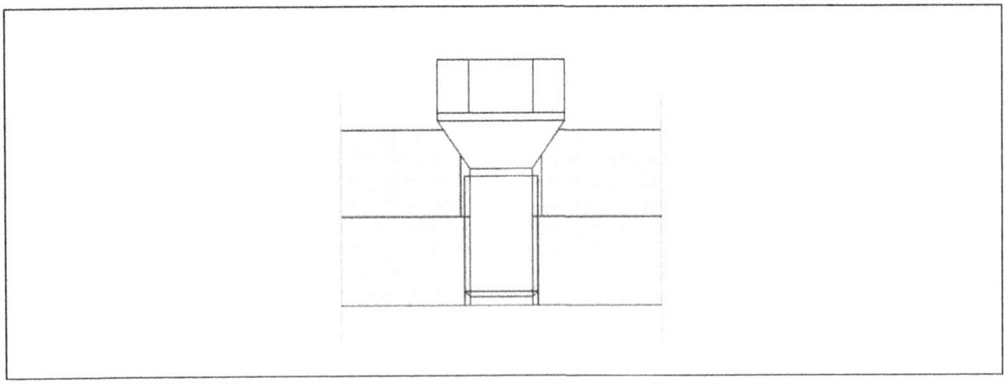

Figura 11.18. Vite con appoggio conico.

11.8. SERRAGGIO DELLE VITI

La maggior parte dei collegamenti con viti non ha importanti compiti strutturali. Quanto di seguito è quindi da riferire a quei collegamenti che invece richiedono un'analisi strutturale.

Come già detto, le viti unificate sono proporzionate in modo che un eventuale cedimento avvenga per trazione e non per cedimento delle filettature. La verifica a taglio delle filettature ha quindi senso solo per le viti a passo fine oppure quando la madrevite è in lega leggera.

Al serraggio viene applicato al dado, o alla testa della vite, un momento *M* dato dalla somma del momento *M'* ,necessario a fare scorrere la vite sulla madrevite, ed un momento *M"* corrispondente alle resistenze sotto testa, nel caso della vite semplice, o sotto il dado nel caso del bullone.

La Fig. 11.19 mostra le azioni concentrate sul diametro medio del filetto rettangolare e del filetto triangolare. Il filetto triangolare produce, a parità di carico assiale della vite, un momento di attrito un po'maggiore trasmesso dalla filettatura rispetto al filetto rettangolare. Ciò corrisponde ad un minore rendimento della vite con filetto triangolare, con un contributo positivo per la stabilità del serraggio.

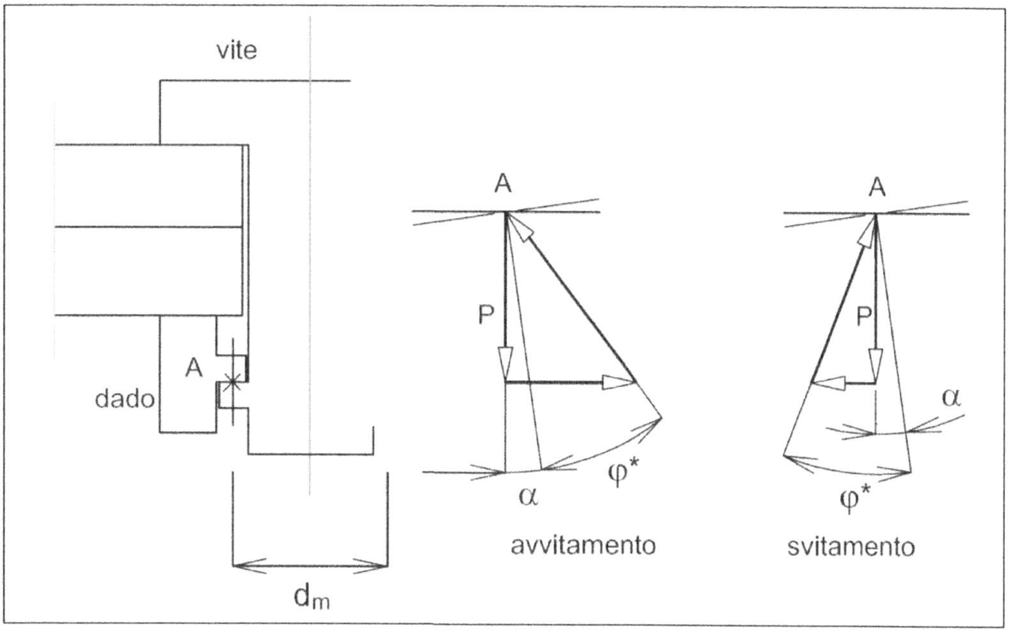

Figura 11.19. Azioni sul diametro medio del filetto.

Le relazioni che si ricavano di seguito fra il momento di avvitamento *M'* e il carico di trazione *P* indotto nella vite sono riferite al filetto rettangolare, ma sono valide, com'è noto, anche per il filetto triangolare, quando si sostituisca nelle espressioni il coefficiente d'attrito nel contatto vite-madrevite con il coefficiente di attrito virtuale, dato dall'espressione approssimata

$$f^* = \frac{f}{\cos\frac{\theta}{2}}$$

dove θ è l'angolo di apertura del filetto, pari a 60° nelle viti metriche, per le quali

$$f^* = 1{,}15\ f$$

Con riferimento al modello di Fig. 11.19 , risulta

$$M' = P\frac{d_m}{2}\,tg(\alpha + \varphi^*)$$

Con considerazioni analoghe si trova l'analoga componente del momento di svitamento, corrispondente alle azioni fra vite e madrevite

$$M'_s = P\frac{d_m}{2}\,tg(\varphi^* - \alpha)$$

dove nelle due formule precedenti d_m è il diametro medio della filettatura, α l'inclinazione dell'elica e $\varphi^* = arctg\, f^*$.

Il momento sotto testa o sotto dato è dato facilmente da

$$M'' = Pf'\frac{d'}{2}$$

dove f' è il coefficiente di attrito fra testa (o dado) e pezzo e d' il diametro medio della corona circolare di contatto fra testa (o dado) e pezzo. Il momento totale per indurre il carico P nella vite risulta quindi

$$M = M' + M'' = P\left[\frac{d_m}{2}\,tg(\alpha + \varphi^*) + f'\frac{d'}{2}\right]$$

ed il momento di svitamento

$$M_s = M'_s + M'' = P\left[\frac{d_m}{2}\,tg(\varphi^* - \alpha) + f'\frac{d'}{2}\right]$$

In pratica il momento di serraggio viene determinato sperimentalmente, tenendo conto in particolare della incertezza sempre presente sul valore dei coefficienti d'attrito.

Per le viti unificate a passo grosso sperimentalmente risulta circa $M'/M = 2/3$, ovvero che $2/3$ del momento di serraggio corrisponde alle azioni vite-madrevite e $1/3$ alle azioni d'attrito sotto testa o sotto dado.

Il precarico da assegnare al bullone mediante il serraggio, normalmente con una chiave tarata, quando non siano presenti azioni assiali esterne che sovraccaricano la vite, secondo la normativa è quello corrispondente ad un sollecitazione di trazione ammissibile riferita alla sezione di nocciolo pari a, essendo σ_s la tensione di snervamento,

$$\sigma_{am} = 0{,}8\,\sigma_s$$

da cui il valore ammissibile del precarico, con A sezione di nocciolo,

$$P_{oam} = 0{,}8\,\sigma_s A$$

Nella vite durante il serraggio si ha anche una torsione provocata dal momento *M'* che, nella sezione di nocciolo dà luogo alla sollecitazione massima,di taglio

$$\tau = \frac{P\frac{d_m}{2}\,tg(\alpha + \varphi^*)}{\frac{\pi d_n^3}{16}}$$

Per le viti a passo grosso, combinando tale sollecitazione con quella a trazione con la teoria di von Mises o con la teoria del taglio massimo si trova una tensione equivalente pari a circa 1.3 volte quella dovuta alla sola trazione. È da dire che la sollecitazione di torsione di solito diminuisce nel tempo a causa dei micromovimenti relativi fra testa e madrevite, o fra testa e dado nel caso del bullone, nel funzionamento della macchina. Tuttavia la sollecitazione di torsione non è trascurabile nella fase di serraggio.

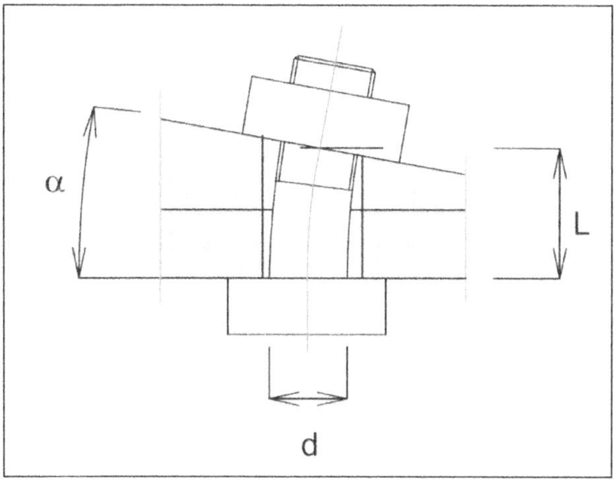

Figura 11.20. Collegamento in presenza di piani di appoggio non paralleli.

Una sollecitazione aggiuntiva di flessione nelle viti nasce quando l'asse della madrevite non è abbastanza perpendicolare al piano di appoggio della testa, o quando i piani di appoggio della testa e del dado non sono sufficientemente paralleli nel caso del bullone. Con riferimento alla Fig. 11.20, con facile calcolo, si trova la sollecitazione di flessione

$$\sigma = \frac{\alpha E d}{2L}$$

dove α è l'angolo fra le superfici di appoggio, L la lunghezza del tratto di vite fra testa e dado, d il diametro della vite ed E il modulo elastico del materiale. Questa sovrasollecitazione può assumere valori non trascurabili per i collegamenti con viti con alto rapporto d/L (viti corte) e può essere comunque eliminata come precedentemente indicato. Nei pezzi fusi, il perfetto parallelismo fra le superfici di appoggio di testa e dado va ottenuto con spianature limitate alle zone di appoggio della testa e del dado.

Quando il serraggio non è sufficiente a garantire le azioni necessarie di attrito fra i pezzi, in presenza di azioni trasversali, si può ricorrere come già detto al bullone perno o ad una bussola (Fig. 11.21), oppure si può provvedere con spine o con altri elementi.

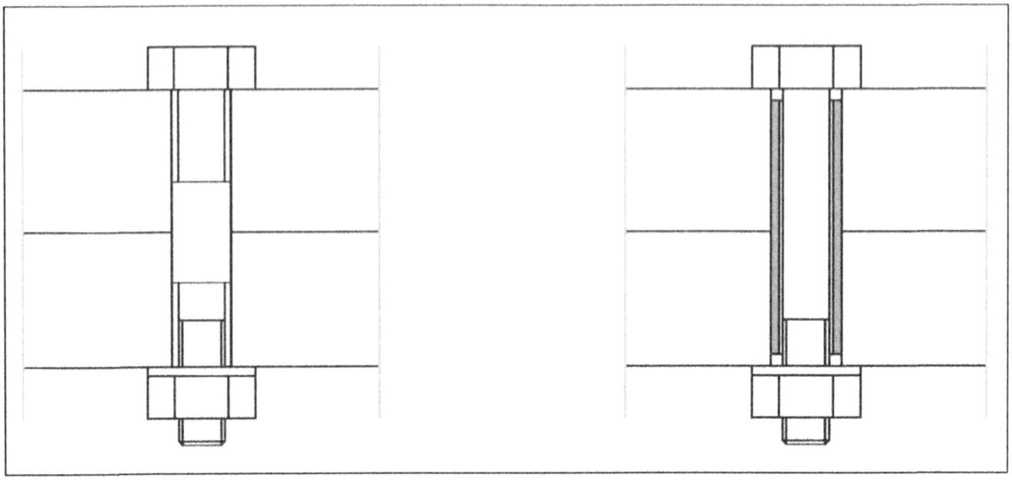

Figura 11.21. Collegamenti con vite-perno e con bussola.

11.9. CONTROLLO DEL PRECARICO

Per un corretto comportamento di un collegamento con viti è ovviamente importante il controllo del precarico, ovvero la stima dell'errore in funzione della metodologia adottata per il serraggio. Nel caso di serraggio manuale, l'operatore considera il collegamento sufficientemente stretto quando non riesce a ruotare ulteriormente la chiave o quando la resistenza alla rotazione della chiave è sufficientemente elevata. La non accuratezza del metodo è evidente. La misura del precarico raggiunto dal bullone può essere eseguita indirettamente, rilevando una fra le seguenti grandezze:

- allungamento del bullone;
- rotazione del dado;
- momento di serraggio;
- trazione esercitata da un martinetto idraulico.

La misura del precarico basata sull'allungamento viene utilizzata solo a livello di prove di laboratorio, per la difficoltà pratica di apprezzare allungamenti piccolissimi. Il metodo della rotazione del dado richiede una accurata taratura. Di largo impiego è la valutazione del precarico mediante la misura del momento applicato al dado. Per questo vengono usate le chiavi tarate.

Per il serraggio di grossi bulloni o prigionieri possono essere utilizzati martinetti idraulici come in Fig.11.22. L'attrezzatura viene appoggiata sul pezzo, lato dado. Collegato il gambo filettato al pistone del martinetto con il dado già accostato al pezzo, viene mandato olio in pressione nel cilindro idraulico fino al raggiungimento del precarico previsto. A questo punto viene accostato il dado e quindi tolta la pressione. Questa tecnica utilizzata principalmente nella meccanica pesante ha fra l'altro il vantaggio di non generare sovrasollecitazioni torsionali nella vite. Una possibilità, quando devono essere serrati più bulloni, come nel caso di una testata di un cilindro di compressore o di un collegamento flangiato è di comandare più martinetti, uno per ogni bullone, con la stessa pompa ottenendo un serraggio uniforme, dove nel serraggio bullone per bullone ciò è difficile da ottenere.

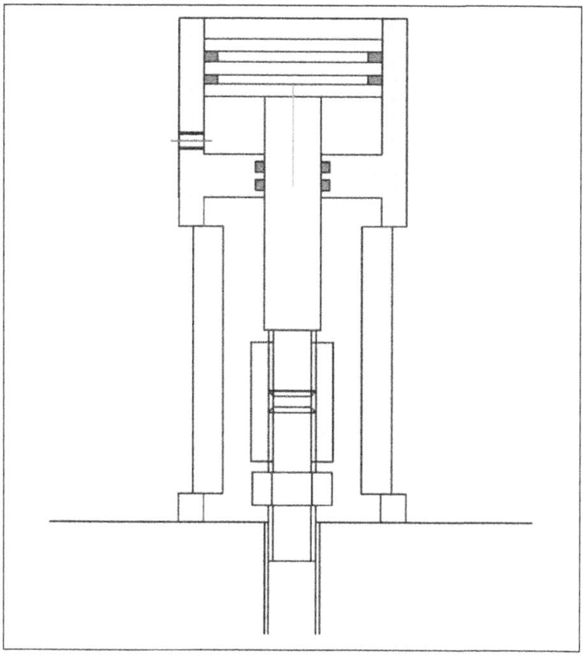

Figura 11.22. Serraggio con martinetto idraulico.

11.10. EFFETTI DEI CARICHI ASSIALI SUI COLLEGAMENTI CON VITI

Nel recipiente di Fig. 11.23 la pressione interna tende a staccare il fondo collegato con viti al recipiente. Nel rotore di una macchina elettrica o di un ventilatore (Fig. 11.24) la forza centrifuga tende a staccare le espansioni polari o le pale. Nella Fig. 11.25 sono mostrate una testata, una biella ed un cappello di banco di macchina alternativa soggetti nel primo caso ai carichi istantanei provocati dalle forze del gas e nel secondo e terzo dalle forze del gas e d'inerzia che sovraccaricano le viti. In questi casi agiscono quindi azioni di varia natura che tendono a separare le parti collegate.

Da notare che nel caso del recipiente e del rotore con rispettivamente pressione e velocità di solito costanti le sollecitazioni indotte sulle viti sono statiche, dove invece nei casi relativi a una macchina alternativa sono affaticanti.

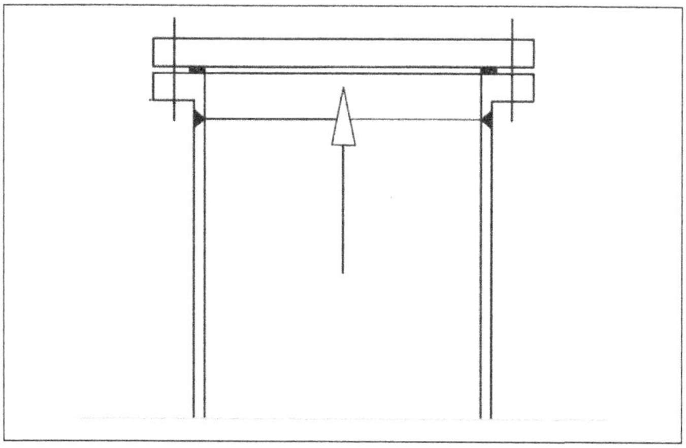

Figura 11.23. Chiusura di un recipiente in pressione cilindrico.

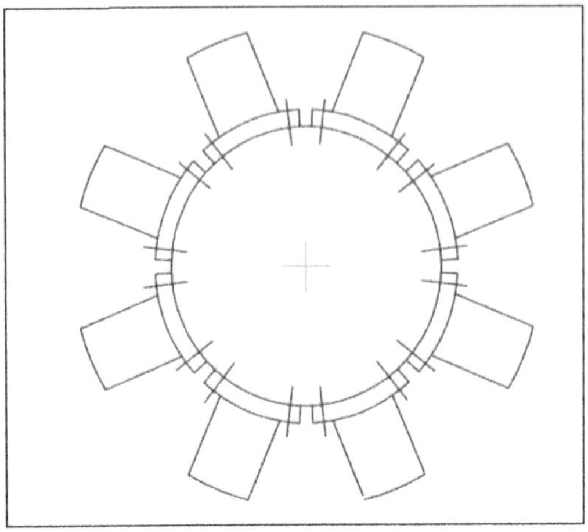

Figura 11.24. Albero rotante con espansioni.

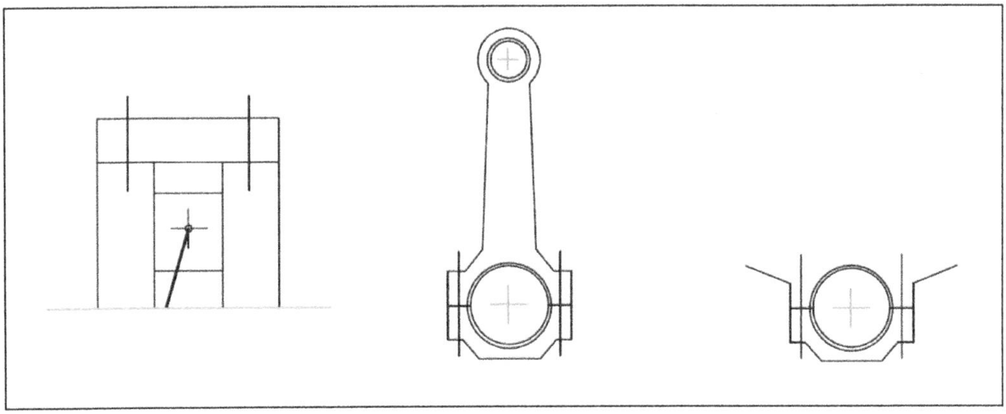

Figura 11.25. Testata, biella e cappello di banco di macchina alternativa.

Nel modello di Fig. 11.26 la vite ed i pezzi vengono rappresentati con due molle parallele, ciascuna con una estremità fissa e con l'altra collegata ad un'unica slitta. Dopo il serraggio il sistema delle due molle viene a trovarsi in stato di coazione con la vite soggetta al carico di trazione P_o ed i pezzi soggetti al carico $-P_o$. Indicando con δ lo spostamento subito dalla slitta provocato da un carico esterno F, si ha

$$\delta = \frac{F_v}{K_v} = \frac{F_p}{K_p}$$

avendo indicatto con F_v e F_p rispettivamente le quote del carico esterno F che si applicano alla molla che schematizza la vite e alla molla che schematizza i pezzi, e con K_v e K_p le rigidezze delle molle. Tenendo conto che deve essere

$$F = F_v + F_p$$

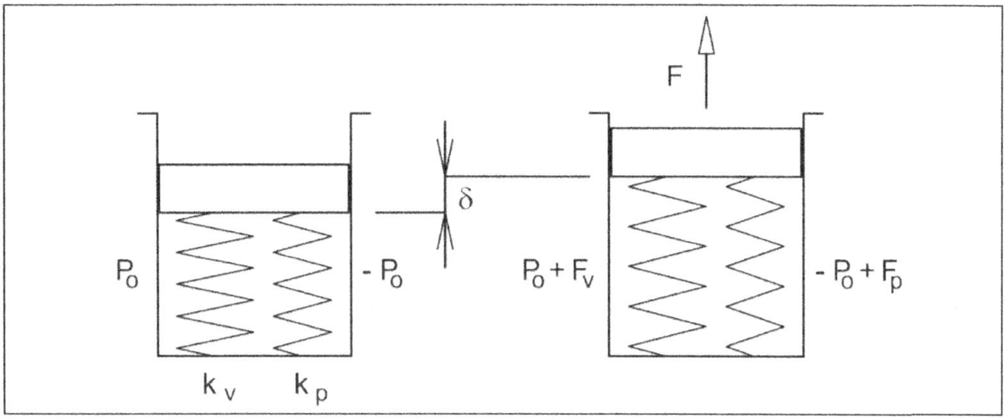

Figura 11.26. Ripartizione del carico esterno nel sistema vite-pezzi.

i carichi finali sulla vite e sui pezzi sono allora

$$P_v = P_o + F_v = P_o + \frac{F\,K_v}{K_p + K_v}$$

$$P_p = -P_o + F_p = -P_o + \frac{F\,K_p}{K_p + K_v}$$

Si osserva che il carico esterno si ripartisce fra bulloni e pezzi in proporzione alle rispettive rigidezze. La vite subisce un sovraccarico ed i pezzi una riduzione del carico.

Alle ultime relazioni corrisponde il grafico di Fig. 11.27, diagramma triangolare, che facilita la discussione dei collegamenti con viti soggetti a carichi esterni assiali. In ascissa si hanno gli spostamenti ed in ordinata i carichi; gli angoli sono dati da

$\beta_v = \arctan K_v \qquad \beta_p = \arctan K_p$

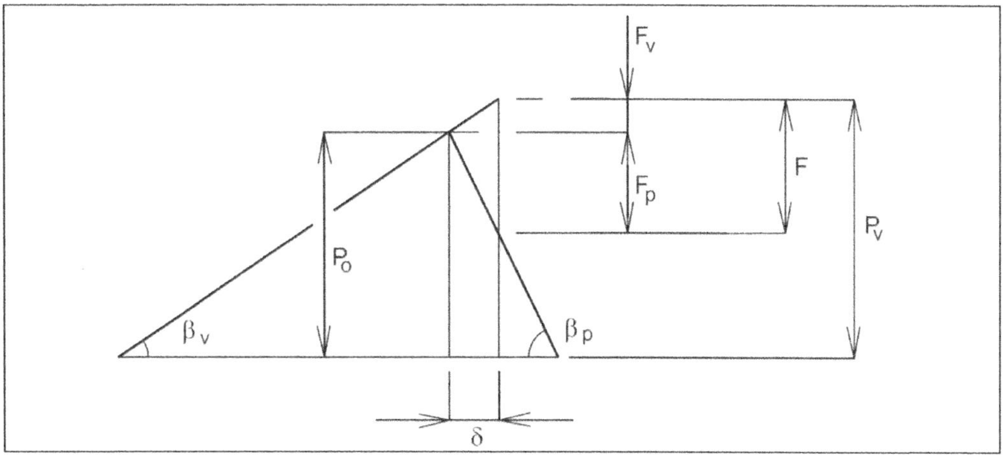

Figura 11.27. Diagramma triangolare.

Il diagramma triangolare evidenzia il carico $P_r > P_o$ assunto dalla vite a seguito dell'applicazione del carico esterno F al sistema e le quote F_r e F_p corrispondenti rispettivamente al sovraccarico della vite ed allo scarico dei pezzi. La costruzione di Fig. 11.28 mostra graficamente l'influenza della rigidezza della vite sul sovraccarico della vite stessa. A parità di rigidezza dei pezzi e di carico assiale esterno F, si ha $\Delta F' < \Delta F''$ corrispondentemente a $\beta'_v < \beta''_v$ ovvero $K'_r < K''_r$.

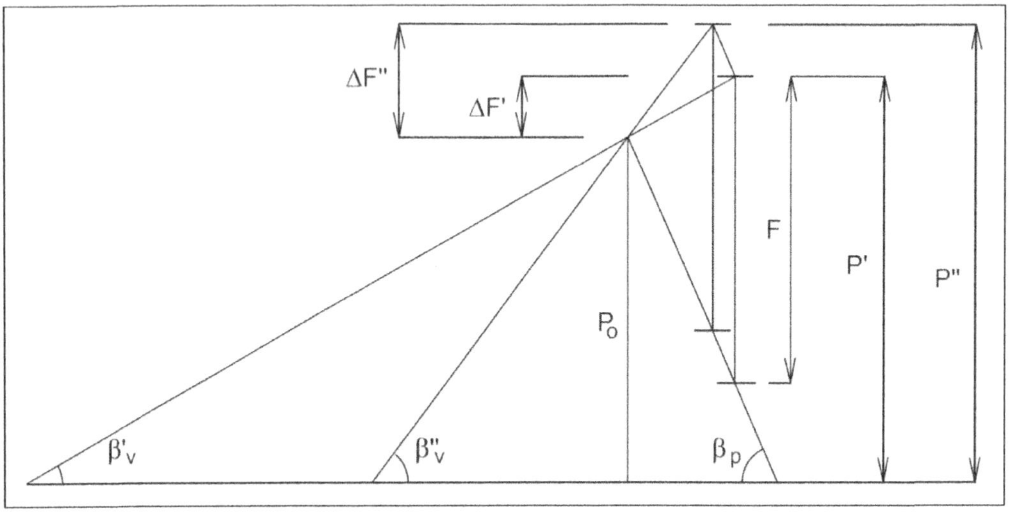

Figura 11.28. Influenza della rigidezza della vite.

Un problema dei collegamenti con viti è anche quello del carico residuo sui pezzi in presenza dei carichi esterni. La Fig. 11.29 mostra la situazione limite in cui il carico esterno annulla la compressione dei pezzi. Il carico minimo residuo sui pezzi accettabile a seguito dell'applicazione del carico esterno è legato alle singole applicazioni. In alcuni casi il carico residuo di compressione dei pezzi non deve scendere al di sotto del valore necessario per generare azioni d'attrito sufficienti per la stabilità in presenza oltre che di carichi esterni assiali anche di azioni esterne trasversali, ovvero perpendicolari all'asse della vite, tendenti a fare scorrere relativamente i pezzi.

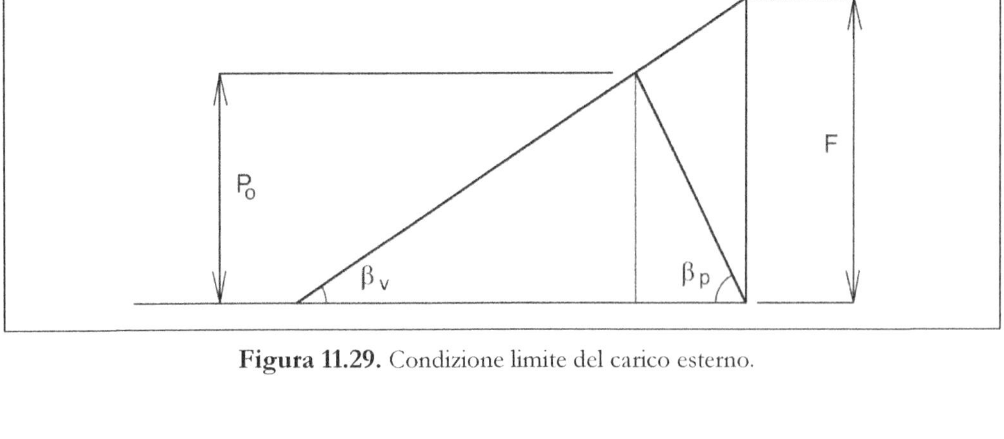

Figura 11.29. Condizione limite del carico esterno.

Nel caso della chiusura del recipiente in pressione (Fig. 11.23), il carico fra le flange e quindi sulla guarnizione non deve scendere al di sotto del valore necessario per la tenuta del fluido in pressione ovvero della pressione di sigillamento, funzione del fluido contenuto nel recipiente. Tale pressione deve essere tanto maggiore, quanto minore è la viscosità del fluido contenuto. Valori molto alti della pressione di sigillamento sono necessari quando il fluido contenuto è un gas.

La possibilità di utilizzare praticamente le formule per il calcolo dell'effetto dei carichi esterni è legata alla determinazione affidabile delle rigidezze della vite e dei pezzi. Per la vite si ha facilmente

$$K_v = \frac{EA}{l}$$

dove E è il modulo elastico, A l'area della sezione di nocciolo e l la lunghezza del tratto di vite fra testa e dado, nel collegamento con bullone, e fra testa e inizio dell'impegno nella madrevite nel collegamento con vite semplice. Per i pezzi, la rigidezza K_p, intesa come rapporto fra il carico trasmesso dalla vite fra testa e dado e l'avvicinamento relativo delle due corone circolari di appoggio della vite e del dado, secondo una vecchia regola è equivalente alla rigidezza del solido biconico forato soggetto a compressione rappresentato in Fig. 11.30. La rigidezza di questo solido risulta a sua volta uguale a quella di un cilindro forato di diametro interno pari al diametro della vite e diametro esterno

$$d^* = \sqrt{dD}$$

ovvero pari alla media armonica d^* fra il diametro d e il diametro D come in figura.

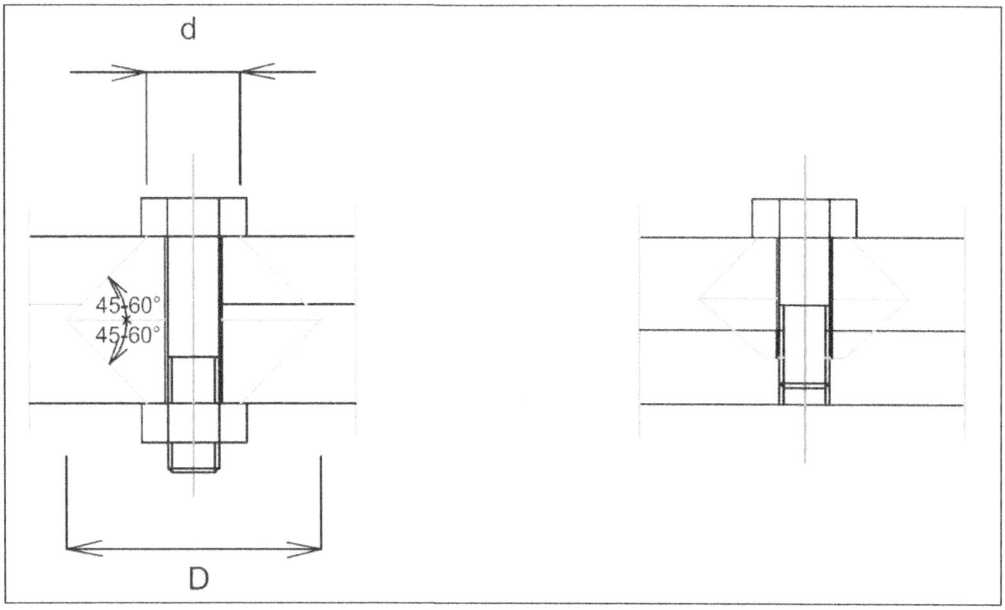

Figura 11.30. Bicono equivalente.

Questo criterio di calcolo della rigidezza dei pezzi non risolve il problema nei casi frequenti di viti ravvicinate, con sensibile sovrapposizione dei campi tensionali provocati nei pezzi dalle diverse viti, e di viti molto prossime ad un bordo terminale dei pezzi, in cui viene a mancare l'assialsimmetria o comunque in presenza di geometrie non semplici. In questi casi, quando sia il caso, la rigidezza dei pezzi può essere valutata con sufficiente precisione con un calcolo strutturale eseguito con metodi numerici.

Importante è il caso di un collegamento con viti con interposta fra i pezzi una guarnizione sicuramente molto meno rigida dei pezzi; analogo è il caso di collegamenti con interposte rosette elastiche sotto il dado. Il diagramma triangolare assume in questi casi l'aspetto di Fig. 11.31. La rigidezza iniziale dei pezzi coincide in pratica con quella della guarnizione o della rosetta, per poi aumentare e assumere circa il valore corrispondente alla rigidezza dei pezzi dopo che la guarnizione o la rosetta sono completamente schiacciate.

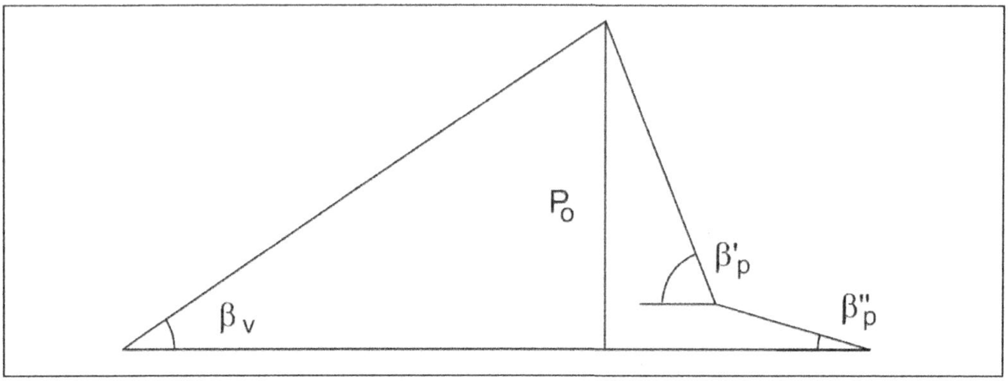

Figura 11.31. Effetto della rosetta elastica.

Due o più pezzi collegati con viti costituiscono, a viti serrate, un sistema in stato di coazione, praticamente a comportamento lineare fino a quando le forze esterne non provocano distacchi delle superfici tenute unite dalle viti. L'applicazione di carichi esterni produce sul sistema completo uno stato di sollecitazione da sommare allo stato di coazione.

Indicando con σ_0 lo stato di tensione da coazione e con σ_e lo stato di tensione provocato sul sistema completo dai carichi esterni lo stato finale risulta dunque

$$\sigma = \sigma_0 + \sigma_e$$

La Fig. 11.32 illustra il concetto esposto con riferimento al collegamento con un singolo bullone. La Fig. 11.33 riguarda invece un giunto flangiato; per il secondo caso a causa della particolare geometria è necessaria un'analisi più approfondita di quanto permettono i criteri prima esposti. La metodologia da applicare è quella dei metodi numerici di analisi delle tensioni.

Un'ovvia osservazione riguarda il valore da assegnare col serraggio al precarico della vite in presenza di carchi esterni assiali tendenti a distaccare i pezzi. Evidentemente la verifica che non sia superata la sollecitazione ammissibile deve essere eseguita con riferimento a P_r invece che al precarico P_0, con la conseguenza di assegnare col serraggio, almeno in teoria, un precarico inferiore a quello massimo previsto dalla normativa.

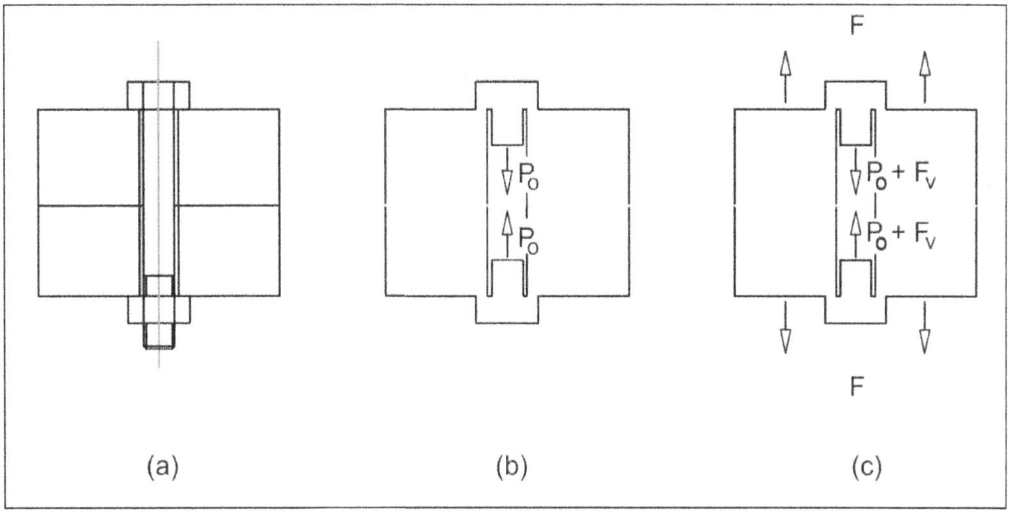

Figura 11.32. Carichi nel sistema bullone-pezzi.

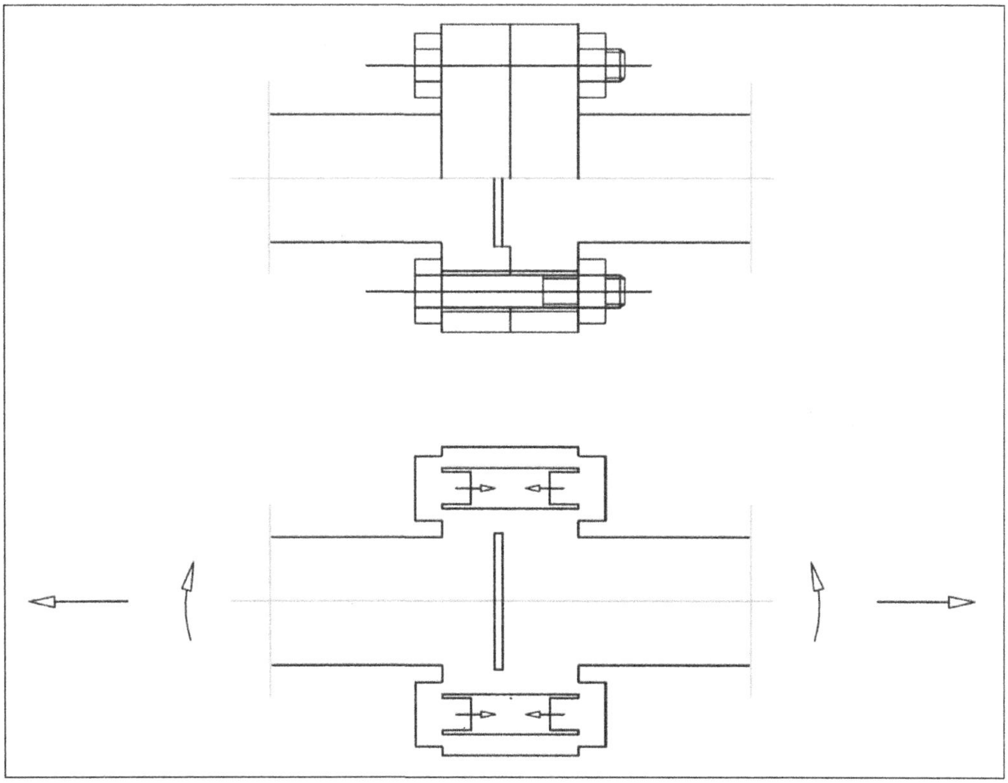

Figura 11.33. Giunto flangiato.

11.11. RESISTENZA A FATICA DEI COLLEGAMENTI CON VITI

In presenza di un carico assiale pulsante da *0* a *F* tendente a distaccare i pezzi (Fig. 11.34), la vite subisce una sollecitazione affaticante, la componente affaticante essendo la quota di carico F_v.

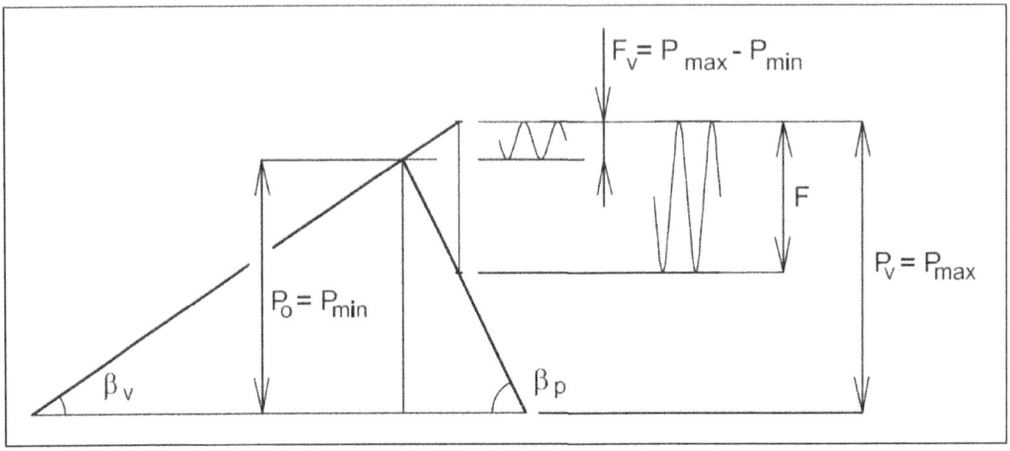

Figura 11.34. Carico affaticante.

Come facilmente si deduce dalle formule o dal diagramma triangolare, a parità di precarico, questa componente diminuisce con la rigidezza della vite; per questo, per esempio, i prigionieri e le viti impiegati nella motoristica vengono convenientemente scaricati (Fig. 11.35), e quindi resi meno rigidi, togliendo materiale alla zona liscia fino a portarla ad avere circa la stessa resistenza a fatica della parte filettata.

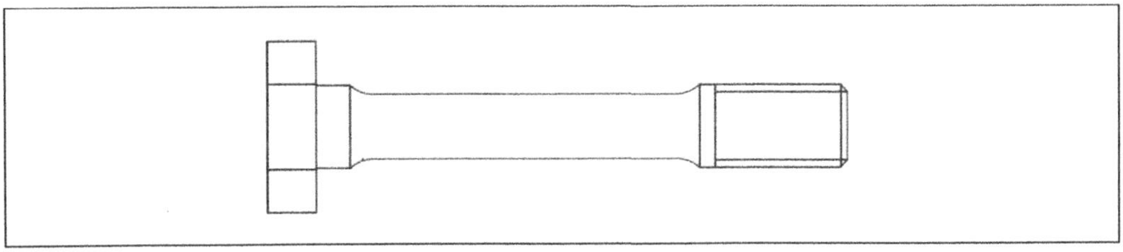

Figura 11.35. Vite scaricata.

Le viti sono elementi critici per la resistenza a fatica per i notevoli effetti d'intaglio presenti. Una statistica sulle rotture a fatica dei bulloni (Fig. 11.36), indica per più del *50%* dei casi la rottura per fatica in corrispondenza del primo filetto in presa (*A*); altre zone critiche sono il raccordo con la testa (*B*) e l'inizio della filettatura (*C*).

Le rotture per fatica sono ovviamente legate alle sovrasollecitazioni da effetto d'intaglio nei punti indicati. Tipici collegamenti da verificare a fatica sono, nelle macchine alternative quali motori e compressori, i collegamenti con prigionieri della testata al corpo cilindri ed i collegamenti dei cappelli della biella e del banco.

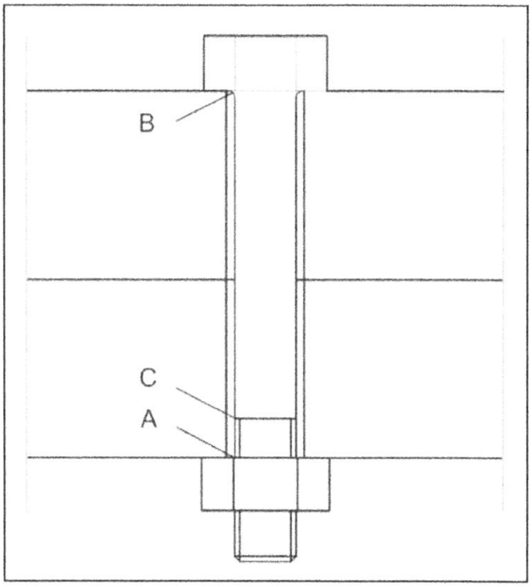

Figura 11.36. Punti critici per la rottura.

Le Fig. 11.37a mostra un dado speciale con il quale si migliora la ripartizione del carico sui filetti; in particolare si riduce il carico sul primo filetto. Con questa soluzione si aumenta la resistenza a fatica della vite in corrispondenza del primo filetto in presa (*A* in Fig. 11.36). La Fig. 11.37b mostra un bullone con dado speciale, anch'esso atto a migliore la ripartizione del carico fra i filetti, e contemporaneamente, con la vite scaricata come già visto (Fig. 11.35), per aumentare la flessibilità.

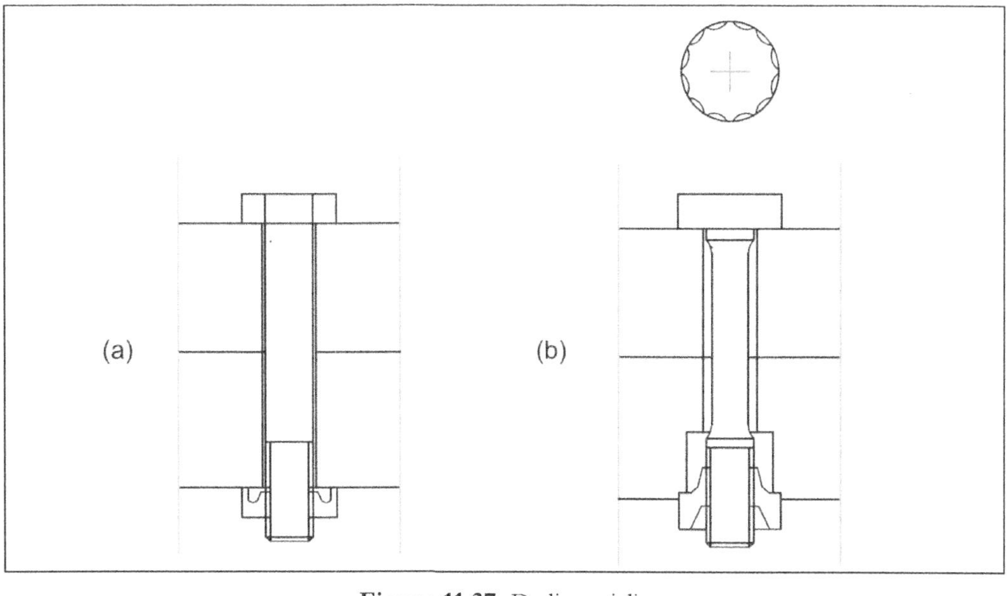

Figura 11.37. Dadi speciali.

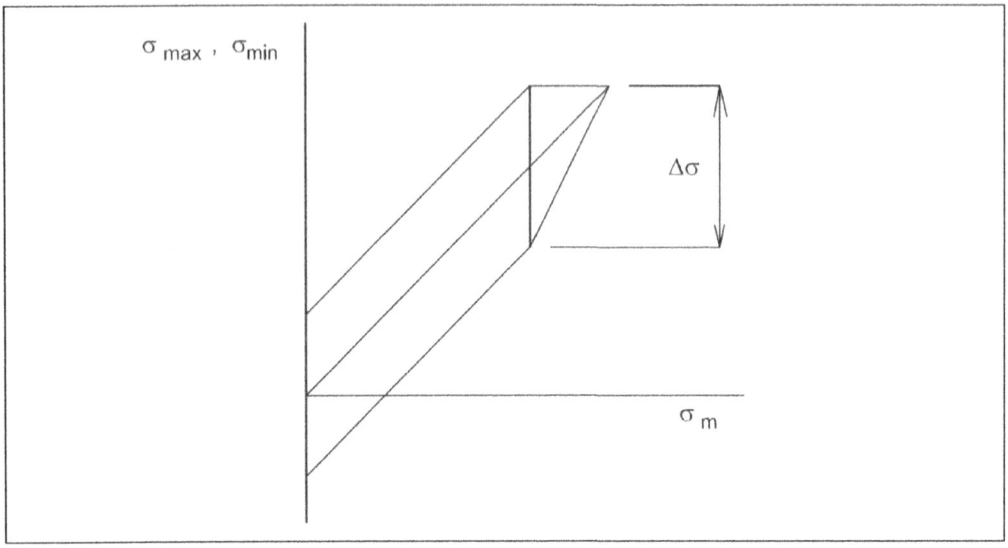

Figura 11.38. Diagramma di Smith per i collegamenti con viti.

Il diagramma di Smith relativo alle viti, come spesso accade per gli elementi fortemente intagliati, ha i due rami quasi paralleli (Fig. 11.38). Con l'assunzione di rami paralleli l'ampiezza $\Delta\sigma$ della sollecitazione ammissibile risulta indipendente dalla tensione media σ_m. Le viti rullate hanno una buona resistenza a fatica per l'incrudimento prodotto dalla rullatura sul fondo della gola del filetto.

11.12. IMPIEGO DEI BULLONI NELLA CARPENTERIA METALLICA

Per le travi, le colonne e gli altri elementi strutturali in acciaio dei grandi impianti, dei capannoni industriali e delle costruzioni civili si realizzano sempre più spesso collegamenti con bulloni, alternativi alle saldature ed alle chiodature, in particolare nei casi in cui in passato si usavano i chiodi a caldo. Il vantaggio dei collegamenti bullonati non risiede tanto nella smontabilità, in questi casi spesso non richiesta, quanto nella semplicità ed economicità della messa in opera.

Di seguito alcuni esempi di giunti bullonati fra profilati a doppio T utilizzati in particolare nel settore delle costruzioni civili:

- giunto a croce ottenuto con il collegamento di testa fra due profilati uguali a doppio *T* con piastre d'estremità (flange) saldate, con interposto un terzo profilato a doppio *T* (Fig. 11.39);
- colonna a doppio T con trave orizzontale da ambo i lati, con piastre d'estremità serrate addosso all'anima della colonna e trave orizzontale principale – trave orizzontale da ambo i lati, con piastre d'estremità serrate addosso all'anima della trave principale (Fig. 11.40);
- giunto colonna - trave orizzontale su un lato, con due angolari di collegamento fra le piattabande (Fig. 11.41).

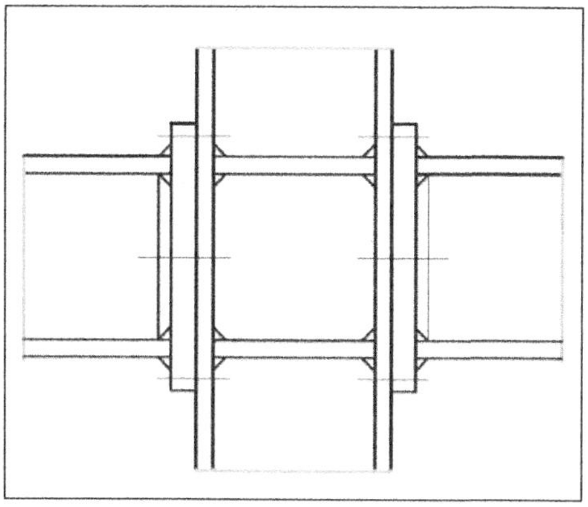

Figura 11.39. Collegamento fra travi a doppio T.

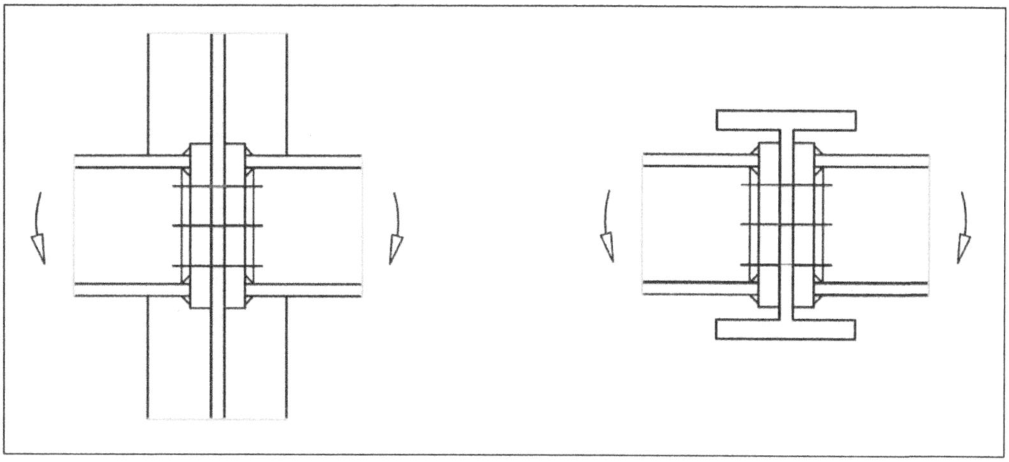

Figura 11.40. Collegamenti in croce fra travi a doppio T.

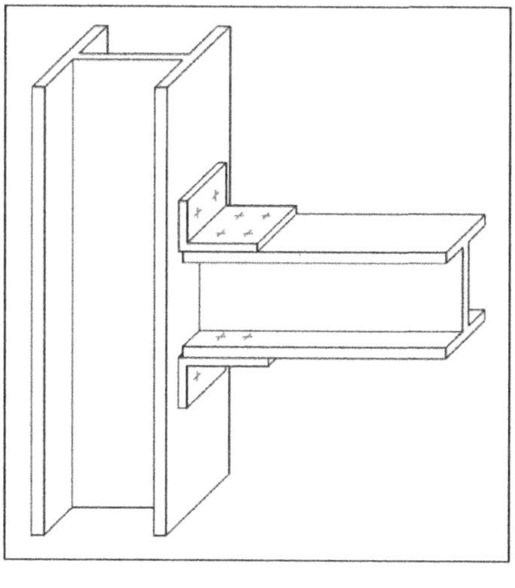

Figura 11.41. Collegamento a T fra travi a doppio T.

11.13. VITI DI MANOVRA

La Fig. 11.42 mostra un esempio di applicazione di vite di manovra. Il concetto di base, per una corretta progettazione, è di assegnare alla vite, appoggiata su due cuscinetti, il compito di trascinare l'elemento traslante dotato di suoi elementi di guida, lavorando a trazione, evitando sforzi e quindi deformazioni flessionali. Nella soluzione indicata la vite lavora a trazione o compressione e per un tratto alla torsione corrispondente al momento da applicare per la rotazione. Sono quindi da evitare soluzioni con deformazioni di flessione significative per la vite, che altererebbero un corretto accoppiamento vite-madrevite.

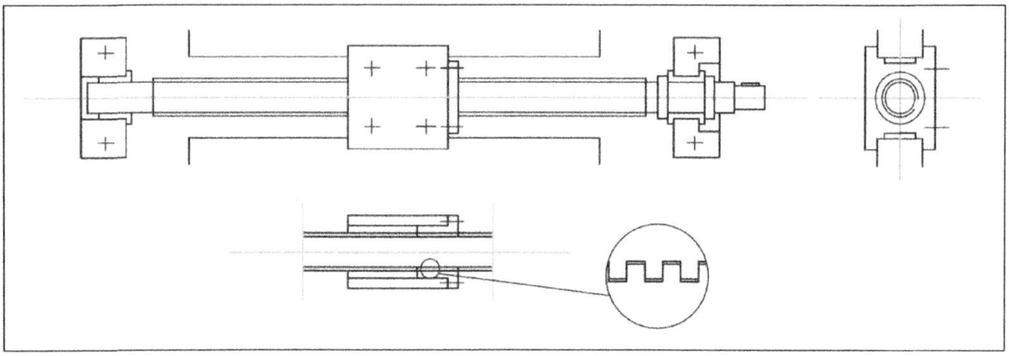

Figura 11.42. Vite di Manovra.

Le viti di manovra è opportuno in generale che abbiano il massimo rendimento. Per questo sono a filetto rettangolare o trapezio e la vite, sempre in acciaio, si accoppia con una madrevite in bronzo o in ghisa in quanto, com'è noto, il coefficiente di attrito per le coppie acciaio-bronzo e acciaio-ghisa è inferiore a quello per la coppia acciaio-acciaio. Sia in funzione del massimo rendimento che della protezione dall'ossidazione la vite deve ovviamente essere adeguatamente lubrificata durante il funzionamento.

In presenza di una resistenza *R* di senso contrario al quello di avanzamento della vite relativamente al carrello vale, per il momento motore, la relazione approssimata

$$M_m = R\left(\frac{p}{2\pi} + f * \frac{d_m}{2}\right)$$

dove p e d_m sono rispettivamente il passo e il diametro medio della vite, $f*$ il coefficiente d'attrito virtuale nel caso di filetto trapezio, coincidente con il coefficiente d'attrito reale nel caso di filetto rettangolare.

In presenza di una resistenza *R* di senso concorde a quello di avanzamento della vite il momento motore diviene

$$M_m = R\left(-\frac{p}{2\pi} + f * \frac{d_m}{2}\right)$$

Le formule sopra riportate forniscono il valore di M_m a meno delle resistenze sui cuscinetti di supporto della vite e sulle guide del carrello.

Per una trattazione completa della meccanica delle viti di manovra si rimanda ai testi di meccanica applicata.

Dal punto di vista del proporzionamento della vite il problema di base è quello dell'usura della filettature, legata alla pressione specifica e alla velocità tangenziale *V* riferita al diametro medio della filettatura; in prima approssimazione si deve avere

$$p < p_{am}$$

$$pV < (pV)_{am}$$

I valori ammissibili di *p* e di *pV* dipendono dai materiali e dalla loro condizione superficiale, e dalla lubrificazione. I valori ammissibili della pressione sono di solito compresi fra 5 e 10 N/mm^2.

Per quanto riguarda il calcolo della pressione specifica, si ammette in prima approssimazione che il filetto più caricato sopporti 1/3 o 1/4 del carico fra vite e madrevite. Ne deriva

$$p = \frac{1}{3} P \frac{\pi}{4}\left(d_c^2 - d_i^2\right) \qquad \text{oppure} \qquad p = \frac{1}{4} P \frac{\pi}{4}\left(d_c^2 - d_i^2\right)$$

dove *P* è il carico assiale massimo sulla vite e d_e e d_i sono rispettivamente il diametro esterno e interno della corona proiezione assiale della superficie di contatto fra filetto della vite e filetto della madrevite.

È infine il caso di ricordare che in molte applicazioni le viti classiche di manovra sono state sostituite dalle viti a circolazione di sfere, aventi un rendimento molto alto.

Capitolo 12
CUSCINETTI DI ROTOLAMENTO

12.1. INTRODUZIONE

Il principio di sostituire l'attrito di strisciamento con l'attrito di rotolamento è applicato nelle guide lineari, nei cuscinetti di rotolamento a sfere e a rulli e nelle viti a sfere, corrispondenti rispettivamente alle coppie prismatiche, alle coppie rotoidali e alle coppie elicoidali.

I cuscinetti di rotolamento hanno le seguenti caratteristiche principali:

- attrito molto basso in confronto ai cuscinetti normali di strisciamento (bronzine) e dello stesso ordine di grandezza di quello dei cuscinetti a lubrificazione fluida idrostatici e idrodinamici;
- resistenza all'avviamento praticamente uguale a quella cinetica;
- coefficienti d'attrito poco dipendenti dal carico e dalla velocità.

Nei cuscinetti di rotolamento si riduce la resistenza d'attrito impedendo il contatto diretto delle parti in movimento per mezzo di sfere o rulli, dove lo stesso compito è affidato al lubrificante nei cuscinetti a lubrificazione fluida. L'impiego di questi componenti di precisione, costruiti in grande serie, con acciai legati ad alta resistenza, di costo relativamente contenuto, permette di risolvere nel modo migliore la maggior parte dei problemi di sostentamento degli alberi e degli elementi rotanti su albero fisso. I costruttori principali sono *SKF*, *FAG*, *INA*, *TIMKEN* che coprono gran parte della produzione mondiale. I materiali degli anelli sono acciai al cromo a tutta tempra e acciai da cementazione al cromo-nichel e al manganese cromo.

Nei cuscinetti radiali, secondo la formula di Stribeck, la sfera o il rullo più caricato (Fig. 12.1) sopportano rispettivamente il carico approssimato, avendo indicato con n il numero di sfere o rulli,

$$F_0 = 4F/n \qquad \text{sfere}$$

$$F_0 = 5F/n \qquad \text{rulli}$$

Queste formule sono state ricavate mettendo in conto le deformazioni locali di tipo hertziano nei contatti sfere-anelli.

Nei cuscinetti assiali il carico si ripartisce teoricamente in maniera uniforme fra i corpi rotolanti.

Per la teoria di Hertz, relativa alle sollecitazioni nel contatto fra corpi curvi compressi, la capacità di carico di una sfera è proporzionale a quadrato del suo diametro e quella di un rullo al prodotto del diametro per la lunghezza.

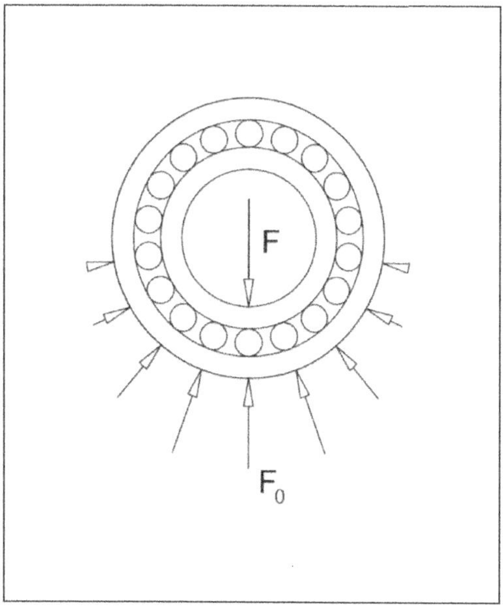

Figura 12.1. Carico sulle sfere o sui rulli.

Per ogni applicazione è importante la giusta selezione del tipo e delle dimensioni dei cuscinetti. Devono anche essere risolti i problemi di montaggio, manutenzione, lubrificazione e di interfaccia con albero e alloggiamenti. La selezione deve in ogni caso tenere conto delle indicazioni dei cataloghi dei costruttori; fra queste le tolleranze di lavorazione consigliate per i diametri degli alberi e delle sedi esterne. Di solito i cuscinetti di rotolamento hanno un gioco radiale e assiale risultante del gioco iniziale e della riduzione provocata dal montaggio con interferenza sull'albero e sulle sedi esterne. In alcuni casi i cuscinetti lavorano precaricati.

I cuscinetti di rotolamento hanno in linea di massimo un ingombro radiale maggiore ed un ingombro assiale minore dei cuscinetti di strisciamento, a pari diametro dell'albero. Non si impiegano nei seguenti casi:

- alberi di diametro molto grande, rotanti a alta velocità; in quanto la velocità massima ammissibile dei cuscinetti diminuisce drasticamente al crescere delle dimensioni, per effetto delle forze centrifughe delle sfere o dei rulli che si scaricano sulla pista esterna. Per esempio, per un cuscinetto radiale a sfere con diametro del foro di *30 mm* e diametro esterno di *55 mm* la velocità massima è *15000 giri/min*, mentre per un cuscinetto dello stesso tipo con diametro del foro di *160 mm* e diametro esterno di *290 mm* è *2400 giri/min*. Ne deriva che per le grosse macchine quali turbine a vapore ed a gas, alternatori delle centrali elettriche, turbine idrauliche, ecc. non è possibile sopportare i rotori su cuscinetti di rotolamento e si deve ricorrere ai cuscinetti a lubrificazione fluida (idrostatici o idrodinamici);
- alberi a gomito delle macchine alternative pluricilindriche, in quanto contrariamente ai cuscinetti di strisciamento quelli di rotolamento non possono essere divisi in due parti secondo un piano diametrale e quindi non possono essere montati sull'albero;
- alberi per piccoli motori elettrici e alberi di piccole dimensioni in genere, per i quali è conveniente impiegare boccole sinterizzate (metallurgia delle polveri), porose, impregnate di lubrificante e quindi autolubrificate per la durata in servizio, di costo molto basso.

12.2. RESISTENZA D'ATTRITO

Per un cuscinetto di rotolamento si determina sperimentalmente un coefficiente d'attrito di strisciamento virtuale, riferito al diametro dell'albero, uguale al diametro del foro dell'anello interno del cuscinetto, e quindi direttamente confrontabile con quello di un cuscinetto di strisciamento utilizzabile con lo stesso albero. Viene misurata sperimentalmente la coppia d'attrito

$$M = \frac{1}{2}\mu F d$$

da cui il coefficiente virtuale d'attrito

$$\mu = \frac{2M}{Fd}$$

dove F è il carico applicato, supposto concentrato, e d il diametro del foro del cuscinetto. Valori indicativi dei coefficienti d'attrito μ per alcuni tipi di cuscinetti, lubrificati, dati nella Tabella 12.1, valgono per cuscinetti in cui le superfici delle sfere, dei rulli e delle piste sono separati da un adeguato velo di lubrificante. L'effetto di guarnizioni striscianti, della non perfetta correttezza cinematica di alcuni tipi di cuscinetti o di sensibili perdite aerodinamiche del lubrificanti è di aumentare, anche in misura molto grande, la coppia d'attrito.

Tabella 12.1 – Valori indicativi del coefficiente d'attrito μ (dal catalogo generale SKF)

radiali a sfere	0.0015
orientabili a sfere	0.0010
obliqui ad una corona di sfere	0.0020
a rulli cilindrici a pieno riempimento	0.0020
a rullini	0.0025
a rulli conici	0.0018
assiali a sfere	0.0013

12.3. TIPI DI CUSCINETTI DI ROTOLAMENTO

In Fig. 12.2 il cuscinetto radiale a sfere, il più utilizzato, che esiste anche nella versione a due corone di sfere. Come gli altri cuscinetti comprende due anelli, i corpi rotolanti, in questo caso sfere, e la gabbia di stanziatrice. Per ogni diametro interno sono previsti più diametri esterni e corrispondenti spessori assiali. Le dimensioni esterne dei cuscinetti sono unificate, in modo da permettere l'intercambiabilità fra cuscinetti forniti dai diversi costruttori.

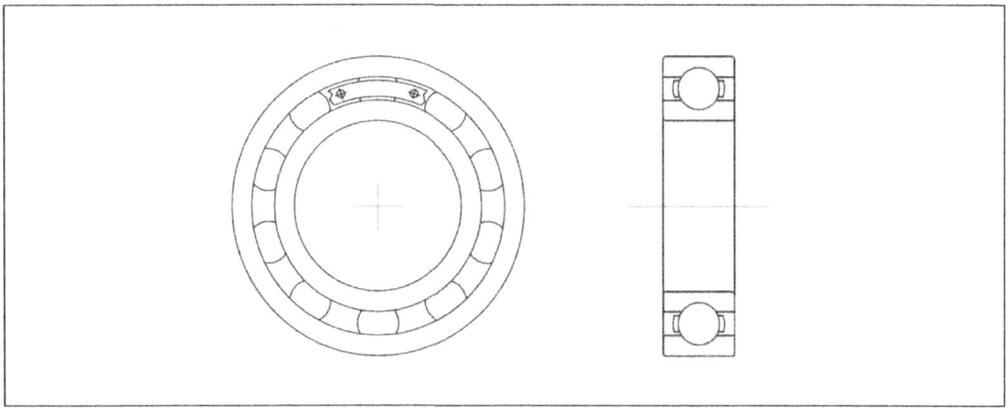

Figura 12.2. Cuscinetto radiale a sfere.

Le Figg. 12.3 e 12.4 evidenziano i contatti di tipo hertziano anello-sfera e anello-rullo con riferimento all'anello interno. La situazione è evidentemente analoga se riferita all'anello esterno.

Il cuscinetto radiale a sfere, avente gole profonde dei due anelli, interno e esterno, può sopportare un carico assiale in aggiunta a un carico radiale. La Fig. 12.5 mostra la posizione relativa dei due anelli in presenza di un carico assiale, con conseguente inclinazione della direzione delle forze scambiate fra sfere e anelli.

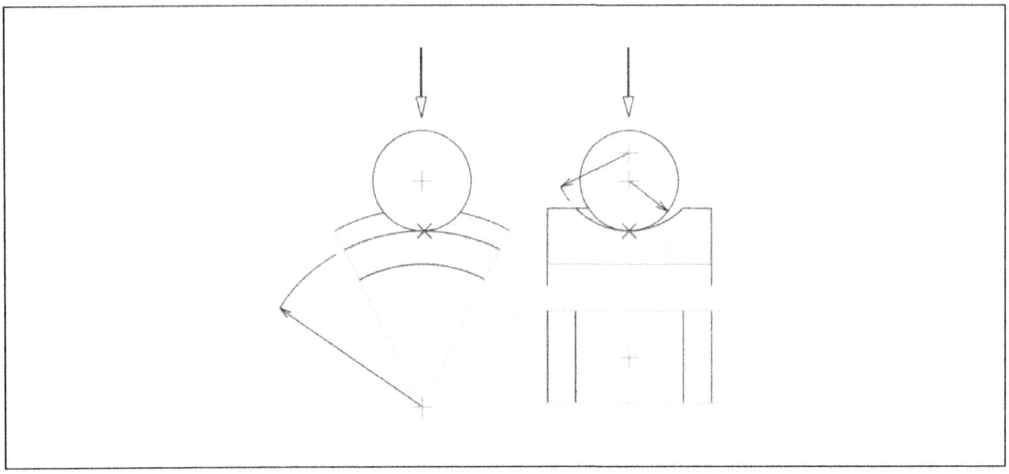

Figura 12.3. Contatto anello-sfera.

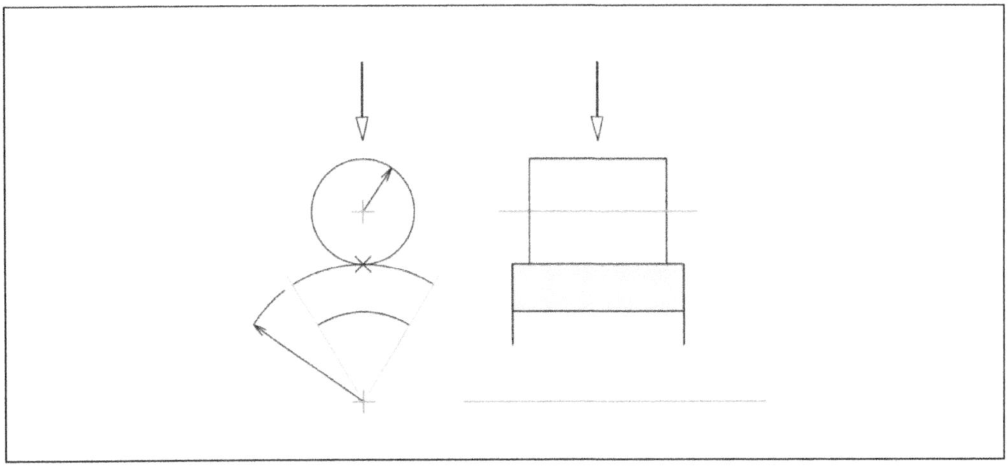

Figura 12.4. Contatto anello-rullo.

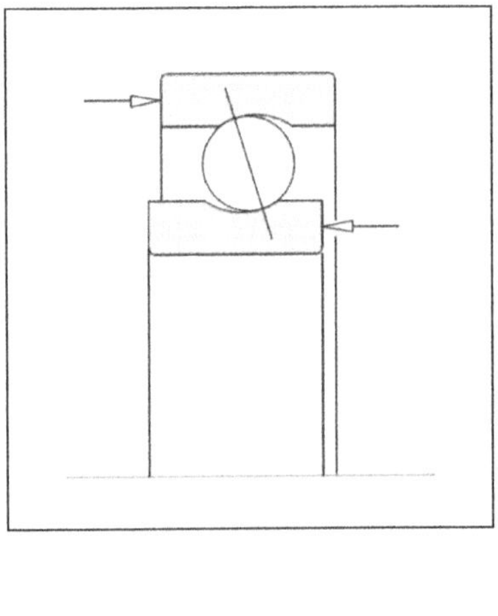

Figura 12.5. Contatti anello-sfera.

In Fig. 12.6 il montaggio classico dei cuscinetti radiali a sfere, con uno dei due cuscinetti vincolato assialmente ed uno libero, corrispondentemente allo schema di trave isostatica vincolata con cerniera e carrello. Quello libero viene montato nella sede esterna libero preciso o con una interferenza molto piccola, in modo da permettere lo spostamento assiale senza una reazione assiale significativa. Il montaggio in opposizione (Fig. 12.7) richiede che i cuscinetti siano abbastanza vicini, per non rischiare situazioni di coazioni o di eccessivo gioco assiale in funzionamento, causate dalle dilatazioni termiche differenti fra albero e parte fissa. È da tener presente che nella Fig. 12.6, come in quelle successive che rappresentano degli assemblaggi cuscinetti-albero, gli elementi di fissaggio assiale sono rappresentati in modo schematico.

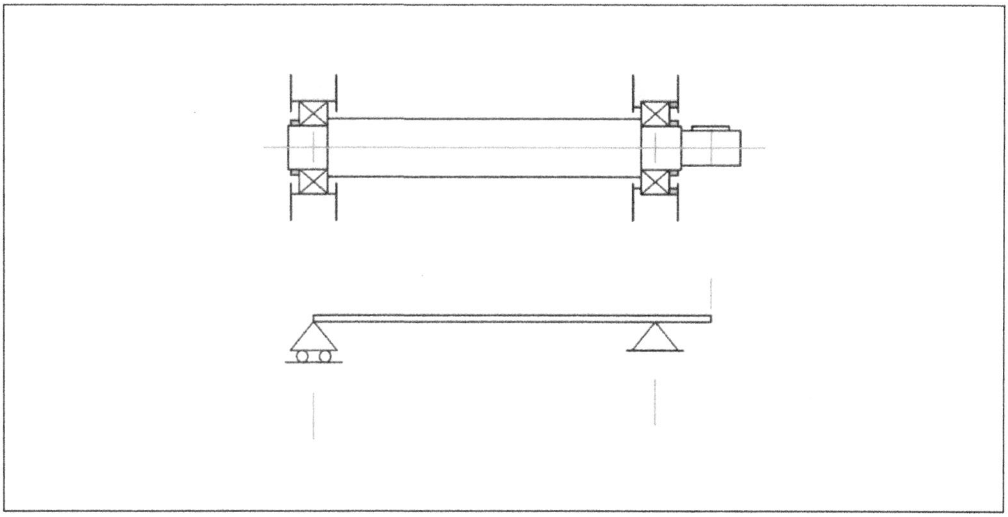

Figura 12.6. Montaggio dei cuscinetti radiali a sfere.

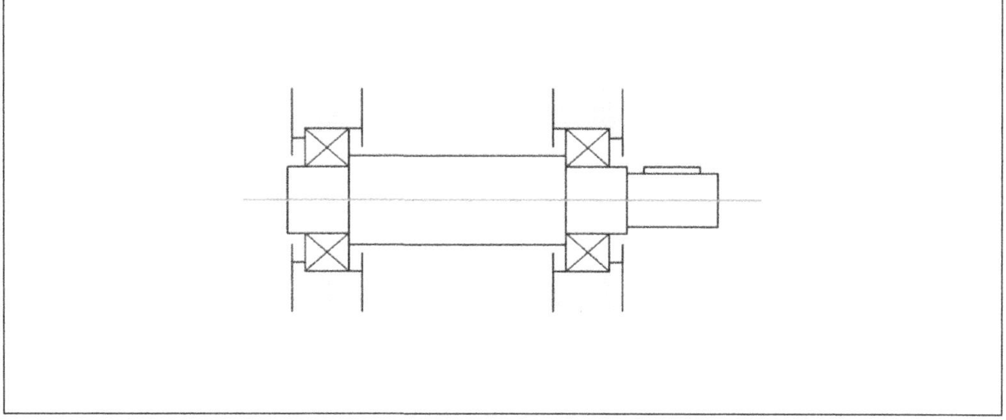

Figura 12.7. Montaggio in opposizione.

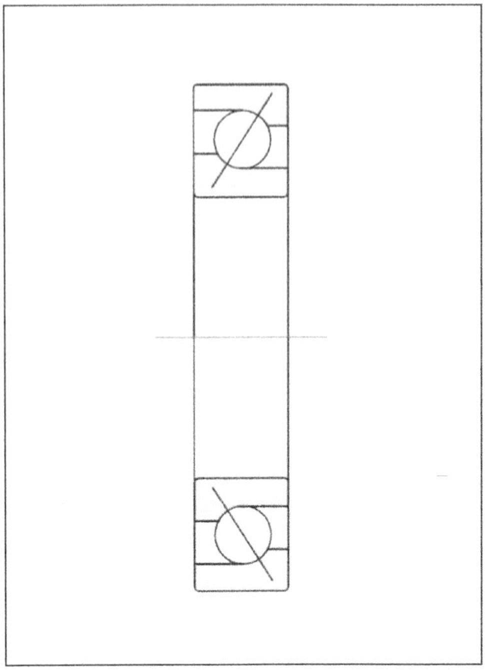

Figura 12.8. Cuscinetto obliquo ad una corona di sfere.

Il cuscinetto obliquo a una corona di sfere (Fig. 12.8) è adatto a sopportare un carico combinato radio-assiale. In Fig. 12.9 il montaggio di questi cuscinetti a "X" e in Fig. 12.10 il montaggio a "O". Nei due casi la distanza fra i due cuscinetti deve essere abbastanza piccola per gli stessi motivi visti per il montaggio in opposizione dei cuscinetti radiali.

Il cuscinetto obliquo a due corone di sfere (Fig. 12.11) equivale a due cuscinetti obliqui a una corona di sfere accostati, disposti a "O". La stessa figura mostra la reazione del cuscinetto a due corone di sfere in presenza di una coppia che agisce in un piano contenente l'asse dell'albero, come nel caso di ruota di un veicolo in curva, soggetta oltre che al carico radiale al carico trasversale a terra. La Fig.12.12 schematizza il montaggio di una ruota di un'auto con uno di questi cuscinetti, nel caso di ruota folle (Fig. 12.12a) e motrice (Fig. 12.12b). Questa soluzione ha sostituito in gran parte delle realizzazioni quella di ruota montata su due cuscinetti.

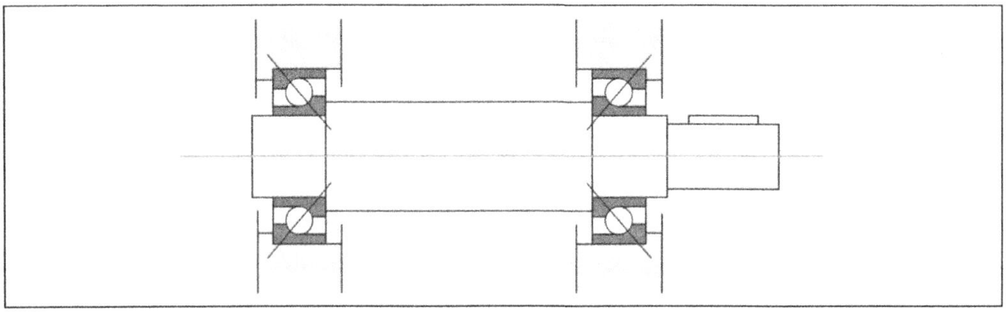

Figura 12.9. Montaggio ad X.

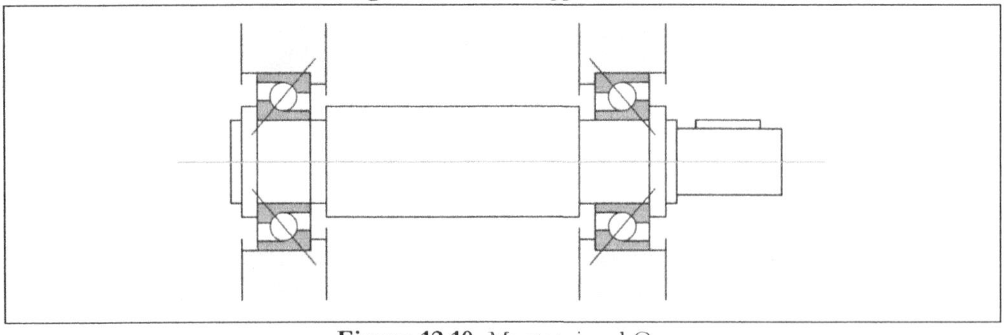

Figura 12.10. Montaggio ad O.

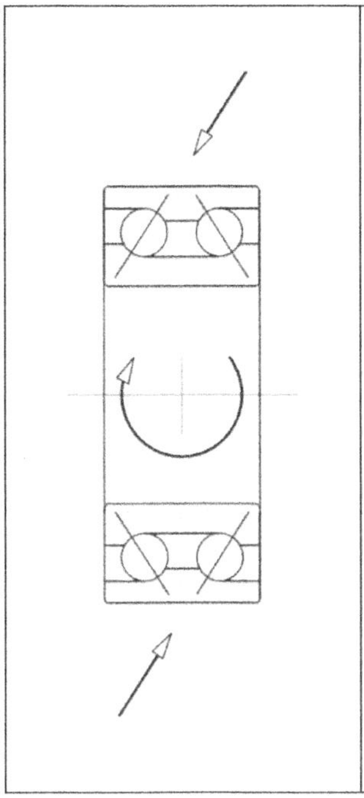

Figura 12.11. Cuscinetto obliquo a due corone di sfere.

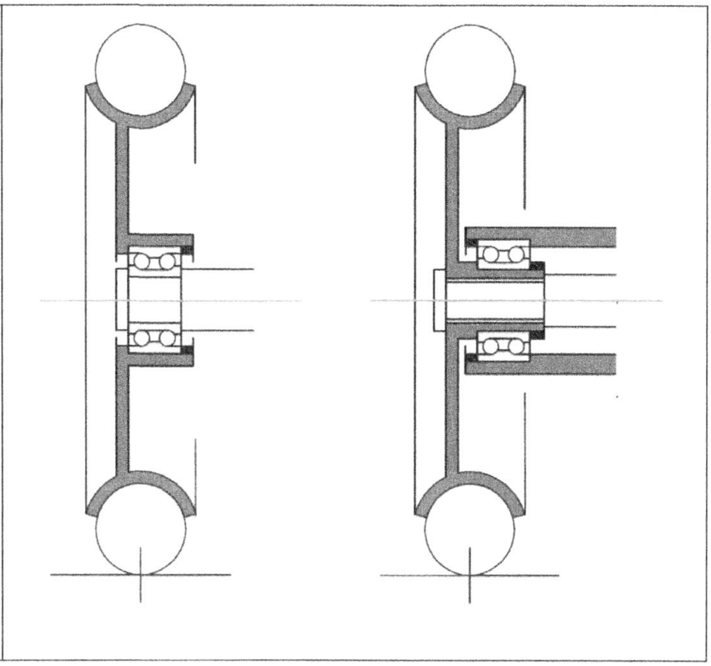

Figura 12.12. Ruota folle e ruota motrice.

Il cuscinetto orientabile a sfere Fig. 12.13 (due corone) realizza una cerniera sferica, dove i cuscinetti già visti realizzano una cerniera, o coppia, cilindrica. Ciò permette un funzionamento corretto anche quando le sedi esterne dei due cuscinetti non sono sufficientemente coassiali: per due punti (centri delle due sedi) passa sempre una retta (asse dell'albero). Le Figg. 12.14 e 12.15 mostrano due casi: assi delle due sedi paralleli ma non coincidenti e uno dei due cuscinetti con il centro sull'asse dell'altra sede ma con l'asse formante un angolo con l'asse dell'altro cuscinetto. Di solito, nelle situazioni reali, si ha la somma dei due casi ovvero gli assi delle due sedi appartengono a due rette sghembe. Da notare che questi cuscinetti sopportano anche carichi assiali, come è facile comprendere considerando la direzione delle rette di azione dei carichi interni. Questi cuscinetti sono usati di solito quando non è possibile alesare contemporaneamente le due sedi o quando i due cuscinetti stanno su due supporti separati.

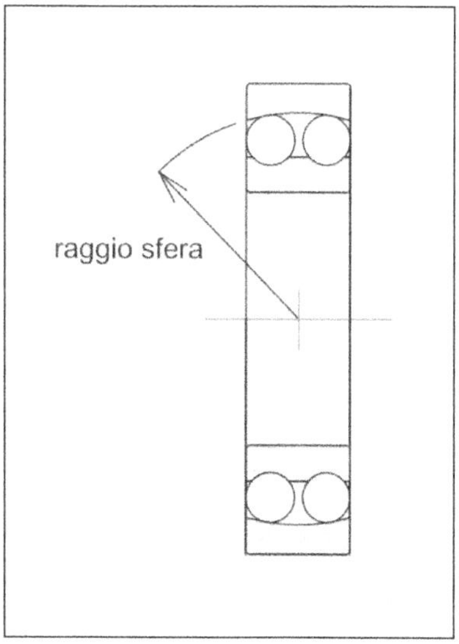

Figura 12.13. Cuscinetto orientabile a sfere.

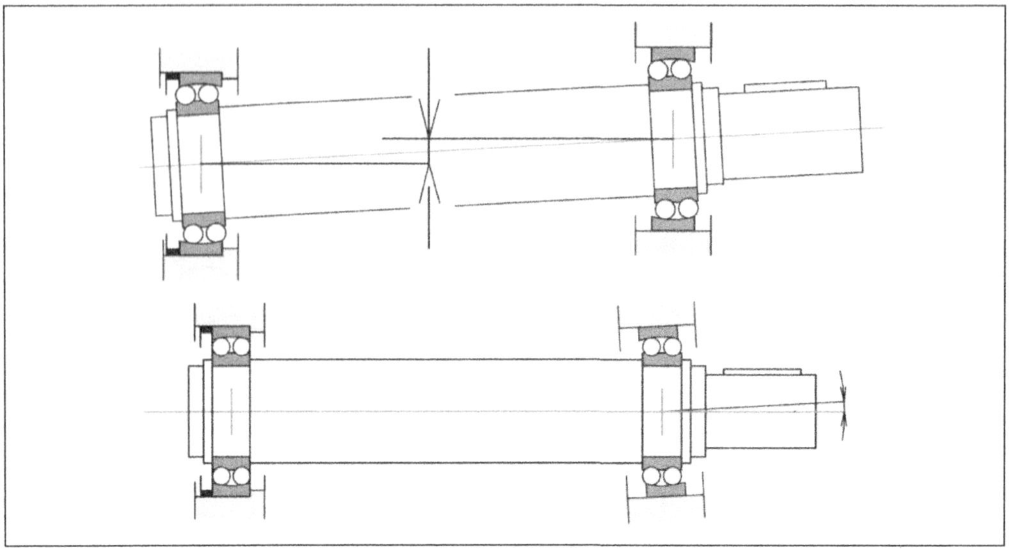

Figure 12.14 e 12.15. Montaggi su cuscinetti orientabili.

Nel cuscinetto a rulli cilindrici (Fig. 12.16) i rulli, con la gabbia, sono tenuti assialmente dagli orletti dell'anello esterno o di quello interno. Esistono anche altre versioni per le quali si rimanda ai cataloghi dei costruttori.

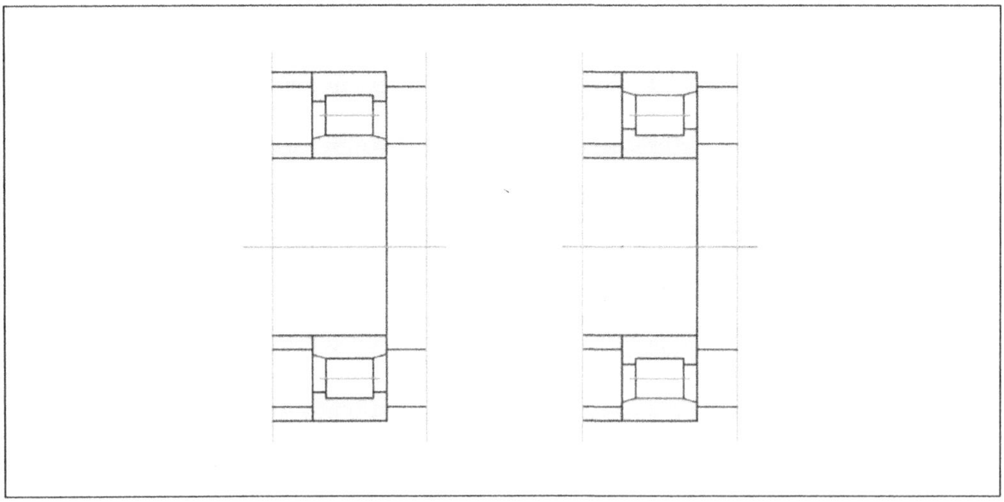

Figura 12.16. Cuscinetti a rulli.

Nelle due versioni rappresentate nella Fig. 12.16, i cuscinetti sono "sfilabili", ovvero non esiste vincolo assiale fra anello interno ed esterno, e sono quindi capaci di sopportare esclusivamente carichi radiali. La Fig. 12.17 mostra un montaggio classico di un albero su un il cuscinetto a sfere ed un cuscinetto a rulli di uguli dimensioni esterne, tale da realizzare lo schema di trave isostatica vincolata con cerniera (cuscinetto a sfere) e carrello (cuscinetto a rulli). In questo caso, il cuscinetto a rulli deve essere montato dal lato del perno esterno qualora questo porti una puleggia o una ruota dentata. Infatti con il carico radiale sul perno si viene a realizzare lo schema di trave caricata sullo sbalzo, in cui il vincolo lato perno, ovvero il cuscinetto a rulli determina una reazione, pari al carico sul cuscinetto, maggiore di quella relativa al cuscinetto a sfere e questa disposizione è quella giusta in quanto a parità di dimensioni il cuscinetto a rulli ha una capacità di carico superiore rispetto al cuscinetto a sfere.

Il cuscinetto a rulli conici (Fig. 12.18) è adatto a sopportare un carico combinato radio-assiale. La Fig. 12.19 rappresenta un montaggio a "O" di una coppia di questi cuscinetti con due disposizioni; nella prima il gioco viene regolato con il sistema ghiera-contro ghiera, nella seconda il gioco è determinato dalla catena di tolleranze comprendente il distanziale fra i due cuscinetti. La seconda soluzione, che non richiede la registrazione del gioco, è quella preferita nelle costruzioni di grande serie.

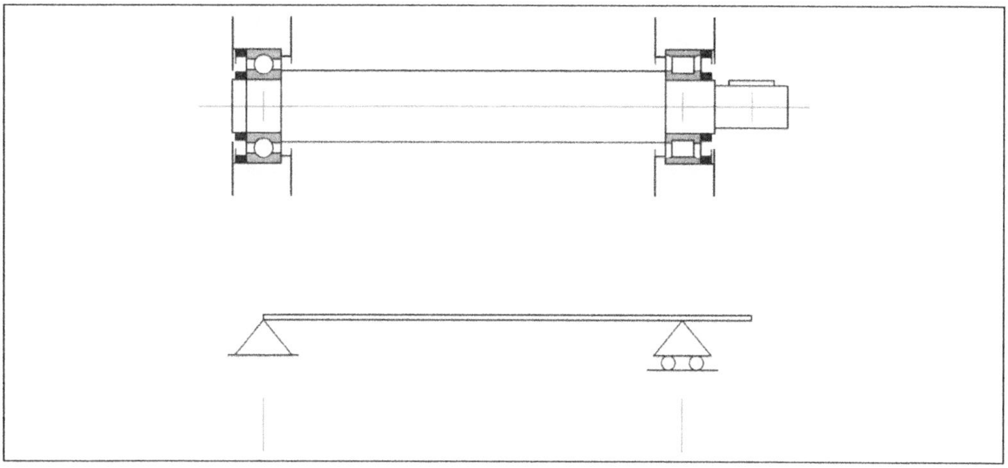

Figura 12.17. Montaggio cuscinetti.

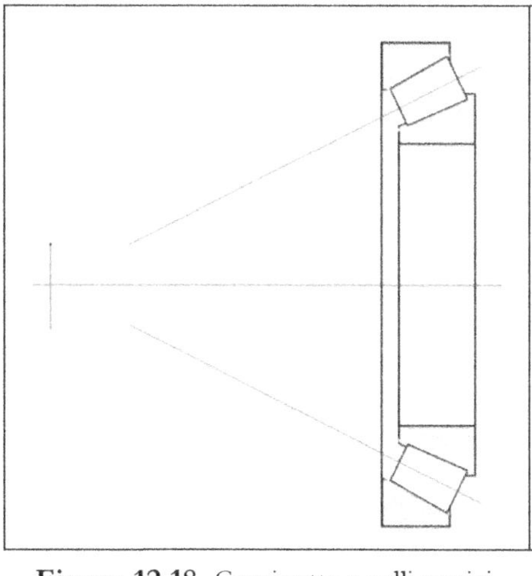

Figura 12.18. Cuscinetto a rulli conici.

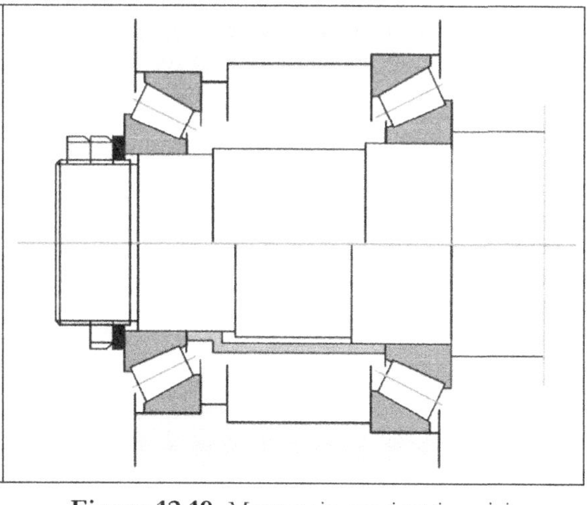

Figura 12.19. Montaggio cuscinetti conici.

A volte i cuscinetti vengono precaricati, come nei mandrini delle macchine utensili, assegnando un gioco negativo.

La soluzione ad "O" di Fig. 12.19 è alternativa, come l'analoga con i cuscinetti obliqui, a quella con un solo cuscinetto obliquo a due corone di sfere per le ruote dei veicoli (v. Fig. 12.12).

Per il cuscinetto orientabile a due corone di rulli (Fig. 12.20) valgono le considerazioni fatte a proposito della compensazione degli errori di coassialità delle due sedi degli anelli. Questo cuscinetto, non perfettamente corretto dal punto di vista cinematico, si caratterizza per una maggiore capacità di carico in rapporto alle dimensioni, rispetto al cuscinetto orientabile a sfere.

I cuscinetti aventi come corpi rotolanti dei rullini di piccolo diametro (Figg. 12.21) sono indicati nei casi di limitato spazio radiale. Nel secondo caso mancando l'anello interno la relativa pista va realizzata sull'albero rispettando i requisiti previsti di durezza e tolleranze. È possibile anche la soluzione senza anelli, con i soli rullini tenuti dalla gabbia, realizzando la pista interna sull'albero e quella esterna sul sopporto.

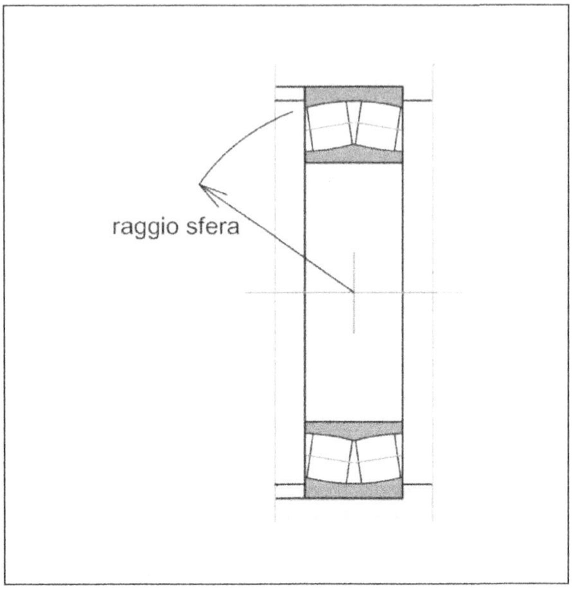

Figura 12.20. Cuscinetto orientabile a rulli.

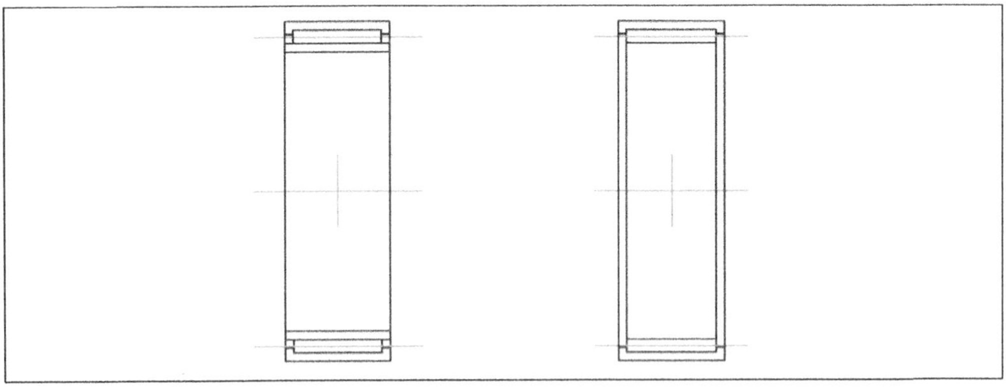

Figura 12.21. Cuscinetti a rullini.

In Fig. 12.22 il cuscinetto assiale a sfere a semplice effetto nelle due versioni: con e senza la ralla esterna sferica. In Fig. 12.23 il cuscinetto a sfere a doppio effetto: con e senza le due ralle esterne sferiche.

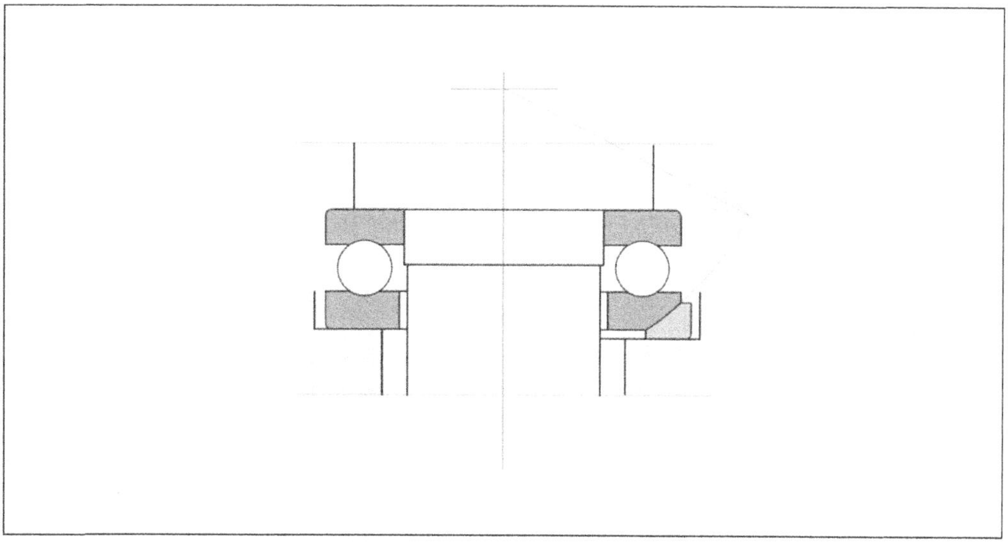

Figura 12.22. Cuscinetti di spinta.

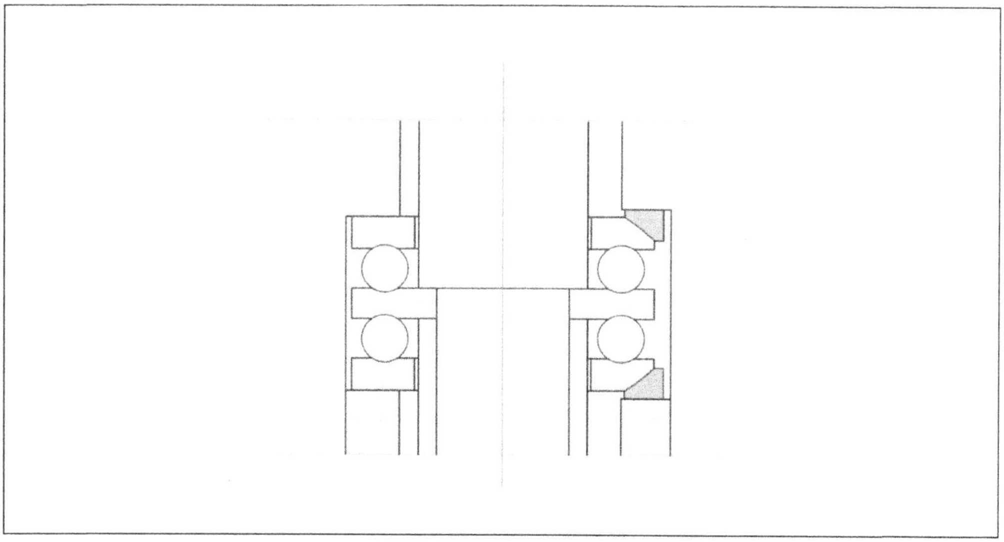

Figura 12.23. Cuscinetti di spinta.

In Fig. 12.24 il montaggio di un cuscinetto assiale abbinato a due cuscinetti radiali non vincolati assialmente. Le ralle sferiche compensano, quando necessario, gli errori di perpendicolarità fra il piani di appoggio del cuscinetto assiale e la retta congiungente i centri delle due sedi dei cuscinetti radiali.

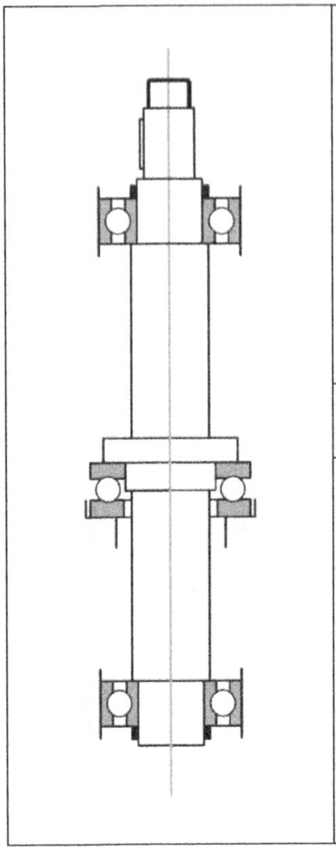

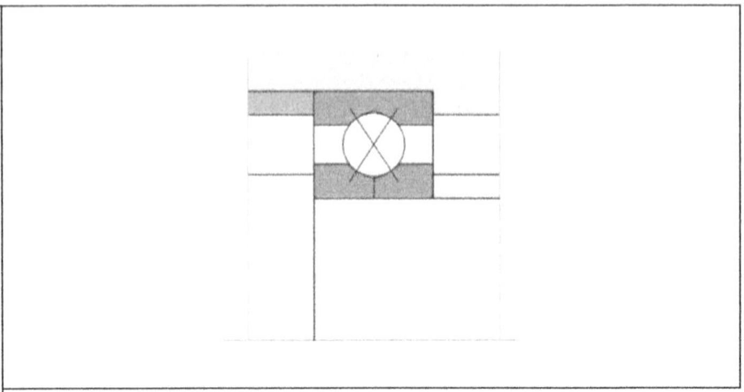

Figura 12.25. Cuscinetto a quattro contatti.

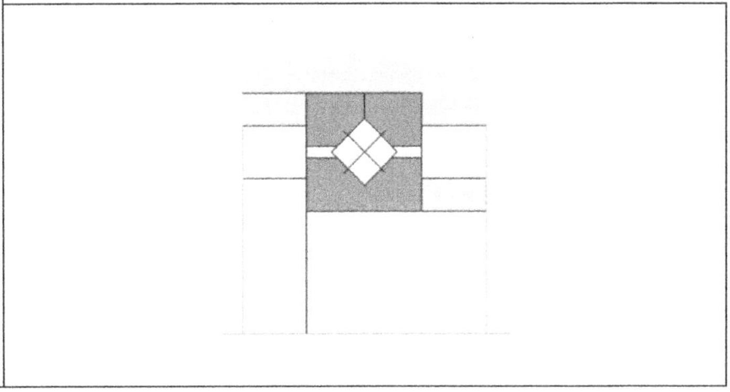

Figura 12.24. Montaggio cuscinetti.

Figura 12.26. Cuscinetto a rulli incrociati.

La Fig. 12.25 mostra il cuscinetto a quattro contatti e la Fig. 12.26 quello a rulli incrociati, ambedue capaci di sopportare le coppie agenti nei piani contenenti l'asse, oltre che i carichi radiali e assiali.

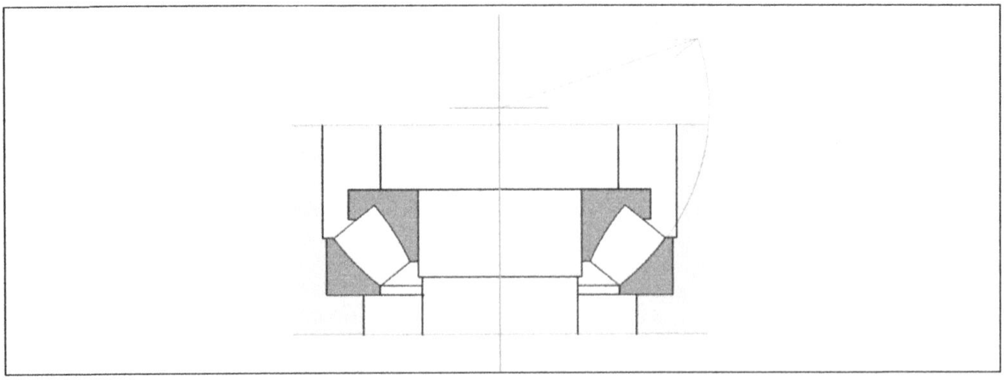

Figura 12.27. Cuscinetto di spinta orientabile.

Il cuscinetto assiale orientabile a rulli (Fig. 12.27) è capace di sopportare anche carichi radiali. La presenza della pista sferica dell'anello esterno permette di compensare un eventuale errore di perpendicolarità fra la retta congiungente gli altri due cuscinetti, sempre presenti e il piano di appoggio dello stesso anello esterno. Questo cuscinetto, non perfettamente corretto dal punto di vista cinematico, si caratterizza per una grande capacità di carico in rapporto alle dimensioni.

Oltre ai cuscinetti illustrati ne esistono molti altri, a volte per applicazioni molto particolari, per i quali esistono cataloghi dedicati.

La Fig. 12.28 mostra lo schema di un sopporto con relativo cuscinetto orientabile (a sfere o a rulli). L'impiego di questi supporti con cuscinetto forniti dalle case costruttrici è spesso vantaggiosa in termine di costi. Si notano gli anelli che affiancano il cuscinetto che non vengono inseriti quando il cuscinetto realizza il carrello. Si nota il montaggio del cuscinetto sull'albero con l'interposizione di una bussola conica; il livello dell'olio lubrificante deve arrivare circa al centro dei corpi rotolanti.

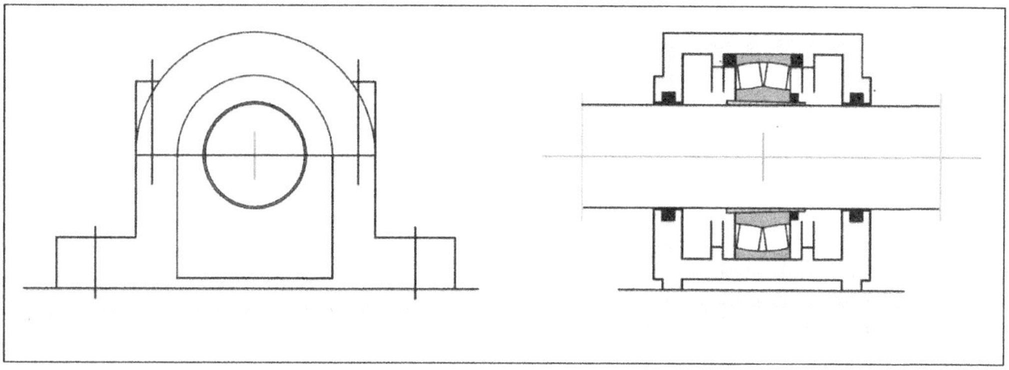

Figura 12.28. Supporto con cuscinetto orientabile.

La rotella a sfere rappresentata in Fig. 12.29 è di fatto un cuscinetto con l'anello esterno di spessore maggiorato, per sopportare senza eccessive deformazioni la reazione del piano di appoggio. Vengono prodotte anche rotelle a rulli.

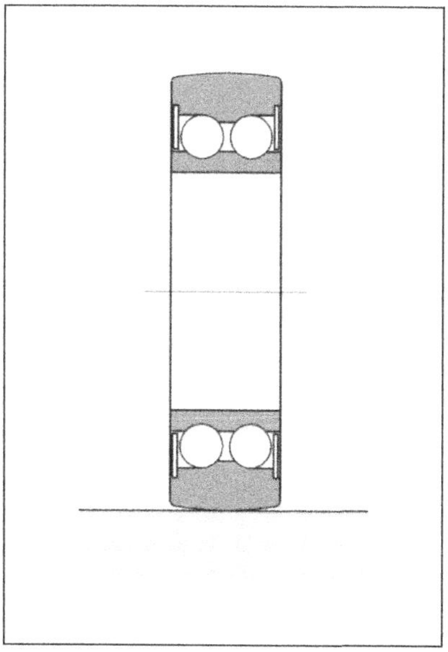

Figura 12.29. Rotella.

Nelle Figg. 12.30 e 12.31 sono rappresentate le due più comuni soluzioni per il movimento centrale della bicicletta, comprendente l'albero dei pedali ed il relativo supporto costituito dal tronchetto facente parte del telaio della bicicletta. Entrambe le soluzioni si basano su cuscinetti a sfere a contatto obliquo con piste imbutite o tornite. Nel primo caso il montaggio è ad "O", nel secondo a "X". La regolazione del gioco è realizzata nel primo caso sull'asse con l'anello comprendente la pista interna avvitato sull'albero e relativa ghiera di bloccaggio; nel secondo con una delle due bussole comprendenti le piste esterna avvitata sul tronco di tubo costituente il supporto e relativa ghiera di boccaggio.

Nella Fig. 12.32 è rappresentato un rotore per filatoio open-end montato su una bussola con due corone di sferette; tale soluzione permette di ottenere, con i diametri esterni usati della turbinetta di *40 ÷ 70 mm*, la velocità di *70000 – 100000 giri/min*, direttamente proporzionale alla produttività della macchina comprendente centinaia di posizioni. Il moto è trasmesso da una cinghia piana tangenziale direttamente agente sull'alberino di 8 ÷ 12 mm di diametro. Il gruppo rotore-supporto è collegato al telaio della macchina per mezzo di due anelli antivibranti.

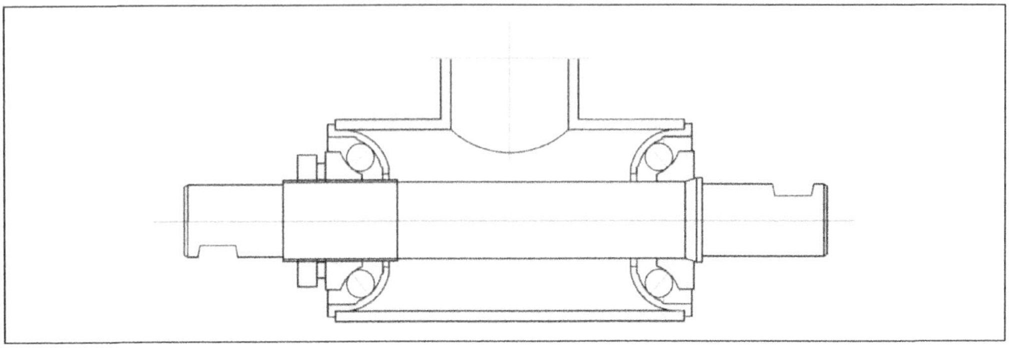

Figura 12.30. Movimento centrale della bicicletta.

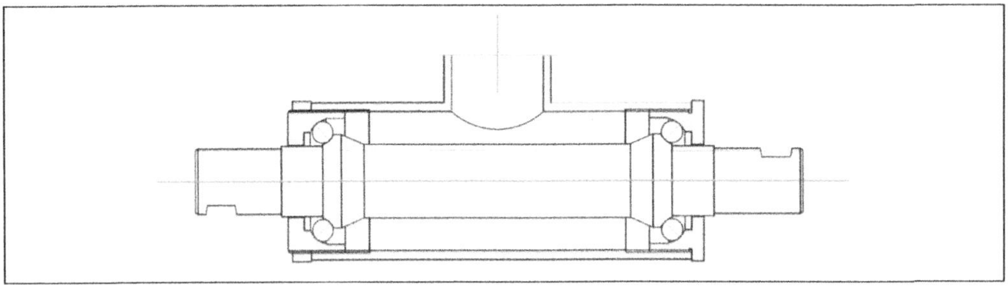

Figura 12.31. Movimento centrale della bicicletta.

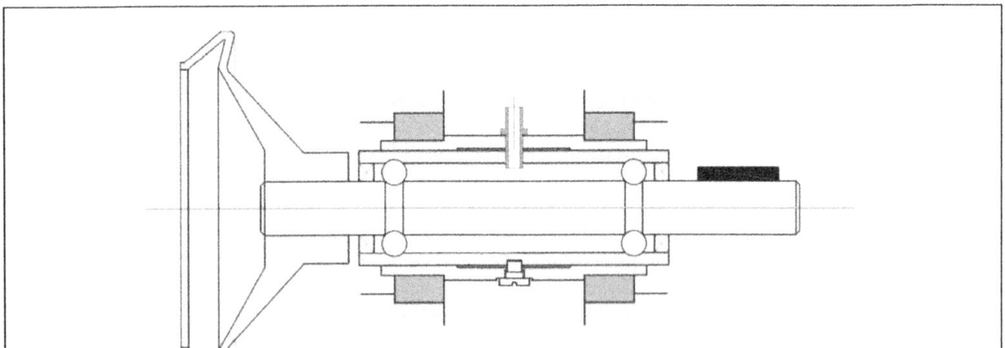

Figura 12.32. Rotore open-end.

La Fig. 12.33 mostra il fissaggio assiale di un cuscinetto all'albero con una ghiera ed al supporto fra un tappo di chiusura ed un anello elastico.

I cuscinetti possono essere dotati (Fig.12.34) di schermi non striscianti o di guarnizioni striscianti. Ponendo due guarnizioni striscianti, una per lato, il cuscinetto può essere riempito di grasso, in quantità normalmente sufficiente per la lubrificazione durante tutto il tempo di esercizio. La tenuta sull'albero può essere semplicemente realizzata con una guarnizione di feltro (Fig. 12.35), soluzione utilizzata di solito con la lubrificazione a grasso.

La Fig. 12.36 mostra la guarnizione strisciante montata a fianco del cuscinetto; secondo come viene montata previene principalmente la penetrazione delle polveri oppure la fuoriuscita del grasso o dell'olio lubrificante. Un problema delle guarnizioni striscianti, che si presenta principalmente alle alte velocità è quello del riscaldamento. In linea di massima un cuscinetto non deve superare a regime la temperatura di *120 ÷ 140 °C*.

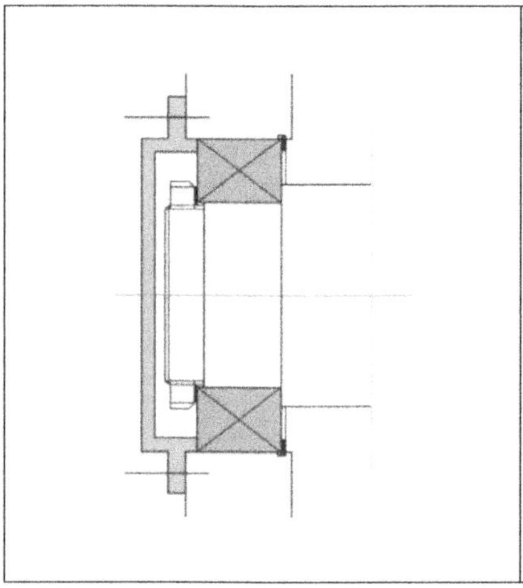

Figura 12.33. Fissaggio assiale.

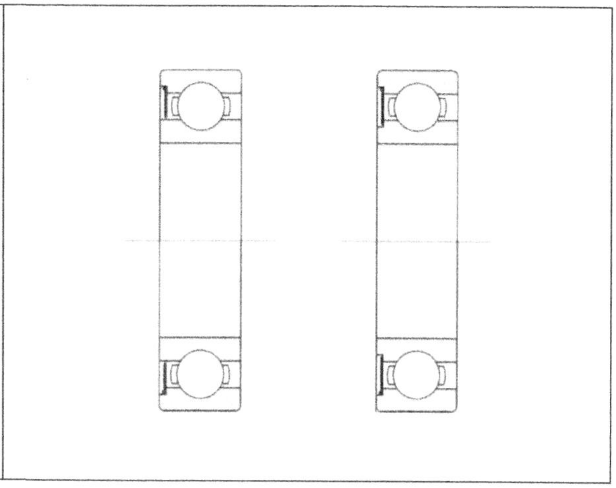

Figura 12.34. Schermi.

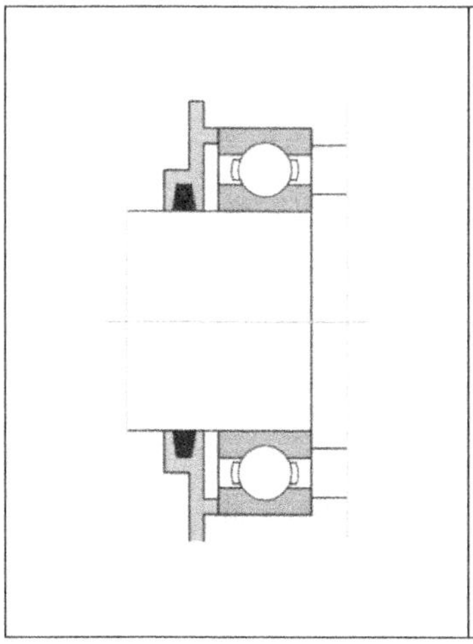

Figura 12.35. Guarnizione.

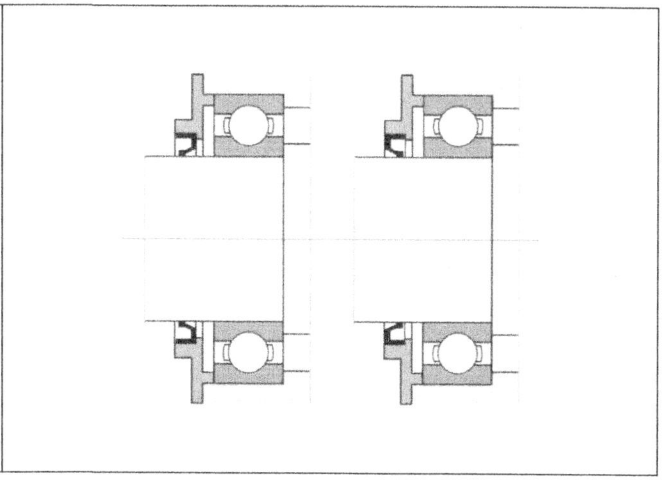

Figura 12.36. Guarnizioni striscianti.

12.4. CAPACITÀ DI CARICO E DURATA

Ogni cuscinetto ha una durata, funzione del carico applicato, data dalla relazione empirica

$$L = \left(\frac{C}{P}\right)^p$$

dove L è la durata convenzionale misurata in giri/10^6, P è il carico sul cuscinetto, C il coefficiente di carico dinamico [N] che i cataloghi dei costruttori forniscono per ogni cuscinetto; l'esponente è $p = 3$ per i cuscinetti a sfere e $p = 10/3 = 3.33$ per quelli a rulli. In particolare se si adotta la formula ISO si ha

$$L_{10} = \left(\frac{C}{P}\right)^p$$

L'indice *10* sta ad indicare che la durata è quella che corrisponde ad una percentuale del *10%* di cuscinetti da sostituire e quindi a un *90%* ancora buoni. La durata è una grandezza a carattere aleatorio e convenzionale. Preso un campione sufficientemente grande di cuscinetti uguali e caricati nello stesso modo, si stabilisce che la vita di ogni cuscinetto è terminata quando la sua rumorosità, misurata in una prova standardizzata, supera un determinato livello. La durata può essere ovviamente espressa in ore di funzionamento invece che in $L = cicli/10^6$. La relazione fra le due è facilmente la seguente

$$L = \frac{60\,L\,h\,n}{10^6}$$

dove:
- h è la durata in ore;
- n [giri/min] la velocità dell'albero.

La selezione dei cuscinetti in sede di progetto si basa di solito sulla durata L_{10}. In altre parole si cercano cuscinetti capaci di raggiungere una durata prefissata, corrispondente al 90% di sopravvivenza.

La Tabella 12.2 fornisce valori indicativi della durata richiesta per diverse applicazioni.

Tabella 12.2 – Valori orientativi della durata L_{10h} per diverse applicazioni

Tipo di applicazione	L_{10h} *[ore]*
macchine agricole e veicoli	300 - 3000
apparecchi di sollevamento	3000 - 8000
macchine di produzione per 8 ore/giorno	10000 - 25000
macchine di produzione per 24 ore/giorno	30000 - 75000

Qualora si richieda una maggiore affidabilità come per esempio nelle costruzioni nucleari, aeronautiche e aerospaziali, si selezionano i cuscinetti per un'affidabilità superiore al *90%*.

Il fattore correttivo da applicare ad L_{10} è dato dalla Tabella 12.3

Tabella 12.3 – Fattore correttivo per l'affidabilità ($a_1 = L_X/L_{10}$)

Lx	affidabilità	a_1
L_{10}	90%	1
L_5	95%	0.62
L_4	96%	0.53
L_3	97%	0.44
L_2	98%	0.33
L_1	99%	0.21

Si ha, per esempio, che a parità di carico sopportato dal cuscinetto, la durata L_2 corrispondente ad un'affidabilità del 98% (98% di cuscinetti ancora al di sotto della rumorosità critica) è un terzo di quella corrispondente ad una affidabilità del 90%. Oltre a quello per l'affidabilità, si considerano i fattori correttivi relativi al materiale ad alle condizioni di funzionamento. In proposito si rimanda ai cataloghi dei costruttori. Nel progetto si può eseguire la selezione in due modi. Nel primo si seleziona di tentativo da catalogo un determinato cuscinetto, avente il suo coefficiente di carico dinamico C, e tenendo conto del carico P agente si calcola la durata in cicli

$$L_{10} = \left(\frac{C}{P}\right)^p$$

ed in ore:

$$L_{10h} = \frac{1.000.000}{60n} L_{10}$$

Si confronta quindi la durata in ore calcolata con quella prevista, per confermare la scelta oppure passare ad un cuscinetto più grande o più piccolo. Nel secondo modo si calcola il coefficiente di carico dinamico minimo, corrispondente alla durata L_{10} prefissata,

$$C_{min} = P(L_{10})^{1/p}$$

Si ricerca quindi sul catalogo il cuscinetto, del tipo adatto all'applicazione particolare che si sta considerando, con il coefficiente di carico dinamico $\geq C_{min}$ e più vicino a C_{min}.

Quando il cuscinetto è soggetto sia a carico radiale che assiale, come capita per i cuscinetti radiali, obliqui, a rulli conici, ecc. è necessario prima calcolare il carico equivalente ai carichi radiale F_r e assiale F_a agenti contemporaneamente: con i fattori X e Y forniti dai cataloghi. In tal modo si è ricondotti al caso di carico puramente radiale o puramente assiale, con

$$F_{equ} = XF_r + YF_a$$

Per ogni cuscinetto i cataloghi dei costruttori forniscono anche un coefficiente di carico statico C_0 [N], che rappresenta il carico da non superare in applicazioni statiche o quasi statiche. La selezione sulla base del coefficiente di carico statico, invece che del coefficiente di carico dinamico, è giusta quando il cuscinetto praticamente non ruota o comunque esegue movimenti lenti sotto il carico applicato (ponti levatoi, ponti girevoli, paratie delle dighe, porte di grande massa, ecc.). Anche per i carichi statici vale il concetto di carico equivalente ad una condizione di carico radiale e assiale contemporanei.

La verifica dei cuscinetti in presenza di più livelli di carico che si ripetono periodicamente si esegue considerando il carico equivalente

$$F_{equ} = (\Sigma\, u_i\, F_i^3)^{1/3}$$

dove u_i è la frazione di tempo nel periodo durante la quale agisce il carico del livello i-esimo e F_i il carico corrispondente alla durata L_i secondo la legge già vista

$$L_i = \left(\frac{C}{F_i}\right)^3$$

Il risultato si ottiene applicando la legge sperimentale del danno cumulativo o legge di Miner, utilizzata nel campo della resistenza a fatica, che afferma che la rottura avviene quando

$$\Sigma\, n_i/N_i = 1$$

dove N_i rappresenta il numero di cicli a rottura sotto il livello di carico F_i e n_i il numero di cicli accumulato effettivamente sotto tale carico.

I cuscinetti di rotolamento possono essere selezionati anche sulla base di un metodo di calcolo basato sulla resistenza indefinita, per assenza di affaticamento, invece che a tempo, per il quale si rimanda al catalogo generale SKF.

12.5. LUBRIFICAZIONE

I cuscinetti di rotolamento vengono lubrificati a grasso e ad olio. Lo scopo della lubrificazione è di evitare il contatto diretto fra corpi rotolanti, piste e gabbie, di evitare o ridurre l'usura e di evitare la corrosione delle superfici.

Nella maggior parte dei casi si impiega la lubrificazione a grasso in quanto più semplice. Il grasso può essere mantenuto facilmente all'interno dei cuscinetti. L'aumento della temperatura nel rotolamento provoca l'alimentazione di un flusso lentissimo di grasso fuso che provvede alla lubrificazione.

Alcune serie di cuscinetti vengono riempiti di grasso all'origine, con il grasso trattenuto da guarnizioni striscianti (Fig. 12.36). Normalmente il grasso immesso inizialmente è sufficiente per l'intera durata in servizio.

Fra i grassi disponibili, appartenenti alle categorie degli oli minerali e sintetici, la scelta deve essere fatta sulla base di diversi fattori, quali la temperatura di funzionamento, le proprietà anticorrosive e le condizioni di carico.

La temperatura minima che consente al cuscinetto di avviarsi senza problemi oscilla fra *-10°C* e *-30°C*. La temperatura massima di funzionamento affinché il grasso sia ancora in grado di lubrificare è funzione del tipo di lubrificante e oscilla fra *80°C* e *140°C*.

La lubrificazione a olio è di solito preferibile per i cuscinetti che lavorano ad alta velocità o ad alta temperatura. La lubrificazione può essere:

- a bagno d'olio pescato dalle parti rotanti;

- a circolazione di olio, con l'ausilio di una pompa, con la funzione di lubrificare e contemporaneamente asportare calore;
- a getto d'olio inviato ad alta pressione;
- a getto di olio polverizzato inviato a pressione

Con la lubrificazione a olio la velocità ammissibile è di solito superiore del *20% ÷ 30%* a quella con la lubrificazione a grasso. In ogni caso vengono fornite serie speciali di cuscinetti, costruiti con materiali adatti e con tolleranze più strette, capaci di velocità anche molto superiori a quelle riportate nei cataloghi, relative alle versioni standard di cuscinetti.

12.6. CENNI SULLE CAUSE DI DANNEGGIAMENTO E SULLA MANUTENZIONE

I cedimenti dei cuscinetti avvengono per molte cause fra le quali le seguenti:
- affaticamento delle piste e dei corpi rotolanti;
- insufficiente lubrificazione;
- montaggio sbagliato.

I sintomi più comuni del danneggiamento sono i seguenti:
- surriscaldamento;
- rumorosità;
- vibrazioni;
- perdita di scorrevolezza.

Negli impianti produttivi è molto importante organizzare una manutenzione programmata, con eventuale monitoraggio continuo (condition monitoring) dei cuscinetti, per evitare improvvise fermate. Il controllo delle vibrazioni, nell' ambito di un programma di condition monitoring permette di individuare con anticipo la crisi che porterà al cedimento e quindi di provvedere in tempo alla sostituzione. Per esempio durante le fermate programmate per la manutenzione. I cuscinetti sono di solito progettati per una durata finita, funzione principalmente del carico applicato. È normale in molte applicazioni che la vita del cuscinetto sia inferiore a quella della macchina alla quale appartiene, particolarmente negli impianti produttivi che lavorano in continuazione.

Capitolo 13
RUOTE DENTATE

13.1. PREMESSA

Esistono vantaggi e svantaggi ad utilizzare per la trasmissione di un moto rotatorio ingranaggi anziché organi quali catene o cinghie. Tra i vantaggi principali occorre sottolineare quelli relativi all'affidabilità e al rendimento che gli ingranaggi sono in grado di garantire rispetto ad altri organi di trasmissione. Per contro, le ruote dentate presentano costi elevati imputabili principalmente alla loro fabbricazione, in funzione del grado di precisione che si vuole raggiungere e delle prestazioni da ottenere, per esempio per quanto riguarda coppia trasmissibile e rumorosità. Considerando tuttavia la macchina nel suo complesso l'utilizzo di ruote dentate è spesso conveniente.

13.2. INTRODUZIONE

Questo capitolo riguarda la geometria, la terminologia, la cinematica (argomenti già trattati nei corsi di Meccanica Applicata), l'analisi delle forze scambiate fra le ruote e le verifiche di progetto (resistenza dei denti a flessione e "ad usura").

Vengono trattate le ruote con dentatura ad evolvente, cilindriche per la trasmissione del moto fra alberi paralleli (Fig. 13.1) e coniche per la trasmissione del moto fra alberi con assi incidenti (Fig. 13.2). Viene pure descritte la coppia vite senza fine-ruota elicoidale (Fig. 13.3) per la trasmissione del moto fra alberi con assi sghembi. Della coppia ipoidale (Fig. 13.4), affine a una coppia di ruote coniche a denti curvi, atta a trasmettere il moto fra assi sghembi, si ricorda l'impiego nelle automobili a trazione posteriore per trasmettere il moto fra l'albero di trasmissione e la scatola del differenziale, permettendo di tenere l'albero stesso più basso di quanto sarebbe possibile con una coppia conica, con vantaggio per l'abitabilità della vettura. Vengono anche brevemente richiamati gli argomenti della costruzione delle ruote dentate, dei materiali impiegati e delle condizioni di funzionamento. Infine viene accennato l'argomento dei rotismi: riduttori, moltiplicatori e cambi di velocità.

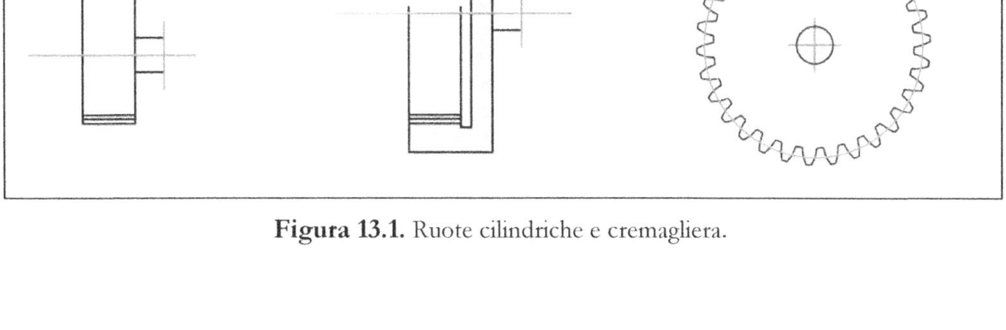

Figura 13.1. Ruote cilindriche e cremagliera.

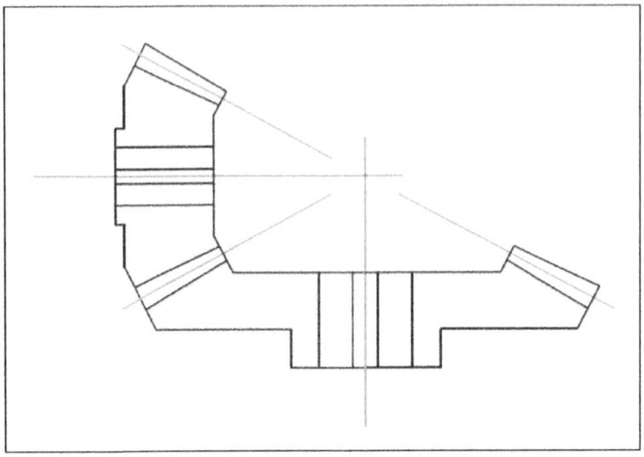

Figura 13.2. Ruote coniche.

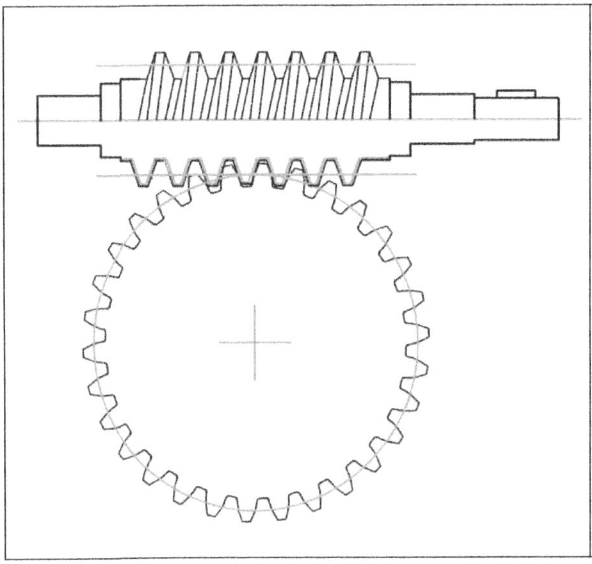

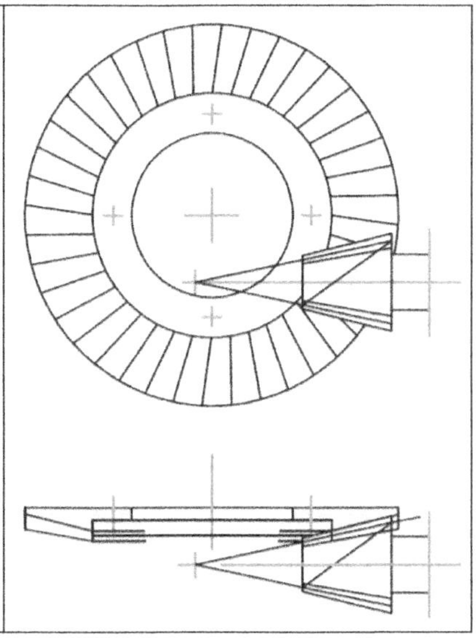

Figura 13.3. Vite senza fine-ruota elicoidale.

Figura 13.4. Coppia ipoidale.

13.3. RUOTE DENTATE CILINDRICHE A DENTI DIRITTI

Le ruote dentate cilindriche a denti diritti sono le più semplici dal punto di vista della geometria. La proprietà fondamentale che deve soddisfare il profilo della dentatura è assicurare il rapporto fra le velocità angolari delle due ruote accoppiate perfettamente costante. Com'è noto dalla meccanica applicata, per le ruote qui considerate la curva che definisce il profilo attivo del dente è l'evolvente di cerchio. Un modo di ottenere questa curva è quello di svolgere un filo da una circonferenza, detta circonferenza di base, come in Fig. 13.5.

La Fig. 13.6 mostra il principio di funzionamento di un ingranaggio realizzato con due ruote cilindriche. Identificando la ruota 1 come motrice e la ruota 2 come condotta, si individuano (Figg. 13.6 e 13.7) le circonferenze di base di raggi ρ_1 e ρ_2, le circonferenze primitive di raggi R_1

e R_2, le circonferenze di testa di raggi R_{1t} e R_{2t} e l'angolo di pressione θ. La coppia di denti coniugati è rappresentata in tre successive posizioni. La posizione intermedia rappresenta il contatto nell'istante in cui si trova nel punto P di tangenza delle primitive. Per la proprietà dell'evolvente di cerchio i contatti successivi avvengono lungo la linea dei contatti HK, inclinata dell'angolo di pressione θ rispetto alla tangente comune alle due circonferenze primitive.

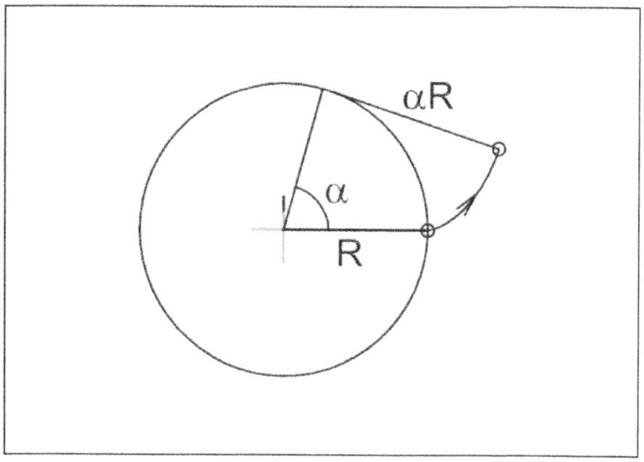

Figura 13.5. Generazione dell'evolvente di cerchio.

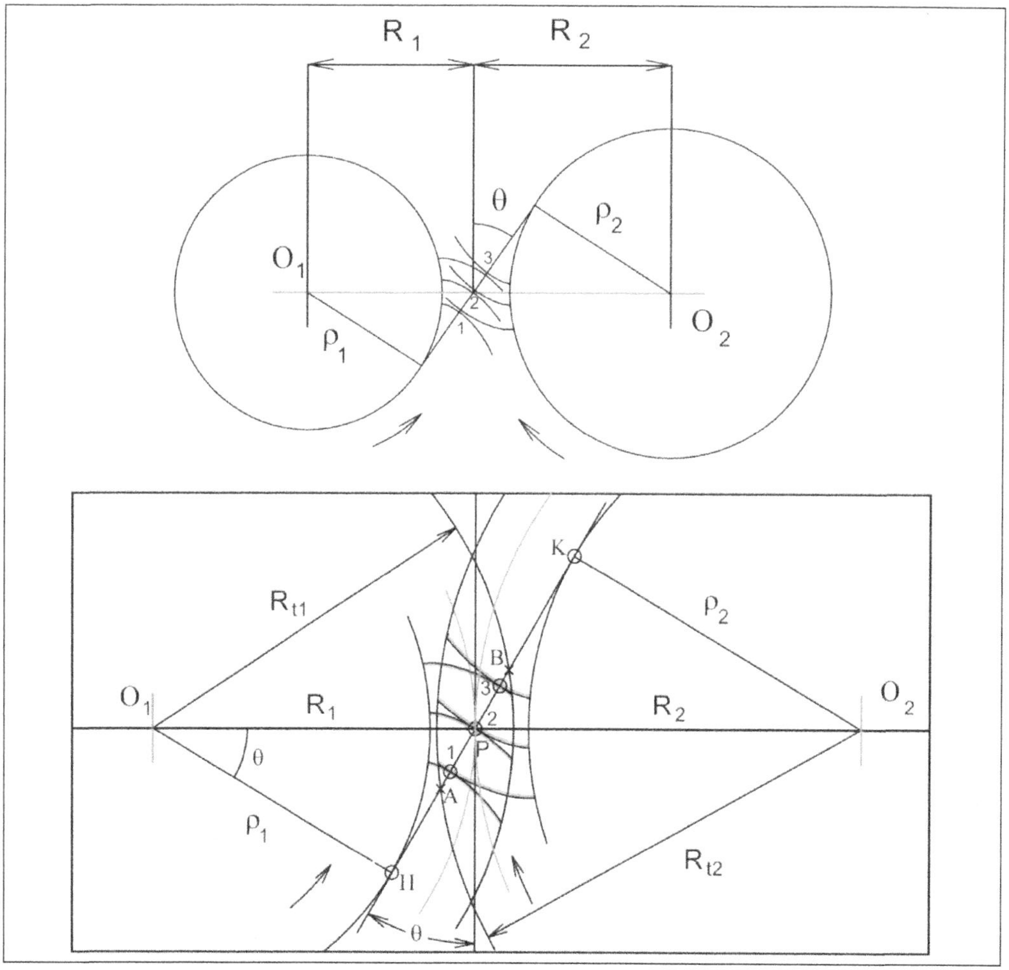

Figura 13.6 e 13.7. Profili coniugati.

Vengono definiti: come costa la parte del profilo esterna alla circonferenza primitiva e come fianco la parte del profilo interna alla primitiva. L'inizio del contatto (Fig. 13.7) ha luogo nel punto *A* (intersezione della linea dei contatti con la circonferenza di testa della ruota *2*), con il fianco del dente della ruota 1 che inizia a spingere la costa della ruota *2*. La fine del contatto ha luogo nel punto *B* (intersezione della linea dei contatti con la circonferenza di testa della ruota *1*), con la costa del dente della ruota 1 che cessa di spingere il fianco della ruota *2*.

La linea dei contatti HK, comprendente il segmento *AB*, incrocia la congiungente i centri delle due ruote nel punto *P* di tangenza delle primitive (Fig. 13.7). $O_1 P = R_1$ è il raggio primitivo della ruota 1 e $O_2 P = R_2$ il raggio primitivo della ruota *2*. I raggi delle circonferenze di base valgono

$$\rho_1 = R_1 \cos \theta$$

$$\rho_2 = R_2 \cos \theta$$

Il tratto *AP* del segmento dei contatti viene detto accesso e il tratto *PB* recesso.

Dato il principio di funzionamento dell'ingranaggio realizzato con due ruote cilindriche, la continuità del movimento si ottiene con un'adeguata distribuzione e configurazione dei denti. Quando una coppia sta per cessare il contatto deve essere già in contatto un'altra coppia. Devono essere anche evitate compenetrazioni (interferenze) fra i denti. I denti vengono realizzati simmetrici; è quindi possibile invertire il movimento.

Le dentature e gli utensili impiegati per la realizzazione di questo tipo di ingranaggi sono caratterizzati dal profilo di riferimento e dal modulo: quest'ultimo definito come rapporto fra il diametro primitivo e il numero di denti della ruota

$$m = \frac{2R}{z}$$

Al fine di limitare il più possibile il numero di utensili e conseguentemente il numero dei profili di riferimento e dei moduli, l'ISO ha provveduto a definire il concetto di profilo di riferimento (ISO 53) e dei moduli (ISO 54). Nel dimensionamento normale si hanno l'addendum (altezza della costa), il dedendum (altezza del fianco) e l'altezza del dente

$$a = m \qquad d = 1{,}25m \qquad h = a + d$$

Il passo fra i denti sulla primitiva vale allora

$$p = \pi m$$

La lunghezza *b* del dente (spessore della ruota) è di solito compresa fra *10m* e *20m*. I moduli unificati (*mm*) sono i seguenti:

0,5 – 0,6 – 0,8 – 1 – 1,25 –1,5 – 2 – 2,5 – 3 – 4 – 5 – 6 – 8 – 10 – 12 – 16 – 20 – 25.

Gli angoli di pressione unificati sono compresi fra *14°30' e 25°*; l'angolo di *20°* è quello più utilizzato. Le Figg. 13.8 e 13.9 mostrano, come esempio, un ingranaggio costituito da due ruote modulari di 20 e 30 denti, con angolo di pressione di *20°*. (indice di riduzione *1,5* con la ruota di *20* denti motrice). I profili dei denti sono tracciati a partire dai raggi delle circonferenze di base fino ai raggi di testa

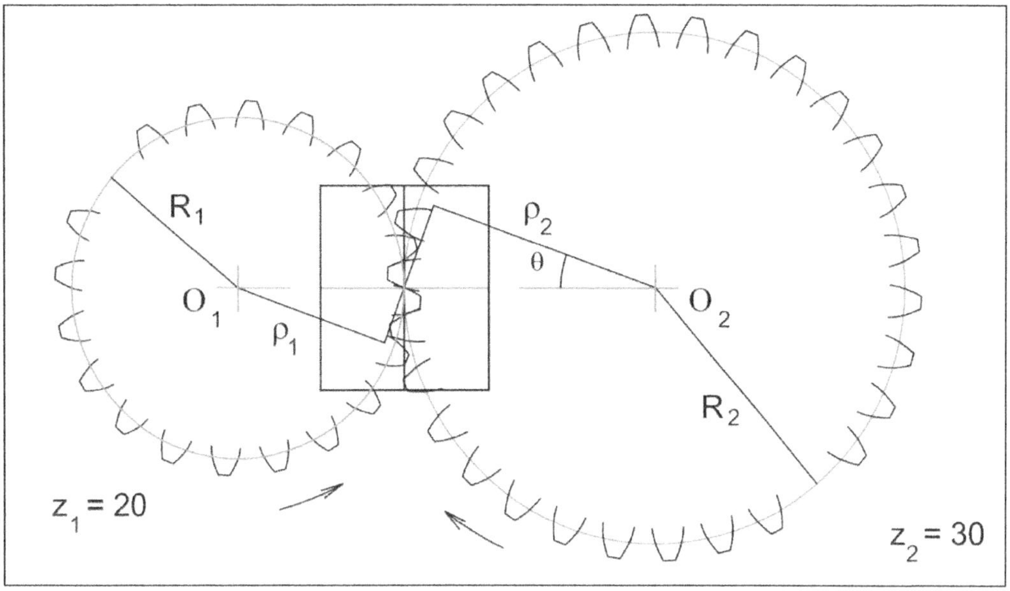

Figura 13.8. Ingranamento fra due ruote.

$$R_{t1} = R_1 + a$$

$$R_{t2} = R_2 + a$$

L'evolvente si estende per definizione fino alla circonferenza di base (Fig. 13.9). Il fianco del dente si prolunga oltre, fino alla circonferenza di piede, con una curva qualsiasi, raccordata alla fine con un raggio abbastanza ampio da non costituire un invito alla rottura del dente. La creazione di uno spazio interno oltre la circonferenza di base fra un dente e l'altro è comunque necessaria per evitare l'interferenza che può aversi con la testa della ruota compagna. La Fig. 13.9 mostra la conformazione completa delle dentature dell'ingranaggio. Per semplificare la lettura dei disegni delle ruote, nelle figure seguenti la rappresentazione dei denti è limitata alla parte esterna alla circonferenza di base, come in Fig.13.8.

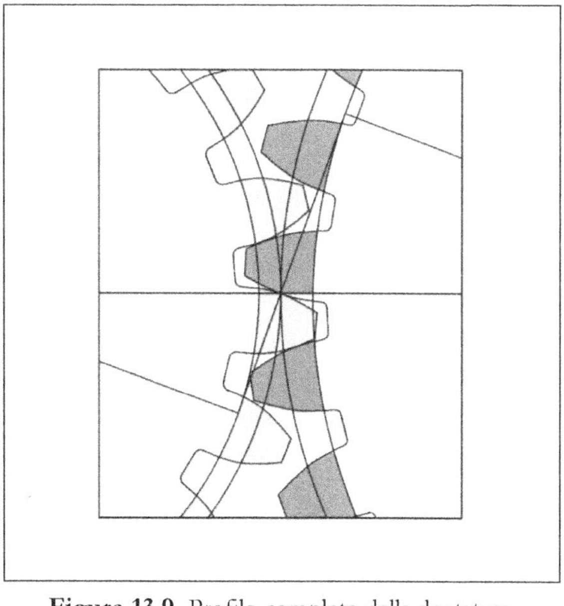

Figura 13.9. Profilo completo della dentatura.

Da notare che il rapporto fra il raggio della circonferenza di piede e il raggio della circonferenza di base vale circa

$$\frac{R_p}{\rho} = \frac{1}{\theta}\left(1 - \frac{2,5}{z}\right)$$

e con l'angolo di pressione più usato di *20°*

$$\frac{R_p}{\rho} = 1.064 - \frac{2,660}{z}$$

Dall'ultima relazione discende che fino a $z = 40$ denti il raggio di piede R_p è minore del raggio del cerchio di base e praticamente uguale per $z > 40$. Ad esempio $R_p = 0,931\rho$ per $z = 20$ e $R_p = 1.037\rho$ per $z = 100$.

Il proporzionamento deve garantire la continuità del moto e la non interferenza o compenetrazione dei denti. Per la continuità del movimento è necessario avere sempre almeno una coppia di denti in presa. La seconda condizione è soddisfatta solo se il numero di denti non è troppo piccolo.

Nelle dentature diritte, come detto, ogni coppia resta in presa mentre il contatto si evolve lungo il segmento AB dei contatti (Fig. 13.7). Data la legge di generazione delle evolventi, i profili attivi di successive coppie di denti ingrananti si susseguono lungo questo segmento con una spaziatura pari al passo misurato sul cerchio di base $p_\rho = \pi$ m cos θ.

Il grado di ricoprimento pari al rapporto AB/p_ρ deve essere >1 per la continuità del moto. Quando sono in presa due (o più) coppie di denti, ciascuna di esse è soggetta ad una forza *S'* minore della spinta totale *S*. Nelle dentature esterne diritte con proporzioni normali si ottengono ricoprimenti teorici $r = 1,2 \div 1,6$. Il ricoprimento diminuisce se si aumenta l'angolo di pressione, poiché il passo di base si riduce meno di quanto si riduce la lunghezza del segmento dei contatti. Il ricoprimento dipende anche dalle correzioni del profilo (v. paragrafo successivo), che sono utilizzate anche per ottenere contatti prevalentemente in recesso, migliorando così il rendimento istantaneo, grazie alla più favorevole orientazione delle forze di attrito fra i denti. Valori ancora maggiori del ricoprimento si ottengono con le dentature elicoidali, come sarà visto più avanti.

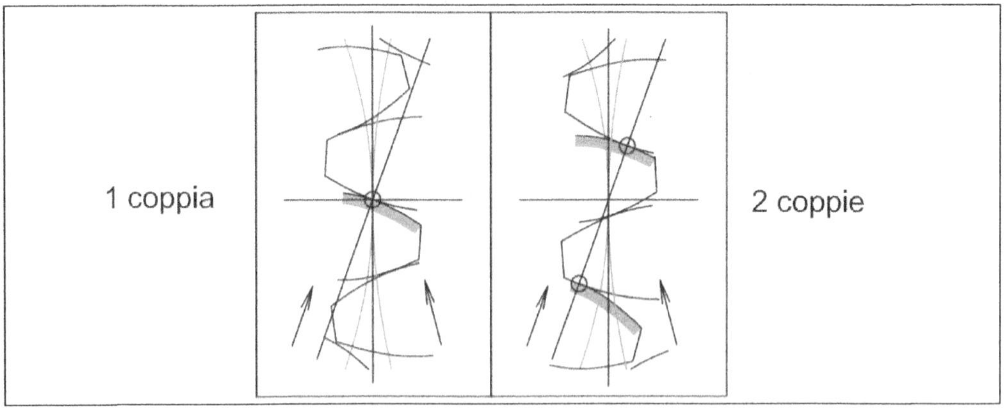

Figura 13.10. Denti in presa.

Le Fig. 13.10 mostra l'ingranamento in due posizioni: con un solo dente in presa, e con due denti in presa.

La Fig. 13.11 mostra un profilo unificato della dentiera di riferimento. Com'è noto, la dentiera di riferimento coincide con una sezione normale alla superficie dentata di una ruota di diametro infinitamente grande, o dentiera, il cui profilo serve di base per definire un assortimento di ingranaggi, a denti diritti o elicoidali.

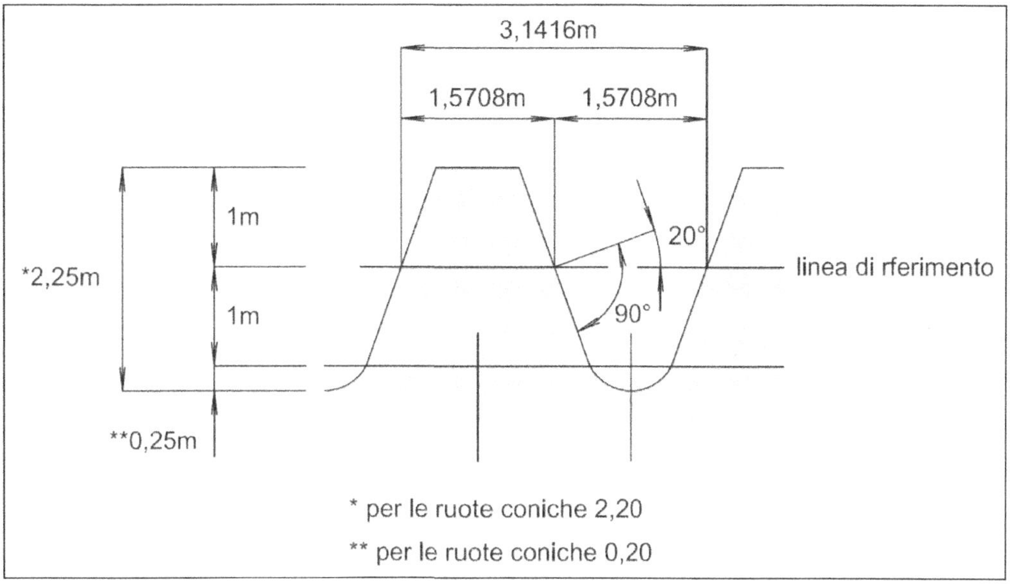

Figura 13.11. Dentiera di riferimento unificata.

È da osservare che il passo lungo la circonferenza primitiva di un ruota, con questo proporzionamento si ripartisce in parti uguali fra dente (pieno) e vano (vuoto).

Una conseguenza fondamentale del proporzionamento modulare è la possibilità di realizzare le ruote con uno stesso modulo, qualunque sia il numero di denti (assortimento), con unico utensile, secondo il principio dell'inviluppo. La Fig. 13.12 mostra il moto di un utensile-dentiera rispetto alla ruota ferma. Nella realtà la macchina dentatrice impone una rotazione alla ruota da dentare ed un moto lineare alla dentiera-utensile in modo da realizzare il rotolamento di una linea virtuale della dentiera (primitiva della dentiera) sulla primitiva della ruota. Il profilo della dentiera nel movimento relativo crea per inviluppo la dentatura della ruota. Naturalmente la dentiera utensile oltre a un moto lineare possiede un moto di accostamento, in quanto comincia a lavorare spostata radialmente verso l'esterno e un moto di lavoro alternato trasversale, ovvero parallelo all'asse della ruota. Tutto questo perché la dentiera utensile deve staccare in ogni ciclo del moto di lavoro un truciolo di spessore molto piccolo rispetto all'altezza della dentatura. Il sistema di dentatura esposto (sistema Maag) non è evidentemente utilizzabile per le ruote a dentatura interna, per le quale è utilizzabile il sistema per inviluppo Fellow, basato sull'impiego di una ruota utensile (Fig. 13.13). Il sistema Fellow può essere utilizzato anche per le dentature esterne. La Fig. 13.14 rappresenta una corona con dentatura interna. Il ciclo di costruzione delle ruote dentate può comprendere l'operazione di rettifica o quella di sbarbatura, di cui si tratterà più avanti.

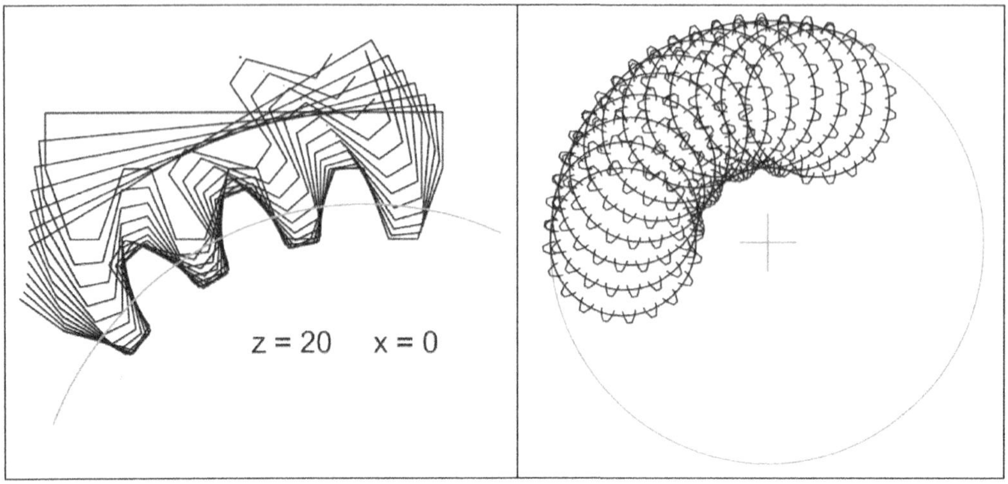

Figure 13.12 e 13.13. Costruzione della dentatura per inviluppo.

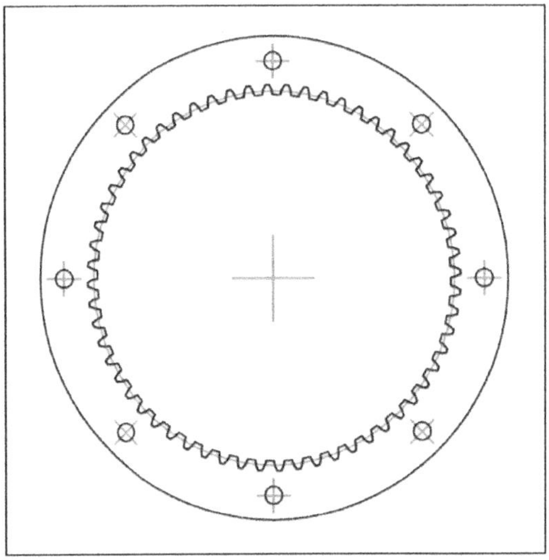

Figura 13.14. Corona dentata.

13.4. SOTTOTAGLIO – RUOTE CORRETTE

Nell'impiego delle dentature ad evolvente devono essere tenuti presenti i problemi del sottotaglio nella costruzione per inviluppo e dell'interferenza dei profili dei denti in presa. I due problemi coincidono da un punto di vista teorico. Il problema del sottotaglio è quello dell'interferenza che si ha in certe condizioni fra il profilo dell'utensile ed il profilo da tagliare, con la conseguenza dell'asportazione di parte del profilo utile. Lo stesso problema dell'interferenza nel funzionamento fra una ruota e una dentiera.

La Fig. 13.15 schematizza l'ingranaggio composto da una ruota e una dentiera (ruota con raggio primitivo infinito). Si individuano gli elementi geometrici fondamentali. Come già visto, il segmento dei contatti *AB* (Fig. 13.7) deve essere contenuto entro in segmento *HK*. Nel caso in esame interessa il tratto AP. Con riferimento alla Fig. 13.15, al ridursi del raggio della ruota 1 il punto H, intersezione della linea dei contatti con la retta di testa della dentiera, tende a coincidere con il punto A. Il raggio della circonferenza per cui si ha la coincidenza fra A e H rappresenta quello minimo, al di sotto del quale si ha interferenza fra i profili della ruota e della dentiera. Nella condizione limite si ha

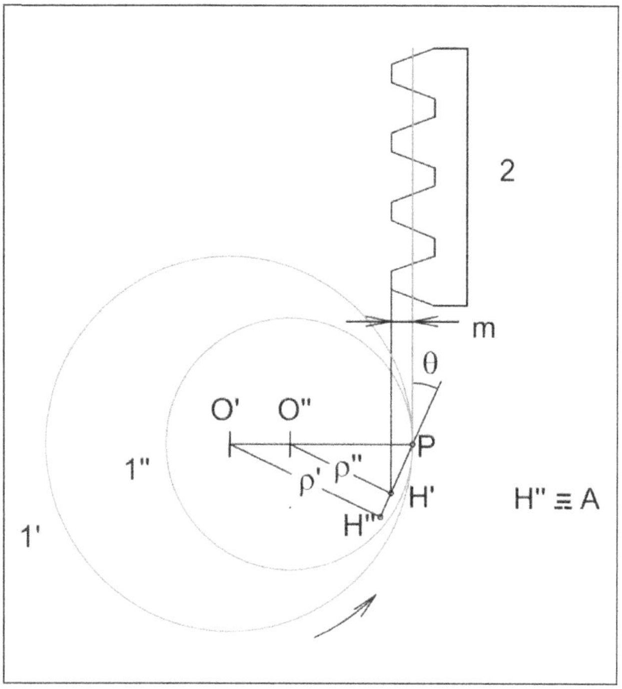

Figura 13.15. Sottotaglio.

$$HP = \frac{m}{\text{sen}\theta} = R\text{sen}\theta$$

da cui, con z=2R/m,

$$z_{min} = \frac{2}{\text{sen}^2\theta}$$

Con $\theta = 20°$ si ha $z_{min} = 17{,}1 = 17$.

Nel caso di ingranamento della ruota anziché con la dentiera con un'altra ruota, il numero minimo di denti per non avere interferenza della ruota piccola è

$$z_{min} = \frac{2\frac{R_1}{R_2}}{-1 + \sqrt{1 + \left(2 + \frac{R_1}{R_2}\right)\frac{R_1}{R_2}\text{sen}^2\theta}} \tag{13.1}$$

Quando la ruota più grande è a dentatura interna nella formula (13.1) il rapporto di trasmissione R_1/R_2 deve essere posto con il segno negativo. Il numero minimo di denti dato dalla (13.1) è diagrammato nella Fig. 13.16, in funzione dell'indice di riduzione $i = R_2/R_1$. Nella pratica conviene tenere il numero di denti della ruota più piccola un po' al di sopra di quello minimo. Ad esempio nel caso ruota-dentiera si utilizza di solito un ruota con 18 ÷ 20 denti invece che con 17.

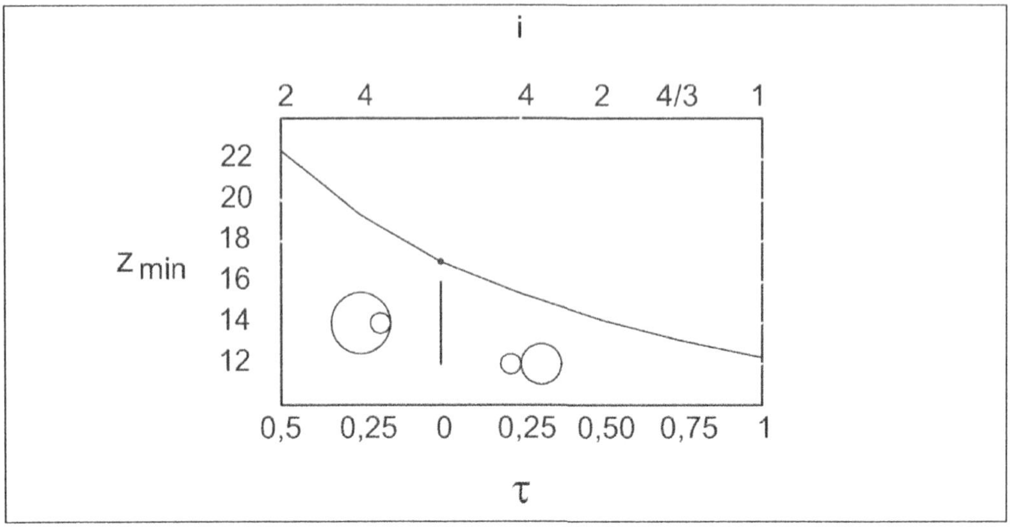

Figura 13.16. Numero minimo di denti.

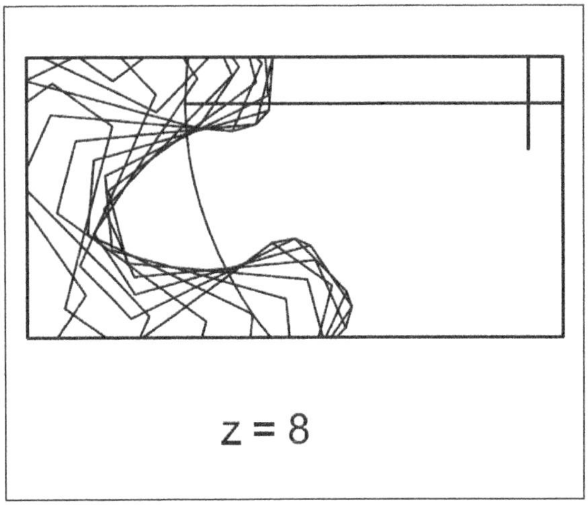

Figura 13.17. Sottotaglio.

La Fig. 13.17 rappresenta il moto relativo utensile dentiera-ruota di 8 denti; si individua chiaramente il fenomeno dell'interferenza o sottotaglio, consistente quest'ultimo nell'asportazione da parte della dentiera-utensile di una parte del profilo utile.

Il numero minimo teorico di denti della ruota più piccola di un ingranaggio può essere ridotto ricorrendo alla correzione della dentatura. Con riferimento alla Fig. 13.18, la dentiera può lavorare spostata verso l'esterno, con la primitiva (retta rotolante sulla primitiva della ruota), non più coincidente con la linea di riferimento (Fig. 13.11).

La nuova primitiva della dentiera in tal modo non corrisponde più alla divisione in parti uguali fra pieno e vuoto. Se la dentiera si fa lavorare spostata verso l'esterno si ha la correzione positiva della ruota, che viene ad avere il dente più largo ed il vuoto più piccolo in corrispondenza della primitiva ed un'altezza maggiore della costa. Se si fa lavorare spostata verso l'interno si viene ad avere un dente più stretto ed un vuoto più largo in corrispondenza della primitiva ed un'altezza minore della costa. Il grado di correzione, ovvero di spostamento della dentiera utensile, si esprime in rapporto al modulo: ad esempio $x = 0{,}25$ significa che la dentiera lavora spostata di $0{,}25m$ verso l'esterno e $x = -0{,}25$ che lavora spostata di $0{,}25m$ verso l'interno. Le Figg. 13.18 e 19 confrontano la forma dei denti di una ruota ottenuta: senza correzione, con una correzione positiva e con una correzione negativa. Il diagramma di Fig. 13.20 fornisce il valore di z_{min}, nell'accoppianento ruota-dentiera in funzione di della correzione x.

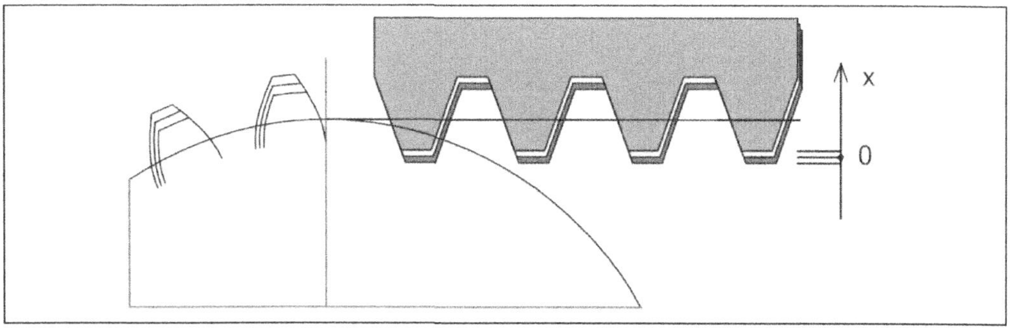

Figura 13.18. Dentature corrette.

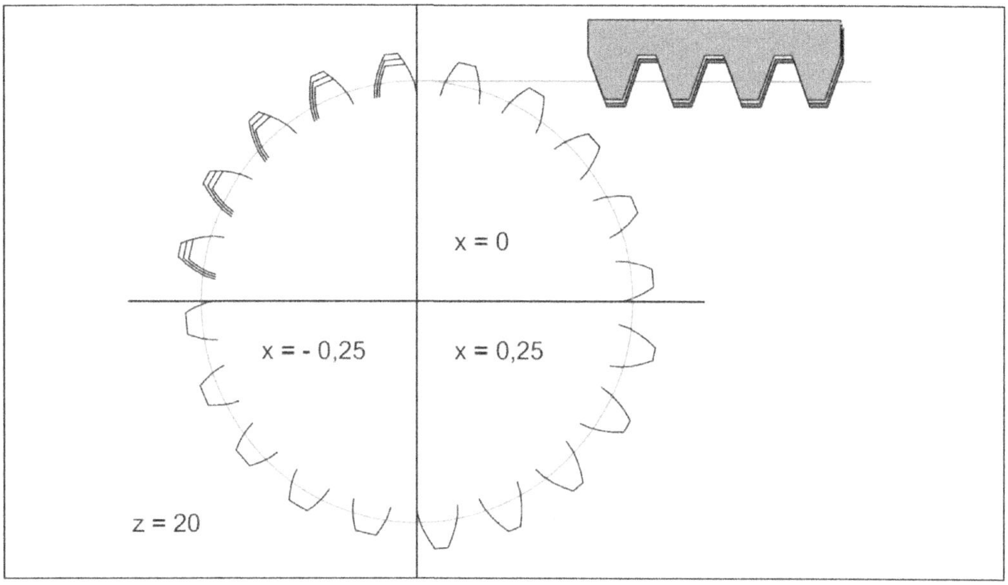

Figura 13.19. Correzione nulla, positiva e negativa.

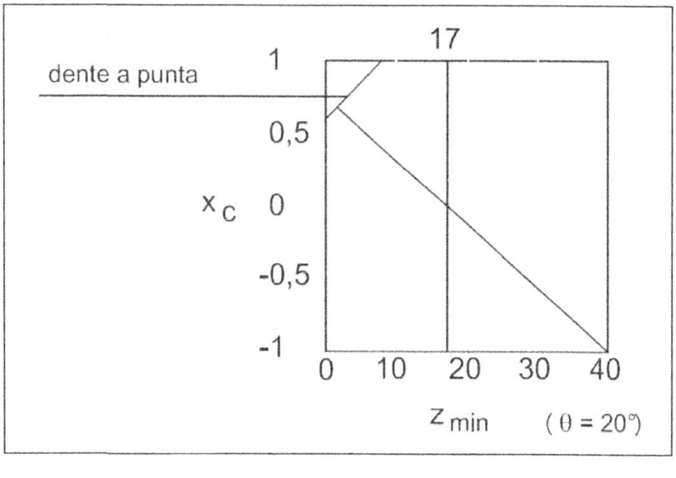

Figura 13.20. Numero minimo di denti.

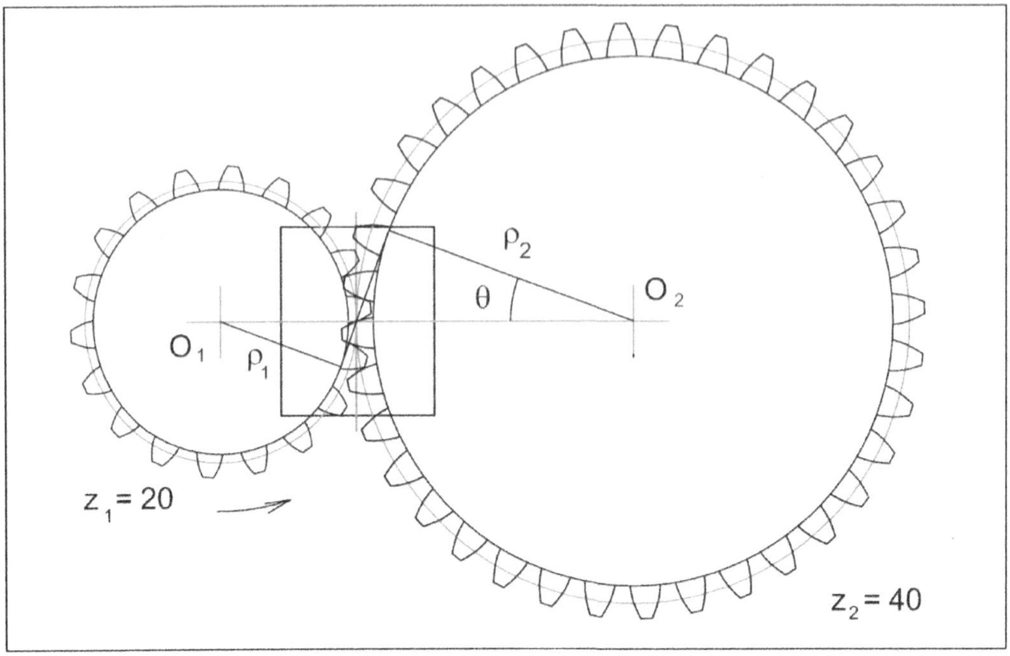

Figura 13.21. Ingranamento di due ruote.

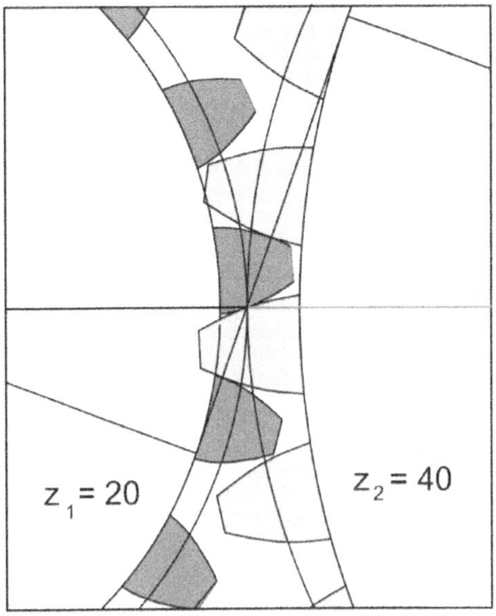

Figura 13.22. Ingranamento di due ruote.

Le Figg. 13.21 e 13.22 (ingrandimento) rappresentano l'ingranamento di due ruote, aventi 20 e 30 denti, non corrette e le Figg. 13.23 e 13.24 (ingrandimento) con correzione $x = 0{,}25$ per la ruota piccola e $x = -0{,}25$ per la ruota grande. Quando, come in questo caso, la correzione è uguale in valore assoluto e di segno contrario per le due ruote, l'interasse rimane, a parità di numero di denti delle due ruote, lo stesso che si avrebbe senza correzione. Una correzione di questo tipo permette però un numero di denti più piccolo per le due ruote e quindi un minore ingombro, nell'ipotesi che motivi di resistenza non rendano necessario un modulo maggiorato.

La correzione delle due ruote può essere diversa da quella sopra indicata. Per ottenere, per esempio una differenza di interasse rispetto alle ruote corrispondenti non corrette, si devono adottare correzioni non più uguali in valore assoluto e di segno contrario. In questo modo è a volte possibile ottimizzare la forma dei denti delle due ruote dal punto di vista della resistenza alla rottura e dell'usura.

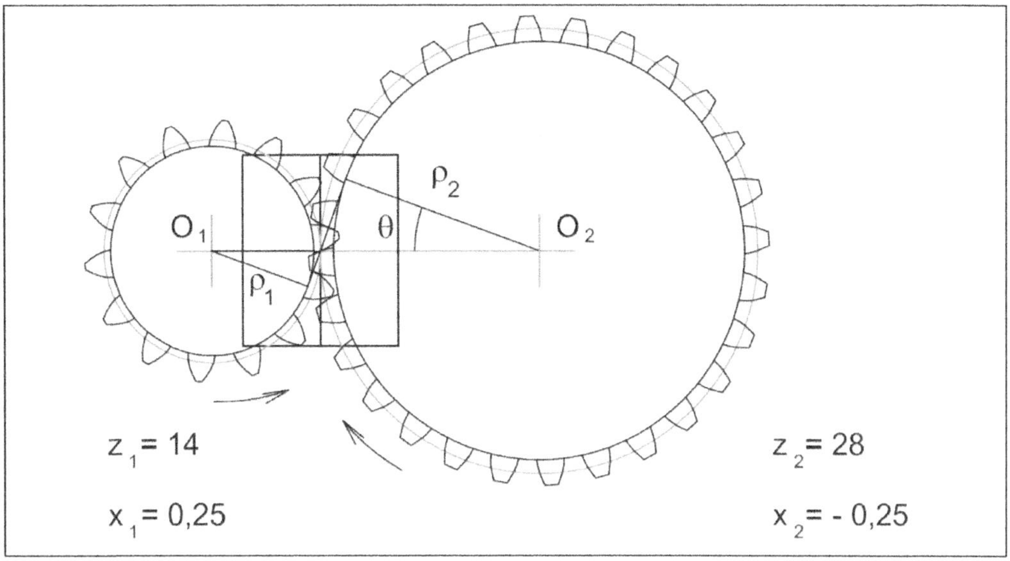

Figura 13.23. Ingranamento di due ruote.

In conclusione la correzione delle ruote, ottenibile senza maggiorazione del costo di realizzazione della dentatura, è un parametro a disposizione nel progetto per ottimizzare le dentature. È infine da notare che una piccola correzione negativa su una o ambedue le ruote di una coppia, riducendo lo spessore dei denti sulla circonferenza primitiva di taglio, introduce un gioco fra le due ruote. Il gioco è necessario nelle trasmissioni di potenza per evitare contatti fra i profili dei denti non caricati. A prescindere dalle correzioni si può ottenere un certo gioco fissando opportunamente le tolleranze circa gli spessori del dente, oppure utilizzando un interasse di funzionamento leggermente maggiorato. In altre applicazioni, come nella robotica, è invece desiderabile che il gioco sia quasi nullo.

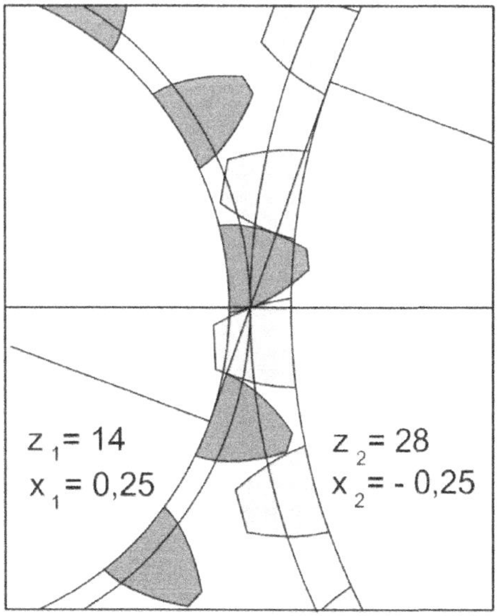

Figura 13.24. Ingranamento di due ruote.

13.5. FORZE TRASMESSE FRA LE RUOTE

Due ruote in presa cilindriche a denti diritti si scambiano la spinta *S*, inclinata dell'angolo di pressione rispetto alla tangente alle primitive, in assenza di attrito (Fig. 13.25). Poiché il coefficiente di attrito fra dentature metalliche ben lubrificate è piccolo, ($f = 0{,}05 - 0{,}08$), l'approssimazione è accettabile. Le relazioni che seguono esprimono, a partire dalla potenza $P(W)$ e dalla velocità della ruota conduttrice $\omega_1[s^{-1}]$, la coppia sull'asse *1* e le forze scambiate fra le due ruote

$$C_1 = \frac{P}{\omega_1}$$ (coppia sull'asse motore 1)

$$F = \frac{C_1}{R_1}$$ (forza tangenziale utile)

$$S = \frac{F_1}{\cos\theta}$$ (spinta totale)

$$T = F\,tg\theta$$ (azione radiale repulsiva)

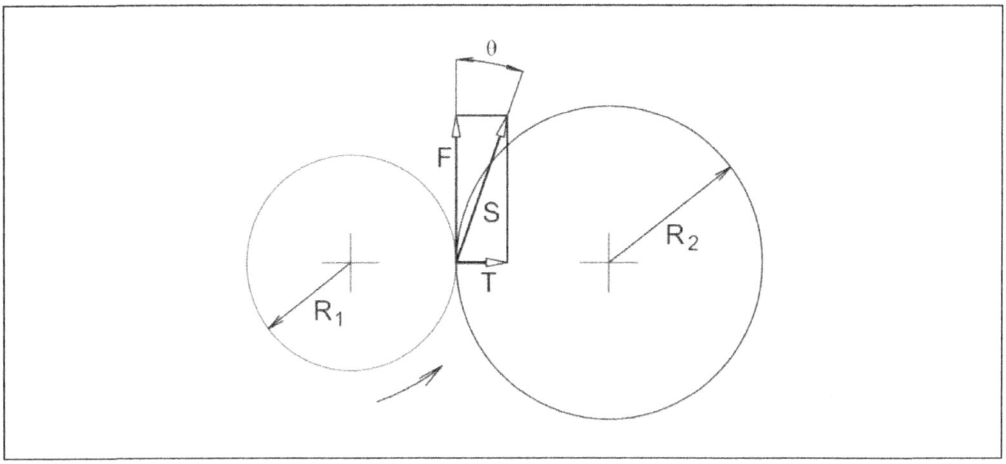

Figura 13.25. Forze trasmesse fra le ruote.

13.6. VERIFICA E PROGETTO

In merito alla resistenza dei denti, occorre fare distinzione fra ruote lente e veloci: le prime impiegate per trasmettere grandi forze a bassa velocità periferica in modo continuo o intermittente; le seconde per trasmettere con continuità potenza ad alta velocità periferica. Nel primo caso il dimensionamento della dentatura è condizionato di solito dalla resistenza alla rottura per flessione affaticante dei denti; nel secondo dall'usura e dalla deformazione delle superfici dei denti provocate da diverse cause (pitting, grippaggio, abrasione, deformazione plastica). Per la resistenza a flessione la sollecitazione massima alla base del dente e, per la resistenza all'usura la pressione massima nel contatto fra i due denti coniugati, non devono superare i rispettivi valori ammissibili.

La condizione più limitante dipende da vari fattori, fra cui principalmente le caratteristiche di resistenza del materiale, che può essere differente sulla superficie attiva del dente, dove ha molta importanza la durezza, rispetto al cuore del dente ed al raccordo alla base del dente dove ha importanza la resistenza a fatica. Quando è dubbio se la condizione più limitativa per le prestazioni della coppia di ruote sia la resistenza a flessione dei denti o la resistenza all'usura delle superfici, debbono ovviamente essere eseguite ambedue le verifiche.

In alcune applicazioni, per esempio nei cambi di velocità dei veicoli, occorre considerare anche la resistenza all'urto dei denti, in presenza di manovre errate con improvvisa conversione di energia cinetica in energia di deformazione. La valutazione della resistenza all'urto può essere effettuata solo sperimentalmente.

Occorre anche tenere presente che il buon funzionamento di una trasmissione con ruote dentate dipende dal corretto dimensionamento non solo delle dentature ma, più in generale, del sistema di cui fanno parte le ruote, comprendente gli alberi, i cuscinetti e le strutture di supporto.

I denti lavorano a fatica e, solitamente, tendono a rompersi con inizio della fessura in corrispondenza del raggio di raccordo alla base del dente, dalla parte tesa. In alcuni casi la rottura si manifesta diversamente, essendo spesso provocata da un precedente grave deterioramento della superficie.

Nel funzionamento, il carico distribuito lungo la generatrice del dente cambia in direzione ed intensità. Le prime trattazioni sulla caratterizzazione del comportamento tensionale del dente di un ingranaggio (Wilfred Lewis, 1862) ipotizzavano cautelativamente che la spinta fra le dentature fosse sopportata dalla testa di un singolo dente, approssimato con una mensola. La verifica secondo Lewis si esegue, con il dente caricato in punta (Fig. 13.26), con la formula

$$F_{am} = \sigma_{am} m b y \tag{13.2}$$

dove

σ_{am}	[N/mm^2]	sollecitazione ammissibile
m	[mm]	modulo
b	[mm]	lunghezza del dente = spessore della ruota

e per $\theta = 20°$

$$y = 0{,}48 - \frac{2{,}87}{z}$$ fattore di forma

La (13.2) si ricava nel modo seguente. Con riferimento alla Fig. 13.26, la sollecitazione massima, nel punto *Q* alla base del dente dal lato soggetto a trazione è, con formula nota,

$$\sigma = \frac{6Sh'}{s^2 b} = \frac{6Fh}{s^2 b}$$

con il prodotto Sh' approssimato con Fh. Poiché a parità di numero di denti si ha $h = k_1 m$ e $s = k_2 m$, con k_1 e k_2 funzioni dell'angolo di pressione e del numero dei denti, nel proporzionamento unificato, risulta la (13.2)

$$F = \sigma m b y$$

avendo posto

$$y = \frac{k_1}{6k_2^2}$$

che ha l'espressione sopra indicata, quando l'angolo di pressione è 20°.

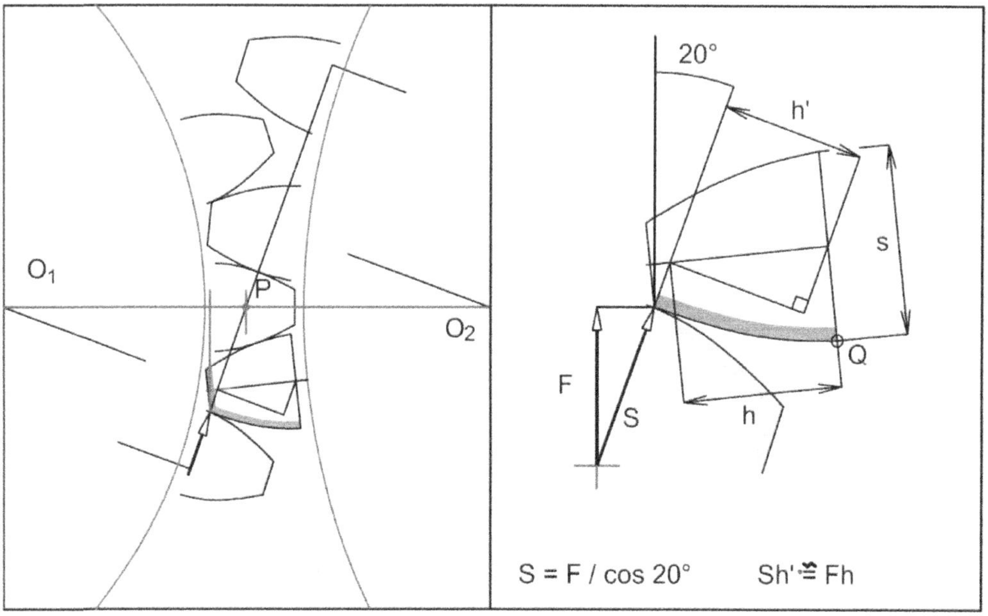

Figura 13.26. Verifica secondo Lewis.

Il valore da assegnare a σ_{am} nella (13.2) dipende dal materiale impiegato, dal processo di fabbricazione, dal trattamento termico e dalle condizioni di funzionamento. La (13.2) risulta valida anche per le ruote moderne, dove, la precisione delle lavorazioni e la rigidezza complessiva del sistema ruote-alberi-struttura, rendono non realistica l'ipotesi di un solo dente caricato all'estremità, quando al fattore σ_{am} venga assegnato un valore derivato da esperienze eseguite sulle ruote e non dedotto dalla resistenza a fatica ricavata sui provini. Le sperimentazioni vengono svolte con il sistema a circolazione di potenza descritto più avanti.

La Tabella 13.1 riporta valori di σ_{am} per diversi materiali e trattamenti termici ottenuti con prove dirette su ingranaggi in rotazione. Quando non sono disponibili valori affidabili di σ_{am} per il materiale impiegato, ricavati sperimentalmente sulle ruote, si può ricorrere nella (13.2) ad un valore ammissibile della tensione

$$\sigma_{am} = \frac{\sigma_R}{x_R}$$

dove σ_R è il carico di rottura del materiale e x_R è il coefficiente di sicurezza, con

$x_R = 3 \div 3{,}5$ per funzionamento normale
$x_R = 4 \div 5$ per funzionamento con urti e forti variazioni di carico

Tabella 13.1 – Valori indicativi delle pressioni e delle tensioni ammissibili per i materiali impiegati nelle dentature

	σ_r (N/mm^2)	HB	p_{am} (N/mm^2)	σ_{am} (N/mm^2)
Ghise grigie	250	220*	460	50
Ghise sferoidali	540	220*	500	110
Acciai in getti	500	150*	330	100
Acciai da fucinare	540	150*	390	130
Acciai da bonifica	770	220*	490	150
Acciai da tempra a induzione	1050	670**	1200	240
Acciai da cementazione	1250	720**	1350	240
Acciai da nitrurazione	1000	850**	1150	230

(*) Durezza del fianco
(**) Durezza del nucleo

Se le ruote della coppia sono dello stesso materiale, è meno sollecitata la più grande, avendo il fattore di forma più favorevole.

Se invece di verificare si deve progettare una nuova coppia è necessario partire da una specifica a cui fare riferimento. L'ipotesi più frequente è che siano assegnati la potenza da trasmettere P, la velocità ω_1 della ruota conduttrice e l'indice di riduzione $i = R_2/R_1$. Come in tutti i problemi di progetto non esiste una soluzione unica, ma devono essere fatte alcune scelte. In primo luogo il numero di denti z_1, quindi il rapporto $\lambda = b/m$ ed il materiale (σ_{am}). La ruota più piccola conviene che abbia il numero di denti minimo ($z_1 = 18 \div 20$ per $\theta = 20°$). Si assume $\lambda = b/m = 10 \div 25$. I valori più alti per ruote precise su alberi rigidi. Per la tensione ammissibile si assume un valore plausibile (Tabella 13.1) oppure $\sigma_{am} = \sigma_R/x_R$). Si ha

$$V = \omega_1 R_1 = \omega_1 m \frac{z_1}{2}$$

$$P_{am} = F_{am} V$$

Eseguendo il calcolo con la (13.2) per valori unificati di m, si troverà il modulo più piccolo per cui la $P_{am} > P$ ovvero per cui la potenza trasmissibile è uguale o maggiore di quella da trasmettere. Questo è il modulo da assumere. Il numero dei denti z_2 sarà stabilito come l'intero più vicino al prodotto iz_1, controllando che l'indice di riduzione i rientri nella eventuale tolleranza stabilita. Si hanno quindi facilmente tutti gli elementi della coppia.

Mentre per la caratterizzazione del comportamento a fatica flessionale del dente, come visto, si adotta la teoria di Lewis, per quanto riguarda, invece, la verifica della resistenza ad usura del materiale si ricorre ad un approccio di tipo hertziano: la pressione scambiata fra i denti in presa non deve superare un valore ammissibile. La forza tangenziale ammissibile è data dalla seguente formula

$$F_{am} = p_{am}^2 \, m \, b \, f \tag{13.3}$$

dove

p_{am}	pressione di contatto ammissibile
m	modulo
b	lunghezza del dente = spessore delle ruote
f	funzione dell'angolo di pressione, di z_1 e z_2 e dei moduli elastici dei materiali delle due dentature.

La (13.3) deriva dalla formula relativa alla pressione massima nel contatto fra due cilindri, la (5.1), di seguito ripetuta

$$p_{max} = 0,59\left(P'E\frac{d_1 + d_2}{d_1 d_2}\right)^{\frac{1}{2}}$$

Assumendo per convenzione di calcolare la pressione massima fra due denti nell'istante in cui il contatto ha luogo, con una sola coppia di denti in peso, nel punto di contatto fra le primitive (Fig. 13.10), si ha, con z_1 e z_2 numero dei denti delle due ruote e ϑ angolo di pressione,

$$P' = \frac{F}{\cos\theta}\frac{1}{b}$$

$$d_1 = m\,z_1\,\mathrm{sen}\theta \qquad\qquad d_2 = m\,z_2\,\mathrm{sen}\theta$$

$$p_{max}^2 = \frac{1}{1,4}\frac{FE}{\mathrm{sen}2\theta}\frac{1}{mb}\frac{z_1 + z_2}{z_1\,z_2}$$

da cui

$$F = p_{max}^2 \, m \, b \, f \tag{13.4}$$

dove

$$f = 1,4\frac{\mathrm{sen}2\theta}{E}\frac{z_1 z_2}{z_1 + z_2}$$

Ponendo nella (13.4) i valori ammissibili di F e p_{max} si ritrova la (13.3).

La pressione ammissibile p_{am} (N/mm^2) dipende prevalentemente dalla durezza superficiale e dalla durata in servizio prevista. Una buona lubrificazione e una velocità sufficientemente elevata possono creare un meato di lubrificazione sufficientemente spesso da separare le superfici dei denti (lubrificazione idrodinamica). Ciò ha un effetto favorevole per l'usura e per la resistenza al pitting.

In mancanza di valori sperimentali, ottenuti per esempio con il sistema a circolazione di potenza per ruote analoghe e impiegate nelle stesse condizioni, si possono usare i valori di Tabella 1, per i materiali ivi considerati, oppure si può assumere

$$p_{am} = \frac{5\ HB}{g^{1/6}}$$

in cui *HB* è la durezza Brinell superficiale del dente e *g* la durata di funzionamento prevista, in termini di cicli. Poiché la superficie del dente viene spesso assoggettata a trattamento di tempera superficiale, con o senza cementazione, la durezza *HB* da considerare nella verifica ad usura può essere diversa da quella all'interno del dente. Essendo in genere previste le ore di funzionamento *h* in funzione dell'applicazione si ha

$$g = 60 \times 10^6 nh$$

con *n* in *giri/min.*

Se invece di verificare si deve progettare una nuova coppia si parte dall'ipotesi precedente che siano assegnati la potenza da trasmettere *P*, la velocità ω_l della ruota conduttrice e l'indice di riduzione *i* e si procede in modo analogo a quanto esposto per la resistenza a flessione.

La progettazione delle ruote dentate fa riferimento alle normative, ISO e altre. Le quali si basano comunque su formule analoghe alla (13.2) e alla (13.3) introducendo alcuni coefficienti correttivi della tensione e della pressione ammissibile, per tenere conto dell'effetto d'intaglio alla base del dente, della rugosità superficiale alla base del dente, ecc. Valori affidabili di detti coefficienti vengono definiti da ogni costruttore di ingranaggi sulla base della propria specifica esperienza.

13.7. RUOTE DENTATE CILINDRICHE ELICOIDALI

Una ruota a denti elicoidali si ottiene idealmente scomponendo una ruota a denti diritti in tante ruote sottili di uguale spessore e applicando al "pacco" una deformazione elicoidale intorno all'asse. Si indica con β l'inclinazione dell'elica riferita al cilindro primitivo (Fig. 13.27). Si dimostra che la linea di contatto fra denti coniugati è rettilinea e inclinata rispetto all'asse della ruota. Le superfici attive dei denti sono dunque rigate. A differenza delle ruote a denti diritti, quelle a denti elicoidali generano durante la trasmissione del moto delle forze in direzione assiale di cui si deve tenere conto nella scelta della cuscinetteria.

Le ruote elicoidali trovano largo impiego, per esempio in campo automobilistico, perché sono più silenziose e vibrano meno di quelle diritte. La maggiore dolcezza di funzionamento dipende dal prolungamento dell'arco di azione: quando un dente lascia il suo coniugato in una sezione estrema della ruota, deve avvenire ancora una rotazione perché lo lasci nell'altra sezione estrema, ciò che si traduce in un aumento del fattore di ricoprimento rispetto alle ruote a denti diritti.

Con ruote elicoidali relativamente larghe il ricoprimento totale può essere superiore a due e di conseguenza il carico si ripartisce su un maggior di denti in presa consentendo, a parità di dimensioni, un sostanziale aumento della potenza trasmissibile.

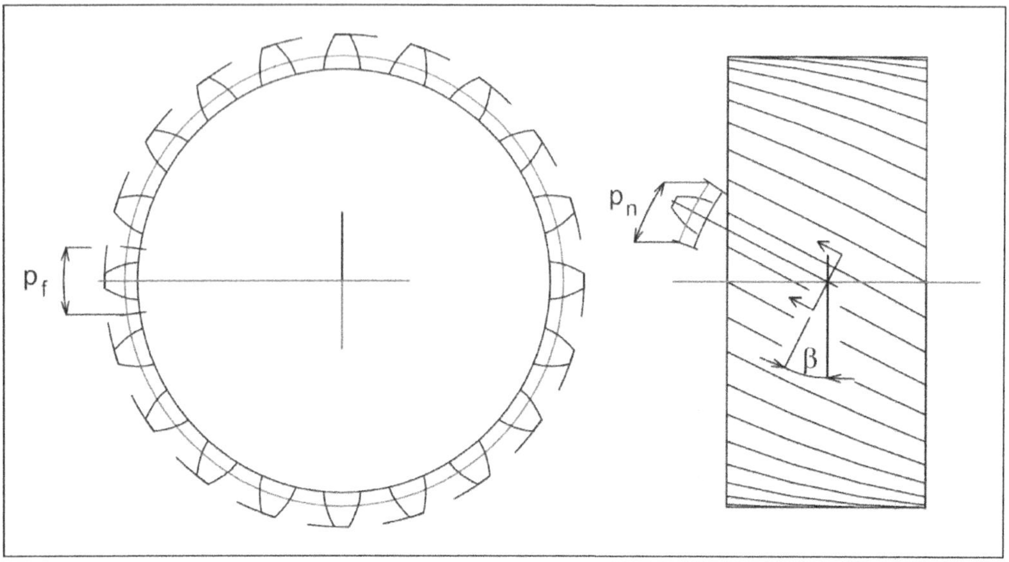

Figura 13.27. Ruota a dentatura elicoidale.

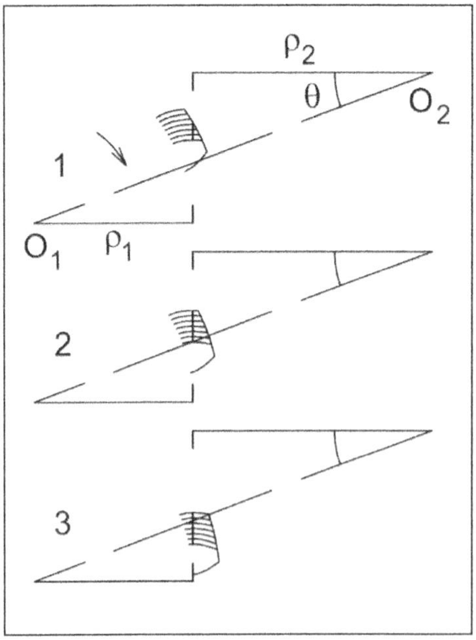

Figura 13.28. Linea dei contatti nella ruota elicoidale.

L'angolo β di inclinazione (Fig. 13.27) dell'elica media coincide con l'angolo che la direzione di taglio dell'utensile forma con l'asse della ruota. Gli ingranaggi, analogamente al caso di una vite, possono essere destri o sinistri. Vengono realizzati con la stessa dentiera utensile delle ruote diritte. Con le moderne dentatrici il costo di lavorazione delle dentature elicoidali è praticamente lo stesso che per le ruote a denti diritti.

Per le dentature elicoidali si definiscono un passo frontale p_f e un modulo frontale m_f, individuati nelle sezioni della dentatura perpendicolari all'asse della ruota. Il passo e il modulo normali p_n e m_n, si individuano in un piano inclinato dell'angolo β rispetto all'asse della ruota. Si individuano anche un angolo di pressione θ_f frontale ed uno normale θ_n. Le relazioni fra elementi frontali e normali sono le seguenti

$$m_f = \frac{m_n}{\cos\beta} \qquad \mathrm{tg}\theta_f = \frac{\mathrm{tg}\theta_n}{\cos\beta}$$

La Fig. 13.28 mostra, in proiezione secondo l'asse della ruota, come si configura, in tre posizione, la linea dei contatti nel dente di una ruota elicoidale.

Le forze che si scambiano due ruote elicoidali sono, con riferimento alla Fig. 13.29,

$$C_1 = \frac{P}{\omega_1}$$

$$F = \frac{C_1}{R_1}$$

$$T = F\,tg\,\theta_f = \frac{F\,tg\theta_n}{\cos\beta}$$

$$A = F\,tg\beta$$

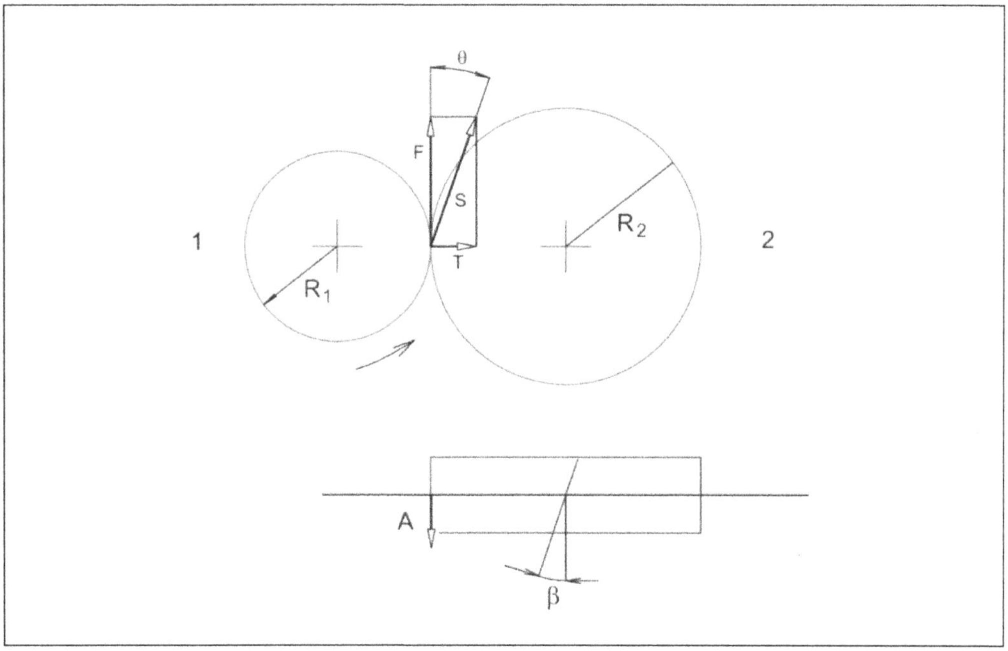

Figura 13.29. Forze trasmesse fra le ruote elicoidali.

La verifica a flessione delle ruote elicoidali si può eseguire ancora con la formula,

$$F_{am} = \sigma_{am} m_n b y \qquad (13.2)$$

in cui compare il modulo m_n, che deve essere compreso fra quelli unificati. Il fattore di forma y deve essere calcolato per il numero di denti fittizio

$$z^* = \frac{z}{\cos\beta}$$

b è uno spessore fittizio della ruota che deve essere calcolato con riferimento alla lunghezza del dente, maggiore dello spessore della ruota, e al fattore di ricoprimento.

La verifica ad usura si esegue in modo analogo a quella dei denti diritti. La forza tangenziale ammissibile è quindi

$$F_{am} = p_{am}^2 m_n b f$$

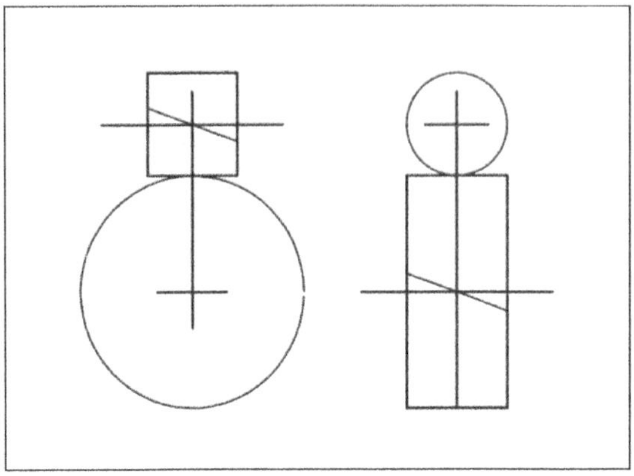

Figura 13.30. Trasmissione fra ruote elicoidali con assi sghembi.

Il fattore *f* è lo stesso che per le ruote diritte, solo che i valori di z_1 e z_2 sono quelli fittizi.

Solitamente queste ruote sono utilizzate per la trasmissione di potenza fra assi paralleli, ma possono essere anche utilizzate nella trasmissione fra assi sghembi (Fig. 13.30), anche se questo impiego è condizionato dalla limitata capacità di sopportare i carichi, in quanto al contatto fra i denti, puntiforme, corrisponde una pressione hertziana molto alta, in rapporto alle dimensioni.

13.8. RUOTE CONICHE

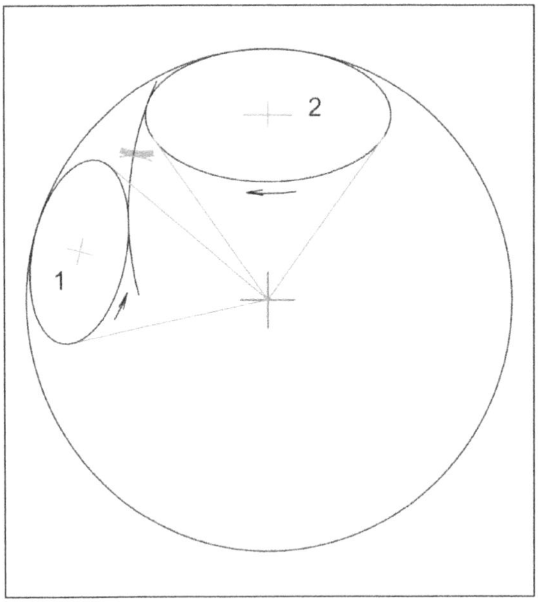

Figura 13.31. Ruote coniche.

Come per le ruote cilindriche, per le ruote coniche la dentiera di riferimento coincide con una sezione normale alla superficie dentata di una ruota piano-conica di raggio infinitamente grande, il cui profilo serve di base per definire un assortimento di ingranaggi conici a denti diritti. I profili coniugati dei denti si individuano sulle sfere con centro nel punto di incontro degli assi delle due ruote (Fig. 13.31). Proiettando i profili tracciati su una di tali sfere dal centro si ottengono le superfici dei denti, i quali risultano materialmente compresi in ciascuna ruota fra due coni complementari al cono primitivo (Fig. 13.32). Si individuano un raggio primitivo medio R_m, un raggio primitivo massimo R_{max} ed un raggio primitivo minimo R_{min}.

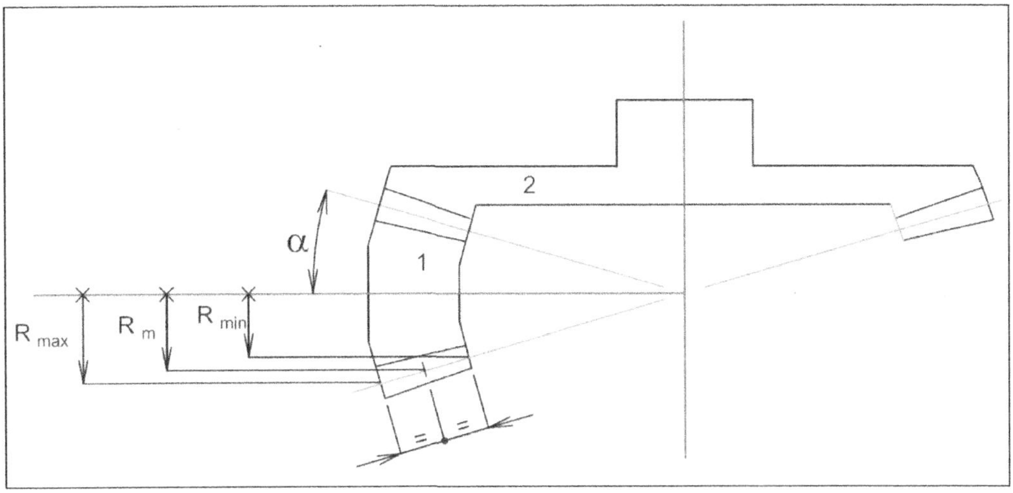

Figura 13.32. Coppia conica.

Per le coppie di ruote a *90°*, il caso più comune, l'indice di riduzione è

$$i = \frac{1}{tg\alpha}$$

dove α è il semiangolo di apertura del cono primitivo della ruota conduttrice.

Le ruote coniche vengono tagliate con utensili che oltre al moto di lavoro possiedono il moto di ingranamento della ruota coniugata piano-conica, ruota il cui cono primitivo degenera in un piano (Fig. 13.33). La superficie del dente viene descritta dall'utensile, nella ruota piano-conica, sostituendo l'evolvente sferico con una curva che proiettata dal centro della sfera su di un piano tangente alla sfera stessa nel punto in cui il profilo incontra il cerchio intersezione fra il cono (piano) primitivo e la sfera stessa, dà luogo ad un segmento rettilineo. Si realizzano le così dette ruote ottoidali. La forma del profilo è praticamente coincidente con quella dell'approssimazione di Tredgold, secondo la quale è rettilineo il profilo tracciato sul piano corrispondente allo sviluppo del cilindro tangente alla sfera in corrispondenza del cerchio intersezione fra sfera e cono (piano) primitivo della ruota piano-conica.

In corrispondenza dei due coni complementari al cono primitivo che delimitano i denti si considerano, come detto, i raggi primitivi massimo e minimo ed il raggio medio R_m. Al raggio massimo corrisponde il modulo unificato.

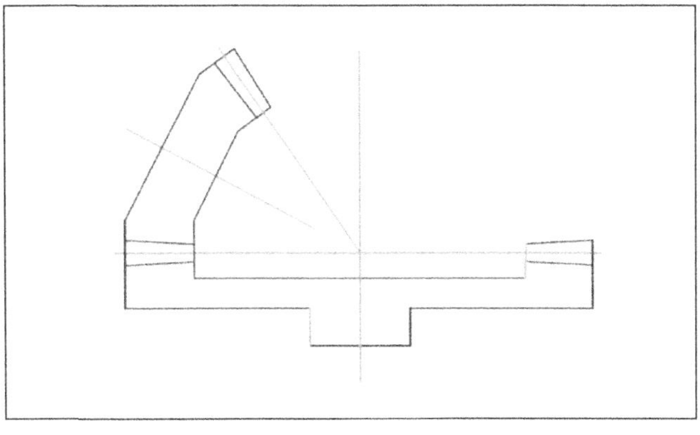

Figura 13.33. Coppia ruota conica-ruota piano conica.

Con riferimento alla Fig. 13.34, si definisce una ruota fittizia cilindrica di raggio

$$Re^* = \frac{R_m}{\cos\alpha}$$

e angolo di pressione θ, individuato nello sviluppo di Tredgold del cono complementare medio della ruota (quello corrispondente al raggio R_m).

Le forze scambiate per le ruote coniche a denti diritti (Fig. 13.34), con riferimento alla ruota fittizia, sono

$$C_1 = \frac{P}{\omega_1}$$

$$F = \frac{C_1}{R_m}$$

$$T = F\ \mathrm{tg}\,\theta\ \cos\alpha$$

$$A = F\ \mathrm{tg}\theta\ \mathrm{sen}\alpha$$

I calcoli di resistenza delle dentature coniche si eseguono, come per le dentature cilindriche, con riferimento alla ruota fittizia cilindrica (Fig. 13.34).

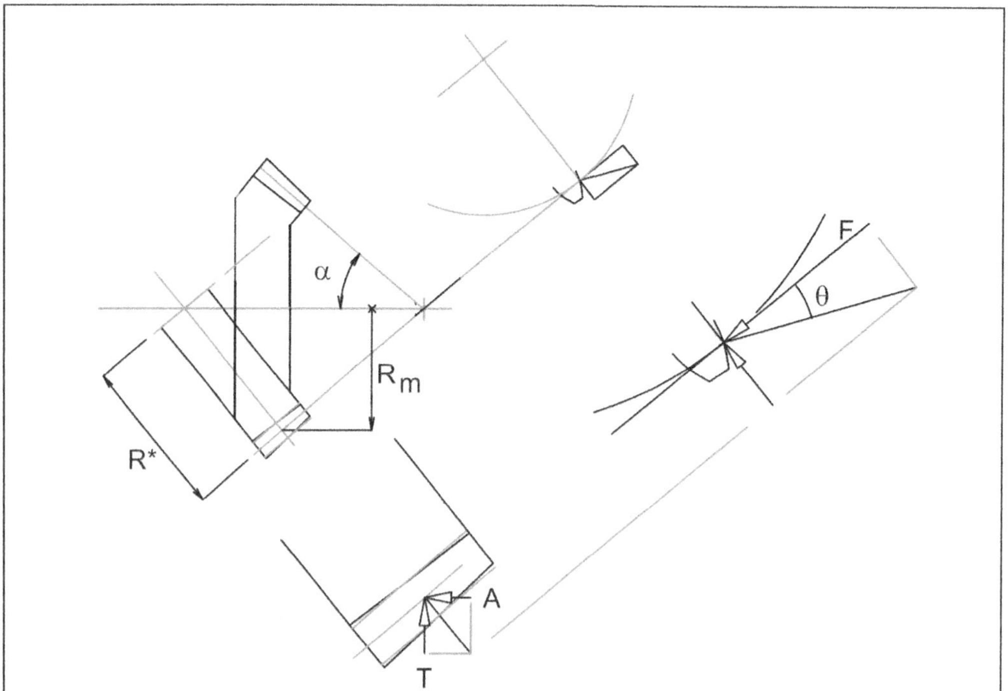

Figura 13.34. Ruota fittizia.

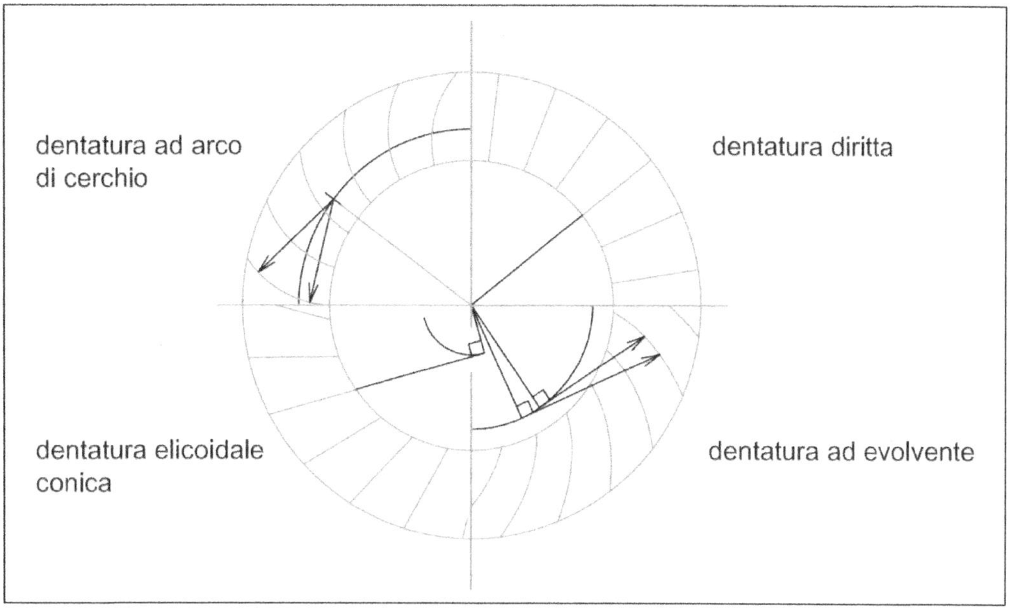

Figura 13.35. Ruote coniche a denti curvi.

Nelle formule relative alla flessione ed all'usura deve essere posto il modulo medio $m_m = 2R_m/z$ e nella valutazione del fattore di forma deve porsi al posto di z il numero fittizio

$$z/\cos\alpha$$

La lunghezza del dente b è data da

$$b = \frac{R_{max} + R_{min}}{\cos\alpha}$$

La verifica di una ruota conica a denti diritti è dunque ricondotta a quella della ruota fittizia. Il numero minimo di denti della ruota più piccola può essere tenuto uguale a quello delle ruote cilindriche, con riferimento alla ruota fittizia. Per le coppie coniche veloci possono convenire ruote con i denti a spirale, che grazie al graduale ingranamento garantiscono un funzionamento più silenzioso e regolare. A parità di dimensioni sono più resistenti di quelle a denti diritti. Mentre nella ruota piano-conica con denti diritti le superfici laterali degli stessi determinano tracce radiali rettilinee sul piano primitivo, nella ruota piano conica a denti curvi tali tracce sono o rettilinee non radiali (ruote elicoidali coniche) o curve di varia forma (arco di cerchio, spirale di Archimede, evolvente di cerchio), come mostra la Fig. 13.35.

Le verifiche a resistenza e ad usura si eseguono, analogamente a quanto si fa per le ruote coniche a denti diritti, con riferimento ad una ruota cilindrica fittizia a dentatura elicoidale.

13.9. VITE SENZA FINE – RUOTA ELICOIDALE

Con questa coppia (Fig.13.36) che trasmette il moto fra assi sghembi, in pratica sempre ortogonali, è possibile ottenere una notevole riduzione dalla velocità della vite a quello della ruota. La vite, assimilabile geometricamente ad una vite di manovra, presenta uno o più principi.

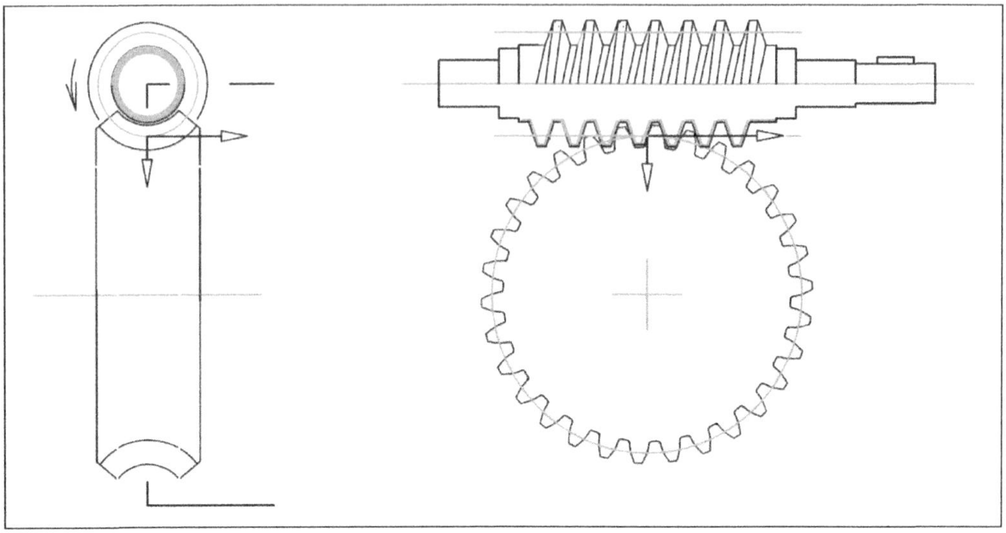

Figura 13.36. Vite senza fine-ruota elicoidale.

Esistono diversi procedimenti per realizzare il filetto della vite, con o senza rettifica dei fianchi, a cui corrispondono forme della filettatura e della ruota coniugata leggermente differenti. Mediante opportuna scelta del numero di principi è possibile variare l'indice di riduzione a parità di diametro della vite e della ruota.

La coppia permette di ottenere un forte rapporto di riduzione ma in questo caso è di solito irreversibile, ovvero non può essere impiegata come moltiplicatore, a causa del rendimento molto basso per l'elevato strisciamento fra vite e ruota. L'irreversibilità è una caratteristica a volte cercata, come in alcuni apparecchi di sollevamento. Però, in funzione dell'angolo d'elica della vite senza fine è possibile anche avere un accoppiamento vite-ruota di tipo reversibile. In particolare, si avrà, per valori maggiori di 25° dell'angolo di inclinazione dell'elica media della vite, una reversibilità totale mentre per valori dell'inclinazione dell'elica media della vite più bassi si avrà irreversibilità pressoché totale.

Questa coppia non è utilizzabile per trasmettere con continuità potenza, per l'eccessiva dissipazione energetica. Con gli indici di riduzione più alti, realizzati a volte ricorrendo a viti con 2 o 3 principi si ha un rendimento più alto. Per migliorare il rendimento di solito la vite è in acciaio temperato e rettificato e la corona dentata della ruota elicoidale in bronzo. Il rendimento teorico della coppia, nel moto diretto, con la vite conduttrice, è dato da

$$\eta = \frac{\operatorname{tg}\alpha}{\operatorname{tg}(\alpha + \varphi)}$$

con α inclinazione dell'elica media della vite e $\varphi = arctg\, f$ angolo d'attrito, virtuale in quanto tiene conto della forma trapezia del filetto della vite. Il valore di f è dato indicativamente per la coppia vite in *acciaio temprato e rettificato - ruota in bronzo* dalla seguente formula, in funzione della velocità di strisciamento $V_s = V_1/cos\alpha$, essendo V_1 *[m/s]* la velocità tangenziale al raggio primitivo *r* della vite e α l'inclinazione dell'elica media della vite

$$f = 0,018 + \frac{0,022}{V_s}$$

Nel moto inverso, o retrogrado, si ha il rendimento

$$h^* = \frac{tg(\alpha - \varphi)}{tg\alpha}$$

La condizione di irreversibilità è $\alpha < \varphi$.

In Fig. 13.37 è riportato, a titolo indicativo, il confronto fra i rendimenti della coppia vite-ruota e di un ruotismo equivalente, realizzato con ruote cilindriche, in funzione dell'indice di riduzione.

Nella valutazione delle forze ai fini del dimensionamento non è possibile come per i casi precedenti trascurare le azioni d'attrito.

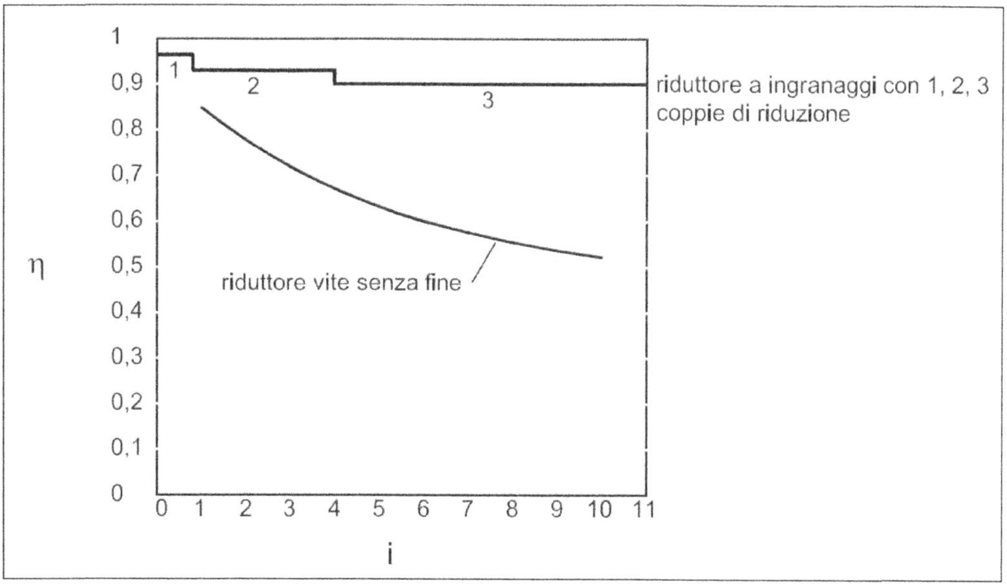

Figura 13.37. Rendimenti degli ingranaggi.

13.10. SISTEMA A CIRCOLAZIONE DI POTENZA

Con riferimento alla Fig. 13.38, coppie uguali di ruote dentate, eventualmente due riduttori completi uguali, vengono collegati per mezzo di alberi di trasmissione. Uno dei due può essere sconnesso in corrispondenza di un giunto e per mezzo di una rotazione relativa dei semigiunti può essere messa sotto sforzo la catena cinematica costituita dalle quattro ruote e dai due alberi. La precisione con cui può essere regolato lo stato di coazione dipende dall'elasticità complessiva, comunque concentrata principalmente negli alberi.

Trascinando in rotazione il sistema in stato di coazione mediante un motore elettrico, le due coppie funzionano in modo che ciascuna coppia riceve la potenza dall'altra, da qui la denominazione di sistema a circolazione di potenza o a ciclo chiuso. Il motore deve provvedere solo alle perdite, concentrate principalmente negli accoppiamenti delle ruote e nella cuscinetteria, per il fatto che il rendimento è ovviamente < 1. È quindi possibile spendendo una piccola potenza simulare la trasmissione di una potenza più grande. Il sistema può anche essere visto come l'accoppiamento di un riduttore e di un moltiplicatore. In alcuni casi l'ingranaggio moltiplicatore fa parte del banco prova ed è proporzionato per una durata molto elevata.

Il sistema può essere utilizzato per determinare la sollecitazione ammissibile per la verifica a flessione o la pressione ammissibile per la verifica ad usura. Se si tratta di ruote lente, si introduce in primo luogo una coazione nella catena ruote-alberi tale da determinare carichi sulle dentature vicini a quelli che provocano la rottura statica dei denti. Si fa ruotare il sistema fino alla rottura di un dente, rilevando il numero di cicli corrispondente. Si procede analogamente con livelli di carico decrescenti rilevando il numero di cicli a rottura per ogni livello di carico.

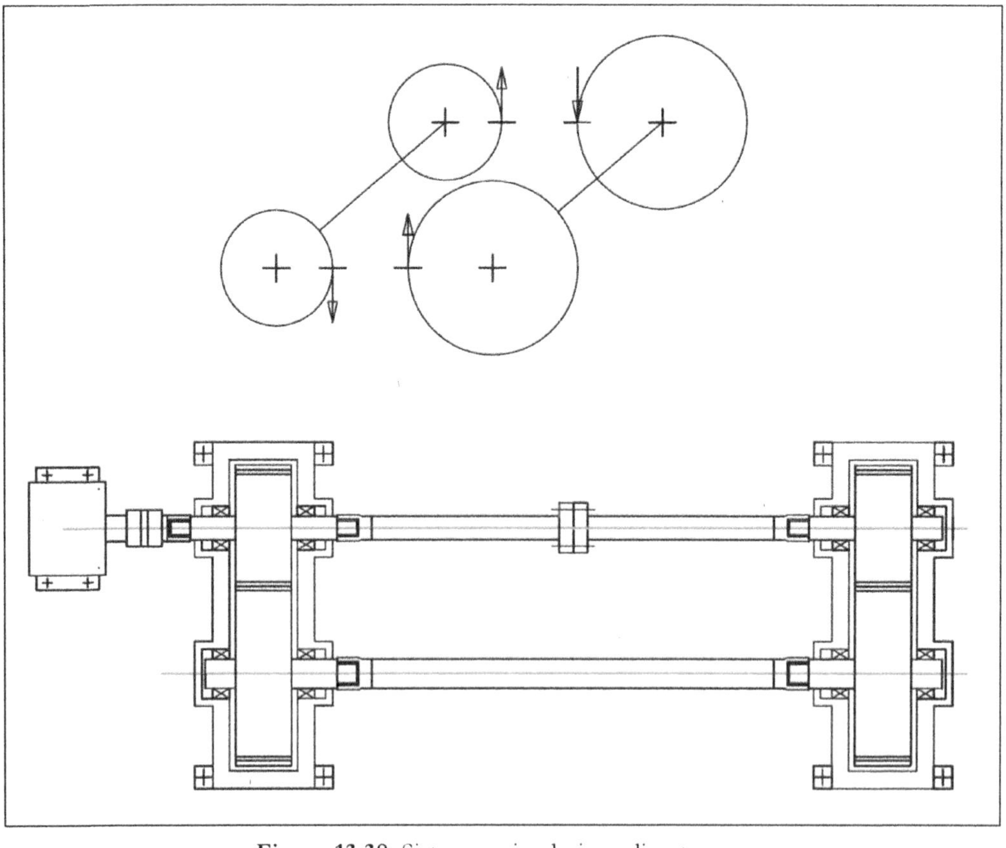

Figura 13.38. Sistema a circolazione di potenza.

Ovviamente ogni volta devono essere sostituiti gli ingranaggi. In definitiva si determina una curva di fatica carico-cicli a rottura, ricercando il valore del carico al di sotto del quale non si producono rotture dei denti anche dopo moltissimi cicli. Praticamente si determina il limite di fatica per le dentature in prova. Il carico limite di fatica trovato, ridotto secondo un opportuno coefficiente di sicurezza (1,5 ÷ 2), inserito nella (13.2) permette di ricavare σ_{am}.

L'esperienza ha mostrato che σ_{am} così determinata può essere utilizzata nella (13.2) per l'assortimento di ruote con lo stesso modulo di quelle provate, per qualsiasi numero di denti, purché siano uguali il materiale, i trattamenti termici, le condizioni di montaggio, la lubrificazione e tutto quanto influisce sul comportamento di una coppia di ruote dentate.

È da rilevare come la σ_{am} ricavata direttamente sulle ruote, invece che con riferimento alla resistenza a fatica del materiale nelle prove di qualificazione sui provini, viene a tenere conto di tutti i fattori che influenzano la resistenza a fatica (ripartizione del carico fra più coppie, grado di lavorazione, condizioni di montaggio, lubrificazione, ecc.).

Lo stesso sistema può essere usato per determinare la resistenza all'usura delle dentature delle ruote veloci. Le prove vengono condotte nello stesso modo, solo che la singola prova viene fermata invece che per la rottura di un dente per il superamento di un livello convenzionale di rumore o di vibrazione, misurato in modo prestabilito, rilevando il numero di cicli corrispondente. Nel caso delle prove ad usura la curva carico-cicli normalmente non avrà un asintoto orizzontale, in quanto un certo degrado delle superfici dei denti con il funzionamento é inevitabile anche ai bassi carichi.

Con il sistema a circolazione di potenza, del quale esistono configurazioni diverse rispetto allo schema in figura, è anche ovviamente possibile misurare il rendimento della trasmissione sulla base dell'assorbimento del motore elettrico di trascinamento.

13.11. COSTRUZIONE DELLE RUOTE DENTATE

Le prestazioni delle trasmissioni con ruote dentate sono migliorate notevolmente negli ultimi decenni, di pari passo con le ricerche sui materiali e sui trattamenti termici e con il progredire delle tecnologie di taglio e rifinitura delle dentature. Le ruote dentate si possono costruire in diversi modi, con differenti risultati in termini economici e qualitativi.

Ruote in ghisa ottenute completamente (compresa la dentatura) per fusione sono ormai poco usate in quanto rumorose e utilizzabili solo per basse velocità. Ingranaggi fusi con il sistema in cera persa possono avere tolleranze dimensionali abbastanza strette e possono essere realizzate in materiali ad alta resistenza. Ruote impiegate nella micromeccanica possono essere realizzate per tranciatura e successiva sbarbatura, fino a circa 1,5 mm di spessore. Dentature molto precise, da produrre in grande serie, si possono ottenere per brocciatura. Ma per l'alto costo del procedimento (fra l'altro per ogni numero di denti della ruota serve una diversa broccia) esso è poco usato.

Ingranaggi di discreta precisione si possono oggi ottenere anche per sinterizzazione (metallurgia delle polveri). Le ruote dentate in plastica vengono ottenute già finite per stampaggio. Sono ovviamente adatte solo per bassi carichi e per produzioni di grande serie, dato il costo degli stampi.

È possibile realizzare le dentature anche per deformazione plastica (rullatura). Questo procedimento è applicato principalmente alle dentature (come negli scanalati) ricavate direttamente sull'albero.

Normalmente è conveniente realizzare le dentature per asportazione di truciolo, su apposite macchine dentatrici, a partire da elementi di rotazione ottenuti o comunque finiti per tornitura. Nella produzione di serie il semilavorato di partenza è ottenuto di solito per stampaggio o direttamente dalla barra per le ruote piccole. A volte la ruota è realizzata di pezzo con l'albero.

Il taglio dei denti viene eseguito quasi sempre, come già detto, con i metodi per inviluppo: la ruota utensile (o dentiera utensile) e la ruota in lavorazione sono animate dal moto relativo di ingranamento, contemporaneamente ai moti di avvicinamento e di taglio.

Un problema delle dentature è rappresentato dalle deformazioni determinate dai trattamenti termici di cementazione-tempera o carbo-nitrurazione. Per ovviare, il mezzo più efficace è la rettifica finale delle dentature che è, però, un'operazione costosa. Tramite la nitrurazione, processo lento a temperature elevate, le deformazioni sono minori, anche se talvolta si usa asportare tramite rettifica lo strato superficiale ceramico (coltre bianca).

Un altro procedimento, largamente utilizzato nella produzione in serie delle ruote in campo automobilistico è quello della sbarbatura, eseguita prima del trattamento termico, consistente nell'asportazione, per mezzo di una ruota utensile sbarbatrice, di un sottilissimo strato superficiale, con ciò eliminando o riducendo le tensioni residue superficiali. Il risultato dell'operazione di sbarbatura, sebbene inferiore a quello con la rettifica, è comunque di solito soddisfacente ai fini di limitare le deformazioni a seguito dei trattamenti termici.

13.12. MATERIALI IMPIEGATI PER LE RUOTE DENTATE

Gli acciai per gli ingranaggi devono possedere le seguenti caratteristiche:

- elevata resistenza all'usura ed alla fatica hertziana (pitting);
- elevata resistenza alla fatica per flessione alla base dei denti;
- elevata resistenza all'urto;
- buona lavorabilità per asportazione di truciolo;
- attitudine ai trattamenti termici superficiali.

Le famiglie di acciai impiegati sono in linea di massima le seguenti:

- da cementazione;
- per tempra superficiale;
- da nitrurazione.

La cementazione, la tempra superficiale e la nitrurazione producono strati superficiali di elevata durezza, che accrescono la resistenza all'usura.

La cementazione seguita dalla tempera è il trattamento più usato per ottenere la necessaria durezza superficiale della dentatura. Essa consiste in un arricchimento superficiale di *C*, per cui dopo tempra il dente presenta uno strato superficiale duro, mantenendo un cuore tenace. Altro trattamento impiegato è quello della carbonitrurazione.

In prevalenza si usano acciai al *CrNi* ed al *NiCrMo* ed anche al *MnCr* ed al *CrMo*. Esempi di acciai da cementazione per imgranaggi sono il *17CrMo4* e *16mNcR5*.

Si impiegano largamente però anche acciai da bonifica, con trattamento finale di tempra superficiale dei denti. Ciò e conveniente quando i trattamenti di cementazione e tempra produrrebbero eccessive deformazioni, problema sentito in particolare per le ruote di grande diametro. Esempi di acciai da bonifica per gli ingranaggi sono il *40NiCrMo3* e il *41CrMo4* e, fra gli acciai al carbonio, il *C43* e il *C48*.

Nella costruzione degli ingranaggi si usano anche ghise e bronzi che accoppiati con l'acciaio danno luogo a coefficienti d'attrito più bassi di quelli fra acciaio e acciaio. La ghisa è usata eventualmente per ruote lente e per le quali non sia importante contenere le dimensioni. Ghise sferoidali o malleabili sono usate per realizzare, tramite il taglio per inviluppo, dentature non eccessivamente sollecitate. Il bronzo fosforoso è usato correntemente per la corona della ruota elicoidale della coppia *vite senza fine - ruota elicoidale*.

In alcuni tipi di ingranaggi, per motivi di leggerezza si impiegano leghe leggere di Al, con superfici indurite per nitrurazione o con altri procedimenti.

13.13. CONDIZIONI DI FUNZIONAMENTO

Il corretto funzionamento di una trasmissione con ruote dentate dipende dalla qualità del sistema ruote - alberi - strutture di supporto e contenimento, in termini di materiali, trattamenti termici, lavorazioni, tolleranze, lubrificazione.

Elementi fondamentali da considerare sono:

- la precisione di taglio degli ingranaggi e il posizionamento preciso della dentatura rispetto agli elementi geometrici utilizzati per per il montaggio sull'albero;
- la resistenza alla rottura, all'usura ed all'urto delle dentature;
- la rigidezza del sistema.

Per le trasmissioni con assi paralleli è fondamentale un preciso parallelismo, mentre, com'è noto, una eventuale piccola variazione positiva di interasse non influisce sul corretto funzionamento delle ruote ad evolvente.

Per le ruote coniche le condizioni geometriche da rispettare sono (oltre alla precisione di taglio delle dentature):

- la perpendicolarità e la complanarità degli assi delle due ruote (coppia conica a 90°), determinata, a prescindere dalle deformazioni elastiche, dalla posizione dei centri delle sedi dei cuscinetti dei due alberi, in quanto per ogni albero, il relativo asse coincide con la retta per i centri delle sedi dei cuscinetti;
- la posizione assiale delle due ruote.

Per la coppia vite-ruota è fondamentale, oltre ad un preciso taglio delle dentature, una precisa perpendicolarità ed un preciso interasse fra i due assi, della vite e della ruota. Altro problema importante, come già visto precedentemente, è quello della lubrificazione che è quasi sempre con olio. Solo le ruote molto lente possono essere eventualmente lubrificate a grasso. La lubrificazione ha lo scopo di ridurre l'attrito fra i denti, migliorando il rendimento e riducendo il calore che si produce nello strisciamento reciproco. Il calore prodotto inoltre viene asportato dallo stesso olio lubrificante dalla zona di contatto fra i denti, dove si produce. Nelle trasmissioni con ingranaggi l'olio deve di solito solo sfiorare la parte più bassa del rotismi.

Infine, un problema strettamente collegato alla lubrificazione è quello delle tenute il cui scopo è di impedire la fuoriuscita del lubrificante e contemporaneamente di impedire l'ingresso di polveri o quant'altro all'interno delle casse contenenti le trasmissioni.

13.14. CENNI SU RIDUTTORI E CAMBI DI VELOCITÀ

I riduttori ed i cambi di velocità sono i gruppi meccanici dove più si impiegano le ruote dentate. Le Figg. 13.39 e 13.40 rappresentano alcuni schemi di riduttori ordinari, con tutti gli assi fissi. Un solo rinvio (una coppia di ruote coniugate) si utilizza per indici di riduzione fino a circa *8*. Per indici di riduzione superiori conviene, per ragioni di ingombro avere più rinvii. I riduttori possono evidentemente essere utilizzati come moltiplicatori, anche se questi ultimi di solito rappresentano delle costruzioni specifiche.

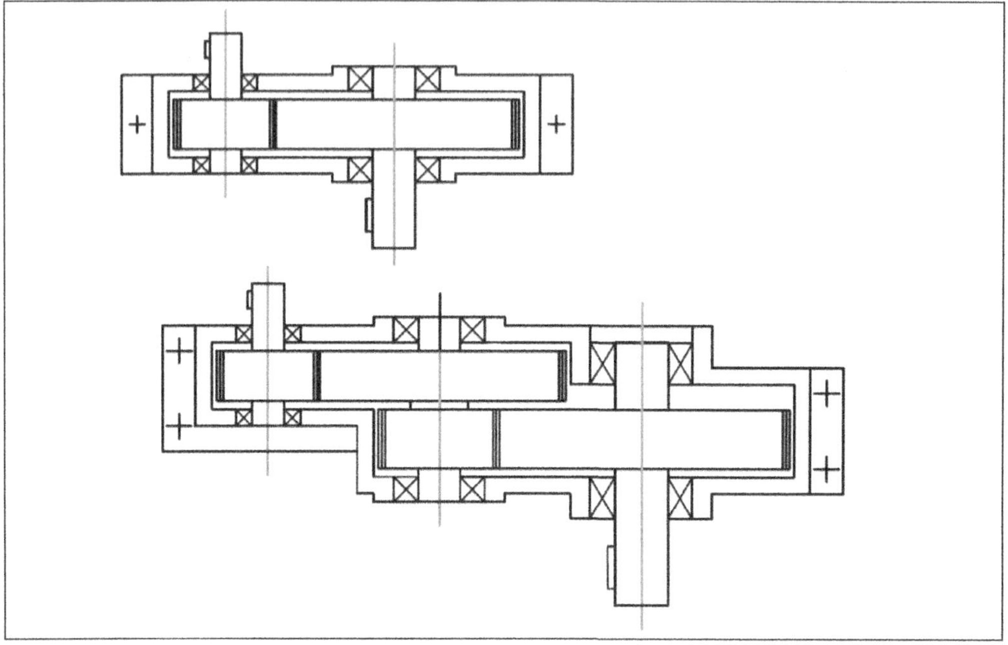

Figura 13.39. Riduttori a ruote cilindriche.

La Fig. 13.41 rappresenta un riduttore pendolare, caratterizzato dall'assenza di un basamento, venendo sostenuto dall' asse comandato. Per contrastare la coppia di reazione, si ricorre a un braccio.

I riduttori epicicloidali sono quelli in cui non tutti gli assi sono fissi. Il riduttore epicicloidale classico è rappresentato in Fig. 13.42. L'indice di riduzione, con i simboli di figura, è

$$i = \frac{2\,R_2}{R_1}$$

Il numero di satelliti, le ruote con assi mobili portate dal porta treno, è di solito pari a *2* o *3*. In alcune realizzazioni l'albero 1 di entrata ha un solo cuscinetto, avendo come secondo appoggio i satelliti (Fig. 13.42); ciò è evidentemente possibile per la grande precisione generale della costruzione.

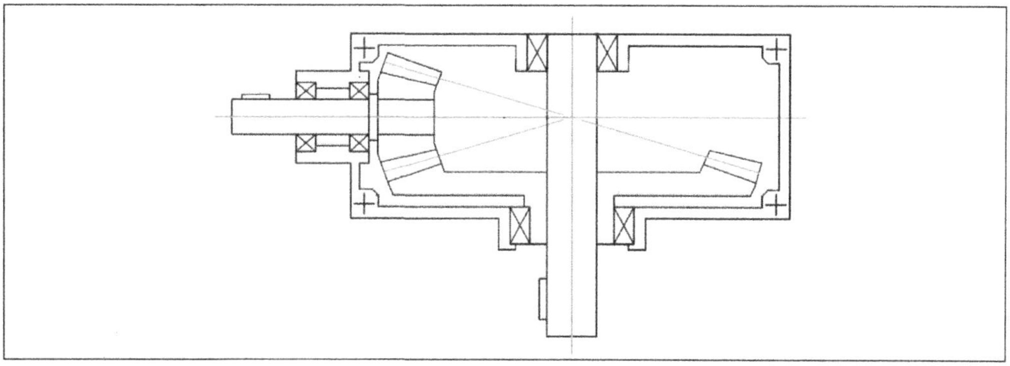

Figura 13.40. Riduttore a ruote coniche.

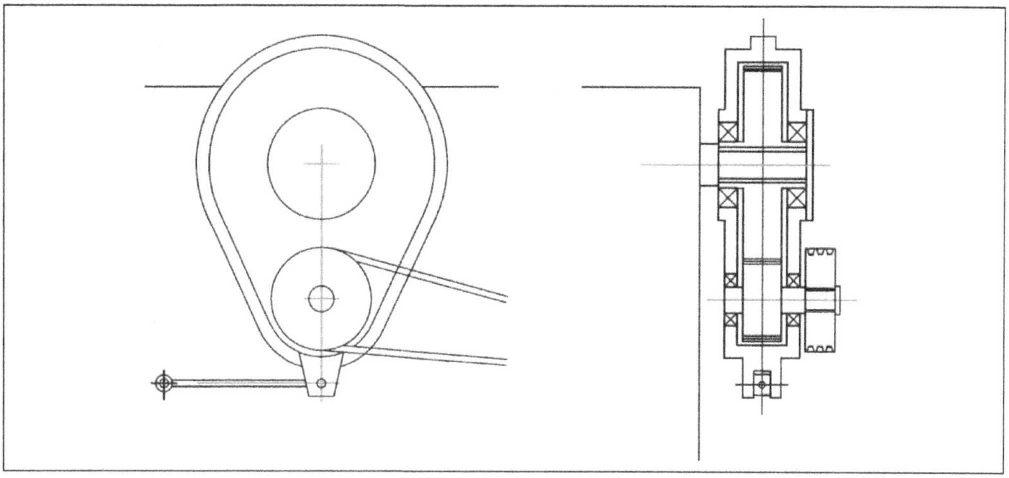

Figura 13.41. Riduttore pendolare.

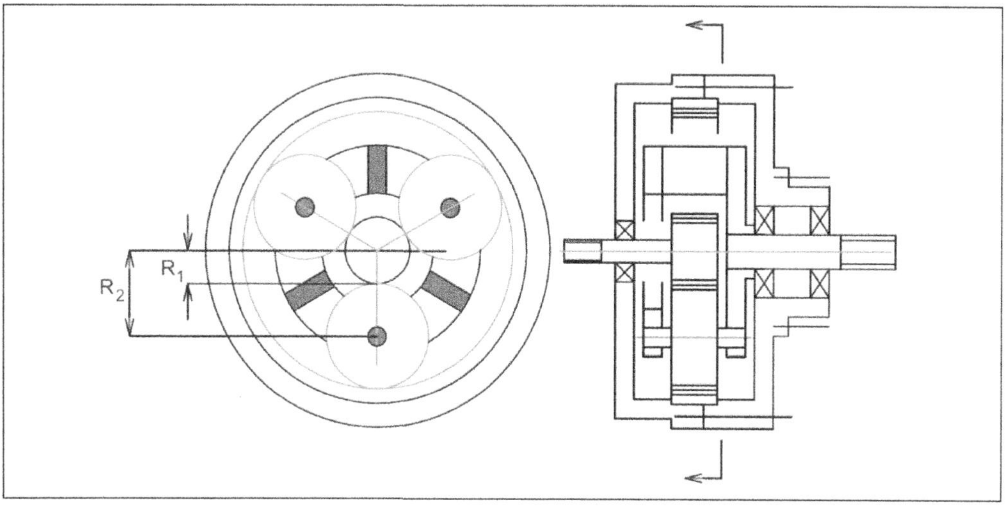

Figura 13.42. Riduttore epicicloidale.

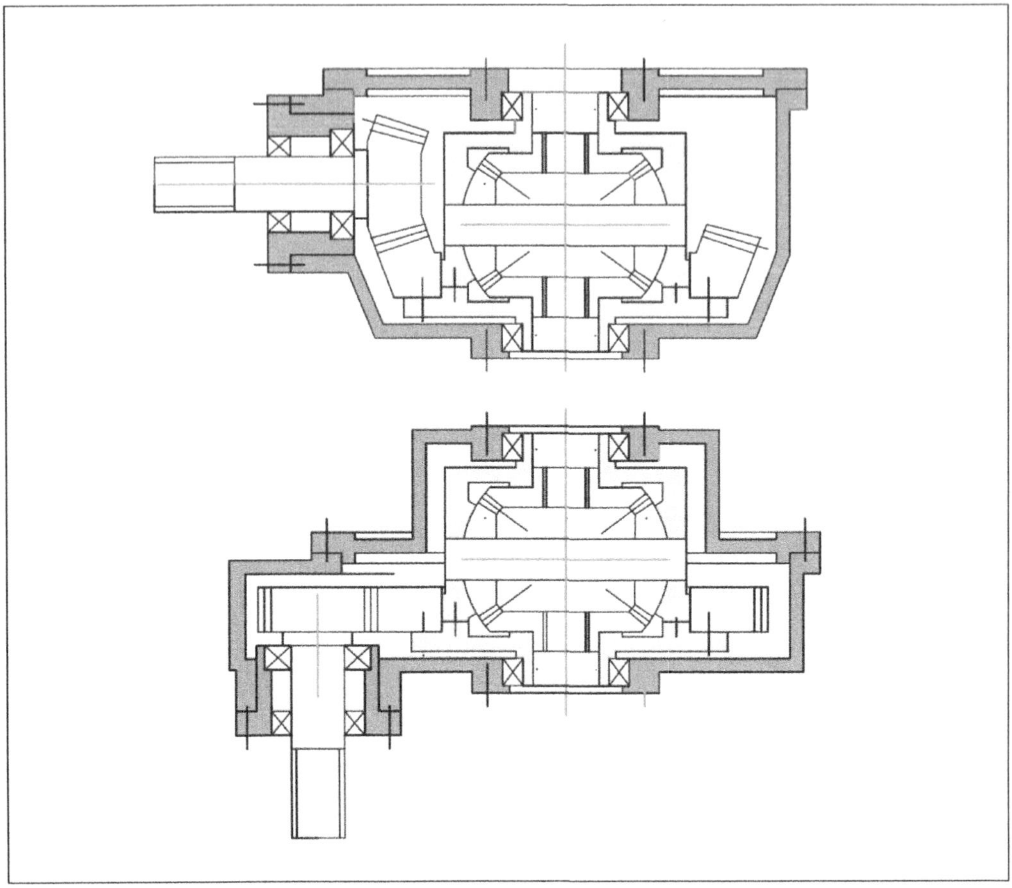

Figura 13.43. Differenziali.

Un dispositivo a ingranaggi necessariamente in dotazione ai veicoli a quattro o più ruote è il differenziale, di cui sono dati due disegni in Fig.13.43, da collegare rispettivamente ad un gruppo motore-frizione longitudinale e trasversale.

I cambi di velocità costituiscono un campo particolarmente importante per l'impiego delle ruote dentate. Con riferimento al settore automobilistico, vengono sempre impiegate le ruote elicoidali. Nella rappresentazione di Fig. 13.44, relativa ad un cambio a quattro marce, si individuano gli elementi principali quali alberi ruote, treni scorrevoli e aste con forcelle di comando. Per non complicare il disegno, non sono rappresentati i sincronizzatori, dispositivi essenziali per evitare gli urti fra gli elementi dentati collegati alle ruote e quelli dei treni al momento dell'imbocco.

La Tabella 13. 2 indica, per il cambio rappresentato in Fig. 13.44, le coppie di ruote in presa relative alle quattro marce (con i numeri di denti $z_1=20$; $z_2=30$; $z_3=36$; $z_4=14$; $z_5=26$; $z_6=24$; $z_7=30$; $z_8=20$) e gli indici di riduzione. La *IV* corrisponde alla presa diretta.

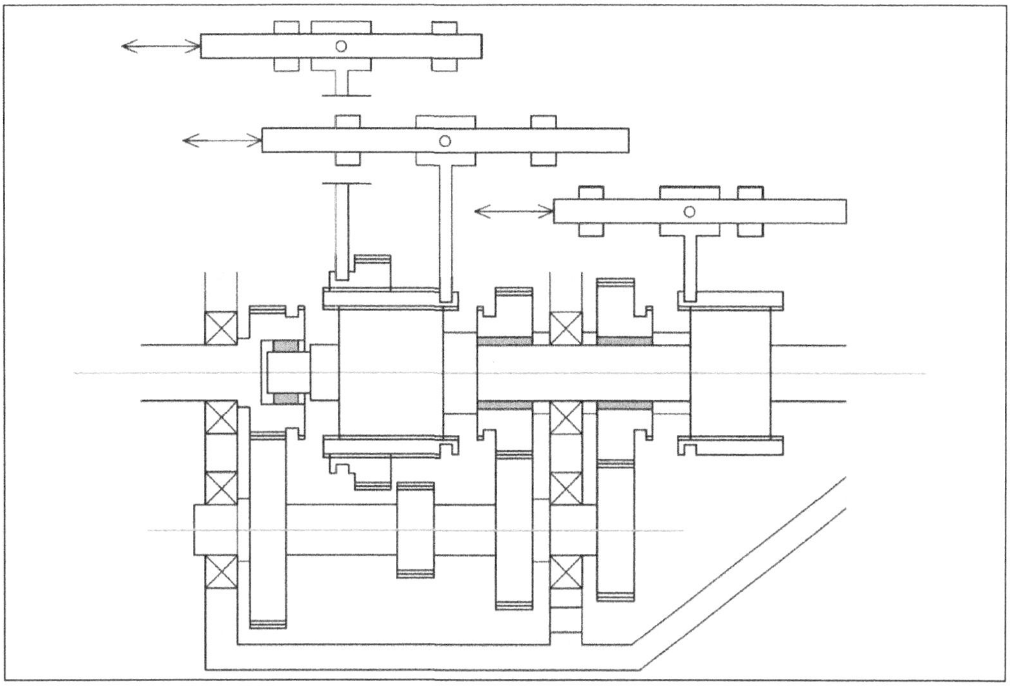

Figura 13.44. Cambio di velocità.

Tabella 13.2 – Cambio a 4 marce

Marcia	1a coppia	2a coppia	indice di riduz.
I	z_1–z_2	z_4-z_3	3,86
II	"	z_8-z_7	2,25
III	"	z_6-z_5	1,62
IV	-	-	1

Capitolo 14
TRASMISSIONI

14.1. TRASMISSIONI COASSIALI

Si definiscono trasmissioni coassiali, o in linea, quelle in cui gli alberi conduttore e condotto sono collegati per mezzo di un giunto rigido, o di altro tipo, oppure di un tratto di albero e due giunti.

Il giunto rigido in pratica fa di due alberi un albero solo. Per questo può essere impiegato solo se la retta individuata dai centri dei supporti di un albero coincide, a meno di errori angolare e di distanza trascurabili, con la retta individuata dai centri dei supporti dell'altro albero. La Fig. 14.1 mostra tre tipi di comune impiego di giunti rigidi: a manicotto con interferenza, a manicotto costituito da due semigusci ed a flangia. Nel primo caso il forzamento si esegue alla pressa per i diametri piccoli e per quelli grandi dilatando il manicotto per riscaldamento o con olio in pressione, introdotto da un foro laterale per vincere l'interferenza, premendo contemporaneamente i due alberi contro il manicotto.

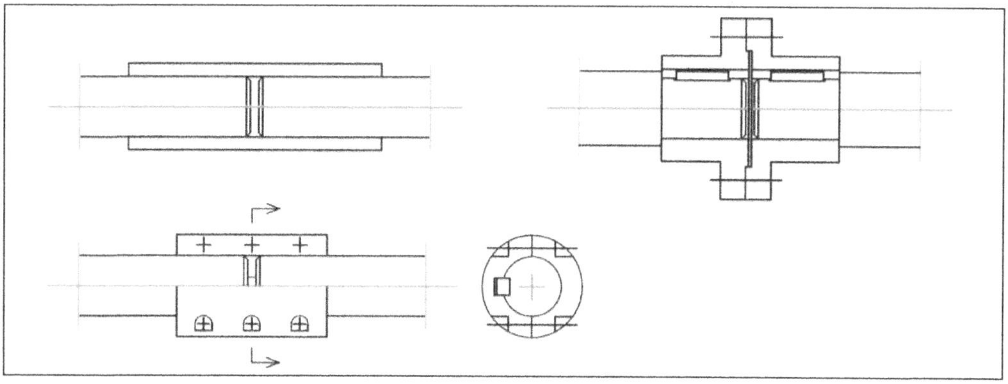

Figura 14.1. Giunti rigidi.

Quando i due gruppi meccanici da collegare sono vicini ed i relativi alberi non sono perfettamente allineati Fig. 14.2 si adotta la soluzione con un giunto elastico oppure quella con doppio giunto. Nel secondo caso ogni singolo giunto è meglio che sia sufficientemente rigido per quanto riguarda la deformabilità trasversale. Quando gli alberi non sono neppure approssimativamente allineati, oppure quando l'asse motore e l'asse mosso sono per qualche motivo distanti, la soluzione è quella della trasmissione con due giunti, cardanici o di altro tipo, e con un tratto di albero schematizzata in figura. In questo caso è opportuno che i giunti siano rigidi trasversalmente e dei tre gradi di libertà angolari deve essere bloccato quello corrispondente alla trasmissione della coppia, eventualmente in modo non completamente rigido, quando si richieda al giunto anche la funzione di parastrappi nella trasmissione del moto. Si deve anche curare che la trasmissione non sia soggetta a inutili carichi di trazione o compressione. Per questo nelle trasmissioni cardaniche, in cui i giunti sono assialmente rigidi, deve essere inserito un dispositivo di scorrimento assiale, di solito un accoppiamento con profilo scanalato, nel tratto tra i due giunti.

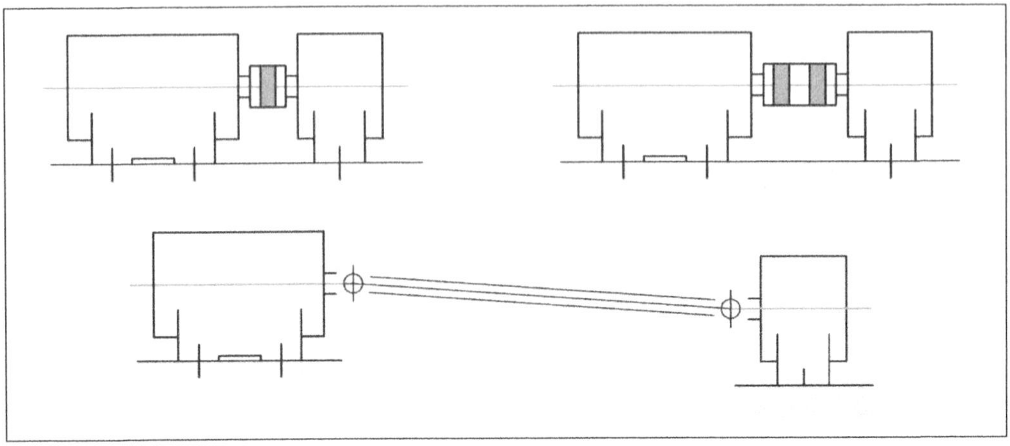

Figura 14.2. Giunto elastico, giunto doppio e due giunti.

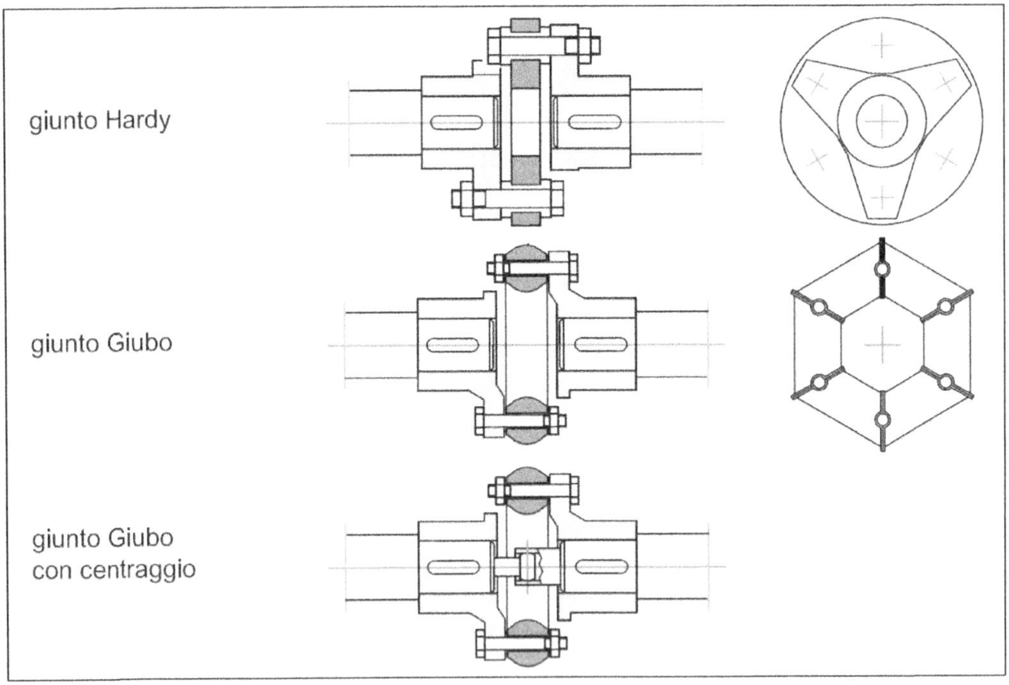

Figura 14.3. Giunti.

La Fig. 14.3 mostra un giunto elastico realizzato secondo lo schema del vecchio giunto Hardy. Un anello, o un disco, deformabile è posto fra le due flange applicate ai perni di estremità dei rispettivi alberi. L'anello porta 6 fori rinforzati, nei quali sono calettati alternativamente 3 perni collegati a una flangia e 3 perni collegati all'altra. La stessa figura mostra un giunto tipo Giubo senza e con centraggio meccanico. Una particolarità di questo giunto è che la ciambella esagonale in gomma viene montata in stato di forte precompressione assiale dei sei rami. In funzionamento la coppia trasmessa comprime ulteriormente 3 dei lati della ciambella e riduce la compressione degli altri tre. È questa una situazione che accresce la coppia trasmissibile, se si tiene conto che la gomma è molto più resistente a compressione che a trazione. La Fig. 14.4 rappresenta un giunto semplice a denti, un giunto doppio a denti, e un giunto a pioli. I primi due sono trasversalmente rigidi. Esistono molti altri tipi di giunti.

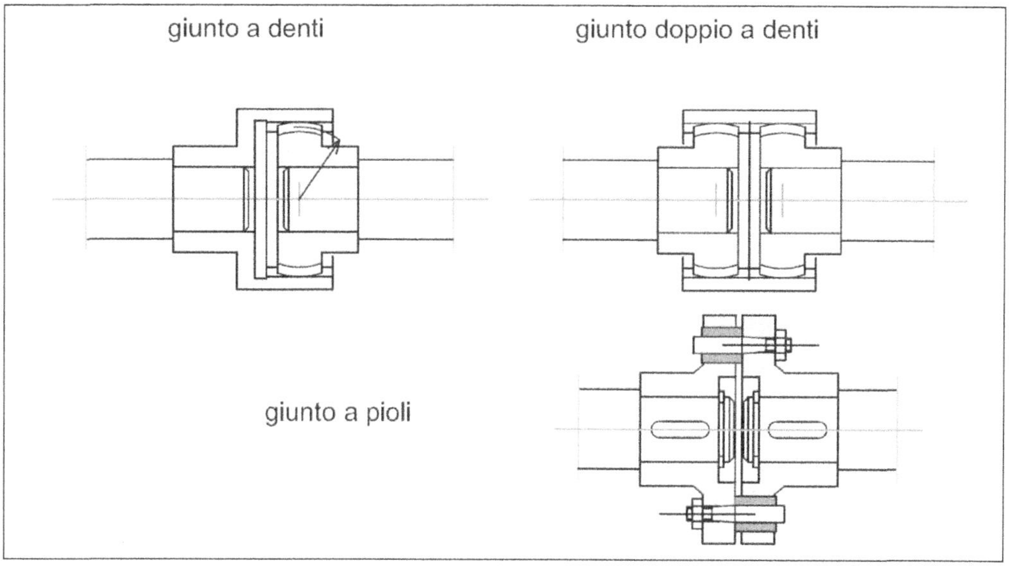

Figura 14.4. Giunti.

Due soluzioni costruttive del giunto cardanico sono rappresentate nella Fig. 14.5. La Fig. 14.6 rappresenta una trasmissione con giunti cardanici comprensiva del sistema di scorrimento assiale.

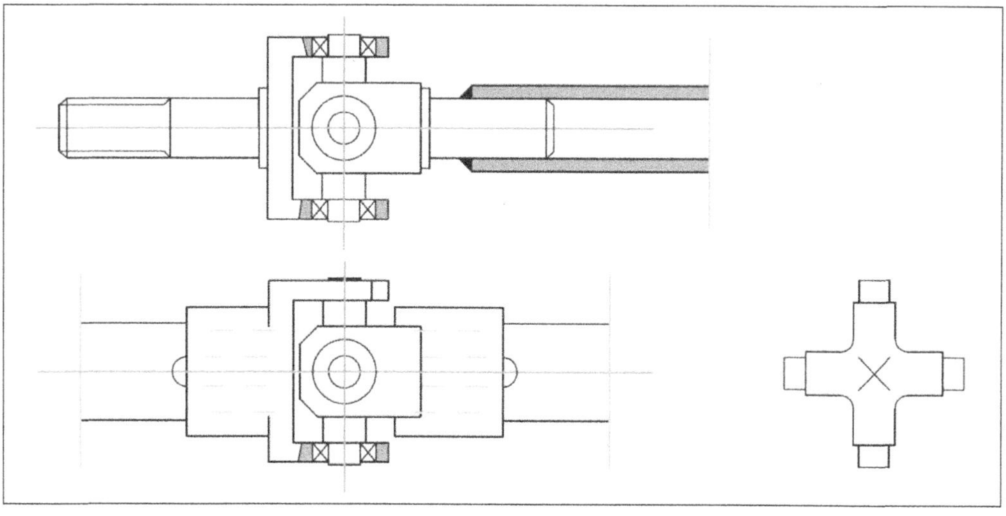

Figura 14.5. Giunti cardanici.

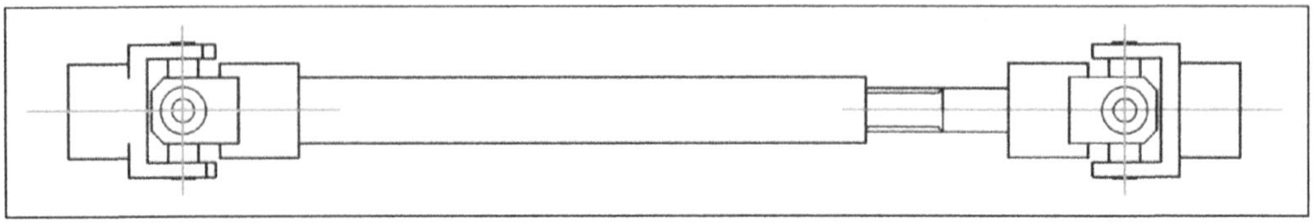

Figura 14.6. Trasmissione cardanica.

14.2. TRASMISSIONI CON CINGHIE BASATE SULL'ADERENZA

Le considerazioni svolte in questo paragrafo sono riferite formalmente alle cinghie piane ma si applicano anche alle cinghie tonde, trapezoidali e poly-V, purché, com'è noto, al posto del coefficiente d'attrito reale f fra cinghia e pulegge si usi il coefficiente virtuale $f/sen\theta$, essendo θ il semiangolo di apertura della gola a *"V"* della sede delle cinghie sopra menzionate. Nel seguito di questo paragrafo per semplicità si fa riferimento ad una cinghia piana di spessore piccolo rispetto al diametro delle pulegge, in modo da confondere i raggi delle pulegge con i raggi primitivi.

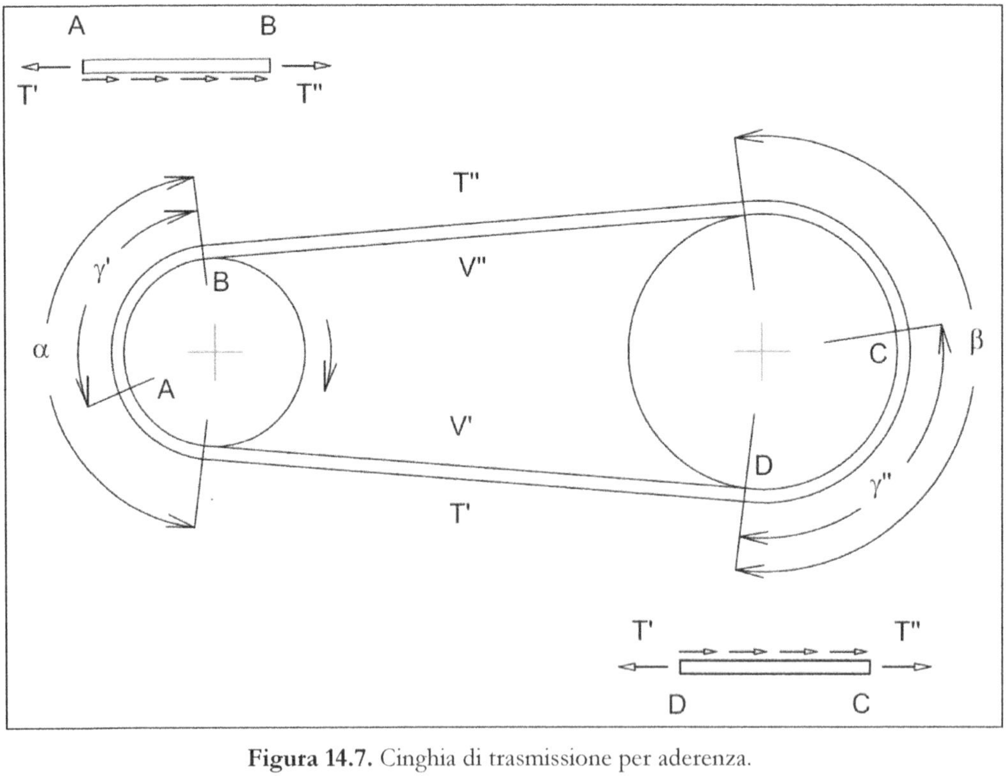

Figura 14.7. Cinghia di trasmissione per aderenza.

Nella trasmissione con cinghia piana (Fig. 14.7), la velocità V' del ramo più teso (con tensione T') coincide con la velocità periferica della puleggia motrice e la velocità V'' del ramo meno teso (con tensione *T"*) con la velocità periferica della puleggia condotta, con *V' > V"*. La perdita di velocità della puleggia condotta (1 ÷ 2 %) è conseguente agli slittamenti che si producono lungo gli archi *AB* e *CD*, di ampiezza angolare γ' e γ'', sulle due pulegge, ai quali slittamenti corrispondono le azioni tangenziali indicate. La forza utile periferica è ovviamente

$$F = T' - T'' \tag{14.1}$$

e le coppie sui due assi , con *R'* e *R"* raggi delle pulegge,

$$C' = FR'' \qquad C'' = F\,R''$$

Si ha anche, per una nota legge,

$$\frac{T''}{T'} = e^{f\gamma'} \qquad T''/T' = e^{f\gamma''} \tag{14.2}$$

da cui

$$\gamma' = \gamma'' = \gamma$$

$$T' = \frac{F\,e^{f\gamma}}{e^{f\gamma} - 1}$$

$$T'' = \frac{F}{e^{f\gamma} - 1}$$

Perché sia possibile la situazione rappresentata nella Fig. 14.7 , considerando la cinghia come un elemento dotato di elasticità lineare, si deve avere circa avendo indicato con T_o il precarico da dare alla cinghia.

$$To = 0,5(T' + T'') = 0,5\,F\,\frac{e^{f\gamma} + 1}{e^{f\gamma} - 1}$$

Se i due rami della cinghia non formano un angolo troppo grande il precarico da dare al sistema, ovvero la somma delle due tensioni, ha intensità uguale circa a

$$S = 2To = T' + T''$$

La massima forza utile che si può trasmettere, a parità di pretensione, si ha quando la cinghia è al limite dello slittamento globale sulla puleggia più piccola, per la quale è minore l'angolo di avvolgimento. Indicando con α l'angolo di abbracciamento della cinghia sulla puleggia più piccola, si ha

$$T' = F_{max}\,\frac{e^{f\alpha}}{e^{f\alpha} - 1}$$

$$T'' = \frac{F_{max}}{e^{f\alpha} - 1}$$

$$S = T' + T''$$

da cui

$$S = F_{max} \frac{e^{f\alpha} + 1}{e^{f\alpha} - 1}$$

Per esempio, con $\alpha = 166° = 2{,}9$, $f = 0{,}3$ (valore minimo plausibile del coefficiente d'attrito) si ha

$$S = 2{,}44\ F_{max}$$

Se si assume, ragionevolmente, la forza utile ammissibile

$$F = \frac{F_{max}}{1{,}5}$$

risulta

$$S = 3{,}66\ F$$

ovvero il sistema deve essere precaricato con una forza pari a circa 4 volte il carico utile. Lo stesso calcolo con $f = 0{,}5$ (valore plausibile per le cinghie dell'ultima generazione) fornisce

$$S = 2{,}40\ F$$

In accordo con quanto sopra, la pratica consiglia per le cinghie piane un precarico S compreso fra $2{,}5\ F \div 4\ F$, in funzione del tipo di cinghia e delle condizioni di pulizia del contatto fra cinghia e puleggia. Il precarico può essere ottenuto aumentando l'interasse con lo spostamento normalmente della puleggia motrice, oppure con un tenditore.

Il coefficiente d'attrito in pratica non dipende dal materiale con il quale é costruita la puleggia. La forza S carica l'albero nella sezione di applicazione della puleggia.

Aumentando il precarico è possibile aumentare la forza utile e quindi, a parità di velocità, la potenza trasmessa. Il limite è dato di solito dalla resistenza della cinghia piuttosto che dalla resistenza del sistema albero-cuscinetti.

È importante che il coefficiente d'attrito sia grande. Infatti al crescere di f aumenta il rendimento della trasmissione e diminuisce il carico trasmesso dalla puleggia all'albero in quanto è richiesto un precarico minore del sistema, a parità di coppia da trasmettere.

Quanto all'elasticità della cinghia, deve essere abbastanza grande da permettere facilmente l'applicazione del precarico. Troppa elasticità provoca però variazioni eccessive del rapporto di trasmissione durante i transitori, in alcune applicazioni. Una giusta elasticità d'altra parte permette di limitare le sovrasollecitazioni della trasmissione per sovraccarichi di tipo impulsivo.

Si è finora ignorata la velocità in quanto causa di forze centrifughe sui tratti di cinghia nel tempo che giacciono sulle pulegge. L'effetto centrifugo da una parte riduce la pressione fra cinghia e puleggia, con ciò riducendo le azioni tangenziali e quindi le coppie trasmissibili, dall'altro aumenta la sollecitazione della cinghia. L'incremento della sollecitazione limita la coppia trasmissibile all'aumentare della velocità, nella misura che risulta dai diagrammi di verifica forniti dai costruttori.

Le perdite di potenza in una trasmissione a cinghia dipendono dallo slittamento sulle pulegge, dalle azioni interne di attrito per le deformazioni che subisce la cinghia nell'avvolgimento e nello svolgimento, dall'attrito nei perni e dall'effetto ventilante. Il rendimento globale nei casi più favorevoli può essere superiore a *0,95*.

In pratica la selezione delle trasmissioni a cinghia si esegue per mezzo dei manuali tecnici dei costruttori. Le cinghie vengono fornite come anello chiuso, con l'eccezione delle cinghie tonde che, in alcune versioni, sono giuntabili.

Le pulegge delle cinghie che lavorano per aderenza possono essere in ghisa, acciaio e lega leggera. Le pulegge in lega leggera non sono consigliate per il servizio continuo in quanto soggette ad usura. Danno però buoni risultati le pulegge in lega leggera con le superfici di appoggio della cinghia anodizzate. Quest'ultima soluzione é consigliabile per pulegge di piccole dimensioni.

14.3. CINGHIE PIANE

La struttura delle cinghie piane varia da un costruttore all'altro. Ma in tutti i casi la parte resistente è costituita da filamenti longitudinali di varia natura (kevlar, acciao, ecc.). Due strati di tessuto impregnato, uno esterno e uno interno, possono essi stessi con le proprie fibre longitudinali costituire la parte resistente a trazione. Fra i due strati è a volte interposta una parte in gomma. La superficie che va a contatto con le pulegge viene trattata in modo da fornire il massimo coefficiente d'attrito. I costruttori dichiarano per le cinghie così dette ad alto rendimento coefficienti d'attrito con un valore minimo $f = 0,5$. La stessa cinghia viene fornita in diverse larghezze. La Tabella 14.1 fornisce una informazione di massima sulle caratteristiche delle moderne cinghie piane, con riferimento ad un campo di spessori $s = 0,5 \div 5\ mm$.

Tabella 14.1 – Caratteristiche indicative delle cinghie piane commerciali

diametro minimo pulegge	15 ÷ 110 mm
forza di trazione ammissibile per unità di larghezza della cinghia (fino alla velocità di 30 m/s)	4 ÷ 30 N/mm
interasse minimo	2 (R' + R'')
precarico S	2,5 F ÷ 4F
velocità massima della cinghia	50 ÷ 30 m/s
Larghezza cinghia	15 ÷ 30 volte lo spessore

La procedura per il dimensionamento di una trasmissione, spiegata nei dettagli dai manuali, si sviluppa normalmente a partire dai seguenti dati:

- potenza da trasmettere P (kW)
- velocità della puleggia motrice n_1 (giri/min)
- indice di riduzione $i = n_1/n_2$.

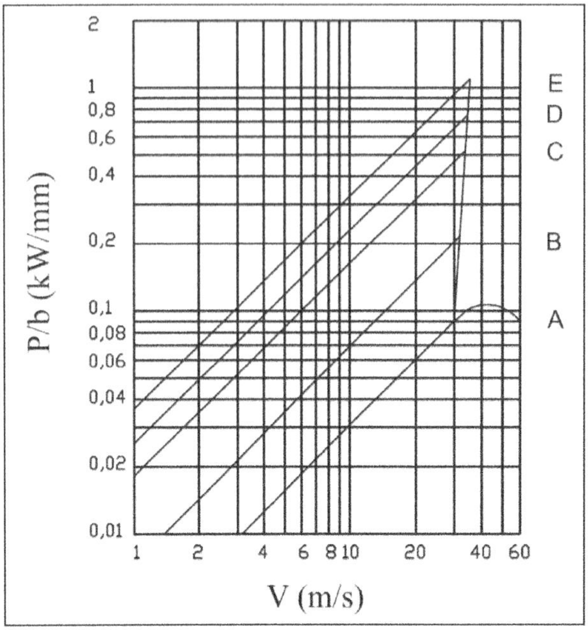

Figura 14.8. Curve per la selezione delle cinghie piane.

Scelto di tentativo un tipo di cinghia e la relativa larghezza b, viene stabilito il diametro della puleggia più piccola che di solito è la puleggia motrice. La regola è di assumere il diametro minimo consigliato dal costruttore per ciascun tipo di cinghia. Ovviamente nell'ambito di ciascuna serie di cinghie di un dato costruttore il diametro consigliato per la puleggia più piccola aumenta con lo spessore della cinghia. Quindi si entra con la velocità della cinghia $V = n_1(2\pi/60)R'$ (con R' raggio primitivo della puleggia più piccola) per avere la potenza trasmissibile per unità di larghezza della cinghia P/b (kW/mm) in un diagramma come quello di Fig. 14.8 , in cui ogni curva corrisponde ad una cinghia della serie.

Vengono date a titolo indicativo le curve relative a cinque cinghie aventi le caratteristiche indicate nella Tabella 14.2 dome: s è lo spessore, Φ_{min} il diametro consigliato per la puleggia più piccola e R_c la resistenza a trazione per unità di larghezza.

Tabella 14.2 – Caratteristiche di una serie di cinghie piane

Cinghia (Fig 14.8)	s (mm)	Φ_{min} (mm)	R_c (N/mm)
A	0,7	15	80
B	1,25	25	170
C	1,8	60	280
D	3,4	110	480
E	5	240	760

Le curve, tracciate fino alla velocità per la quale è trascurabile l'effetto centrifugo e di conseguenza è costante la coppia massima trasmissibile, proseguirebbero con derivata negativa come indicato a titolo di esempio per la curva A. Lo stesso criterio di tracciare solo la parte lineare è stato adottato anche per i diagrammi che seguono relativi alle cinghie trapezoidali, tonde e poli-V.

La verifica è positiva se il punto rappresentativo nel piano V, P/b sta al di sotto della curva. Se il punto risulta troppo al di sotto della curva corrispondente alla cinghia prescelta, conviene selezionare nella serie una cinghia più sottile, in caso contrario è necessario selezionare una cinghia di spessore superiore. Un parametro sul quale giocare è ovviamente la larghezza della cinghia. Si ripetono i tentativi fino a che il punto rappresentativo si trova sulla curva o poco al di sotto.

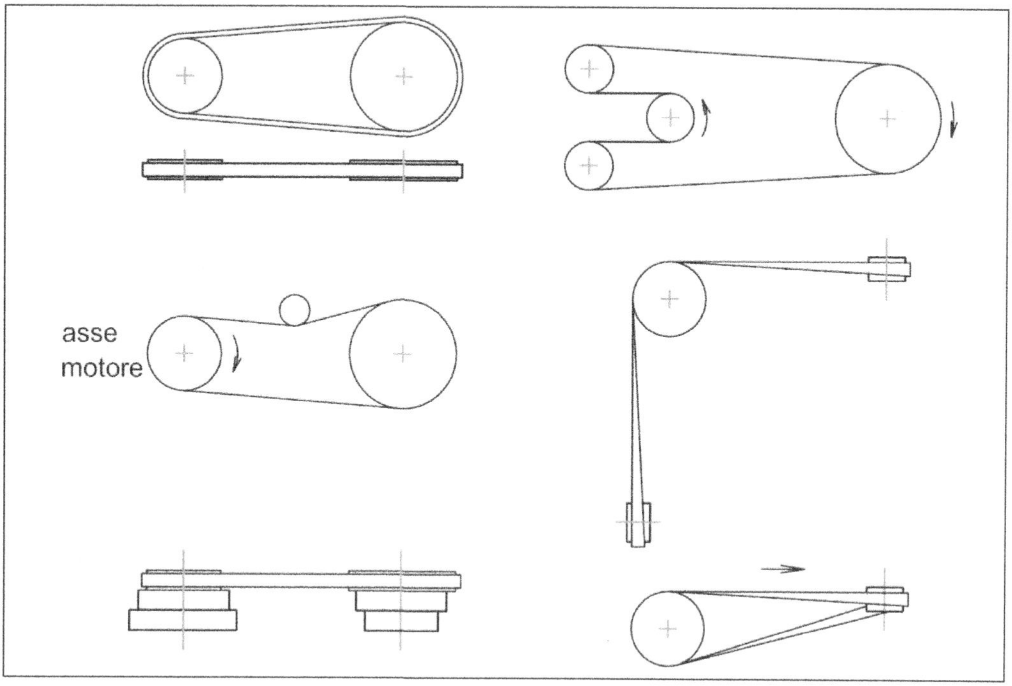

Figura 14.9. Trasmissioni con cinghia piana.

La Fig. 14.9 mostra alcune disposizioni delle cinghie piane. Nei casi in cui la cinghia lavora su ambedue i lati i costruttori forniscono cinghie apposite, con ambedue i lati trattati per il massimo coefficiente d'attrito. Con le cinghie piane, come mostra la figura, è possibile anche la trasmissione del moto fra assi non paralleli.

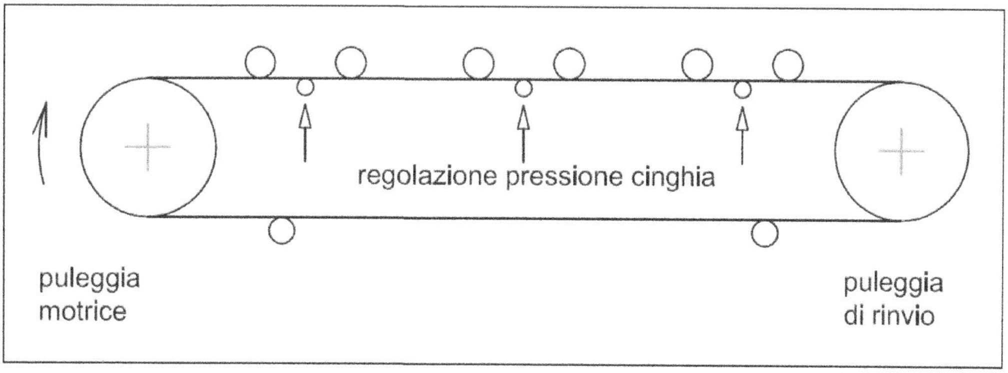

Figura 14.10. Cinghia piana tangenziale.

Quando sono da azionare un gran numero di assi paralleli, disposti lungo una linea o due linee parallele è possibile ricorrere alla "cinghia tangenziale". La Fig. 14.10 mostra lo schema di una di tali cinghie. I principi teorici di funzionamento della cinghia tangenziale non si scostano da quelli illustrati. La particolarità sta nel fatto che nella cinghia tangenziale si lavora con una tensione molto alta e con un piccolo angolo di abbracciamento delle pulegge condotte. La tensione della cinghie è massima in corrispondenza del punto di avvolgimento sulla puleggia motrice e decresce in corrispondenza dei successivi assi comandati, fino a raggiungere il valore minimo fra l'ultimo asse e il punto di svolgimento dalla puleggia motrice. La struttura delle cinghie tangenziali si caratterizza per una grande resistenza a trazione.

14.4. CINGHIE TRAPEZOIDALI

Le cinghie trapezoidali hanno una struttura composta normalmente dai seguenti elementi principali (Fig. 14.11):

A. filamenti o trefoli, di materiale e struttura vari, con il compito di sopportare la trazione;
B. rivestimento in tessuto impregnato, destinato a dare la forma e con funzione di contenimento, realizzando anche, con i fianchi, le superfici di appoggio sulle pulegge;
C. riempimento in gomma, eventualmente in strati di diversa durezza.

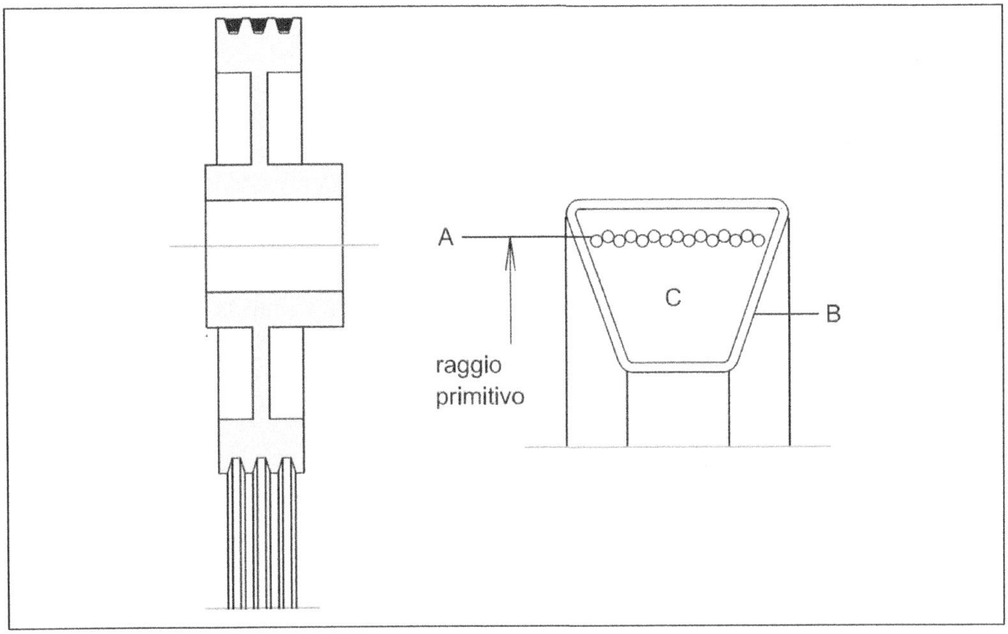

Figura 14.11. Cinghia trapezoidale.

La Tabella 14.3 fornisce un'informazione di massima sulle caratteristiche dele cinghie trapezoidali.

Tabella 14.3 – Caratteristiche di massima delle cinghie trapezoidali commerciali

angolo fra i fianchi	38° ÷ 40°
altezza della sezione	6 ÷ 25 mm
diametro puleggia minima	40 ÷ 450 mm
interasse minimo	2(R′ + R″)
precarico (v. trattazione precedente)	1,5 ÷ 2 F

La procedura per il dimensionamento di una trasmissione, spiegata nei dettagli dai manuali, si sviluppa, come per le cinghie piane, a partire dai seguenti dati:

- potenza da trasmettere P (kW)
- velocità della puleggia motrice n_1 (giri/min)
- indice di riduzione $i = n_1/n_2$.

Scelto di tentativo un tipo di cinghia ed il numero *N* di cinghie da usare in parallelo, viene di conseguenza scelto il diametro consigliato *R'* della puleggia più piccola che di solito è la puleggia motrice. Quindi si entra con la velocità della cinghia $V = n_1(2\pi/60)R'$ in un diagramma come quello di Fig. 14.12, in cui ogni curva corrisponde ad una cinghia di una serie, per ricavare la potenza trasmissibile *P/N (kW)*. Vengono date in figura le curve relative a quattro cinghie aventi le caratteristiche indicate nella Tabella 14.4, dove *h* è l'altezza della sezione trapezia della cinghia, *w* è la base maggiore, Φ_{min} il diametro minimo primitivo della puleggia più piccola. La verifica è positiva se il punto rappresentativo nel piano *V*, *P* sta al di sotto della curva relativa alla cinghia considerata. Un parametro sul quale giocare è ovviamente il numero delle cinghie. Si ripetono i tentativi fino a che il punto rappresentativo si trova sulla curva o poco al di sotto. A ciascuna curva è associato il relativo diametro minimo consigliato (Φ_{min} nella tabella) della puleggia più piccola.

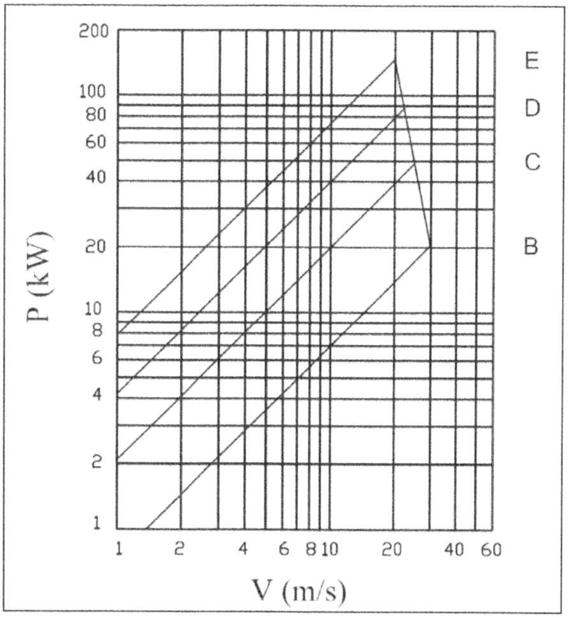

Figura 14.12. Curve per la selezione delle cinghie trapezoidali.

Tabella 14.4 – Caratteristiche di una serie di cinghie trapezoidali

cinghia	*h (mm)*	*w (mm)*	Φ_{min} *(mm)*
B	11	17	130
C	14	22	200
D	19	32	325
E	25	38	500

14.5. CINGHIE TONDE

Le cinghie tonde (Fig. 14.13) sono realizzate o completamente in gomma oppure con la parte interna in gomma rivestita da una guaina tubolare tessuta. Si caratterizzano per una gran-

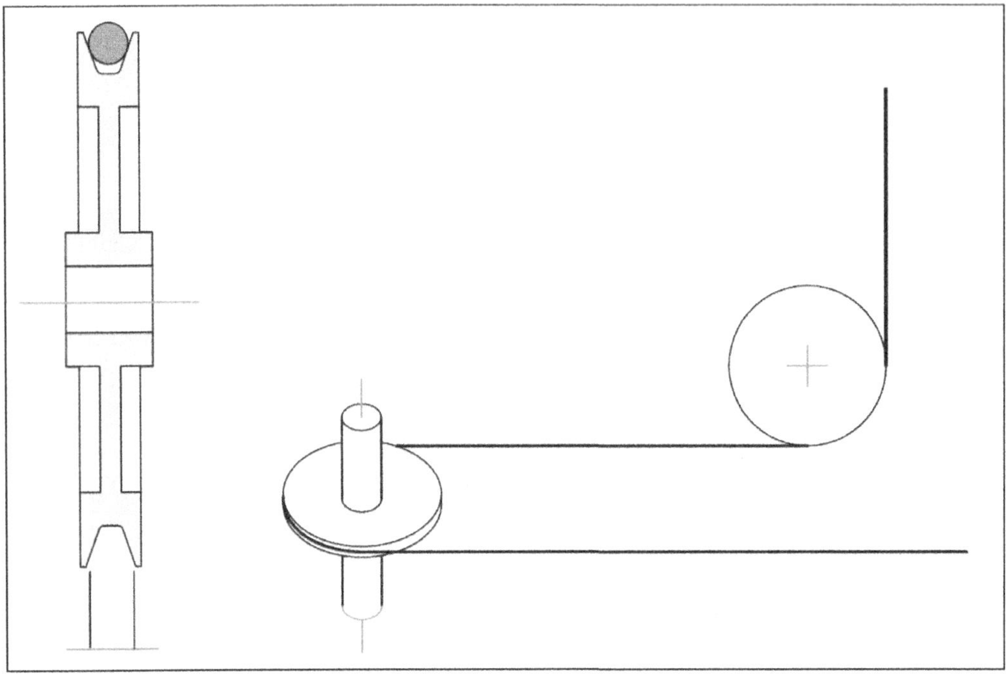

Figura 14.13. Cinghia tonda.

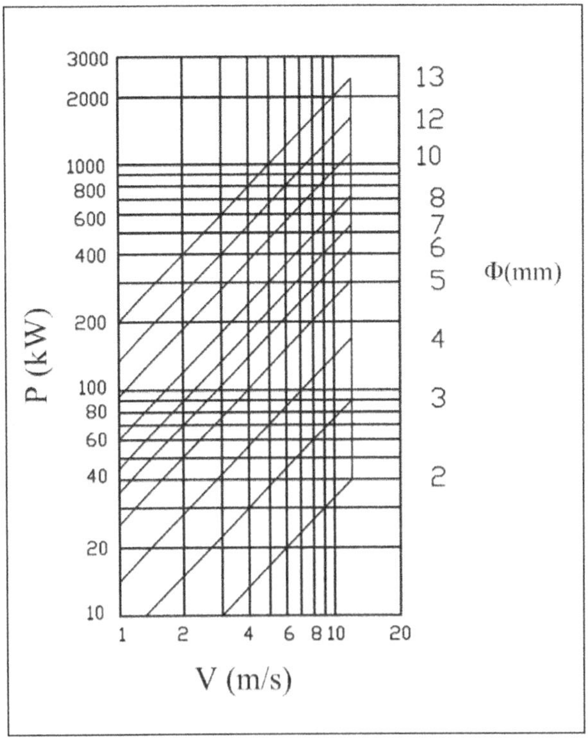

Figura 14.14. Curve per la selezione delle cinghie tonde.

de elasticità. La tensione iniziale necessaria per la trasmissione degli sforzi provoca un allungamento del 8 ÷ 15 %, secondo i tipi. Con queste caratteristiche normalmente non è necessario registrare l'interasse o inserire un tenditore. Le gole sulle pulegge hanno la forma di un "V" raccordato sul fondo.

La cinghia tende per la sua deformabilità a riempire la gola, premendo principalmente sui due lati. Possono essere utilizzate più cinghie in parallelo. Le cinghie in gomma possono essere giuntate. Per la forma si prestano per la trasmissione fra assi non paralleli. La Fig. 14.14 è utilizzabile per la selezione della cinghia fra quelle dei diametri indicati.

14.6. CINGHIE poly – V

Le cinghie poli-V anno in comune con le cinghie piane una grande flessibilità e leggerezza per cui come quelle si avvolgono su pulegge di diametro piccolo e sopportano grandi velocità lineari. Hanno in comune invece con le cinghie trapezoidali l'aumento virtuale del coefficiente d'attrito e di conseguenza richiedon o un precarico moderato pari a circa 1,5 ÷ 2 volte la forza periferica utile. Lavorano con allungamenti circa dello 1%.

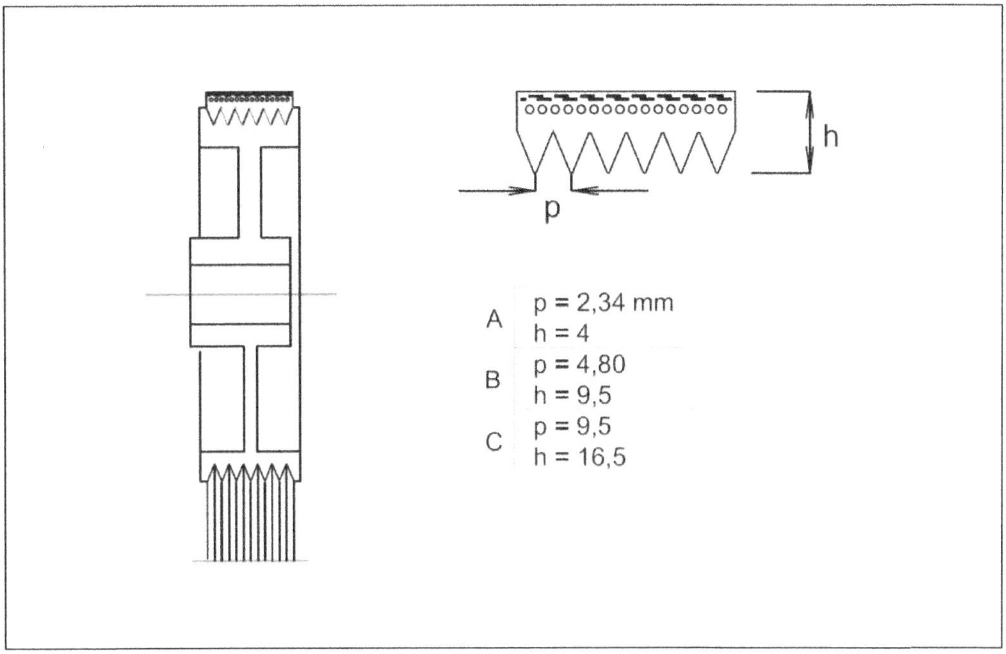

Figura 14.15. Cinghia poli-V.

La Fig. 14.15 riporta tre sezioni commerciali e la Fig. 14.16 le corrispondenti curve per la selezione e la verifica. Il diametro minimo delle pulegge è circa pari a *30mm* per la cinghia *A*, *160mm* per la *B* e *240mm* per la *C*.

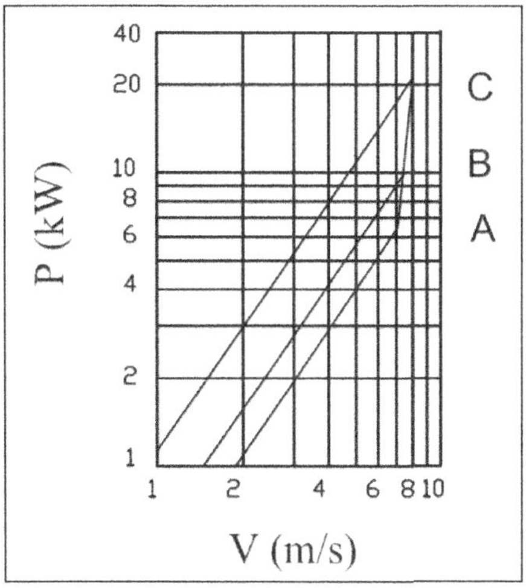

Figura 14.16. Curve per la selezione delle cinghie poli-V.

14.7. CONFRONTO FRA LE CINGHIE PER ADERENZA

Nel caso delle cinghie piane, per evitare la fuoriuscita almeno una delle pulegge, preferibilmente la più grande, deve essere bombata. Se gli assi sono verticali è opportuno bombare ambedue le pulegge.

In tutti i tipi di cinghia basati sull'aderenza è necessario introdurre il giusto precarico. Solo per le cinghie tonde, molto flessibili, non è normalmente necessaria una regolazione della distanza fra gli assi o l'introduzione di un rullo tenditore o galoppino. Quando la puleggia motrice è montata direttamente sull'asse del motore elettrico si regola di solito l'interasse spostando il motore stesso. Altra soluzione corrente è l'introduzione del rullo tenditore. Se non ci sono motivi particolari in contrario il rullo tenditore viene posto sul ramo meno teso ed all'esterno, in modo da aumentare l'arco di abbracciamento sulle pulegge. Il rullo può essere regolabile in posizione oppure spinto contro la cinghia da un sistema con molla. Con la disposizione esterna il rullo è ovviamente liscio con qualsiasi tipo di cinghia. Un confronto fra le caratteristiche delle cinghie piane, trapezoidali, tonde e poly - V porta alle seguenti considerazioni:

- Le cinghie piane si caratterizzano per l'alta velocità lineare raggiungibile e per la possibilità di avvolgersi su pulegge di piccolo diametro. Insieme queste due caratteristiche rendono queste cinghie adatte per trasmettere il moto fra assi rotanti ad alta velocità. Utile la possibilità di usare cinghie di diversa larghezza.
- Le cinghie trapezoidali hanno una buona resistenza alla trazione e richiedono un moderato precarico in rapporto allo sforzo da trasmettere, per l'alto coefficiente virtuale d'attrito. Sono indicate per velocità medio-basse e per coppie notevoli da trasmettere. Utile la possibilità di usare più cinghie affiancate su pulegge con più gole.
- Le cinghie tonde hanno una resistenza alla trazione non molto alta. Per la loro elasticità si può evitare la regolazione dell'interasse o l'uso del tenditore. Si prestano per trasmissioni fra assi non paralleli.
- Le cinghie poly - V hanno in una certa misura i vantaggi delle cinghie piane (leggerezza e alta flessibilità) e delle cinghie trapezoidali (alto coefficiente virtuale d'attrito).

Una caratteristica comune a tutte le trasmissioni con cinghia è quella di non richiedere tolleranze strette di parallelismo degli assi e di allineamento delle pulegge, motrice e condotta. Ciò è chiaramente una conseguenza dell'alta deformabilità delle cinghie.

14.8. CINGHIE DENTATE

Le cinghie dentate (Fig. 14.17) hanno in comune con le cinghie per aderenza la struttura non metallica e con le catene l'accoppiamento alle ruote per mezzo di denti, evitando così ogni slittamento.

Nella figura si individuano gli elementi che costituiscono la cinghia:
A - un inserto di trefoli flessibili, molto resistenti a trazione e molto rigidi;
B - un corpo in elastomero;
C - un rivestimento dei denti in tessuto impregnato.

L'inserto determina praticamente la linea primitiva della trasmissione. I compiti del tessuto sono di ridurre il coefficiente d'attrito e di evitare l'usura.

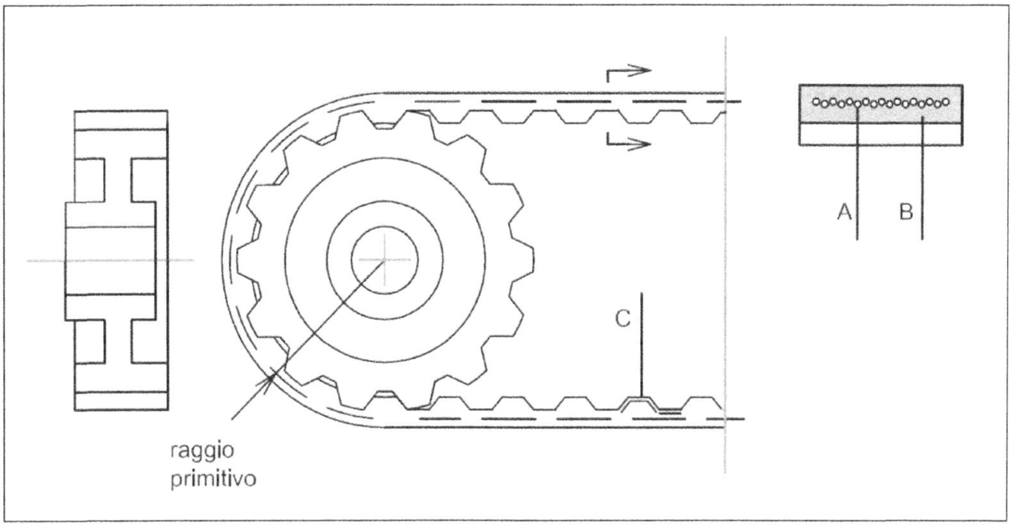

Figura 14.17. Cinghia dentata.

La Fig. 14.17 mostra anche una cinghia impegnata su una puleggia. Ricapitolando, le caratteristiche salienti delle trasmissioni con cinghie dentate sono le seguenti:

- nessun slittamento e notevole rigidezza longitudinale;
- pretensione molto bassa: ne consegue che sui cuscinetti si ha praticamente solo il carico corrispondente alla forza utile;
- massa ridotta in rapporto a quella delle catene;
- carico trasmissibile alto;
- funzionamento senza lubrificazione;
- velocità periferica fino a *50 m/s*;
- moderata rumorosità.

In alcune applicazioni, come per esempio nella distribuzione dei motori automobilistici, la trasmissione con cinghia dentata è alternativa alla trasmissione con catena.

La Fig. 14.18 riporta a titolo indicativo le curve per il dimensionamento (potenza trasmissibile in funzione della velocità lineare) relative ad una serie di cinghie del tipo rappresentato con passo *p = 2,5 mm; 5 mm; 10 mm; 20 mm* , con larghezza pari a circa 3 volte il passo e diametro della puleggia più piccola, di solito la puleggia motrice in accordo con la Tabella 14.5 , la quale riporta anche valori indicativi della velocità massima della puleggia minore e il criterio di calcolo del numero dei denti in funzione del raggio e del passo

Tabella 14.5 – Valori indicativi di velocità e diametro della puleggia minore

passo p (mm)	*giri/min puleggia minore*	*diametro (mm) puleggia minore*	*numero denti*
2,5	1000 ÷ 3000	9 ÷ 14	intero circa
5	800 ÷ 2400	15 ÷ 30	
10	600 ÷1800	35 ÷ 70	$2\pi R/p$
20	500 ÷1500	100 ÷ 175	

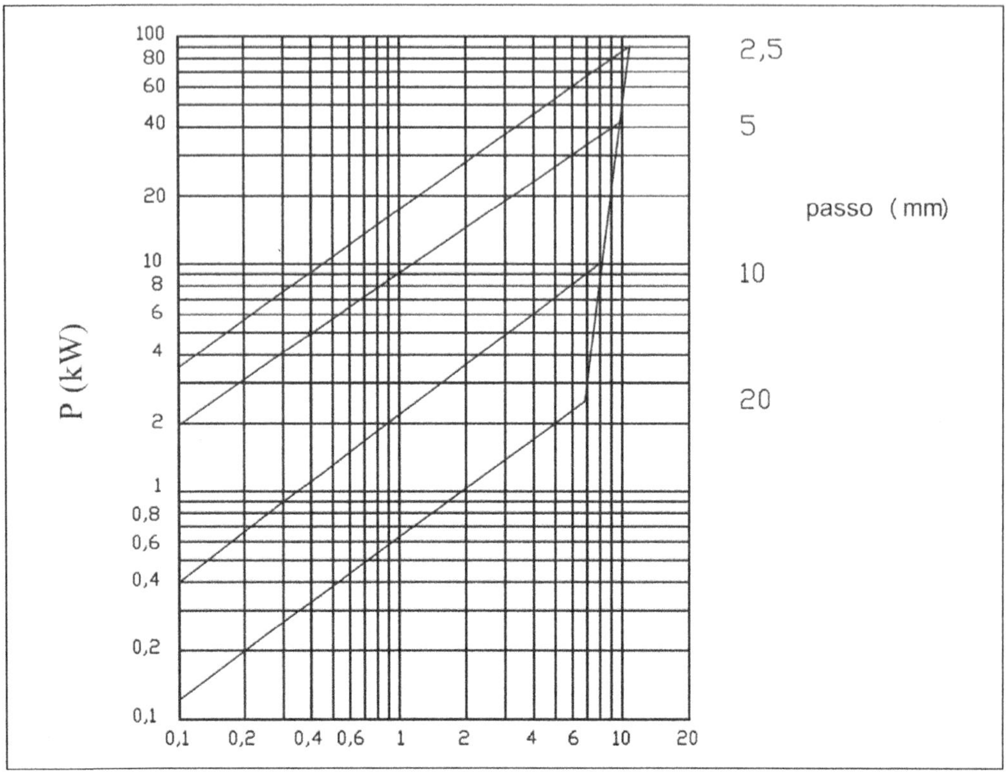

Figura 14.18. Curve per la selezione delle cinghie dentate.

14.9. TRASMISSIONE A CATENA

La trasmissione a catena si pone fra quella con ruote dentate e quella con cinghia dentata. Con grandi interassi sono convenienti rispetto alle ruote dentate in quanto non richiedono l'impiego di ruote oziose. Il rendimento delle trasmissioni a catena può essere molto alto, fino al 98%. Queste trasmissioni non devono essere precaricate: l'albero ed i supporti sono soggetti ai soli carichi di esercizio.

Il lavoro di manutenzione delle catene è superiore a quello delle cinghie e inferiore a quello delle ruote dentate. La catena può operare anche in condizioni ambientali difficili, ma una buona pulizia e una conveniente lubrificazione ne allungano la durata.

Prevalentemente usata per la trasmissione del moto è la catena a rulli, derivata dalla catena a bussole, il cui modulo è rappresentato in Fig. 9.19. Il modulo, che ripetuto genera la catena, è composto da: due piastrine esterne con fissati due perni, due piastrine interne con fissate due bussole e due rulli liberi di ruotare sulle bussole. L'accoppiamento perno-bussola permette il moto angolare relativo delle maglie mentre l'accoppiamento mobile bussola-rullo evita l'usura nel contatto con l'ingranaggio, mentre il rullo si appoggia senza ruotare fra due denti contigui. L'alta capacità di carico permette ingombri inferiori a quelli richiesti dalle trasmissioni a cinghia. Può anche essere utilizzata la catena multipla, rappresentata nella figura, nella versione doppia.

La Fig. 14.20 mostra la catena impegnata su un ingranaggio.

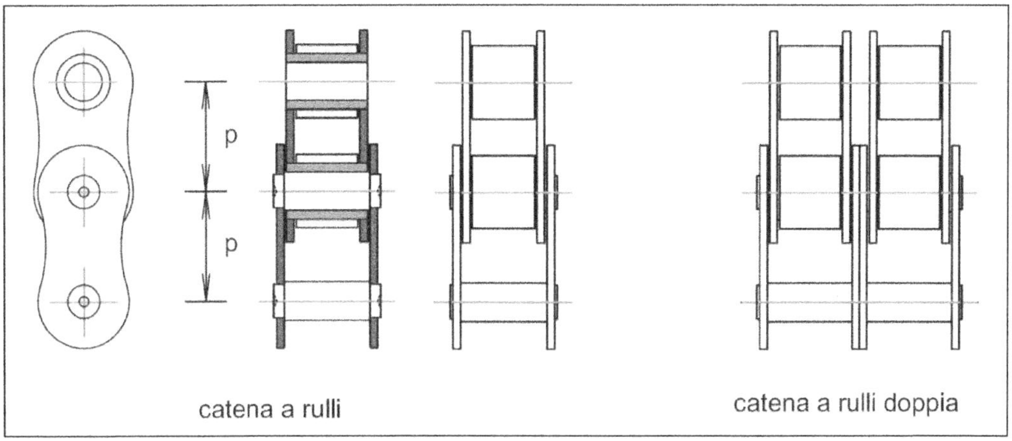

Figura 14.19. Catene di trasmissione.

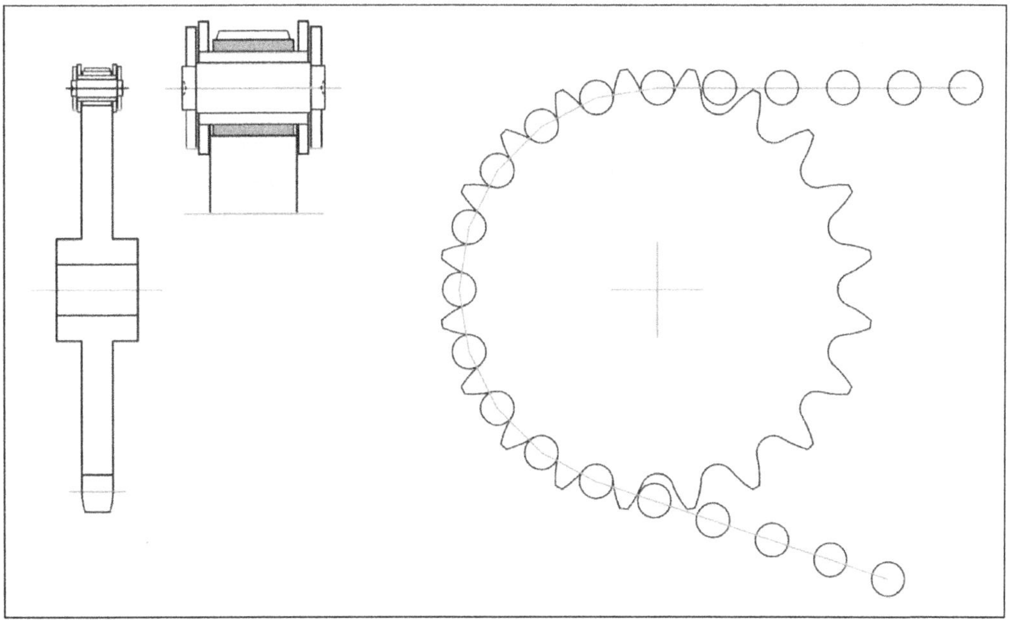

Figura 14.20. Ingranaggio con catena.

L'indice di riduzione normalmente non deve superare *5*, anche se in casi particolari si arriva a *7*.

Com'è noto, poiché le maglie delle catene si dispongono sugli ingranaggi secondo i lati di poligoni, ad un moto uniforme dell'ingranaggio conduttore corrisponde una irregolarità nel moto dell'ingranaggio condotto. Per questo il numero minimo dei denti del pignone non deve mai essere inferiore a 11, ma è consigliabile non scendere sotto a $14 \div 15$ se la velocità lineare è > di *4-7 m/s*. L'interasse consigliato è pari a $30 \div 50$ volte il passo della catena. Per le trasmissioni impiegate in servizio continuo, il numero dei denti consigliato della ruota più piccola, normalmente il pignone, è di *19* o *20* denti.

Problemi geometrici di facile risoluzione, con l'ausilio dei cataloghi dei costruttori, riguardano la determinazione dell'interasse in funzione del passo e del numero delle maglie. Gli errori di parallelismo degli assi e di allineamento degli ingranaggi possono essere abbastanza grandi, senza che nascano grossi problemi di usura o di sovrasollecitazione.

Una stessa catena può abbracciare più di due ingranaggi, uno dei quali eventualmente con funzione di tendicatena, con regolazione rigida o per mezzo di una molla.

Le catene e gli ingranaggi prodotti da costruttori diversi sono intercambiabili, essendo unificate le principali dimensioni.

La velocità lineare ammissibile dipende dal carico e da altri fattori. In linea di massima è consigliata una velocità di $7 \div 12\ m/s$, anche se per le catene a passo più piccolo può essere raggiunta la velocità di $20\ m/s$.

I materiali impiegati per le catene sono: acciai temprati di alta qualità per le piastrine, acciai da cementazione trafilati a freddo per i perni, acciai da cementazione o da bonifica per le bussole e i rulli.

La durata è determinata dalla resistenza all'usura o dalla resistenza a fatica. Il più delle volte dalla prima. In presenza di condizioni medie di velocità e di carico, i costruttori garantiscono una durata dell'ordine di grandezza di *15000* ore di funzionamento, con un allungamento alla fine per usura del *3%*. Durate più limitate di quelle previste sono di solito da imputare a lubrificazione e manutenzione insufficienti. La lubrificazione migliore è ad olio.

Indicativamente le catene possono lavorare con un carico di trazione coincidente in questo caso con il carico utile, pari a $0{,}10 \div 0{,}15$ volte il carico di rottura. La Tabella 14.6 riporta il carico indicativo di rottura minimo corrispondente a cinque valori del passo.

Tabella 14.6 – Carico di rottura minimo delle catene

passo (mm)	*carico di rottura (N)*
9,52	800
12,70	1700
15,87	2200
19,05	2800
25,40	4200

14.10. NOTA SULLA SELEZIONE DELLE CINGHIE E CATENE

I diagrammi e le tabelle riportate per le diverse tipologie di trasmissioni con cinghie (piane, trapezoidali, tonde, poli-V e dentate), e le indicazioni riportate per le catene a rulli, dedotti dalla consultazione dei manuali di diversi costruttori, sono da considerare indicativi, ovvero solo sufficienti per un proporziamento di prima approssimazione sulla base della conoscenza della potenza da trasmettere, dei giri della ruota motrice e dell'indice di riduzione.

Made in the USA
Middletown, DE
05 November 2026

36562488R00190